高层建筑筒体结构模型试验及理论分析

陈伯望　王海波　著

科学出版社

北　京

内 容 简 介

筒体结构是高层和超高层建筑的重要结构类型之一，也是高层建筑结构的重要抗侧力技术手段，还是现代超高层建筑结构必不可少的组成部分。本书对高层建筑筒体结构模型进行了抗震性能试验和理论分析，着重进行了两方面的研究：一方面进行了钢筋混凝土筒中筒和组合筒两种筒体结构模型的静力弹性试验、动力特性测试及两自由度拟动力试验研究；另一方面提出了筒体结构的层模型简化分析方法、动力时程分析的精细积分方法及改进的多垂直杆单元模型非线性分析方法。

本书可作为从事高层建筑结构设计的工程技术人员和结构工程专业研究人员的参考用书。

图书在版编目（CIP）数据

高层建筑筒体结构模型试验及理论分析/陈伯望，王海波著. —北京：科学出版社，2020.12

ISBN 978-7-03-063342-2

Ⅰ. ①高…　Ⅱ. ①陈…　②王…　Ⅲ. ①高层建筑-建筑结构-模型试验　②高层建筑-建筑结构-理论研究　Ⅳ. ①TU973.1

中国版本图书馆 CIP 数据核字（2019）第 255772 号

责任编辑：王　钰　杨晓方 / 责任校对：王　颖

责任印制：吕春珉 / 封面设计：东方人华平面设计部

科学出版社 出版

北京东黄城根北街 16 号

邮政编码：100717

http://www.sciencep.com

北京中科印刷有限公司印刷

科学出版社发行　　各地新华书店经销

*

2020 年 12 月第　一　版　　开本：B5（720×1000）

2020 年 12 月第一次印刷　　印张：16 1/4

字数：314 000

定价：132.00 元

（如有印装质量问题，我社负责调换〈中科〉）

销售部电话 010-62136230　编辑部电话 010-62137026

前　言

筒体结构是高层和超高层建筑结构的重要结构形式，也是高层建筑结构的重要发展方向。本书对高层建筑筒体结构进行模型抗震性能试验研究和理论分析，着重进行了两方面的研究：一是筒中筒结构模型和组合筒体结构模型的静力弹性试验、动力特性测试及拟动力试验；二是筒体结构的简化分析方法、动力时程分析的精细积分方法及非线性分析方法。

作者课题组制作完成了 1 个 14 层比例为 1∶10 缩尺的钢筋混凝土筒中筒结构模型和 1 个 13 层比例为 1∶10 缩尺的钢管混凝土框支框筒-内部混凝土核心筒的组合筒结构模型，并进行了筒体结构模型的动力特性测试、静力荷载试验和拟动力试验。实测了筒中筒结构和组合筒体结构两个模型的动力特性，获得了模型结构的自振频率、振型、阻尼比、模态质量、模态刚度、模态阻尼等结构动力特性参数及其影响因素；静力荷载试验重点研究了水平对中荷载和水平偏心荷载对模型受力性能的影响；将筒中筒结构和组合筒结构模型等效为两个自由度体系，进行了 6 种工况的地震波加速度峰值的拟动力试验，研究了筒体结构在地震作用下的动力特性、弹性和弹塑性阶段的地震反应、抗震性能和破坏机理，完善和丰富了筒体结构的抗震试验方法和理论体系。

本书对框筒结构进行了水平荷载作用下的静力弹性简化分析。将框筒结构在侧向荷载作用下的楼层变形分离为剪切变形和弯曲变形，将分析平面框架结构的 D 值法进行简化，并推广应用于框筒结构的整体剪切变形及内力分析，首次考虑了翼缘框架剪切刚度的影响。本书采用等效连续体法对弯曲变形及内力主要因素进行分析；提出了假定轴向位移模式的简化方法，考虑了正剪力滞的影响，分析了影响结构位移的因素；提出了框筒结构各层同时存在正剪力滞和负剪力滞的简化假定，并在假设框筒各柱的轴向应变分布模式的基础上，对负剪力滞的影响因素进行了分析。采用层模型对水平荷载作用下的筒中筒结构进行了简化分析，在分析了外框筒底层平面外抗扭刚度参与系数的影响因素及大小的前提下，提出扭转荷载作用下筒中筒结构简化层模型。通过与静力荷载试验和空间框架分析程序的比较表明，本书的研究方法精度高，简单、实用，可供初步设计阶段使用。

本书基于 Newmark-β（纽马克-β）方法，推导出了一种新的结构动力方程求解的数值积分递推格式，即计算位移时不需要计算速度和加速度等中间值，因而更简单、方便。通过对结构动力方程精细时程积分方法的讨论，提出非齐次方程的精度控制在于荷载项积分方法的选择，分析了龙贝格积分、科茨积分和高斯积分等方法的精度及应用范围，为合理选择积分方法提供参考。以现有的单步法和

Adams 多步法为基础，提出了新的非线性精细动力积分的单步法和多步法。以非线性精细动力积分多步法为基础，提出了新的拟动力试验数值积分方法，该方法在增大试验时间步长后的计算精度比中央差分法要高，可节省大量试验时间。

本书对多垂直杆单元模型的单元刚度矩阵进行了修正，并提出了一种空间拓展的多垂直杆单元模型。拓展后的多垂直杆单元模型可以用来分析各种截面形式的杆件单元，建立了筒体结构基本构件裙深梁、剪力墙、矩形截面柱、L 形截面柱、钢管混凝土柱、型钢混凝土梁的非线性分析单元模型，与试验结果及算例进行比较发现，本书提出的宏观单元模型概念清晰、计算量较小、计算精度高。结合筒中筒结构模型和组合筒结构模型的拟动力试验编制了非线性分析程序，分析结果表明计算值与试验值基本吻合，可以反映筒体结构的破坏机理。

本书由中南林业科技大学陈伯望教授和中南大学王海波博士共同完成，感谢湖南大学结构工程实验室和湖南城市学院结构工程实验室提供的实验条件和帮助，同时感谢湖南大学沈蒲生教授提供的指导，也感谢参与试验研究、数据整理和文字编辑的研究生所做的工作。感谢长沙市科技计划项目（项目编号：kq1901135）经费资助。

由于作者水平有限，书中难免存在不足之处，敬请读者批评指正。

陈伯望　王海波

2018 年 4 月

目　录

第1章 绪 论

随着我国经济建设的迅速发展和城市化进程的加快，高层建筑大量兴建。当高层建筑的层数增多、高度增加时，由平面抗侧力结构所构成的框架、剪力墙和框架-剪力墙结构已不能满足建筑和结构的要求，因此开始采用具有空间受力性能的筒体结构。筒体结构可以是由剪力墙组成的空间薄壁结构，也可以是由密柱深梁形成的框筒结构。筒体结构的基本特征是，水平力主要由一个或多个空间受力的竖向筒体承受。

由剪力墙围成的实腹筒是个封闭的箱型截面空间薄壁结构，由于各层楼面结构的支撑作用，整个结构呈现很强的整体工作性能。在水平荷载作用下，实腹筒结构中不仅平行于水平力的腹板参与工作，与水平力垂直的翼缘也完全参与工作。在水平荷载作用下，密柱深梁构成的框筒结构中除了与水平力平行的腹板框架参与工作外，与水平力垂直的翼缘框架也参与工作，其中腹板框架主要承担水平剪力，翼缘框架主要承担整体弯矩。不同于实腹筒结构的是，框筒的空间作用效应要弱一些，因为框筒结构的剪力滞后效应明显削弱了其空间整体性。

在高层建筑结构体系的选择中，一般要考虑减小柱子截面尺寸、提高结构抗震能力、减轻风致摆动、缩短施工周期、降低造价等因素。与钢筋混凝土柱相比，钢管混凝土柱的承载力高、延性好，其断面尺寸较小，柔性较大，对抗震有利，可大幅度地扩大建筑的有效使用面积；与钢柱和型钢混凝土柱相比，钢管混凝土不用大尺度的型钢和大厚度的钢板，由此可大幅度节省钢材。钢管混凝土的阻尼比纯钢结构的大，因而可减小风致摆动；钢管兼有模板、钢筋和承重骨架的功能，工厂预制程度高、质量小、吊装方便，因而可简化施工安装工艺，减少现场劳动量，加快建设速度；钢管混凝土是在高层建筑中应用高强混凝土的一种有效的结构形式，其利用钢管对核心混凝土的套箍作用，能有效地克服高强混凝土的脆性和发挥高强混凝土的承载能力。

1.1 高层建筑筒体结构简介

1.1.1 筒体结构的起源与发展

对于高层建筑，风和地震引起的水平荷载是控制结构设计的主要作用，水平位移随高度呈非线性增长。高层结构应具有足够的水平刚度和承载力，否则过大的变形可能导致结构构件破坏、幕墙破碎、隔墙开裂，影响电梯运行和人的舒适感。

Fazlur Khan（1929～1982）提出并完善了框架筒体、框架-核心筒、桁架筒体、束筒结构体系，使人类建筑能够以合理的造价突破 400m 的高度，开创了现代高层建筑的新时代，是原创性的杰出贡献。

19 世纪 80 年代，在钢材冶炼和电梯技术的发展推动下，美国掀起了第一次高层建筑热潮。1883 年，第一幢金属框架承重的高层建筑建成。1929～1933 年，美国相继建成了 9 幢 200m 以上的高层建筑。这些高层建筑普遍采用钢材建造，结构体系未能突破框架结构、框架支撑结构两种形式。1931 年，纽约帝国大厦采用支撑加强的框架结构，共计 102 层，高度达 381m（图 1.1）。1951 年，帝国大厦增加天线后的总高度为 443.2m。帝国大厦基本代表了框架和框架支撑结构体系的极限高度，被称为"建筑之王"。1931～1972 年，帝国大厦保持世界最高摩天大楼的纪录，长达 41 年，直到 Khan 时代的到来。

在 Khan 时代之前，绝大多数的摩天大楼是由钢铁建造的。Fazlur Khan 率先尝试用钢筋混凝土建造超高层建筑。钢筋混凝土筒体的刚度更大，改善了风荷载作用下的变形，相对于钢材的经济性优势也很明显。DeWitt-Chestnut 公寓（1964 年）是 Khan 的第一个重要作品，也是采用筒体结构体系建造的第一幢超高层建筑。该大厦高 120m，由钢筋混凝土密柱和深梁构成外围筒体，抵御水平荷载。大厦内部没有芯筒和剪力墙。采用筒体结构的建筑，对内部立柱的需求少，建筑内部空间开阔。

对于中等高度的高层建筑，Khan 推动了框架-剪力墙（核心筒）体系的发展。将建筑中心的电梯和服务设施，用钢支撑框架或者钢筋混凝土剪力墙围成核心筒。如果外围结构是普通框架，则称为框架-核心筒结构；如果是密柱深梁构成的框筒，则称为筒中筒结构。此种结构外框架与核心筒共同作用，具有更大的水平刚度和承载力。

1965 年，芝加哥 Brunswick 大厦是第一个应用框架核心筒结构体系建造的高层建筑。大厦共 35 层，总高度 144.5m，是当时最高的钢筋混凝土建筑。如今，应用钢筋混凝土框架-核心筒体系的高层建筑，最高可以建到 70 层。

1971 年，Khan 进一步完善了框架-核心筒体系，设计了高度为 217m 的 One Shell Plaza 大厦，该大厦内部核心筒与外框密柱形成筒中筒结构，大楼的角部采用双向受力的密肋楼板建造。

1974 年，Fazlur Khan 与建筑师 Bruce Graham 合作，设计了西尔斯大厦（Sears Tower）（图 1.2）。大厦地上 110 层、地下 3 层，建筑高度为 443m，含天线高度为 527.3m，超过了 1973 年刚刚建成的纽约世界贸易中心姐妹楼（412m），成为世界最高的摩天大楼。直至 1999 年，西尔斯大厦的建筑高度才相继被吉隆坡双子塔（452m）和台北 101 大楼（509m）超过。

西尔斯大厦采用 Fazlur Khan 提出的束筒结构建成。大厦底部平面为 68.7m×

68.7m，由 9 个边长为 22.9m 的正方形组成，每个正方形内部不设支柱，楼层的使用空间灵活。此外，内部柱列起“腹板”的作用，进一步提高抗剪、抗扭能力和结构整体性。普通的密柱深梁构成的框架筒体，并非完全意义的“筒”。在水平力作用下，腹板和翼缘中间区域的轴力减小，降低了结构的抗侧刚度，即剪力滞后效应。在西尔斯大厦的束筒结构中，内部柱列的腹板作用使翼缘受力均匀，改善了剪力滞后效应，如图 1.3 所示。图中 C_i 为翼缘半框架第 i 根柱的压力（翼缘框架柱压力呈对称分布，角柱压力最大，依次向翼缘中柱减小），T 为柱的拉力。

图 1.1　纽约帝国大厦

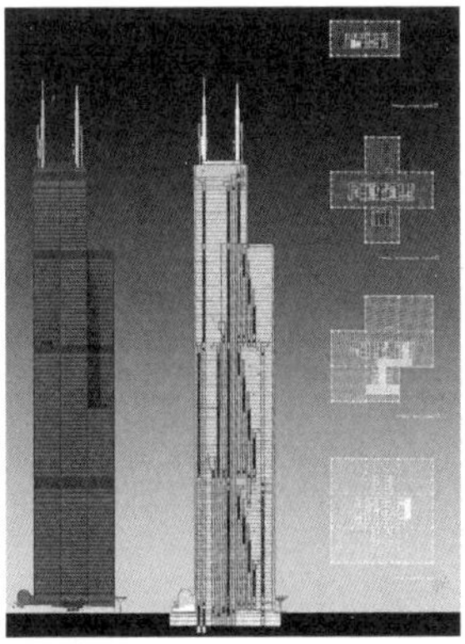

图 1.2　西尔斯大厦

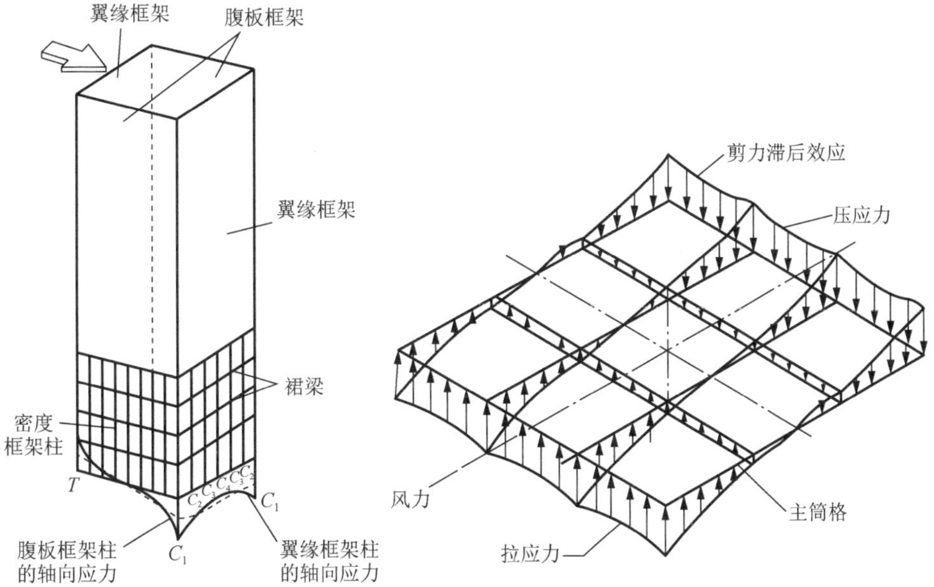

（a）剪力滞后效应　　　（b）内腹板改善剪力滞后效应

图 1.3　筒体结构的剪力滞后效应

西尔斯大厦平面的九宫格向上陆续分段收进。为了保证束筒结构的整体性，沿大厦高度设置了 3 个环带桁架，其间楼层用作机械设备层，其中第 66 层和第 90 层为平面收进的位置。大厦楼层越高，风压越大，收进的筒体有利于减小迎风面积；越靠近底部，水平剪力越大，由越多的束筒共同抵抗。大厦设计的风荷载允许位移（考虑风振）为建筑总高度的 1/500，即 900mm，建成后最大风速时实测位移为 460mm。西尔斯大厦的用钢量约为 165kg/m^2，比采用帝国大厦（高度 381m）的用钢量少 20%左右。

为了追求更加开阔的视野、增大开窗面积，密柱深梁构成的框筒结构渐渐被抛弃，越来越多的超高层采用框架–核心筒结构体系。由于提供主要水平刚度的芯筒在平面中部，建造效率不高，因此框架–核心筒的建造高度有限。1972 年，Khan 继续完善筒体概念，在框架–核心筒体系上增加了伸臂–环带桁架，用于协调外框与芯筒的变形。这种协调作用相当于在核心筒顶部施加一个力偶（恢复力偶），减小了芯筒的侧移、转动和倾覆力矩，从而实现更高的高度（图 1.4）。

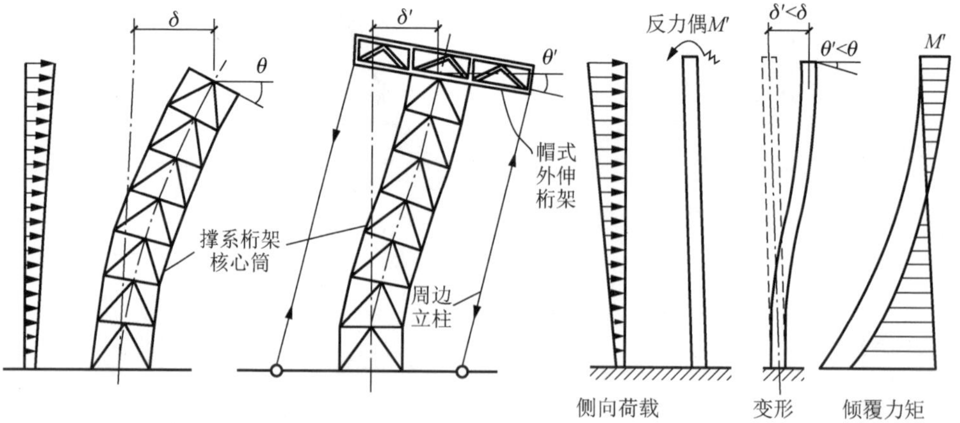

（a）核心筒变形示意图　（b）核心筒变形与倾覆力矩

图 1.4　伸臂–环带桁架结构原理

BHP House 是第一个采用伸臂–环带桁架结构建造的高层建筑，其顶部和中部共设有两道伸臂–环带桁架。在建筑底部设计了巨型桁架，转换一部分框架柱，使底层有较大的柱间距。1974 年，Khan 设计的美国银行大厦（U.S. Bank Center）也采用了伸臂–环带桁架筒体体系，但采用的材料是钢筋混凝土。

1982 年，53 岁的 Khan 逝世。美国高层建筑与城市住宅委员会（Council on Tall Buildings and Urban Habitat，CTBUH）以 Khan 命名的终身成就奖，颁发给为高层建筑结构工程做出杰出贡献的工程师。至今，超过 40 层的高层建筑，绝大多数仍采用 Khan 提出并完善的筒体结构体系。

在现代建筑中，高度超过 250m 的超高层建筑视高度情况可分别采用框架筒体结构、筒中筒结构、多筒结构体系，超过 400m 高的超高层建筑也借鉴了筒中筒结构体系的概念，在加强内筒刚度的同时，对外筒或外框架加大抗侧刚度以抵抗巨大的水平荷载，常采用巨型框架、巨型柱+巨型桁架、巨型柱+巨型桁架+巨型斜撑等外框架结构体系，且巨型结构与内筒用巨型伸臂相连，如高度为 593m 的深圳平安金融中心大厦、高度为 632m 的上海中心大厦、高度为 636m 的武汉绿地中心大厦等（图 1.5）。

（a）深圳平安金融中心大厦　（b）上海中心大厦　（c）武汉绿地中心大厦

图 1.5　巨型结构+核心筒结构体系建筑

1.1.2　高层建筑筒体结构的研究现状

1. 理论研究方面

高层建筑筒体结构的弹性简化分析已有不少研究成果，本节重点评述钢筋混凝土筒体结构的非线性分析研究现状。混凝土结构平面非线性分析的研究已有 70 多年的历史，早期的各种研究结果很少有人讨论结构在各种复杂荷载作用下的非线性全过程分析。20 世纪 60 年代，随着计算机及有限元理论的发展，钢筋混凝土结构的非线性分析进入了一个新的时期，经过近 40 年众多学者的努力，结构分析模型、单元分析模型、恢复力模型、数值计算方法及试验手段等方面取得了重要研究成果。与平面非线性地震反应研究相比，空间结构非线性地震反应的研究文献不多，成熟的成果较少。

混凝土结构分析模型包括平面结构非线性分析模型和空间结构非线性分析模型。

1）平面结构非线性分析模型一般可分为三类，即层间模型、平面杆系模型和平面应力元模型[1]。①层间模型又分为层间剪切模型、层间剪弯模型和层间弯剪模型。②平面杆系模型是研究人员为了得到与实际结构更为接近的结构整体或各杆乃至各截面的弹塑性变化过程所提出的。平面杆系模型以结构构件为基本单元，将梁、柱、墙均简化为以其轴线表示的一维线杆，使其质量堆集在节点处，或者采用考虑杆件质量分布的单元质量矩阵。③平面应力元模型用于分析剪力墙体系，该模型将结构划分为若干单元，首先建立各单元的质量矩阵、刚度矩阵，然后按有限元集成规则形成结构的刚度矩阵、质量矩阵，在选定适当的阻尼矩阵后，即可建立结构的运动过程，其求解可用一般的数值方法进行。

2）空间结构非线性分析模型一般可分为四类，即平动模型、平扭模型、准三维模型和真三维模型[2]。

单元模型与恢复力变形关系曲线相对应，分析单元可以是微元、梁柱构件或整个楼层，因而单元模型可以分为有限元模型、杆件模型和层单元模型。按单元模型的自由度单元模型可以分为平面单元模型和空间单元模型：①平面单元模型常用的有层间单元模型、分量单元模型和变刚度单元模型；②空间单元模型中适应性最强、应用最广的要数单分量单元模型，即塑性变形集中在杆段，杆件中段为弹性区的单元模型。按照对端截面的描述，单分量单元模型分为扩展的吉本森（Giberson）模型、有限元模型、轴向弹簧模型及塑性力学模型[3]。在现有的空间单元模型中，精度最高的是三维有限元模型，该模型将空间杆件分为核心混凝土、覆盖混凝土、纵横向钢筋及混凝土与钢筋的黏结等各种单元，需要对各类单元和本构关系、滞回特性进行研究，计算量较大。

恢复力模型一般都是根据试验来确定的。目前确定恢复力模型的试验方法主要有三种，即反复静载试验法、周期循环动载试验法、振动台试验法。单轴截面恢复力模型可分为曲线型和折线型。曲线型给出的刚度是连续变化的，与工程实际较为接近，但在刚度的确定及计算方法的选择上有诸多不便。折线型恢复力模型可分为七种类型，即双线型、三线型、四线型（带负刚度）、退化二线型、退化三线型、指向原点型和滑移型。折线型恢复力模型的特点是简单实用，但存在人为的刚度拐点。空间结构截面恢复力模型是由单轴截面恢复力模型扩展而形成的，它主要包括加载曲面函数的确定、加载曲面移动规则及塑性流动法则的选择。

阻尼是一种耗能作用，这种作用常被理想化为确定的阻尼力。在众多的阻尼理论假设中，常用的有黏滞阻尼理论和复阻尼理论。复阻尼理论较黏滞阻尼理论更接近工程实际，但从计算方便考虑，人们总是习惯采用黏滞阻尼。

结构的总刚度矩阵按所有自由度“对号入座”方式形成，侧移刚度矩阵所涉及的未知量只是各楼层的水平位移。目前，形成侧移刚矩阵的方法仍然是静力缩聚法和柔度求逆法。

不少学者提出了高层建筑结构非线性地震反应分析的新方法。汪梦甫和沈蒲生采用改进的里茨（Ritz）法计算高层建筑结构非线性地震反应[4]，江建等用竖向空间子结构法进行多塔联体结构的非线性动力分析[5]，叶献国和周锡元对非线性反应简化分析方法（推覆分析方法、能力谱方法）做了进一步改进[6]。他们的研究进一步丰富和完善了非线性分析理论。

2. *试验研究方面*

由于受试验条件和经济条件的影响，针对非工程项目的筒体结构的试验研究长期以来进行得较少，特别是大比例的模型试验。国际上，日本鹿岛技术研究所进行的 9 个 1∶12 比例的 H 形截面核心筒伪静力抗震性能试验较有参考价值。它进行了 4 组钢筋混凝土筒体伪静力试验，用以研究墙体内钢筋不同构造方式对筒体在侧向荷载作用下变形能力与破坏形式的影响。在我国，同济大学进行了两组钢筋混凝土核心筒体的低周反复加载试验，研究钢筋混凝土核心筒体的承载力、破坏形态、延性性能，以及高宽比、开洞大小、配筋率等因素对核心筒受力和抗震性能的影响[7]。清华大学、同济大学、中国建筑科学研究院和东南大学等对筒体结构或混合结构进行了振动台模型试验[8-11]，湖南大学对钢筋混凝土筒中筒结构进行了拟动力试验研究[12]，得到了许多有意义的结论。

1.2　高层建筑筒体结构的抗震设计计算理论的发展

地震是地球上的生命面临的较大自然灾害之一。我国是一个多地震的国家，6 度以上地震区几乎遍及全国各个行政区。临震预报虽然可以大幅减少人员伤亡，但地震造成的建筑物破坏将严重影响人们的生活质量，导致社会发展受挫。如何减轻和避免建筑物在地震中的破坏，是工程抗震的研究课题。

工程抗震技术的发展与大地震发生在城市附近，以及科学技术的进步和工业生产的发展有着密切的联系。地震对城市的破坏引起了人们对地震的关注，而科学技术和工业生产则为地震工程的发展提供了技术和物质基础，从而促进了工程抗震技术的发展。

抗震设计是整个抗震技术的重要环节。抗震设计理论的每一次进步，都大幅提升了整个工程抗震技术水平。抗震设计理论包含的内容很多，如地震作用计算理论、抗震设计方法及抗震设防策略。

1.2.1　地震作用计算理论

地震作用计算理论主要包括静力理论、反应谱理论、动力时程分析和静力弹塑性分析理论。

1. 静力理论

静力理论起源于日本，是国际上最早形成的抗震分析理论。由于日本地处环太平洋地震带上，地震活动频繁，其对抗震的研究较早。早在19世纪末期已开始震灾预防研究。20世纪初，日本学者首先提出水平最大加速度是造成地震破坏的重要因素的理论，并提出了近似分析地震动影响的静力计算方法。旧金山地震后，美国用每平方英尺30磅（约1.44kN/m^2）的侧力加在风力上，进行房屋的抗侧力设计；日本则采用0.1的侧力系数作为设计地震系数，同时根据地震灾害的经验，认为不同地基条件对建筑物具有不同的破坏影响，上部结构的抗侧力墙对房屋的抗震有重要作用等。

2. 反应谱理论

反应谱理论是建立在强震观测基础上的。20世纪40年代，美国研制出第一台强震记录仪，并在此后的地震中记录了许多重要的强震；同时，Biot和Housner分别用扭摆仪和电模拟计算机实现了Duhamel积分，为此后的反应谱理论在抗震中应用创造了基本条件。1934年，Benioff[13]首先提出了地震反应谱的概念，并利用美国西北部强震记录了6条阻尼情况下的反应谱，但Benioff同时指出了无阻尼和线性模型无法模拟结构的真实反应。1941年，Housner[14]利用强震记录得到了大量的有阻尼情况下的反应谱，1953年Housner等[15]在其地震反应谱分析工作中对结构在强震下的大应变分析的必要性进行了说明。由反应谱理论可计算出最大地震作用，然后按静力分析方法计算地震反应，所以反应谱理论仍属于等效静力法。但由反应谱理论较真实地考虑了结构振动的特点，计算简单实用，因此目前是各国抗震规范中给出的一种主要抗震分析方法。20世纪50年代初，美国率先正式在抗震设计规范中应用反应谱理论。同时，人们进一步了解到，地震作用下建筑物进入弹塑性工作阶段，承认建筑物的弹塑性变形、吸能、耗能，是抗震能力的主要表现，并在考虑抗震设计用的地震力时，将实际的地震加速度折减。

地震反应谱理论在被提出的时候，就希望能最大限度地体现体系在地震下的真实反应，这不可避免地涉及结构进入塑性状态后的反应。为了考虑这种影响的作用，1965年，Veletsos等[16]率先提出了非线性反应谱的概念，并对各种激励情况下的反应谱进行了广泛的研究。1981年，Mahin[17]对非线性反应谱的发展和价值进行了细致地评述。1982年，Newmark和Hall[18]在研究报告集中给出了一种通过现行反应谱得到平滑的非线性反应谱的方法，这方法为非线性反应谱的规范化提供了重要的基础。20 世纪 90 年代，由于一些设计规范[19]引入了非线性反应谱，所以这一时期对非线性反应谱的介绍和讨论也相对较多[20]。综上所述，对于单自由度体系的非线性反应谱的研究工作已经相对成熟了，已经可以很好地描述其在塑性状态下的最大动力反应。但同时，由于考虑结构进入塑性状态，在线性阶段适用的叠加原理无法成立，因而将非线性反应谱应用到多自由度体系时出现了困难，而实际上迄今为止，在这方面尚没有提出能被广泛接收的解决方法。目前，非线性反应谱主要应用于对单自由度体系的塑性应力与延性指标关系的评估，以及利用等效原则将多自由度体系化为单自由度体系后，对等效体系性能的评估[21]。

3. 动力时程分析理论

1960 年 Clough 第一次提出了“有限单元法”的名称，结构分析方法本身发生了质的变革，分析能力也发生了翻天覆地的变化。20 世纪 70 年代之后，结构动力方程的逐步积分方法逐步得到广泛的应用，为进一步揭示结构在地震作用下的性能提供了更加有力的手段，并逐步成为许多国家抗震设计的一种补充方法。Newmark[22]和 Wilson 等[23]对利用增量法的逐步积分方法进行了改进，提高了算法的稳定性，对结构的动力方程在直接输入地震波的情况下进行逐步积分求解，就得到了结构动力输入下的反应。这一经典动力反应分析方法的建立，成为地震作用下结构弹塑性反应分析最可靠的工具之一。弹塑性时程分析方法被认为是最准确和可靠的反应结构在地震动作用下弹塑性反应的计算方法，在各种抗震研究工作中得到广泛的应用[24]，但其分析的经济代价过高，影响了其在设计工作中的应用效果。Wilson[25]提出了一种快速塑性分析方法，它利用模态叠加的方法进行分析，将发生塑性变形构件的反应作为一种外加作用来考虑，这使分析效率大大提高；但这种方法只适用于在塑性发展的构件，而其余主体构件仍然保持弹性工作的体系，因而其使用受了许多限制。

4. 静力弹塑性分析理论

20 世纪 70 年代，Freeman 等[26]提出了建立在静力弹塑性分析基础上的结构能力谱的概念，Miranda[27]对弹塑性分析的方法进行了广泛研究对比，证明其对于大量结构的地震下的弹塑性分析的有效性。1996 年，美国应用技术委员会和联邦紧急事件管理局将静力弹塑性分析方法纳入了其发布的《已建结构的地震作用和修复的评估原理》（ATC-40）和《地震作用下建筑物的评估和修复的指导方针》（FEMA）中，作为国家技术准则的一部分。这标志着静力弹塑性分析方法已经被广泛接受为结构地震作用下弹塑性性能分析的一种标准方法。静力弹塑性分析方法由于分析的效率相对较高，而且分析的结果也有相当的价值，所以，现在成为又一种重要的分析结构在地震作用下弹塑性反应的工具[28]。

1.2.2 抗震设计方法

目前的抗震设计方法大体经历了强度设计、延性设计、能力设计及性能设计 4 个阶段。其中强度设计方法是最早采用的抗震设计方法，现在已经不再使用；延性设计与能力设计是当前各国的主流设计方法；而性能设计方法则是近几年提出并具有较好发展潜力的方法。

1）延性设计方法是人们在长期抗震设计实践和多次强震震害调查基础上总结提出来的。日本长期在建筑基准法施行令中采用 0.2 的震度系数，但震害调查表明：在强烈地震作用下，结构的弹性地震反应系数远大于 0.2，但有些结构在这样的强烈地震作用下，依靠其良好的变形耗能能力最终并没有倒塌。这使人们认识到，按弹性方法计算地震作用，用结构的强度来抵御强烈地震没有必要，也不现实；相反，利用结构屈服后的变形耗能或延性能力来抵御强震，却是一种比较经济的方案[29]。我国采用的是强度设计，对构件进行承载力验算的内力却是由设计烈度相应的地震力经延性折减（结构系数）后计算得的，其目的是弥合实际结构的弹塑性地震反应与对应的弹性反应之间的差异，粗略地体现了结构塑性变形对地震作用的折减作用[30]，初步反映了延性设计思想。美国规范采用了一个 R 或 R_w 来修正实际结构的地震反应[31]。欧洲规范则引入系数 K 来反映不同延性能力和不同房屋期望损坏程度的影响[32]。这些说明，延性设计方法已成为目前大多数国家的主流抗震设计方法。

2）能力设计方法最早由新西兰的 Park 和 Paulay 所提出。该设计方法将结构构件分为延性构件和脆性构件，通过能力设计的结构，延性构件在保证其一定的承载力基础上，重点保证其延性能力；脆性构件则保证构件在强烈地震作用下仍能保持在弹性工作状态，不发生强度失效。这就使结构在时间、空间、强度都具有很大不确定性的地震面前，仍能表现出人们所预期的行为。我国《建筑抗震设计规范（附条文说明）（2016 年版）》（GB 50011—2010）调整地震作用效应，以实现“强柱弱梁、强剪弱弯、强节点弱杆件”，最终保证结构能在强震作用下形成良好的耗能机制，这一设计方法实质上是吸纳了能力设计法的精髓[33]。

从 20 世纪 70 年代中期，抗震设计理论的发展最值得一提的是抗震思想的完善。在这一时期，以美国、日本、新西兰和欧洲一些国家为代表的多地震国家，都相继研究和制定了相应的抗震设计规范，其主要特征如下：日本采用二次设计的思想，欧洲国家考虑 3 种抗震极限状态，美国考虑 3 种抗震设计水平；这些规范都考虑了以概率为基础的地震危险区划。近年来的各次强震，尤其是美国 1994 年的北岭（Northridge）地震和日本 1995 年的阪神地震，又一次促使了地震设计思想的发展。美国、日本地震工程专家在经过这两次地震调查总结发现，按现行的以保障生命安全为基本目标的抗震设计规范所设计和建造的建筑物，在地震中虽没有倒塌，保障了生命安全，但其破坏却造成了严重的直接和间接的经济损失，超出了设计者、建造者和业主原先的预计，甚至影响社会的发展。基于这种认识，美国学者最先提出了基于结构性能的抗震设计思想，代替以生命安全为单一设防目标的抗震设计理论和抗震设计原则。

3）基于结构性能的抗震设计方法旨在使结构在未来的地震中具备预期的功能。首先，根据建筑物的重要性和用途确定结构的性能目标，在抗震设计策略上，对于低强度地震区域一般的建筑物，采用单一水准“大震不倒”的性能目标；其次，对于中、强地震区域或重要的、设备昂贵、维修困难的建筑物，则应采用多水准的性能目标。同时，在设计格式上，用变形参数代替强度参数建立延性结构的荷载-抗力方程。

为与基于性能的抗震设计思想相协调，地震作用的相关计算又提出了非线性静力分析方法。这种方法主要用于变形验算尤其是大震下的抗倒塌验算。该方法与非线性动力分析方法相比，可以采用较为真实的结构模型，计算效率也可大幅提高。基于结构性能的抗震设计方法和非线性静力分析方法是结构抗震结构设计理论发展的主流方向。

1.2.3 抗震设防策略

1. 现行抗震设计规范的设防策略

强烈地震造成人员伤亡的主要原因是房屋倒塌，因此，改进房屋建造技术，保护房屋免遭地震破坏，是保障人民生命安全的根本措施。采取这种措施的过程就是通常所说的抗震设防。防止房屋在地震中遭受破坏的最简单做法，就是将房屋建造得如同钢筋混凝土碉堡，即刚性建筑方案，这种做法既不经济，也不实用、不美观，并且随着房屋层数的不断增加，采取这种方法也是不现实的。因此上述刚性方案已逐渐被人们抛弃，随后出现的是延性建筑方案。

在我国，人们常把延性方案的基本设防标准形象化地表述为“裂而不倒”，即允许结构构件在强烈地震中出现一定程度的损伤或裂缝，但一定要保证结构不倒塌和房屋内部人员的人身安全，并且地震过去以后，房屋经过修理甚至不加修理仍能继续使用。这种设防标准在新的建筑抗震设计规范中有具体化为小震（在房屋服役期内最可能遭遇的强烈地震或常遇地震）不坏、中震（基本烈度地震）可修、大震（罕遇地震）不倒。以上原则的表述并不很严密，然而意思清楚。按照这些原则，结构构件应该具有很强的变形能力，以吸收地震的输入能量，从策略上讲显然是一种消耗战或疲劳战术，地震以后整体结构虽然保存下来了，但建筑结构可能已是伤痕累累，加固和维修是不可避免的，用户也需要暂时撤离。好在地震并不经常发生，经过抗震设防的建筑物在其服役期内只有10%左右的概率经受达到或超过基本烈度的强烈地震动。综合安全和经济两方面考虑，这样的设防标准已为人们所普遍接受。世界上其他多地震国家的抗震设计规范，也都采用了类同的设防标准[34]。

2. 主动防御和被动防御策略

随着社会物质文明和技术的进步，人们对建筑功能和安全性要求越来越高。特别是那些地震后不能中断使用和内部具有贵重设备的建筑物，通常要求在强烈地震中不发生破坏和损伤，从而要求采用更高的抗震设防标准。由于强烈地震的作用很大，采用传统的结构设计方案，欲使结构在强烈地震中仍能保持在弹性阶段工作，无论在技术上还是经济上都是不现实的。于是出现了基础隔震方案。其基本思想是在上部结构和基础之间设置隔离装置，使地震时的强烈地面运动不传递给建筑物，做到地动而房屋不动，这是理想的情况，实际上，房屋会有些震动，但只要它不损伤结构构件和不危害内部人员、设备，也不影响房屋的正常使用就可以。隔震的方案从地震波传递的过程考虑，可以看成在地面和房屋之间对地震波的传递设置阻挡层或反射装置，将地震的输入能量耗散于隔震层或反射到大地中去；从策略方面考虑，则反映了一种依赖防御“工事”拒“敌”于门外的“战术”，与上述延性结构方案中的“消耗战”相比显然更高一筹。

由于倾覆稳定方面的问题，隔震方案不适用于高层建筑[35]。因此与延性结构方案相比，隔震方案在适用范围方面有其局限性。另外，延性结构的概念也在不断改进和发展：①一种改进方案是，将耗能机构与主体结构分离，将地震输入结构的能量消耗在特设的耗能元件之中。目前，已开发出很多耗能元件和机构，其中有些耗能元件在耗能过程中不发生损伤并具有自复位能力，这样震后就无须修复，而且能在下一次地震中继续使用。②另一种改进方案是，一些耗能机构（元件）在经受地震以后虽然会遭受损伤，但只要其替换容易，且不影响主体结构的正常使用，也能满足抗震要求。特别是，如果它的价格比较便宜，在推广应用中也会具有优势。这两种减震控制方法通常被称为被动控制，首先是外国学者提出来的，如今在国内也开始流行。被动控制不依赖外部能源和只对某种设定的地震动特征进行控制，缺乏跟踪控制和调节能力。假如输入地震的作用大幅偏离预先设定的情况，控制效果将显著减弱甚至失败。另外，也可以通过精心设计使控制能力增强，避免这种情况的发生。但这种方法终究是有限的，于是就出现了主动控制的概念，也就是应用现代控制技术。应用现代控制技术对输入地震动和结构反应实现联机实时跟踪和预测，在按照分析计算结果应用伺服加力装置（作动器）对结构施加控制力实现自动调节，使结构在地震过程中始终定位在初始状态附近，从而达到保护结构免遭损伤的目的。主动控制的主要特点是应用现代控制技术和外部能源对结构施加控制力。由于实时控制的控制力可以随输入地震改变，控制的效果基本上不依赖于地震波的特性，实时控制明显优于上述被动控制。尽管如此，其可靠度仍然被怀疑。人们主要的担心是传动机构的滞后是否会使控制失灵、对于冲击型的地震传动器的反应能否跟上地震作用的改变、使用强大的外部能源费用太高、可靠度能否得到保证等问题。于是，不用强电、只用弱电的半主动或杂交控制方法就出现了，这种方法对外部能源的需求量极低，在地震过程中只要能对变刚度、阻尼机构的阀门进行有效的控制即可，因此比依赖作动器加力的主动控制较为经济。

3. “以攻为守”的策略

以上所述各种抗震设防思想，从策略上都是防御性的，即使是主动控制也只是主动防御或积极防御，更好的策略应该是“进攻”性的或“以攻为守”的。将地震输入上部结构的能量通过转换和回收、储存再加以利用的方案，是化消极因素为积极因素的方法，也是一种“以攻为守”的策略，代价小，因此是可取的。基于这一策略的抗震措施，可以不经过能量转换和储存，而是直接利用地震能量平衡控制来减小结构的反应。利用地震提供的输入能量进行结构地震反应的控制方法包含了一种全新的抗震思想。它不仅不依赖外部能源，而且还可以将地震提供的能量有效地加以利用，是一种既经济又实用的方法，因此应该成为结构控制研究的新方向。

1.3　高层建筑筒体结构存在的问题

高层建筑筒体结构有建造师青睐的平面布置和建筑造型，且应用广泛，因此成为高层、超高层建筑的首选结构体系。然而，框架-钢筋混凝土核心筒的抗震性能究竟如何？尤其是能否应用于地震区的超高层建筑中？人们对这些问题还存在不同的看法。不管是钢筋混凝土框架、钢筋混凝土外框筒、钢框架、型钢混凝土框架，还是钢管混凝土框架，因内筒的刚度远大于框架的刚度（对钢框架和组合柱框架更是如此），在罕遇地震作用下，约90%以上的水平力由内筒承受，一旦内筒受拉区的混凝土开裂，刚度迅速下降，这时将有很大一部分水平力传给框架，对整个结构的工作性能产生重大影响。在美国，对框架-核心筒这种结构体系的抗震性能尚无研究，历史上这种体系也未有遭受地震破坏的纪录，因此认为不宜用于地震区，还认为最好用于不超过150m的建筑。日本曾于1992年建造了两幢钢框架-混凝土核心筒的高层建筑，高度分别为78m和107m，并对其抗震性能进行了一系列研究。同时，日本规定采用这种形式的高层结构体系时，要由特定人员批准。由此可见，在高层建筑中采用钢筋混凝土内筒时应慎重对待，并应尽快开展有关该类体系的抗震性能研究[36]。

另外，钢筋混凝土筒体结构体系是一种空间作用性能好，能抵抗较大水平力的高层建筑结构体系。在筒中筒结构中，框筒侧向变形以剪切型为主，核心筒常以弯曲变形为主，二者通过楼板联系共同抵抗水平力。框筒的布置原则是，尽可能减少剪力滞后，充分发挥材料的空间作用，除了建筑平面接近方形，还需要加入密柱深梁。在框筒结构中，首先，由于裙梁的刚度和承载力都较大，框筒结构很难形成强柱弱梁型结构，柱子是结构的薄弱环节。其次，由于同时受到双向弯曲的作用，角柱是柱子中最薄弱的环节。最后，钢筋混凝土筒中筒结构理论研究较多，但缺少试验验证，需要用结构试验完善钢筋混凝土筒中筒结构体系基于性能的抗震设计理论。

1.4　高层建筑筒体结构的主要研究内容

地震作用具有随机性强和破坏力大的特点，会给人们生命财产造成严重的损失。因此，地震工程和工程抗震领域的科学研究一直是学术界和工程界关注的热点。工程抗震是减轻地震灾害和损失的十分有效的措施，结构的破坏机理分析和模拟试验是工程抗震研究的重要手段。为改善筒体结构体系的抗震性能，使核心筒和外框架的内力合理分配，满足抗震规范的小震不坏、中震可修、大震不倒“三水准”设防要求，同时探索筒体结构中剪力滞后问题使角柱内力和变形过大的问题，开展筒体结构（钢筋混凝土筒中筒结构、钢管混凝土框架-筒体结构）的抗震性能与理论研究将是解决这一问题的有效途径。

开展钢筋混凝土筒中筒结构和钢管混凝土筒体结构抗震性能研究，建立筒体结构体系简化分析的方法和手段，并提出了相应的构造措施，是非常必要的。筒体结构体系在强震作用下的弹塑性性能、耗能机制及抗震控制的研究是实现工程结构“三水准”设防要求的基础与必要条件，对建筑防灾减灾及灾后鉴定加固具有极重要的意义。开展深入的基础理论研究和试验研究，有利于进一步提高我国超高层建筑结构领域的科技含量，促进我国建筑行业的创新与发展。

本书的研究内容如下。

1）制作完成一个 14 层（比例为 1∶10）钢筋混凝土筒中筒结构（简称为筒中筒结构）模型的静力弹性试验、动力特性试验和两个自由度体系的拟动力试验。根据研究数据，分析筒中筒结构的变形特征及偏心水平荷载和顶部竖向荷载对模型受力性能的影响；确定筒中筒结构的动力特性及影响其动力特性的因素，研究筒中筒结构的破坏机理与破坏特征，验证了在设计地震作用下结构的抗震性能。

2）进行了一个 13 层（比例为 1∶10）外框支框筒-内核心筒的筒体结构（简称为组合筒体结构）模型的试验研究，该模型底部为钢管混凝土柱框架-筒体结构、中部带转换层、上部为钢筋混凝土筒中筒结构，其中角柱为钢管混凝土柱。根据研究数据，对模型进行静力、动力特性、拟动力试验及低周反复试验，研究组合筒体结构体系的静力性能、动力特性，以及其在地震作用下的耗能机制、破坏机理与破坏特征，为类似结构的结构分析及构造提供试验依据。

3）将框筒结构在侧向荷载作用下的楼层变形划分为剪切变形和弯曲变形，将分析平面框架结构的 D 值法简化，并推广应用于框筒结构的内力和位移分析上。利用 D 值法，对剪切变形及内力进行分析，考虑了翼缘框架的剪切刚度的影响，并对 D 值法进行了简化。根据研究数据，分析了影响框筒结构剪力滞的主要因素、影响结构位移的因素；提出了框筒结构各层同时存在正剪力滞和负剪力滞的简化假定，并假设了框筒各柱的轴向应变分布模式，对负剪力滞的影响因素进行了分析；并将框筒结构的简化分析应用于筒中筒结构分析上，对筒中筒结构在水平荷载和扭转荷载作用下的内力和位移进行了层模型简化计算，并与试验结果进行对比。

4）建立了筒体结构动力特性的简化分析方法。根据研究数据，将筒体结构简化为串联质点系模型，研究层间等效弯曲刚度和层间等效剪切刚度的简化计算，为该类型结构的工程设计创立动力特性的分析手段和方法。

5）研究了结构动力方程的数值积分方法。根据研究数据，针对现有积分方法的稳定性问题、计算精度问题和计算效益问题，在现有的线性精细动力积分方法和非线性精细动力积分方法的基础上，提出改进的精细积分方法；以非线性精细动力积分多步法为基础，提出新的拟动力试验数值积分方法（包括显式方法和隐式方法），增大时间步长后的计算精度比中央差分法还要高，将该方法应用于拟动力试验的控制数值积分，可大幅度缩短拟动力试验的持续时间。

6）对组成筒中筒结构的裙深梁、墙肢、矩形截面柱和 L 形截面柱等构件分别进行了非线性分析。根据研究数据，并与已有试验进行对比，验证理论模型和计算方法的合理性和可靠性。

7）对多垂直杆单元模型进行改进，并应用改进的模型对组成筒体结构的墙肢、矩形和 L 形截面柱、钢管混凝土柱、型钢混凝土梁等构件分别进行了非线性分析。根据研究数据，并与已有试验进行对比，验证理论模型和计算方法的合理性和可靠性。

8）编制了非线性动力分析程序，对钢筋混凝土筒中筒结构和钢管混凝土组合筒体结构进行非线性分析。根据研究数据，并与模型拟动力试验结果进行对比。

第2章　筒体结构模型的设计与制作

2.1　量纲理论与相似关系

通常，一种物理现象可表示为下述函数关系：

$$a_0 = f(a_1, a_2, \cdots, a_k, a_{k+1}, \cdots, a_n) \tag{2.1}$$

式中，量 $a_i (i = 0,1,\cdots,n)$ 是由数量和单位组成的，其可以是变量，也可以是常量，即单位的选择与现象的物理本质无关，在一般物理现象中，各量的量纲均可由基本量纲单位，即时间、质量和长度表示，故 $n+1$ 个量中量纲独立的量不超过 3 个。取 a_1、a_2、a_3 为量纲独立的基本量，并将其量纲记为

$$[a_1] = \mathrm{A}_1,\ [a_2] = \mathrm{A}_2,\ [a_3] = \mathrm{A}_3 \tag{2.2}$$

那么，其他各量的量纲均可表示为 A_1、A_2、A_3 的幂次单项式如下：

$$\begin{aligned} [a_0] &= \mathrm{A}_1^{\mathrm{m1}}\mathrm{A}_2^{\mathrm{m2}}\mathrm{A}_3^{\mathrm{m3}} \\ [a_4] &= \mathrm{A}_1^{\mathrm{p1}}\mathrm{A}_2^{\mathrm{p2}}\mathrm{A}_3^{\mathrm{p3}} \\ &\vdots \\ [a_n] &= \mathrm{A}_1^{\mathrm{q1}}\mathrm{A}_2^{\mathrm{q2}}\mathrm{A}_3^{\mathrm{q3}} \end{aligned} \tag{2.3}$$

式中，m1、m2、m3，p1、p2、p3，q1、q2、q3——通过量纲换算得到的某个常数，反映该量的量纲与基本量纲的关系。

将3个基本量的单位分别变为原单位的 $1/\alpha_1$、$1/\alpha_2$、$1/\alpha_3$，则在新的单位制下有

$$\begin{cases} a_1' = \alpha_1 a_1 \\ a_2' = \alpha_2 a_2 \\ a_3' = \alpha_3 a_3 \\ a_0' = \alpha_1^{\mathrm{m1}}\alpha_2^{\mathrm{m2}}\alpha_3^{\mathrm{m3}} a_0 \\ a_4' = \alpha_1^{\mathrm{p1}}\alpha_2^{\mathrm{p2}}\alpha_3^{\mathrm{p3}} a_4 \\ \quad\vdots \\ a_n' = \alpha_1^{\mathrm{q1}}\alpha_2^{\mathrm{q2}}\alpha_3^{\mathrm{q3}} a_n \end{cases} \tag{2.4}$$

将式（2.4）代入式（2.1），在新的单位制下，原物理现象可表示为

$$\begin{aligned} a_0' = \alpha_1^{\mathrm{m1}}\alpha_2^{\mathrm{m2}}\alpha_3^{\mathrm{m3}} a_0 &= f(a_1', a_2', a_3', \cdots, a_n') \\ &= f(\alpha_1 a_1, \alpha_2 a_2, \alpha_3 a_3, \alpha_1^{\mathrm{p1}}\alpha_2^{\mathrm{p2}}\alpha_3^{\mathrm{p3}} a_4, \cdots, \alpha_1^{\mathrm{q1}}\alpha_2^{\mathrm{q2}}\alpha_3^{\mathrm{q3}} a_n) \end{aligned} \tag{2.5}$$

取 $\alpha_1 = 1/a_1$、$\alpha_2 = 1/a_2$、$\alpha_3 = 1/a_3$ 并代入式（2.5），可得

$$\frac{a_0}{a_1^{\mathrm{m1}} a_2^{\mathrm{m2}} a_3^{\mathrm{m3}}} = f\left(1,1,1,\frac{a_4}{a_1^{\mathrm{p1}} a_2^{\mathrm{p2}} a_3^{\mathrm{p3}}},\cdots,\frac{a_n}{a_1^{\mathrm{q1}} a_2^{\mathrm{q2}} a_3^{\mathrm{q3}}}\right) \tag{2.6}$$

将式（2.6）简写为以下形式，即

$$\Pi_0 = f(1,1,1,\Pi_4,\cdots,\Pi_n) \tag{2.7}$$

显然，$\Pi_i(i=0,4,\cdots,n)$ 均为无量纲量，其数值与原先各量单位的选取无关，因此，由 $n+1$ 个有量纲量表示的物理关系可变化为 3 个数量为 1 的有量纲量和 $n-3$ 个无量纲量间的物理关系，这就是白金汉（Buckingham）Π 定理。

对于结构的地震问题，在线弹性范围内，可表述为如下函数关系：

$$\sigma = f(l,E,\rho,t,r,v,a,g,\omega) \tag{2.8}$$

式中，σ——结构反应应力；
l——结构构件尺寸；
E——结构构件的弹性模量；
ρ——结构构件的质量密度；
t——时间；
r——结构反应变位；
v——结构反应速度；
a——结构反应加速度；
g——重力加速度；
ω——结构自振圆频率。

取 l、E、ρ 三者为基本量，那么，其余各量均可表示为 l、E、ρ 的幂次单项式，进而可得无量纲积 Π_i，具体为

$$\begin{cases} \Pi_0 = \sigma / E \\ \Pi_4 = t / (lE^{-0.5}\rho^{0.5}) \\ \Pi_5 = r / l \\ \Pi_6 = v / (E^{0.5}\rho^{-0.5}) \\ \Pi_7 = a / (l^{-1}E\rho^{-1}) \\ \Pi_8 = g / (l^{-1}E\rho^{-1}) \\ \Pi_9 = \omega / (l^{-1}E^{0.5}\rho^{-0.5}) \end{cases} \tag{2.9}$$

定义量 A 在原型结构中的数值为 A_1，在模型中的数值为 A_{m}，那么，在模型设计中量 A 的相似比为 $A_{\mathrm{r}} = A_{\mathrm{m}} / A_1$。若使模型试验能模拟原型结构的地震反应，基于式（2.9）给出的各无量纲积，各量的相似比必须满足以下条件：

$$\begin{cases} \sigma_{\mathrm{r}} = E_{\mathrm{r}} \\ t_{\mathrm{r}} = l_{\mathrm{r}}\sqrt{\rho_{\mathrm{r}} / E_{\mathrm{r}}} \\ r_{\mathrm{r}} = l_{\mathrm{r}} \\ v_{\mathrm{r}} = \sqrt{E / \rho_{\mathrm{r}}} \\ a_{\mathrm{r}} = E_{\mathrm{r}} / (l_{\mathrm{r}}\rho_{\mathrm{r}}) = g_{\mathrm{r}} \\ \omega_{\mathrm{r}} = \sqrt{E_{\mathrm{r}} / \rho_{\mathrm{r}}} / l_{\mathrm{r}} \end{cases} \tag{2.10}$$

分析以上各相似条件可以发现，满足式（2.10）所示的全部关系是难以做到的，其主要困难在于：模型实验中 g 不可改变，应满足 $a_r = g_r = 1$，即有关系式 $E_r = l_r \rho_r$。因此，E_r、l_r 和 ρ_r 三者不能独立地任意选择，给模型设计带来极大的困难。为解决这一问题，目前一般采取如下途径[37,38]。

1）由 $E_r = l_r \rho_r$，可得 $m_r = E_r l_r^2$，式中 m_r 为模型总质量与原型质量之比，模型总质量为模型本身质量 m_m 与人工质量 m_a 之和。因此，可通过设置人工质量补足重力效应和惯性效应的不足，且这并不影响构件的刚度。显然，满足相似要求需设置的人工质量的数量为

$$m_a = E_r l_r^2 m_p - m_m \tag{2.11}$$

满足式（2.10）和式（2.11）要求的结构模型为人工质量模型。

2）在模型设计中不考虑 g 的模拟，即忽略 $g_r = 1$ 的相似要求，此时 l_r、E_r、ρ_r 可自由独立选取，这种模型称为忽略重力模型。显然，忽略 g 的相似要求，将在某种程度上给试验结果带来误差。

3）上述两种模型的差别在于是否设置人工质量，因此介于人工质量和忽略重力模型之间可推导出一种欠人工质量模型。对于大型结构的缩尺模型或采用较小长度模比的模型，其人工质量的设置难以实现。为了尽可能补足重力效应和惯性效应的不足，在模型设计中应设置尽可能多的人工质量。

上述 3 类相似要求，即地震模拟试验相似律见表 2.1。

表 2.1　地震模拟试验相似律

物理量	人工质量模型 使用非原型材料	忽略重力模型 使用非原型材料	欠人工质量模型 使用非原型材料
长度	l_r	l_r	l_r
弹性模量	E_r	E_r	E_r
等效密度	ρ_r	ρ_r	$\bar{\rho}_r = \dfrac{m_m + m_a + m_{0m}}{l_r^3 (m_p + m_{0p})}$
应力	$\sigma_r = E_r$	$\sigma_r = E_r$	$\sigma_r = E_r$
时间	$t_r = l_r^{0.5}$	$t_r = l_r \sqrt{\rho_r / E_r}$	$t_r = l_r \sqrt{\bar{\rho}_r / E_r}$
变位	$r_r = l_r$	$r_r = l_r$	$r_r = l_r$
速度	$v_r = l_r^{0.5}$	$v_r = \sqrt{E_r / \rho_r}$	$v_r = \sqrt{E_r / \bar{\rho}_r}$
加速度	$a_r = 1$	$a_r = E_r \rho_r^{-1} l_r^{-1}$	$a_r = E_r \bar{\rho}_r^{-1} l_r^{-1}$
重力加速度	$g_r = 1$		
频率	$\omega_r = l_r^{-0.5}$	$\omega_r = l_r^{-1} E_r^{0.5} \rho_r^{-0.5}$	$\omega_r = l_r^{-1} E_r^{0.5} \bar{\rho}_r^{-0.5}$

2.2　筒体结构模型

2.2.1　筒中筒结构模型的设计与制作

1．模型设计

本节参照现有的工程经验、规程[39,40]及模型试验方法[41]，设计了 1 个 14 层钢筋混凝土筒中筒原型结构，按 8 度抗震设防，II 类场地土设计。模型按 1∶10 制作[12,42]。模型除底层层高为 340mm 外，其余层高均为 300mm，模型平面尺寸为 1140mm×1140mm，沿四周按等间距布置 24 根柱，柱距为 190mm；模型总高为 4240mm；模型高宽比 H/B=3.72；结构模型及加载简图如图 2.1 所示，图中 e_0 为偏心距，F_1 为中部加载，F_2 为顶部加载。中柱截面为 25mm×50mm，角柱为 L 形截面，每肢尺寸为 25mm×50mm，裙梁截面为 25mm×80mm；核心筒壁厚为 20mm，连梁截面为 20mm×80mm；楼板厚为 10mm，与框筒及核心筒整体现浇，加载顶板厚为 150mm，顶板质量为 670kg，底板厚为 200mm。第 7 层楼板中心部位与加载顶板中心均设水平加载附件，如图 2.2 所示，质量分别为 181kg、180kg，图中 P 为竖向荷载。为弥补自重应力的不足，在整个试验过程中，1～6 层楼板上附加 250kg 砝码。

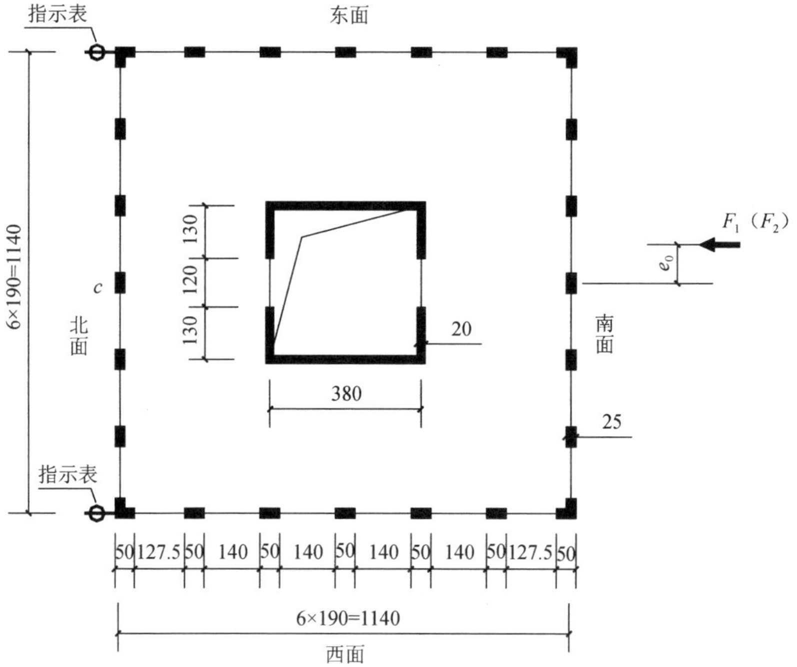

（a）模型结构平面图

图 2.1　筒中筒结构模型（单位：mm）

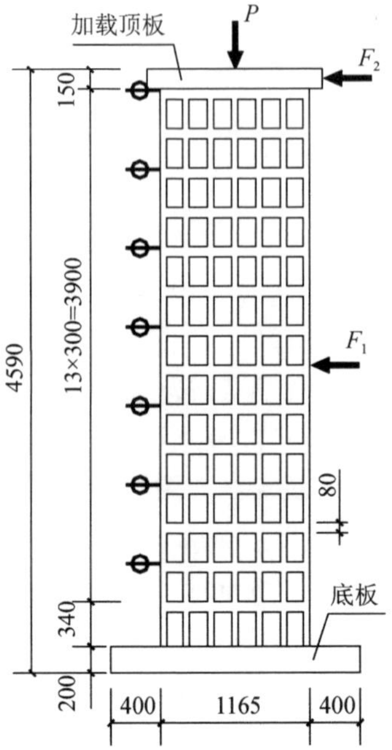

（b）模型结构侧立面及加载简图

图 2.1（续）

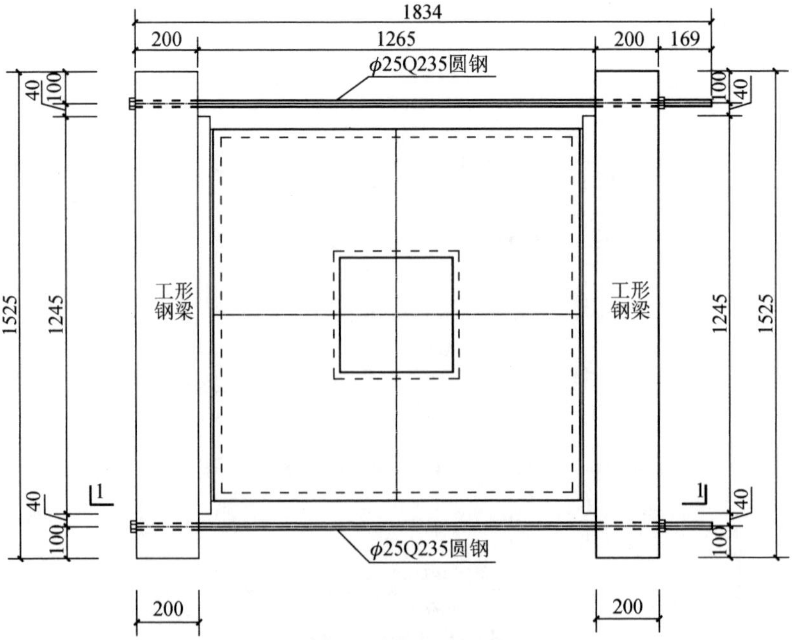

（a）水平加载附件的平面图

图 2.2　水平加载附件简图（单位：mm）

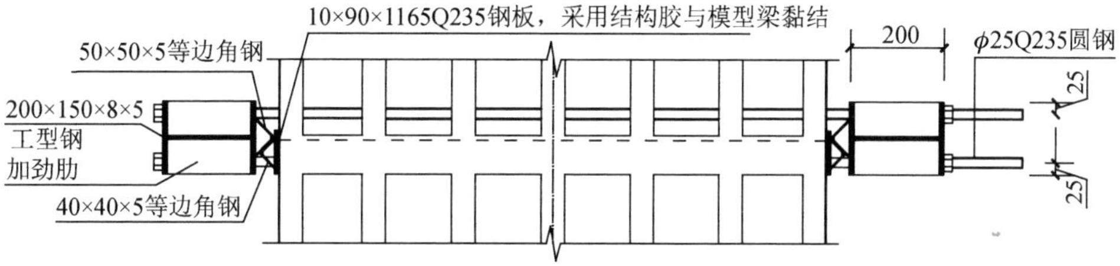

（b）水平加载附件的剖面图

图 2.2（续）

2. 模型制作

筒中筒结构模型采用配筋砂浆浇筑，水泥强度等级为 52.5，设计强度等级为 C30。试验初步设计时的砂浆配比在实际施工时做了调整，经过多次试配和试压，级配砂由石英砂和经筛分的砂组成，砂浆的实际质量配比见表 2.2。

表 2.2　砂浆的实际质量配比

项目		第一层	第二层	第三层以上
水泥：级配砂：水		1：3：0.55	1：2.8：0.55	1：2.8：0.6
砂的级配组成	2.36～3.35mm 石英砂/%	20	10	8
	1.7～2.36mm 石英砂/%	25	25	15
	1.25～5mm 粗砂/%	5	15	13
	0.63～1.25mm 中砂/%	20	20	20
	0.16～0.63mm 细砂/%	20	20	39
	0.045mm 石英粉/%	10	10	5
减水剂与水泥用量之比/%		0.8	0.8	0.8

配筋采用镀锌钢丝，梁、柱均为双筋截面。楼板采用厚度为 10mm 的配筋砂浆浇筑，配单层钢筋网。核心筒墙体采用 20mm 厚的配筋砂浆浇筑，配单层钢筋网。顶板及底板采用现浇钢筋混凝土板。混凝土强度等级为 C20，钢筋为 HRB335，配双层钢筋网。底板洞口补强及吊钩采用 HRB335 钢筋。底板洞口补强钢筋形成井字形，上下配置两层。顶板配箍筋形成暗梁。钢筋及钢丝应有足够的锚固长度。楼板与内外筒整体现浇。底板四点设置吊钩，吊钩伸入底板底部并弯折。

镀锌钢丝表面没有刻痕，因此其与砂浆的黏结性能不能模拟螺纹钢筋与混凝土的黏结性能，这可能会导致裂缝的不均匀分布。

本书进行初步设计时，曾考虑采用微粒混凝土代替砂浆。微粒混凝土在小比例高层结构模型中是应用较多的，它的特点是弹性模量较小，在建立模型相似关系时具有配重较小的优势，但其强度较小，施工也不易掌握。

筒中筒结构模型制作与实际高层建筑结构的施工方法相同，采用的是逐层现浇的方法。这种方法的施工顺序如下：先绑扎钢丝、置模、浇注砂浆成型，待砂浆具备一定的强度之后，再进行下一层的施工。该方法能保证楼板与内外筒之间有良好的黏结性，但施工周期较长，不易保证结构较精确的垂直度。为了节约经费，筒中筒结构模型制作采用了木制模板，为了防止木模受潮变形，所有木模表面都用清漆涂刷。但木模用来制作模型，本身存在缺陷：一是表面清漆被损坏后会受潮，导致木模本身发生变形，多次使用后变形更大；二是模型的振捣质量状况只能等到拆模之后才能发现，若出现质量问题，不易弥补，尤其是当构件尺寸很小时，问题更为突出。因而，建议制作小比例模型用的模板宜采用玻璃，它正好可以弥补上述缺陷，拆模时只需将其敲碎即可。

筒中筒结构模型制作过程中，实测砂浆的质量密度为 $\rho = 2.17\times10^3\,\mathrm{kg/m^3}$，立方体抗压强度为 $f_{\mathrm{cu}} = 36.4\,\mathrm{MPa}$，抗压弹性模量 $E_{\mathrm{c}} = 2.62\times10^4\,\mathrm{MPa}$。模型配筋材料为光圆镀锌钢丝，其材料性能指标见表 2.3。模型的角柱、中柱、裙梁和核心筒墙肢配筋如图 2.3 所示。连梁配单排双向钢筋，上部、下部水平筋规格为 $\phi3.0$，中间分布筋为 2$\phi2.2$，竖向分布筋为 $\phi1.8$@20mm；楼板配单层双向 $\phi1.6$@40mm 钢丝网；加载顶板配 HRB335 双层双向钢筋网 $\phi14$@120mm。筒中筒结构模型照片如图 2.4 所示。

表 2.3　镀锌钢丝的材料性能指标

直径/mm	弹性模量/MPa	屈服强度/MPa	极限强度/MPa
$\phi3.0$	1.68×10^5	378.9	410.3
$\phi2.2$	1.55×10^5	342.0	454.4
$\phi1.8$	1.54×10^5	294.7	432.3
$\phi1.6$	1.34×10^5	287.5	446.4

3. 模型相似关系

筒中筒结构模型和原型的主要相似关系如下：长度 $l_{\mathrm{r}} = 1/10$，弹模 $E_{\mathrm{r}} = 0.865$，每层质量为 79.8kg，顶板质量为 0.67t（原型钢筋混凝土质量密度 $\rho_{\mathrm{p}} = 2.4\times10^3\,\mathrm{kg/m^3}$，模型配筋砂浆质量密度 $\rho_{\mathrm{m}} = 2.27\times10^3\,\mathrm{kg/m^3}$）。

经初步计算，若采用人工质量模型，附加的人工质量为 650kg，其他的相似关系为 $a_{\mathrm{r}} = g_{\mathrm{r}} = 1$，$t_{\mathrm{r}} = 0.316$，$\omega_{\mathrm{r}} = 3.162$。如果考虑活载，不考虑非结构构件的模拟，取活载标准值为 2kN/m^2，准永久值系数为 0.4，则每层需施加的活载质量为 75.0kg。模型的楼层空间不足，因而没有考虑采用人工质量模型。

本节试验采用了欠人工质量模型，考虑活荷载模拟、不考虑非结构构件。1～6 层顶板每层配重 250kg；自重应力通过模型顶板上加竖向荷载补足底层的自重应力，竖向荷载为 72kN，筒中筒结构模型与原型相似关系见表 2.4。

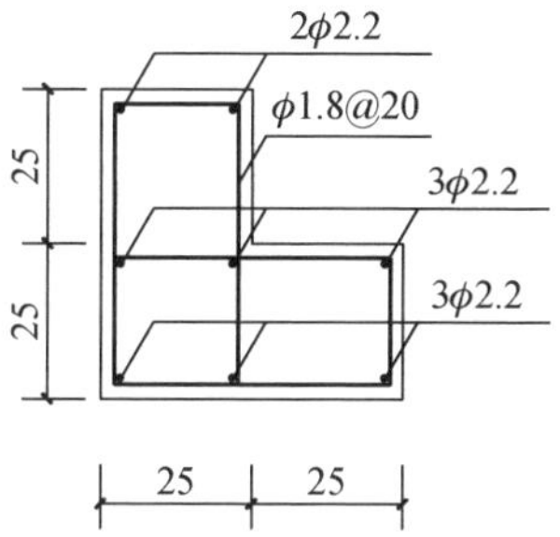

（a）角柱配筋图

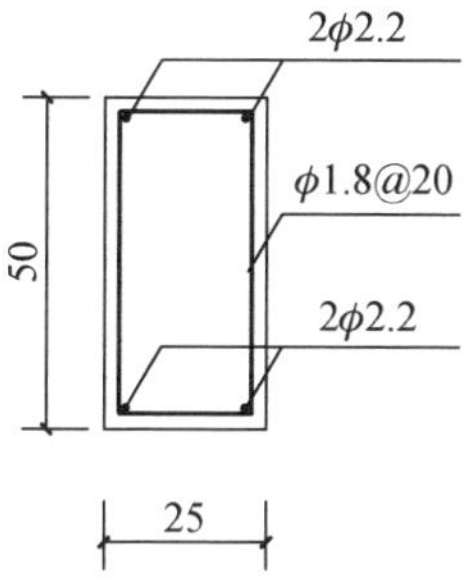

（b）中柱配筋图

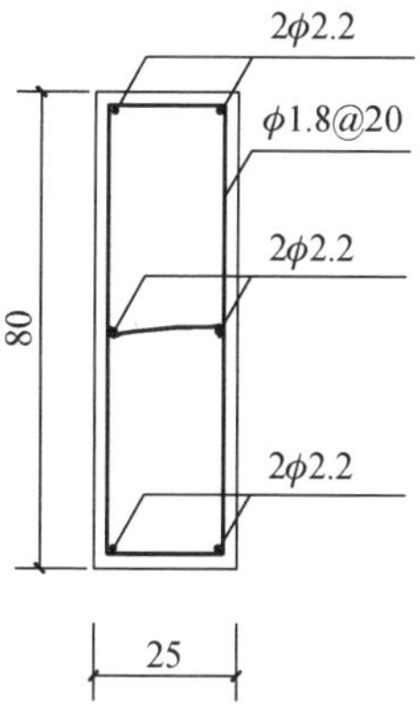

（c）裙梁配筋图

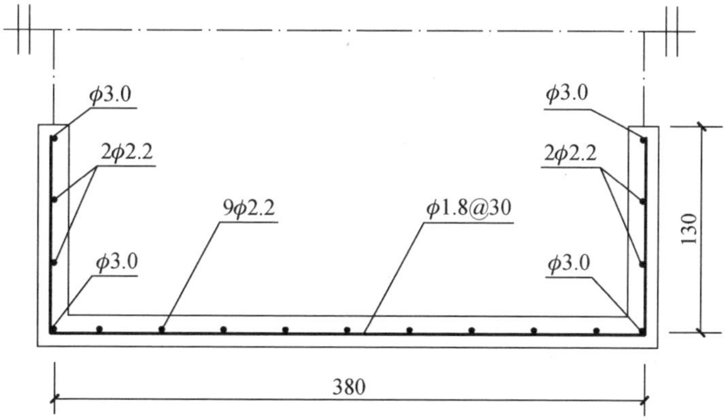

（d）墙体截面配筋图

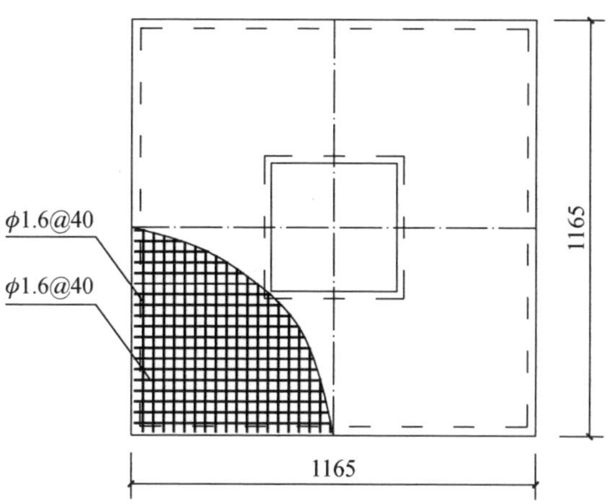

（e）楼板配筋图

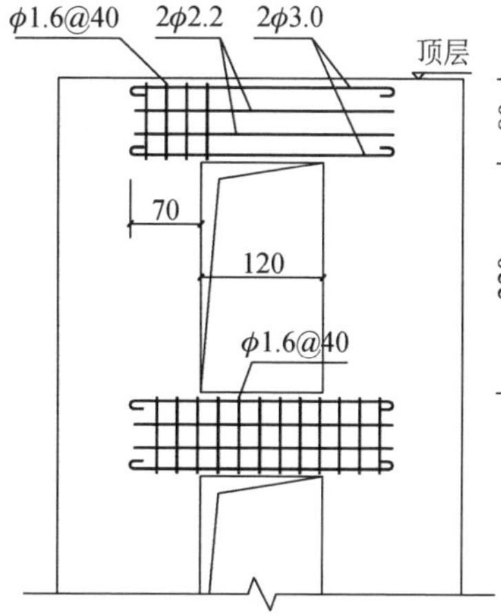

（f）连梁配筋图

图 2.3　筒中筒结构模型配筋图（单位：mm）

图 2.4　筒中筒结构模型照片

表 2.4　筒中筒结构模型与原型的相似关系

物理量	计算公式	相似系数	物理量	计算公式	相似系数
长度	l_r	1/10	弹性模量	E_r	0.865
等效密度	$\rho_r=(m_m+m_a)/l_r^3 m_p$	3.359	应力	$\sigma_r=E_r$	0.865
时间	$t_r=l_r\sqrt{\rho_r/E_r}$	0.211	变位	$r_r=l_r$	1/10
速度	$v_r=\sqrt{E_r/\rho_r}$	0.491	加速度	$a_r=E_r/(l_r\rho_r)$	2.410
频率	$\omega_r=\sqrt{E_r/\rho_r}/l_r$	4.909			

2.2.2　组合筒体结构模型的设计与制作

1. 模型设计

本节参照高层建筑混凝土结构技术规程及模型设计方法，设计了 1 个 13 层钢管混凝土组合筒体结构模型[43]，按 8 度抗震设防，II类场地土设计。模型按 1∶10 制作，平面尺寸为 1800mm×1800mm，总高为 4750mm，其高宽比 H/B=2.64。

模型的第 1～4 层层高为 450mm，沿四周等距布置 8 根钢管混凝土柱，柱距为 900mm，钢管尺寸（外径×壁厚）为 121.6mm×4.68mm；混凝土梁的截面尺寸为 40mm×80mm；各层楼板厚度为 15mm，配单层ϕ1.8@40mm 钢丝网。核心筒边长为 600mm，壁厚为 30mm，配单层钢丝网，四面均开 150mm×300mm 洞口。

第 5 层为型钢混凝土梁式转换层，转换梁截面尺寸为 70mm×160mm，配置ϕ4.2mm 架立钢筋于四角，中间配置工字钢，楼板厚为 20mm，核心筒壁厚为 30mm，四面均居中开设尺寸为 150mm×300mm 的洞口。

第 6～13 层为密柱深梁筒中筒结构。沿外筒四周等间距布置 24 根柱，柱距为 300mm，角柱为 89.5mm×4.20mm（外径×壁厚）钢管混凝土柱，中柱截面尺寸为 50mm×90mm 的混凝土柱；裙梁截面为 50mm×90mm；第 6～12 层楼板厚度均为 15mm，第 13 层楼板厚度为 20mm；核心筒壁厚为 20mm，四面均居中开设尺寸为 150mm×220mm 的洞口。

钢管混凝土柱与钢筋混凝土梁连接方式采用环形节点连接，中间设一道ϕ6mm 抗剪环。钢管内采用 C40 细石混凝土浇筑，其他部位采用 C40 石英砂浆浇筑，模型主要受力筋为ϕ4.2mm 热轧刻痕钢丝和ϕ1.8mm 钢丝。顶部荷载分布板及底座采用现浇钢筋混凝土浇筑，混凝土强度等级为 C25。

模型顶部钢筋混凝土荷载分布板厚为 150mm，长宽均为 1850mm，对应核心筒位置开孔，板底与第 13 层楼板用纤维布隔开，减少竖向加载装置对模型水平移动的约束。模型设计如图 2.5～图 2.8 所示。

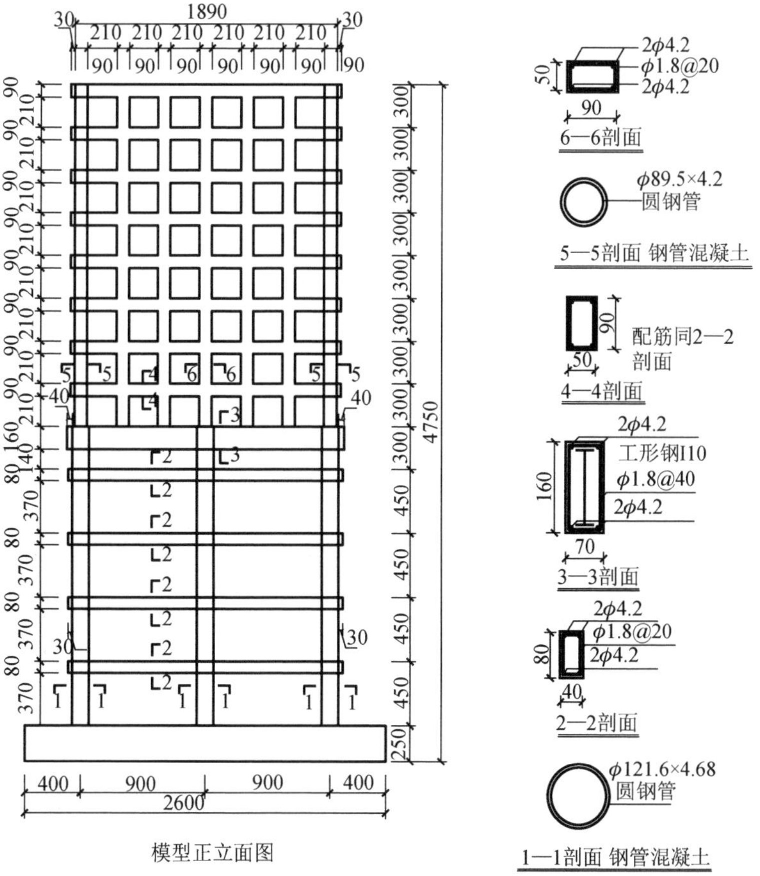

图 2.5　组合筒体结构模型立面图（单位：mm）

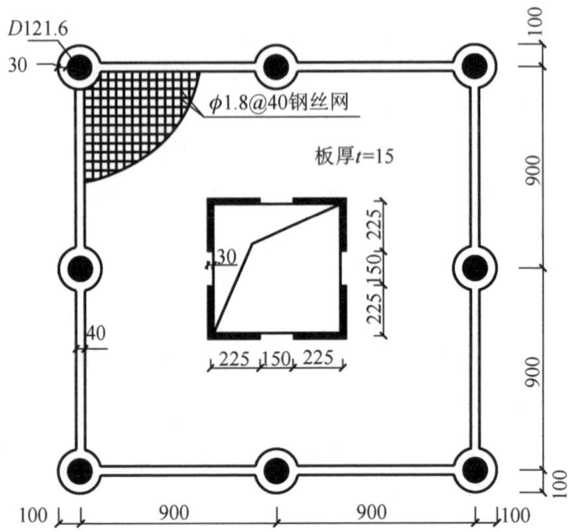

（a）1～5层平面图

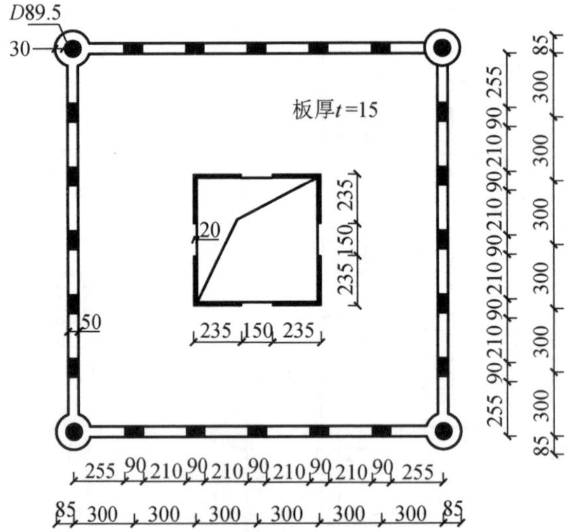

（b）6～13层平面图

图 2.6　组合筒体结构模型平面图（单位：mm）

2. 模型制作

组合筒体结构模型的钢管内用细石混凝土浇筑，其他构件采用配筋石英砂浆，水泥标号为 42.5。钢管及混凝土的材料性能指标见表 2.5，钢丝的材料性能指标见表 2.6，石英砂浆的实际质量配比见表 2.7，各楼层的石英砂浆强度见表 2.8。以上指标均为实测平均值，混凝土试块尺寸为 150mm×150mm×150mm，砂浆试块尺寸为 70.7mm× 70.7mm×70.7mm。

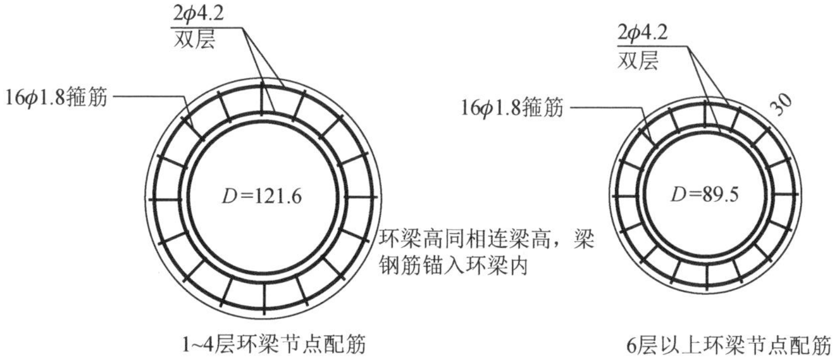

图 2.7　钢管梁柱环形节点构造

图 2.8　组合筒体结构模型照片

表 2.5　钢管及混凝土的材料性能指标

层数	钢管直径/mm	钢管壁厚/mm	钢管钢材屈服强度/MPa	钢管钢材极限强度/MPa	钢管弹性模量/MPa	实测混凝土强度/MPa	实测混凝土弹性模量/MPa
1～5	121.6	4.68	196.2	351.4	2.08×10^5	64.8	4.92×10^4
6～13	89.5	4.20	177.1	334.1	2.06×10^5	76.04	—

表 2.6　钢丝的材料性能指标

直径/mm	屈服强度/MPa	极限强度/MPa	弹性模量/MPa	伸长率/%
1.8	278.3	327.4	1.58×10^5	23.2
4.2	240.8	283.3	1.79×10^5	24.3

表 2.7　石英砂浆的实际质量配比

项目	石英砂粒径/mm					
	2.36～3.35	1.7～2.36	0.425～0.85	0.212～0.425	0.15～0.212	≤0.045
石英砂级配组成/%	25	30	15	15	10	5
水泥：石英砂：水	1：3：0.5					
减水剂与水泥用量之比/%	0.4					

表 2.8　各楼层的石英砂浆强度　　（单位：MPa）

1 层	2 层	3 层	4 层	5 层	6 层	7 层	8 层	9 层	10 层	11 层	12 层	13 层
58.1	55.6	52.3	67.8	69.0	64.1	65.5	68.1	69.4	60.8	52.5	49.2	60.4

组合筒体结构模型制作方式与高层建筑结构的施工方法相同，采用的是逐层现浇的方法，施工顺序为：先对下层绑扎钢丝、支模、浇筑细石混凝土成型，待混凝土具备一定的强度之后，再进行上一层的施工，依此循环。

组合筒体结构模型立于长×宽×厚为 2600mm×2600mm×250mm 的混凝土底座上，底层的 8 根钢管柱和内筒所配钢筋全部锚入底座，并与底座下排钢筋网焊接。为了对底部筒体加强，在内筒四角处各附加一根ϕ4.2mm 钢筋锚固于底座，至第二层顶。

组合筒体结构模型采用玻璃模板支模。传统的木模板虽能反复使用，但易受潮变形，导致模型跑模变形；同时，组合筒体结构模型构件细小，只能采用人工振捣，采用木模板需等到拆模之后方能查看振捣效果的好坏，若有质量问题不易弥补。组合筒体结构采用玻璃模板能有效地解决以上问题，需要注意的是控制振捣力度，力度过大会导致玻璃模板开裂，甚至破坏；力度过小则振捣不实。另外，玻璃模板拆模时可直接将玻璃敲掉，不能循环使用，成本相对较高。

3. 模型相似关系

组合筒体结构模型和原型的主要相似关系如下：长度 $l_{\mathrm{r}}=1/10$，弹性模量 $E_{\mathrm{r}}=0.928$。组合筒体结构模型的各楼层自重如表 2.9 所示。

表 2.9　组合筒体结构模型的各楼层质量　　（单位：kg）

第 1～4 层（每层）	转换层（第 5 层）	第 6～12 层（每层）	顶层（第 13 层）
368	713	265	293

由于受楼层空间不足限制，本节试验采用了欠人工质量模型，考虑自重和活荷载模拟，不考虑非结构构件。欠人工质量模型通过楼层堆加砝码和顶层施加竖向千斤顶荷载实现。组合筒体结构模型的各楼层附加砝码质量见表 2.10。

表 2.10　组合筒体结构模型的各楼层附加砝码质量　（单位：kg）

1 层	2 层	3 层	4 层	5 层	6 层	7 层	8 层	9 层	10 层	11 层	12 层	13 层
1200	1200	1200	1200	640	1100	1100	1200	1200	1200	1200	400	2250

自重应力通过模型顶板上施加竖向荷载补足底层的自重应力，竖向荷载为 100kN，模型顶部的荷载分布板质量为 2250kg。模型共附加了 13890kg 人工质量和 100kN 竖向荷载，按文献[40]计算得到的主要相似关系见表 2.11。

表 2.11　组合筒体结构模型与原型的相似关系

物理量	计算公式	相似系数	物理量	计算公式	相似系数
长度	l_r	1/10	弹性模量	E_r	0.928
等效密度	$\rho_r=(m_m+m_a)/l_r^3 m_p$	6.94	应力	$\sigma_r=E_r$	0.928
时间	$t_r=l_r\sqrt{\rho_r/E_r}$	0.273	变位	$r_r=l_r$	1/10
速度	$v_r=\sqrt{E_r/\rho_r}$	0.361	加速度	$a_r=E_r/(l_r\rho_r)$	1.34
频率	$\omega_r=\sqrt{E_r/\rho_r}/l_r$	3.606			

第 3 章 筒体结构模型的静力荷载试验与分析

筒体结构存在剪力滞现象，虽然剪力滞削弱了筒体结构的空间作用性能，但由于其具有侧向刚度大，能提供较大使用空间、实用、经济等优点，因此，仍被广泛应用于超高层建筑结构体系中。

在筒体结构中，框筒侧向变形以剪切型为主，核心筒常以弯曲变形为主，二者通过楼板联系共同抵抗水平力。筒中筒结构体系具有其组成部分各自的优点：一方面，结构墙和筒体具有较大的侧向刚度，当地震、风荷载作用时，对结构的层间侧向位移具有很好的控制作用，并且能避免结构在柱上产生塑性铰，形成薄弱层；另一方面，延性框筒与核心筒相互作用，可以起到明显的能量消耗作用。

本章试验研究包括 3 个部分：筒体结构模型在水平荷载和平扭耦合荷载作用下的静力弹性试验[44,45]；等效两个自由度体系的拟动力试验[46]；筒体结构模型在整个试验过程中的动力特性研究。

为进一步研究筒体结构在水平荷载和平扭耦合荷载作用下的弹性反应，本章进行了筒体模型的静力荷载试验，并进行了相关分析。

3.1 筒中筒结构模型的静力荷载试验

3.1.1 试验内容

对筒中筒结构模型进行静力荷载试验，水平静力单向加载示意图如图 2.1（b）所示，模型照片如图 2.4 所示。加载采用分级加载制度，中部加载 F_1、顶部加载 F_2 的作用点高度分别位于第 7 层楼板中心面、顶板中心面，加载工况主要分为 3 类：①中部加载，即 $F_1 \neq 0$，$F_2 = 0$；②顶部加载，即 $F_1 = 0$，$F_2 \neq 0$；③中部、顶部同时加载，即 $F_1 = F_2 \neq 0$。每类工况分别改变偏心距 e_0 和竖向荷载 P 的大小（偏心距的大小分别为 $e_0 = 0$，$e_0 = 100\text{mm}$，$e_0 = 200\text{mm}$；竖向荷载的大小分别为 $P = 0$，$P = 68\text{kN}$）。

在北面上下角柱与楼板连接部位每隔两层设置两个指示表，以量测该层的平均水平位移和转角位移；应变测试采用应变片贴于外框筒和核心筒外表面，分布于第 1～4 层。

3.1.2 水平位移测试与分析

水平位移对比图如图 3.1～图 3.3 所示。

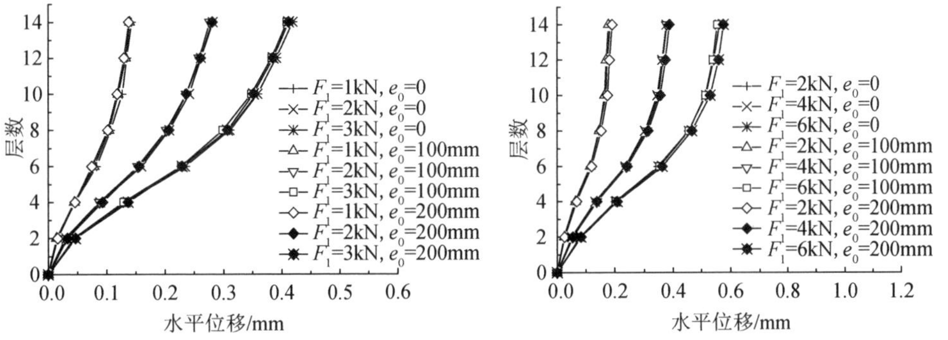

（a）P=0　　（b）P=68kN

图 3.1　中部加载的水平位移对比图（$F_2 = 0$）

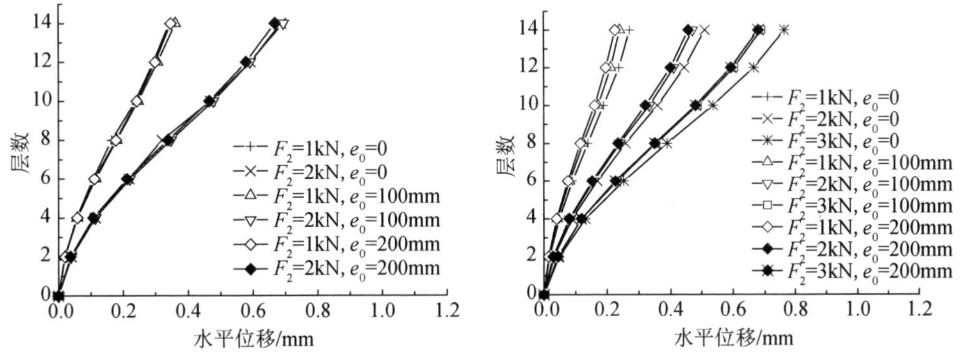

（a）P=0　　（b）P=68kN

图 3.2　顶部加载的水平位移对比图（$F_1 = 0$）

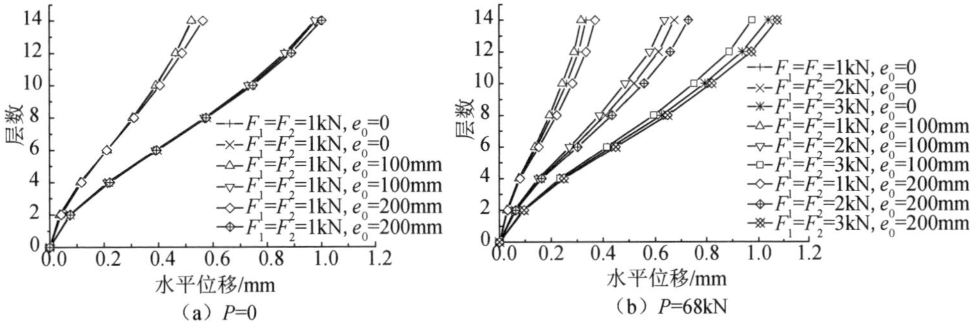

（a）P=0　　（b）P=68kN

图 3.3　中部、顶部同时加载的水平位移对比图（$F_1 = F_2 \neq 0$）

由图 3.1～图 3.3 可以得出如下结论。

1）筒中筒结构模型在水平荷载作用下的位移曲线呈现出较为明显的弯剪综合变形特征，曲线存在反弯点，在反弯点以下，以弯曲变形为主；反弯点以上，以剪切变形为主。当中部加载及中部、顶部同时等荷载大小加载时，反弯点的位置均在 0.43～0.57H 内变化（H 为模型总高）；当顶部单独加载时，反弯点位置会往上移，在 0.57～0.71H 内变化。这说明，筒中筒结构模型在水平荷载作用下的弯剪变形曲线存在反弯点，反弯点的位置与荷载作用的位置、荷载分布形式有关，大致趋势是随结构上部荷载分布量的增大往上移动，荷载值的大小对其影响较小。

2）筒中筒结构模型在外部作用较小的情况下，基本上满足线弹性假定。

3）在相同的水平荷载作用下、偏心距大小不相同时，筒中筒结构模型的整体水平位移基本一致，即筒中筒结构模型在平扭耦合作用下，可将结构平移和扭转分开计算，然后再进行叠加。

4）图 3.4 所示为竖向荷载对筒中筒结构模型的水平位移影响的对比图，在筒中筒结构模型顶部施加竖向作用力，结构的抗侧刚度变大，水平变位变小。产生这种变化有两种原因：一是竖向力是用千斤顶通过滚轴施加的，摩擦不可避免，实际上增加了对模型顶部的约束；二是增大竖向应力会使结构和竖向承重构件的抗侧刚度增大，这是结构和构件试验中普遍存在的现象，也是侧向刚度增大的主要原因，这是普通有限元理论所无法解释的现象。

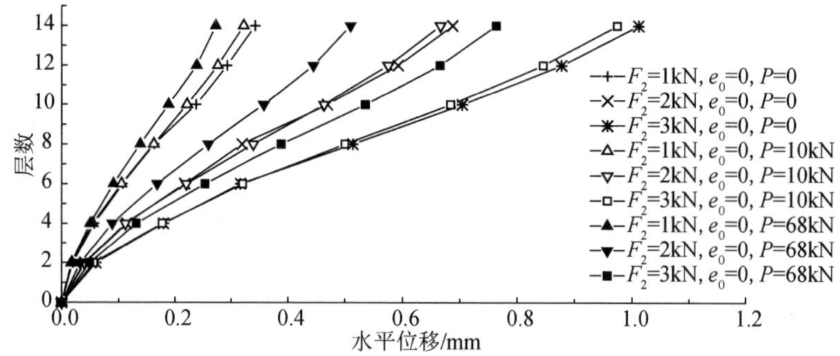

图 3.4　竖向荷载对筒中筒结构模型的水平位移影响的对比图（一）

5）图 3.5 所示为不同加载方式下筒中筒结构模型的水平位移对比图，对中部、顶部同时加载，将筒中筒结构模型的水平位移与中部、顶部分别加载后的水平位移之和进行对比可知，前者位移反应稍微偏大，二者较为接近，可以近似认为叠加原理在弹性阶段是适用的。

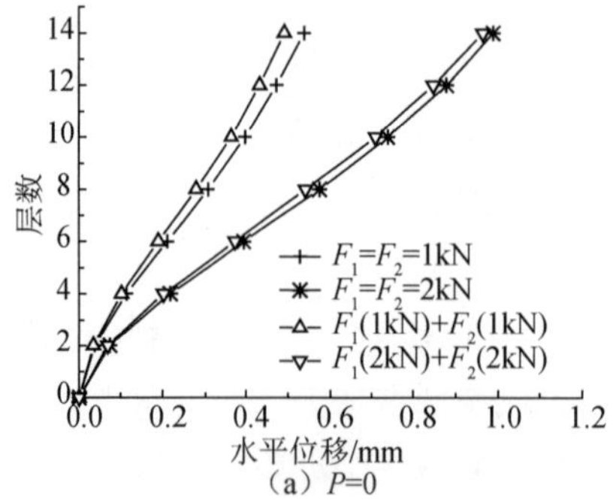

（a）P=0

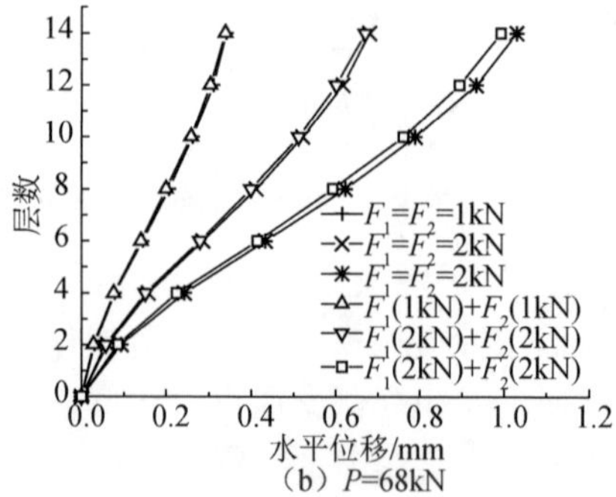

（b）P=68kN

图 3.5　不同加载方式下筒中筒结构模型的水平位移对比图（一）

3.1.3 扭转角位移测试与分析

筒中筒结构模型的扭转角位移对比图如图 3.6～图 3.8 所示。

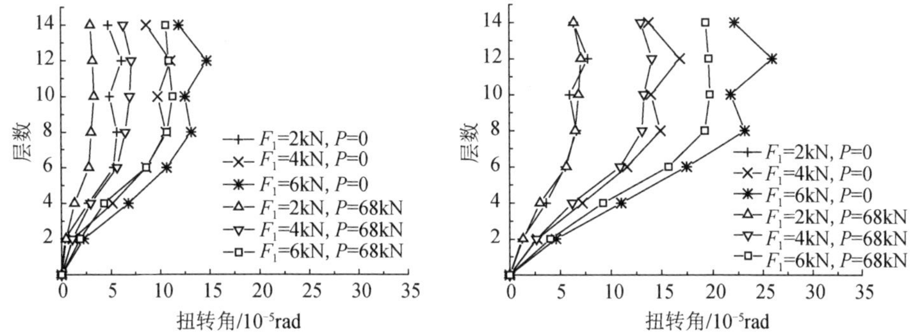

（a）e_0=100mm （b）e_0=200mm

图 3.6 中部偏心荷载作用下的扭转角位移对比图

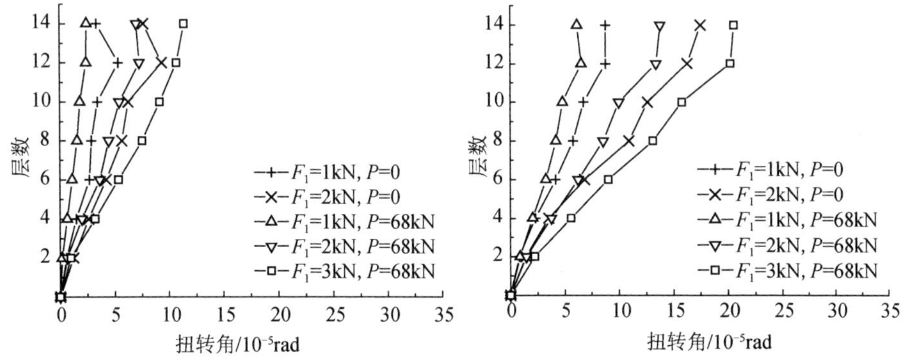

（a）e_0=100mm （b）e_0=200mm

图 3.7 顶部偏心荷载作用下的扭转角位移对比图

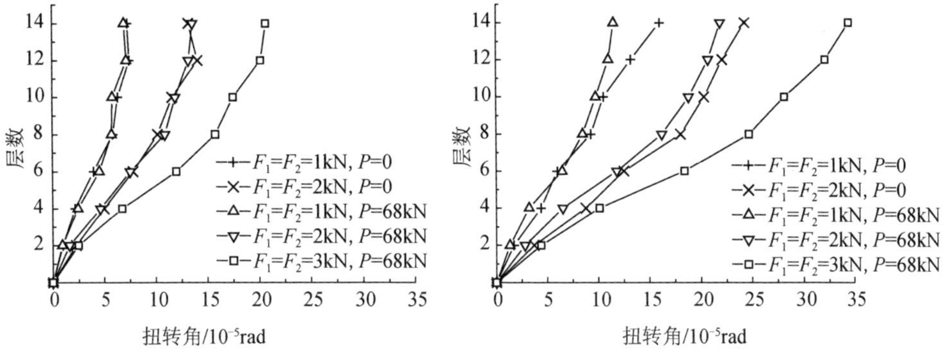

（a）e_0=100mm （b）e_0=200mm

图 3.8 中部、顶部偏心荷载作用下的扭转角位移对比图

由图 3.6～图 3.8 可以得出：

1）在中部偏心荷载作用下，筒中筒结构模型底层的扭转变位较小，第 2 层～第 7 层的扭转角基本上接近直线。而在 8 层以上扭转角变化较小，顶层的扭转角比第 8 层稍小。当顶部无竖向荷载作用时，8 层以上的扭转出现了较大的拐折，这可能是无竖向作用时，加载顶板的刚度和质量对该部分影响较大造成的。

2）在中部、顶部同时作用偏心荷载时，扭转角沿高度的变化，除在底部和顶部较小外，基本上接近于直线。

3）在偏心荷载较小的情况下，结构的扭转基本上满足线弹性假定。

4）竖向荷载的增大使结构模型的扭转变位变小，顶部作用的摩擦力对结构扭转产生的影响可以忽略，可以认为扭转刚度的增大是弹性模量的增大造成的。

5）本书设计的筒中筒结构模型，质量和刚度均对称，但在实际施工过程中，由于材料的离散性，施工质量偏差，模型各层均会产生一定的初始偏心距，而且初始偏心距沿模型高度分布不在同一条直线上。在这种情况下，力矩等效原理是不适用的。

3.1.4　应变分析

外框筒及核心筒的应变片布置如图 3.9 所示，测得的应变值如图 3.10 所示。

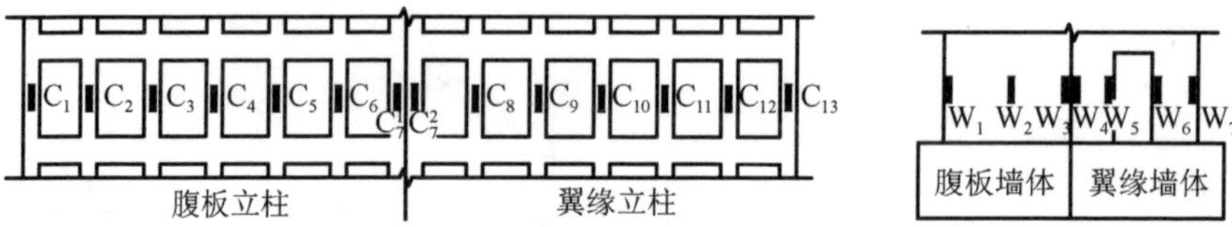

（a）外框筒第2层应变片布置　　　　（b）核心筒底层应变片布置

图 3.9　应变片布置

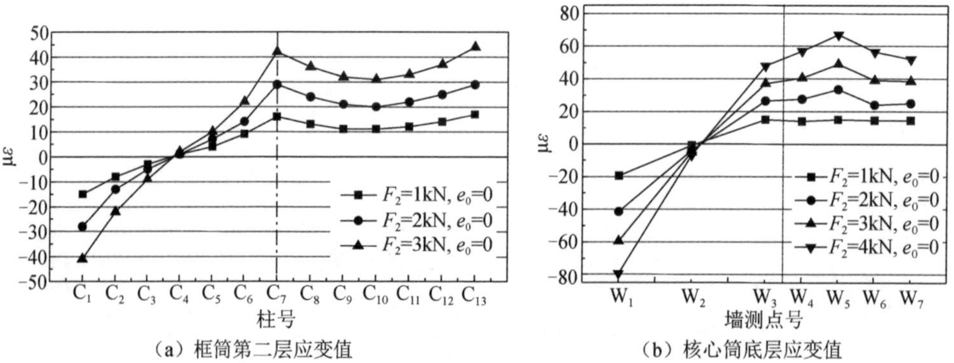

（a）框筒第二层应变值　　　　（b）核心筒底层应变值

图 3.10　测得的应变值

从外框筒第 2 层的应变结果可以看出，剪力滞后现象较为明显，因而对外框筒的分析方法，应能反映剪力滞后现象；核心筒的荷载作用方向为南北向，且其东面无洞口，因此核心筒墙肢的翼缘较短。在这种情况下，除洞口边 W_5 应变值可能由于洞口削弱效应影响稍偏大外，可以认为翼缘墙肢不存在剪力滞后，近似采用平截面假定是可行的。

3.2　组合筒体结构模型的静力荷载试验

3.2.1　试验方法

对组合筒体结构模型进行静力荷载试验，加载采用分级加载制度，中部荷载 F_1、顶部荷载 F_2 的作用点高度分别位于第 5 层（即转换层）、第 13 层（即顶层）楼板中心面位置处。加载工况主要分为 3 类：①中部加载，即 $F_1 \neq 0$， $F_2 = 0$；②顶部加载，即 $F_1 = 0$， $F_2 \neq 0$；③中部、顶部同时加载，即 $F_1 = F_2 \neq 0$。每类工况分别改变偏心距 e_0 和荷载 P 的大小（偏心距的大小分别为 $e_0 = 0$，$e_0 = 150\text{mm}$，$e_0 = 300\text{mm}$）[47]。

3.2.2　水平位移测试及分析

组合筒体结构模型在水平荷载作用下，水平位移对比图如图 3.11～图 3.14 所示，可以得到以下几点规律[48]。

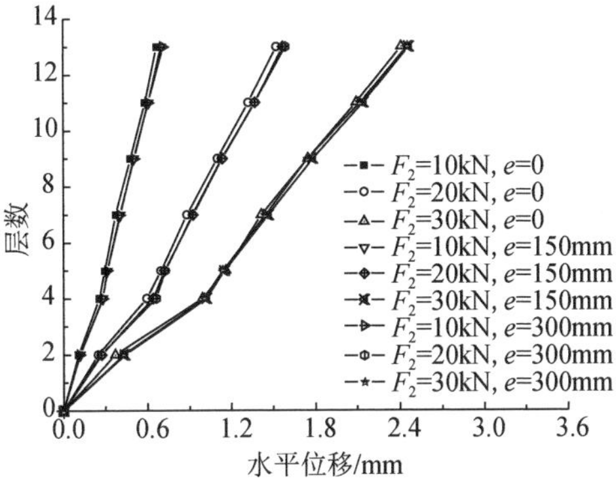

图 3.11　顶部（第 13 层）水平位移对比图

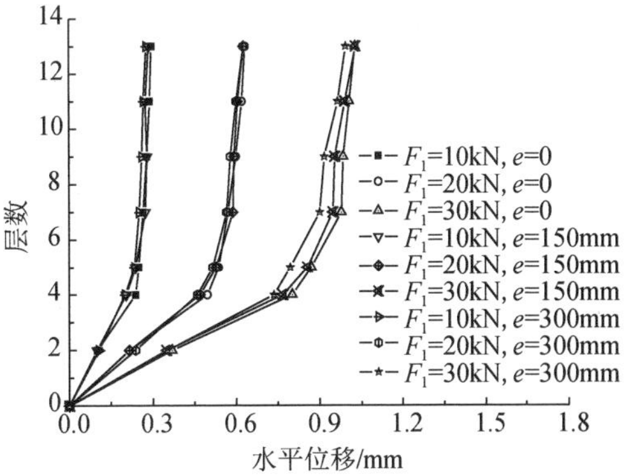

图 3.12　中部（转换层）水平位移对比图

1）由图 3.11 和图 3.12 可以看出，组合筒体结构模型在较小的荷载作用下，基本上满足线弹性假定，结构的位移曲线呈弯剪综合变形特征，在组合筒体结构模型底下几层以弯曲变形为主，组合筒体结构模型上层则以剪切变形为主。

组合筒体结构模型底部外框支内核心筒结构楼层刚度较小，上层筒中筒结构楼层刚度较大，且底层层高又高于上部楼层层高，因此底部楼层的层间位移相对上部楼层的要稍大一些。而且，组合筒体结构模型的中部（第 5 层）位置设计为梁式转换层，楼层刚度相当大，它对结构侧移的影响主要集中在结构的上部，使结构的顶点位移与层间相对位移都有所减小，只是后者减小的幅度稍大而已。这样就导致了组合筒体结构模型的水平位移曲线没有明显的反弯点，而是在转换层附近出现一较为明显的拐点。

2）组合筒体结构模型在相同水平荷载作用下，偏心距大小不同时，得到的整体水平位移基本上是相等的。因此，结构在平扭耦合作用下，可以将结构平移和扭转分开计算，然后再进行叠加。

3）图 3.13 所示为竖向荷载对组合筒体结构模型的水平位移影响的对比图。在不断增加竖向作用力时，模型的侧移会有所减小，即增大竖向作用力能增大结构的抗侧移刚度，这一现象是结构和构件试验中普遍存在的现象。

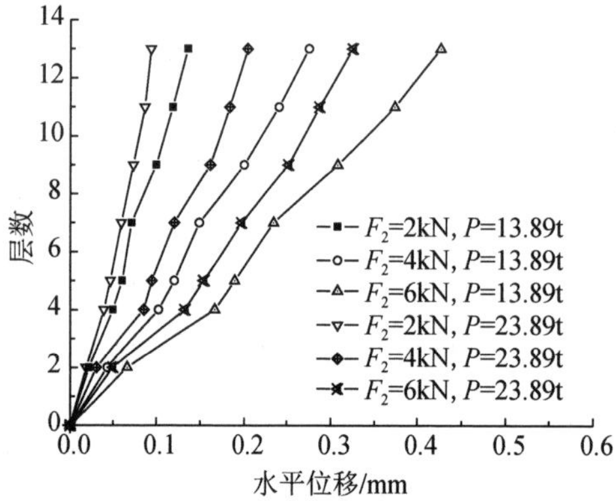

（a）顶部加载

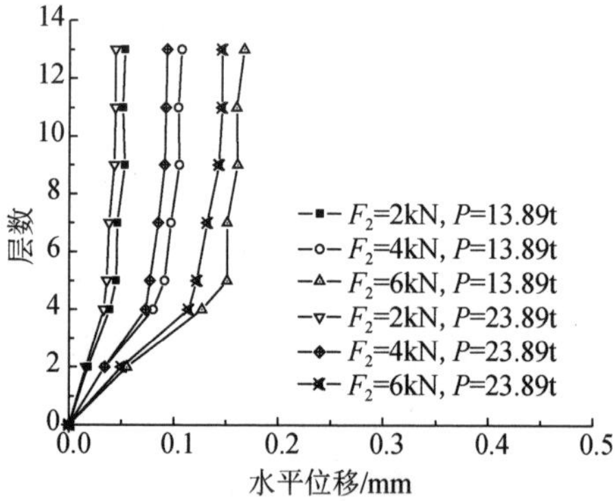

（b）转换层加载

图 3.13　竖向荷载对组合筒体结构模型水平位移影响的对比图（二）

4）图 3.14 所示为不同加载方式下组合筒体结构模型的水平位移对比图。对中部、顶部同时加载时，结构的水平位移与中部、顶部分别加载后的水平位移之和进行对比可以看出，两者相差无几，可以近似认为叠加原理在结构弹性阶段是适用的。

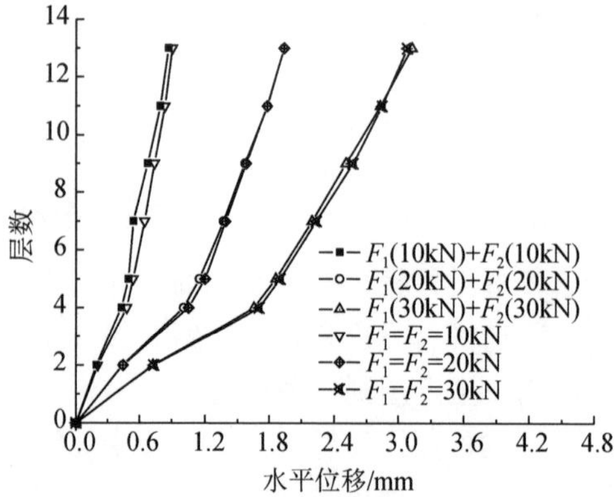

图 3.14　不同加载方式下组合筒体结构模型的水平位移对比图（二）

通过外框支框筒内核心筒结构模型的静力荷载试验，可以发现这种竖向刚度突变的筒体结构的水平位移曲线虽然仍表现着弯剪综合特性，但其已不具有明显的反弯点，而是表现出一个位移拐点，拐点位置出现在转换层附近。

3.2.3　扭转角位移测试与分析

组合筒体结构模型的扭转角位移对比图如图 3.15～图 3.17 所示。

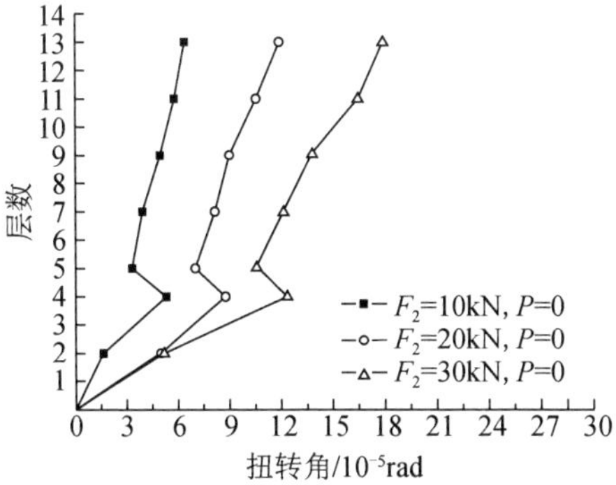

（a）e=150mm

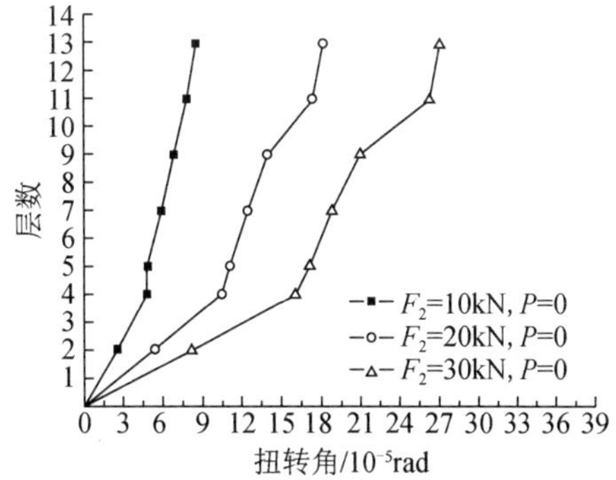

（b）e=300mm

图 3.15　顶部（第 13 层）偏心荷载作用下模型的扭转角位移对比图

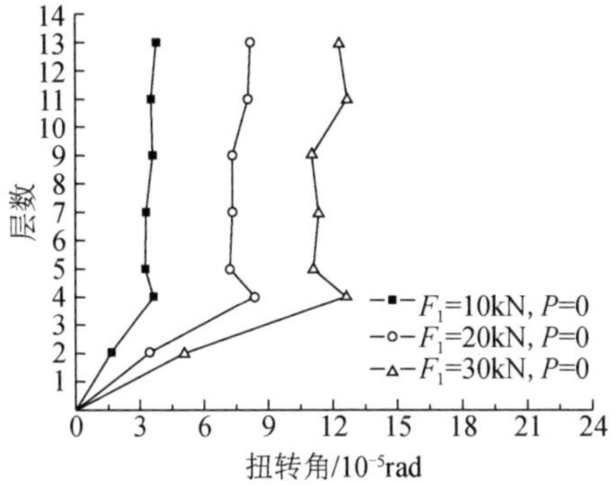

（a）e=150mm

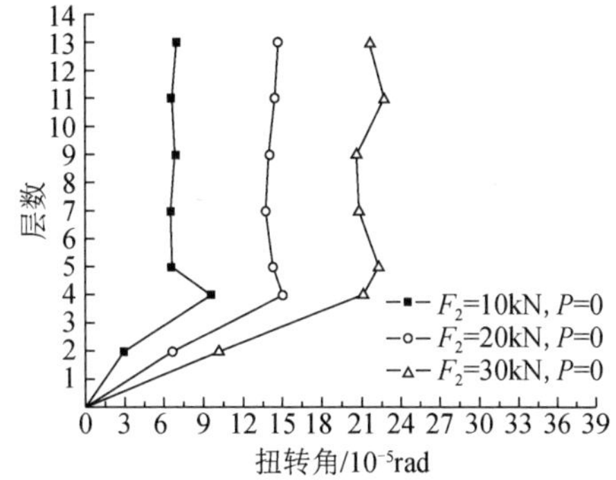

（b）e=300mm

图 3.16　中部（转换层）偏心荷载作用下模型的扭转角位移对比图

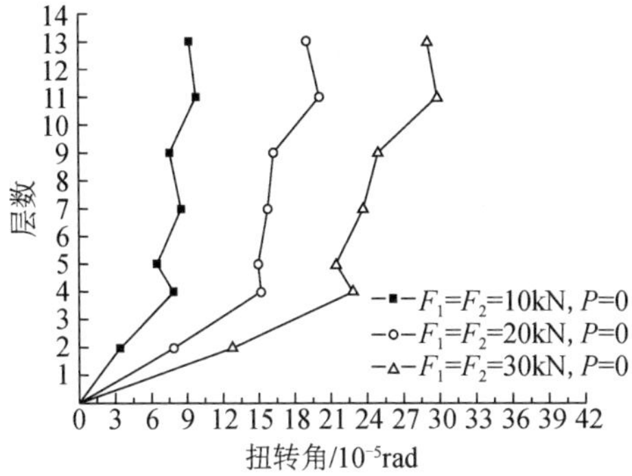

（a）e=150mm

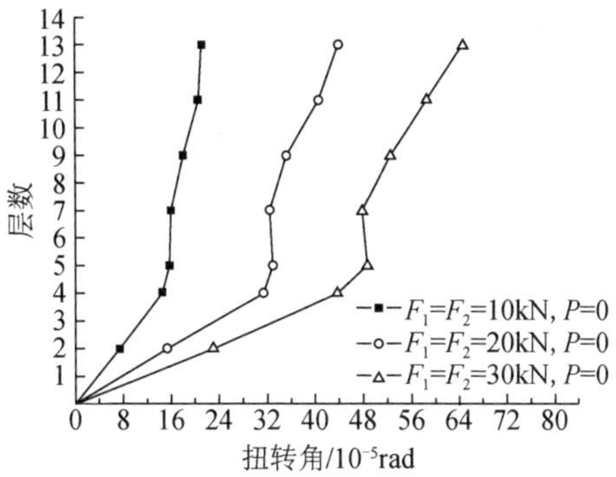

（b）e=300mm

图 3.17　两点（第 13 层、转换层）偏心荷载作用下模型的扭转角位移对比图

从图 3.15～图 3.18 偏心荷载下的扭转角可以看出：

1）在偏心荷载较小的情况下，结构的扭转基本上满足线弹性假定。

2）扭转角曲线在转换层位置发生突变，转换层上部外筒刚度对筒体结构的刚度和剪力分布突变有显著影响。外筒为框架的筒体结构一般情况下不呈现刚度突变，但仍有剪力分布突变；外筒为壁式框架的外筒往往会出现刚度突变，其剪力分布突变则更加剧烈，且转换层位置越高，突变越明显。

3）在顶部作用偏心荷载时，扭转角沿高度变化，除转换层有一突变点之外，扭转角曲线基本上接近于直线。

4）在中部加载的时候，组合筒体结构模型底层的扭转变位相对较小，变位曲线基本呈直线状，加载点以上各层的扭转角则相差不多，基本上处于同一垂直线上。

5）中部、顶部两点同时作用偏心荷载时，其扭转变形类似于顶部单点加载时的情形。

6）竖向荷载的增大使结构模型的扭转变位变小，可以认为是竖向荷载的增大而导致结构的扭转刚度有所增大。

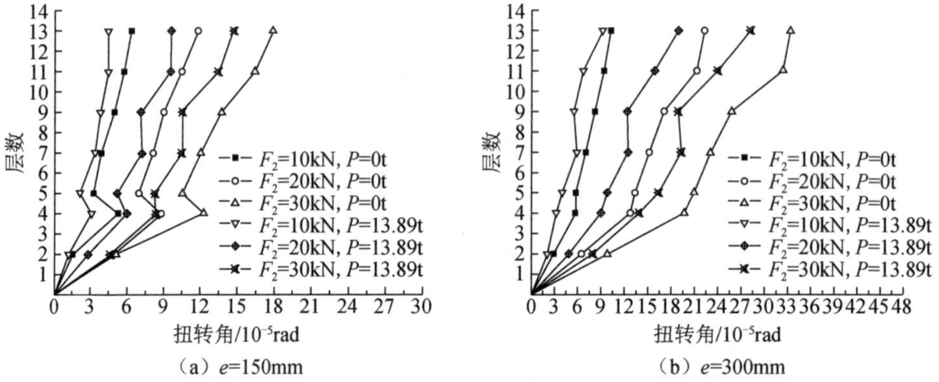

图 3.18　不同竖向荷载时顶部偏心荷载作用下的扭转角对比图

3.3　框筒结构在水平荷载作用下的层模型简化分析

3.3.1　筒体结构弹性分析研究现状

在钢筋混凝土高层建筑中，常用的筒体形式一般可分为两类：一类是由建筑外围的深梁和密排柱构成的筒状空间框架，称为空心框筒（简称框筒）；另一类是由环绕（电）梯井和竖向管线通道的墙壁形成的实腹筒体，称为核心筒（或薄壁筒）。这两种筒体都可以作为一个独立的承载结构而存在，如单个实腹芯筒或单个空腹框筒；也可以两者协同组成一个更大的抗侧力体系，如筒中筒结构或组合筒结构等。不论属于哪一种情况，高层建筑筒体结构设计的基础首先要解决单个筒体的静力和动力分析问题。

在框筒结构中，裙深梁的刚度并不是无限大，其柔性产生了剪滞后效应，使角柱的轴力增大、中柱的轴力减小，导致截面变形不再符合初等梁理论的平截面假定，从而引起楼板的翘曲，称为正剪力滞［图 3.19（a）］。Chang 和 Zheng[49]、Singh 和 Nagpal[50]对负剪力滞的影响进行了分析。Lee 等[51]考虑了负剪力滞的影响，对框筒及多内筒筒体结构进行了分析。对于框筒结构负剪力滞［图 3.19（b）］，现有分析方法一般是基于等效连续体，采用能量法进行简化分析。

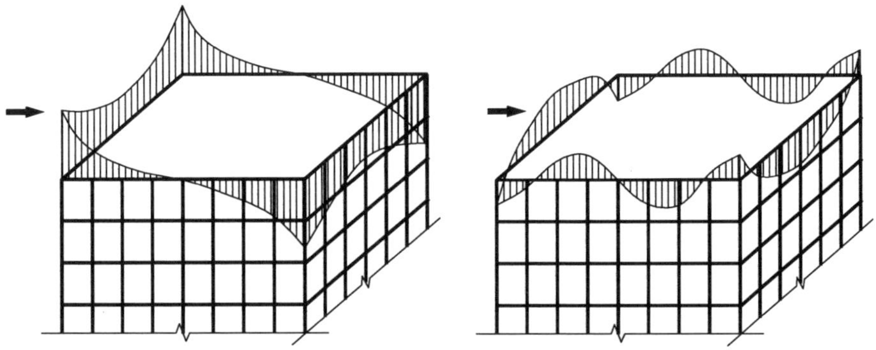

（a）正剪力滞　（b）负剪力滞

图 3.19　框筒结构中的两种剪力滞现象

筒体结构的计算方法大致包括两类：一类是利用空间杆系或板系理论编制电算程序的精确计算方法，即将框筒、筒中筒结构作为三维空间问题计算，采用三维梁单元模拟梁柱，三维板壳单元模拟剪力墙。这一方法待求的未知量较多，需求解大型的刚度矩阵，一般适用于施工图设计阶段。在初步设计时，这一方法的计算工作量仍然较大。另一类是简化计算方法，虽然高层筒体结构的空间作用较强，应按空间受力结构进行分析，但就组成筒体的每榀框架和平面墙壁而言，其平面外刚度远比平面内刚度小。为使计算尽量简便，又能达到工程设计要求的精度，研究中常假设：筒体中的平面框架和墙壁只在自身平面内具有抗侧力刚度，而平面外的刚度忽略不计；楼板在自身平面内刚度无限大，而平面外的刚度忽略不计。根据这些假设及筒体结构本身的受力特性，国内外学者提出了一些简化计算方法，主要包括以下两种。

1）等效平面框架法，包括翼缘展开法和等代角柱法。①翼缘展开法根据框筒结构的力学特性，假定水平侧力全部由腹板承担而倾覆力矩则由翼缘、腹板框架内立柱的轴力共同抵抗，把腹板及翼缘框架展开成等效平面框架，而在二者之间的连接处，即角柱上进行处理，将角柱分成两片框架的边柱，其连接点等效成只能传递竖向剪力的支撑。这样，具有一个或两个对称轴截面的框筒结构即可由对称性取 1∶2 或 1∶4 结构展开。薄壁实腹筒将连续墙壁转化为离散的杆件单元，即把每片实体墙用刚性横梁和弹性柱组成的框架来等效，刚性梁的位置取在各层楼板处。②等代角柱法是用一个等代角柱来代替原来的角柱与翼缘框架共同的作用，得到一个能代替原框筒结构的等效平面框架。此法的关键是找到每层的恰当等代角柱截面面积，按平面框架计算等代腹板框架。Khan 和 Amin[52]、崔鸿超[53]分别用翼缘展开法与等代角柱法计算了大量的框筒结构，给出了内力系数曲线和等代截面系数，以供没有计算机时初步设计之需。

2）等效连续化法，该法最早在桥梁中应用，成功地解决了集中荷载及均布荷载作用下简支梁和悬臂梁的剪力滞问题。Coull 和 Bose[54]提出将等效连续化法应用于框筒结构中，其思想是将离散杆件换算成等效连续体，即把框筒中的腹板、翼缘框架和薄壁筒中的连系梁用等效的正交异性板来代替，然后用能量法、有限条法、有限元线法、样条函数法、加权残值法等对连续化后的薄板进行求解，再由薄板的应力转化成框筒各梁柱内力。其中，能量变分法是应用较多的方法，计算结构的内力和位移时，先假定应力或位移作为基本未知量，计算结构总的能量（应变余能或势能），然后根据能量理论的应变余能（势能）的驻值条件得出求基本未知量的基本微分方程，求解基本微分方程，利用边界条件，最终求出其他内力和位移。该方法最大的优点是可以得到解析解。

20 世纪 70 年代初开始，国外相继发表了一系列有关高层建筑实腹开洞筒体分析的专题论文。这些论文中基本上都是以开口截面薄壁杆件作为开洞筒体的计算简图（结构模型），以约束扭转理论为基础，对每一楼层处的刚性连梁在约束截面纵向位移分布中的作用缺乏应有的估计。作为开洞筒体受力分析的早期论文，开洞筒体模型有其简化筒体设计计算的实际意义，但理论上存在值得商榷之处。因为建筑筒体在每一楼层都开设有门（窗）洞，洞与洞间不贯通，洞的尺寸也并非很小，进行整体受力分析时，简单地取纯开口或纯闭口截面薄壁杆件作为它的结构模型是不适当的。

随着高层建筑在我国的蓬勃兴起，20 世纪 80 年代以来，国内也普遍开展了对高层开洞筒体受力性能的研究，研究的焦点主要集中在结构模型的选择和计算方法的探求。由于楼层处的连梁大多具有足够的抗剪能力，研究人员普遍已意识不宜忽视连梁的客观存在。为了反映它对截面纵向位移分布的约束作用，目前存在着连续化和离散化两种截然相反的计算简图。连续化简图将分散在各楼层处的有限个连梁，用填满全部洞口的正交各向异性板，或只能传递纵向剪力的连续栅片来代替，然后采用固体力学中比较流行的方法，如有限元法、有限条法或薄壁杆件约束扭转的初参数法等进行分析[55]。离散化简图则反其道行之，其按标准离散体系的观点，将原本连续的墙体实壁简化为离散的等效杆件，把高层开洞筒体看成结构力学意义上的空间杆系或平面杆系，再用矩阵位移法或其他简化方法去求解。

上述两种解决途径有一定的优点，主要是借用的方法都比较成熟，有现成的计算程序可供借鉴和利用，从而容易为工程设计人员所接受。但也应该看到，它们都有双重意义上的近似性。除力学方法上的适用条件外，结构模型在几何体与物理参数上的近似性是显见的：对于弹性薄膜连续化模型，所有不可忽视的开洞面积，全被一种等效物性材料填满了；对于弹性杆系离散化模型，原本连续的墙体实壁被镂空了。而替代材料物性常数的选取，并无公认的较合理的统一换算公式，特别是等效剪切弹性模量。吕令毅等[56]将符拉索夫的开口薄壁截面理论和乌曼斯基的闭口薄壁截面理论相结合，引入了反映连梁刚度影响的系数来考虑开洞筒体结构的约束扭转，从开洞筒体的本来面貌出发进行整体分析研究，其思想是具有现实意义的。但其对开洞数量较多及形状不规则的情况，尚缺乏有效的研究。

框筒结构在水平荷载作用下的受力性能类似于薄壁箱形梁的。剪力滞后效应在框筒结构中同薄壁箱形梁一样，是不可以忽略的。由于剪力滞后会削弱结构的整体抗弯刚度，因此在对框筒结构计算分析时必须考虑此效应。

针对框筒结构，本节对两种简化分析方法（即等效平面框架分析法和等效连续体分析法）给予以下评价：①现有的两种简化计算方法的产生是具有时代意义的，可直接手算求解，可满足工程初步设计的需要；②两种简化计算方法均没有考虑翼缘框架及内柱（框筒结构中一般需要内柱承受竖向荷载）的整体抗剪作用，当楼板与裙梁整体现浇及存在内柱和竖向承重梁的情况下，忽略的该部分整体抗剪作用产生的误差较大。因为整体剪切变形一般占整体变形 60%以上，较为合理地考虑其整体抗剪能力是必要的；③两种简化方法目前均只能用于线弹性分析，不能用于弹塑性动力分析；④等效平面框架法将空间问题转化为平面问题，降低了求解的维数，但求解平面框架问题的 D 值法尚难直接应用；⑤等效连续化法首先需对框筒结构进行等效，该等效使结构失去了原貌，所有不可忽视的开洞面积，全被一种等效物理材料填满了。其计算方法尚不够简洁，计算负剪力滞也缺乏有效的手段。

本节求解框筒结构在水平荷载下内力与位移的思路是从框筒结构本身的性能出发，不采用等效的模式，直接对框筒结构进行简化求解。以底部 3 层为例，对结构的弯矩图（图 3.20）进行了划分，图中 z_m 表示第 m 层的反弯点高度系数，h 为层高，M 为弯矩。本节假定各楼层梁柱均存在反弯点，并假定同楼层各柱的反弯点近似在同一高度。反弯点高度处的倾覆力矩全部由各柱轴力产生的弯矩承担，这样，可将框筒结构在侧向荷载作用下的楼层变形划分为剪切变形［由图 3.20（b）中弯矩产生］和弯曲变形［由图 3.20（c）中弯矩产生］，分别由简化的 D 值法和本节提出的简化方法来进行计算，然后叠加。在形成整体抗剪刚度的过程中，首次考虑翼缘框架的抗剪参与系数以及在整体弯曲变形及内力的计算中考虑剪力滞后的影响。本节采用了楼板在自身平面内刚度无限大，而平面外的刚度忽略不计的假设。

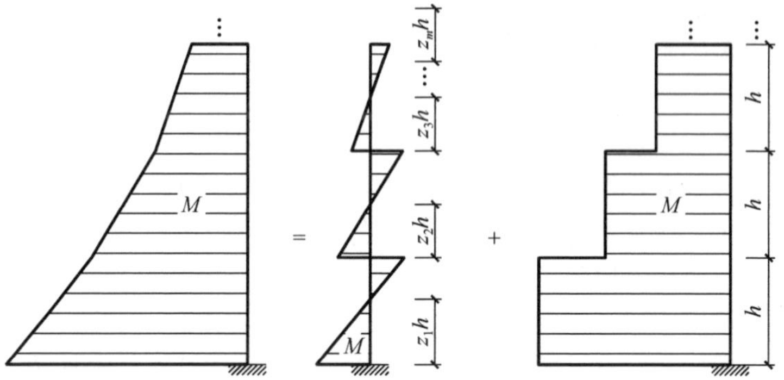

（a）层总弯矩　（b）层柱端弯矩　（c）层柱轴力产生的弯矩

图 3.20　结构弯矩图的划分

设定框筒结构总层数为 n，以第 m 层为研究对象（$1 \leqslant m \leqslant n$），外荷载作用在楼层部位。

3.3.2　框筒结构简化分析的前提条件

为进行框筒结构简化分析，下面就框筒剪力滞的影响因素、框架分析的 D 值法和翼缘框架抗剪参与系数 3 个方面分别进行论述。

1. 剪力滞的影响因素

下面利用文献[57]中的方法，即等效连续化法对剪力滞的影响因素进行分析。

采用等效连续化法计算框筒结构时，每一面梁柱体系的框架可以由一个等效均匀的正交平板来代替，这样便形成一个闭合的实体等效筒。由于楼板在其平面内的刚度很大，能约束壁板的平面外变形，因此壁板只需考虑平面内的作用。等效连续化法的关键是使壁板的轴向刚度和剪切刚度与框架的轴向刚度和剪切刚度相同。

（1）等效板的弹性模量

如图 3.21 所示，设 A 为每根柱的截面面积，E 为材料弹性模量，d 为柱距，t 为等效板厚，E_c 为等效板的竖向弹性模量，A_j 为有限节点的截面面积。由轴向刚度相等可得

$$AE = dtE_c \tag{3.1}$$

$$E_c = \frac{A}{dt}E \tag{3.2}$$

若等效板的截面面积等于柱截面面积，则有

$$E_c = E \tag{3.3}$$

（2）等效板的剪切模量

当考虑杆件的弯曲变形和剪切变形，以及考虑有限节点的剪切变形时，则有

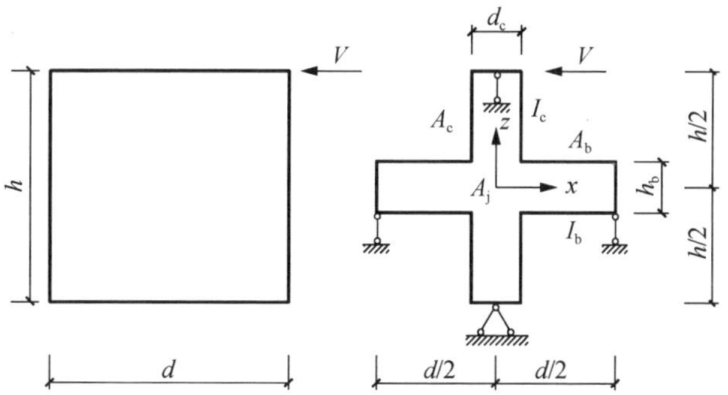

d_c—柱的截面边长；A_c—柱的截面面积；I_c—柱的惯性矩；
h_b—梁的截面高度；A_b—梁的截面面积；I_b—梁的惯性矩。

图 3.21　等效单元

$$G_{xz}=\frac{E}{tdc_{xz}} \tag{3.4}$$

$$c_{xz}=\frac{\left(h-h_b\right)^3}{12hI_c}+\frac{h\left(d-d_c\right)^3}{12d^3I_b}+\frac{E}{G}\left[\frac{h\left(d-d_c\right)}{d^2A_b}+\frac{h-h_b}{hA_c}+\frac{h}{A_jh_b}\left(1-\frac{d_c}{d}-\frac{h_b}{h}\right)^2\right] \tag{3.5}$$

式中，G——材料的弹性模量。

在框筒结构中，裙深梁的刚度并不是无限大，其柔性产生的剪力滞使角柱的轴力增大，中柱的轴力减小，导致截面变形不再符合初等梁理论的平截面假定。如图 3.22 所示，假定腹板的位移沿横向为三次抛物线分布，翼缘的竖向位移沿横向为二次抛物线分布。

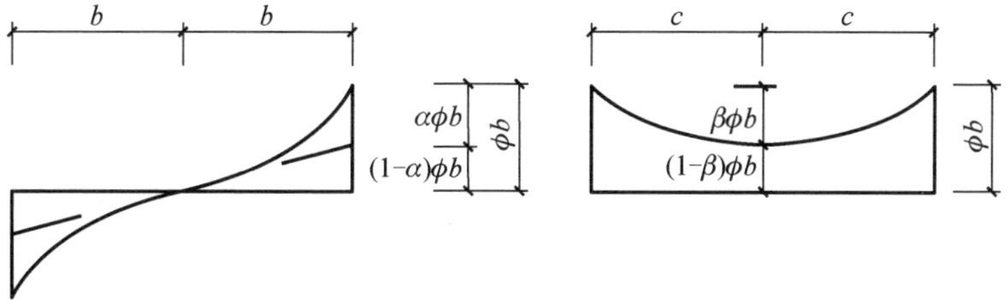

（a）腹板竖向位移分布　　（b）翼缘竖向位移分布

ϕ—系数，表示角柱位移ϕb与 i/2 腹板高度 b 之比。

图 3.22　腹板和翼缘的竖向位移分布

设 $2b$、$2c$ 分别为框筒沿 x 向宽度、y 向长度，腹板第 i 根柱的纵向位移为

$$w_{wi}=\phi b\left[(1-\alpha)\frac{x_i}{b}+\alpha\left(\frac{x_i}{b}\right)^3\right] \tag{3.6}$$

翼缘第 j 根柱的纵向位移为

$$w_{fj}=\phi b\left[(1-\beta)+\beta\left(\frac{y_j}{c}\right)^2\right] \tag{3.7}$$

假定α、β可表达如下：

$$\alpha=\alpha_1\left(1-\frac{z}{H}\right)^2+\alpha_2\left[2\frac{z}{H}-\left(\frac{z}{H}\right)^2\right] \tag{3.8}$$

$$\beta=\beta_1\left(1-\frac{z}{H}\right)^2+\beta_2\left[2\frac{z}{H}-\left(\frac{z}{H}\right)^2\right] \tag{3.9}$$

式中，z/H——高度系数；

H——结构总高。

当 $z=0$ 时，$\alpha=\alpha_1$，$\beta=\beta_1$；当 $z=0$ 时，$\alpha=\alpha_2$，$\beta=\beta_2$。

其中，相对剪切刚度参数定义如下：

$$m_{\mathrm{w}}=\frac{G_{\mathrm{w}}H^2}{E_{\mathrm{w}}b^2} \tag{3.10}$$

$$m_{\mathrm{f}}=\frac{G_{\mathrm{f}}H^2}{E_{\mathrm{f}}c^2} \tag{3.11}$$

式中，G_{w}、E_{w}——腹板的剪切模量和弹性模量；

G_{f}、E_{f}——翼缘的剪切模量和弹性模量。

通过式（3.10）和式（3.11）及表 3.1，可以求出腹板剪力滞系数α和翼缘剪力滞系数β。

表 3.1　α 和 β 的表达式

荷载作用类别	α	β
顶部集中荷载	$\alpha_1=\dfrac{1.17m_{\mathrm{w}}+1.00}{m_{\mathrm{w}}^2+2.67m_{\mathrm{w}}+0.57}$	$\beta_1=\dfrac{3.50m_{\mathrm{f}}+12.60}{m_{\mathrm{f}}^2+11.20m_{\mathrm{f}}+10.08}$
	$\alpha_2=\dfrac{0.29m_{\mathrm{w}}+1.00}{m_{\mathrm{w}}^2+2.67m_{\mathrm{w}}+0.57}$	$\beta_2=\dfrac{0.88m_{\mathrm{f}}+12.60}{m_{\mathrm{f}}^2+11.20m_{\mathrm{f}}+10.08}$
均布荷载	$\alpha_1=\dfrac{2.57m_{\mathrm{w}}+1.12}{m_{\mathrm{w}}^2+2.94m_{\mathrm{w}}+0.64}$	$\beta_1=\dfrac{7.72m_{\mathrm{f}}+14.15}{m_{\mathrm{f}}^2+12.35m_{\mathrm{f}}+11.32}$
	$\alpha_2=\dfrac{0.03m_{\mathrm{w}}+1.12}{m_{\mathrm{w}}^2+2.94m_{\mathrm{w}}+0.64}$	$\beta_2=\dfrac{0.08m_{\mathrm{f}}+14.15}{m_{\mathrm{f}}^2+12.35m_{\mathrm{f}}+11.32}$
倒三角形荷载	$\alpha_1=\dfrac{2.22m_{\mathrm{w}}+1.09}{m_{\mathrm{w}}^2+2.86m_{\mathrm{w}}+0.62}$	$\beta_1=\dfrac{6.67m_{\mathrm{f}}+13.71}{m_{\mathrm{f}}^2+12.01m_{\mathrm{f}}+10.97}$
	$\alpha_2=\dfrac{0.10m_{\mathrm{w}}+1.09}{m_{\mathrm{w}}^2+2.86m_{\mathrm{w}}+0.62}$	$\beta_2=\dfrac{0.29m_{\mathrm{f}}+13.71}{m_{\mathrm{f}}^2+12.01m_{\mathrm{f}}+10.97}$

影响剪力滞的主要因素如下：开洞率ρ、翼缘宽与腹板高之比L/B、结构高宽比H/B、层高与柱距之比h/d、中柱厚与裙梁厚度之比t_c/t_b、框筒截面长宽比和外荷载形式。

下面以 1 个 40 层框筒结构为例，定性分析上述各因素对剪力滞系数的影响。分析结果如图 3.23～图 3.28 所示。

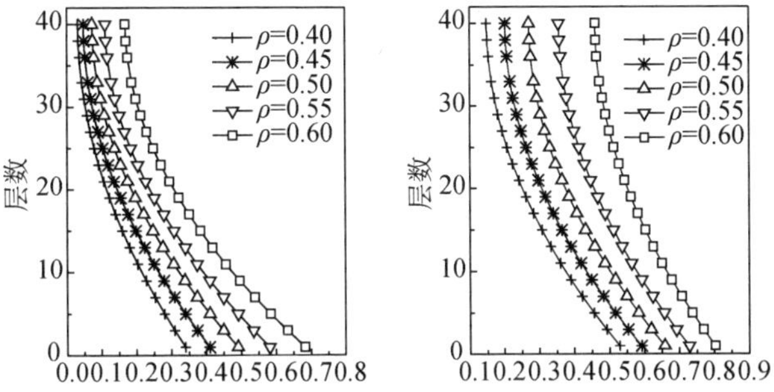

（a）ρ对α的影响　　（b）ρ对β的影响

图 3.23　开洞率ρ对α、β的影响

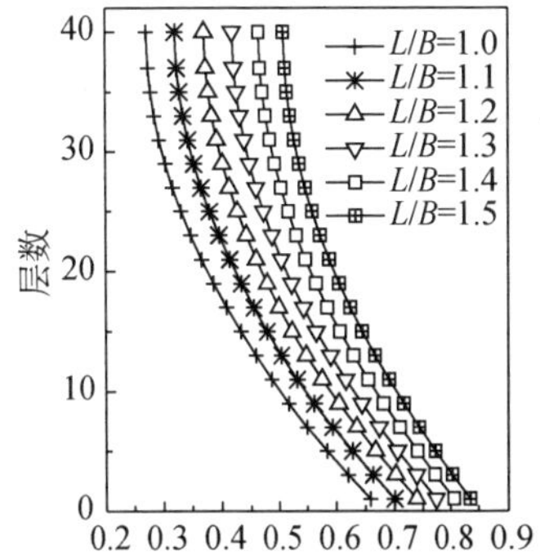

图 3.24　L/B对β的影响

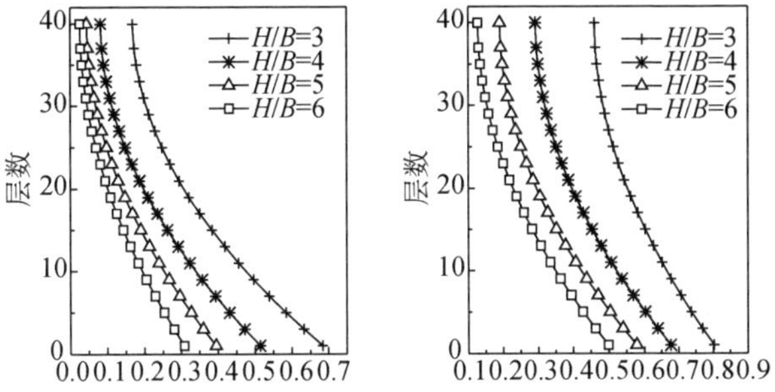

（a）H/B对α值的影响　　（b）H/B对β值的影响

图 3.25　高宽比H/B对α、β值的影响

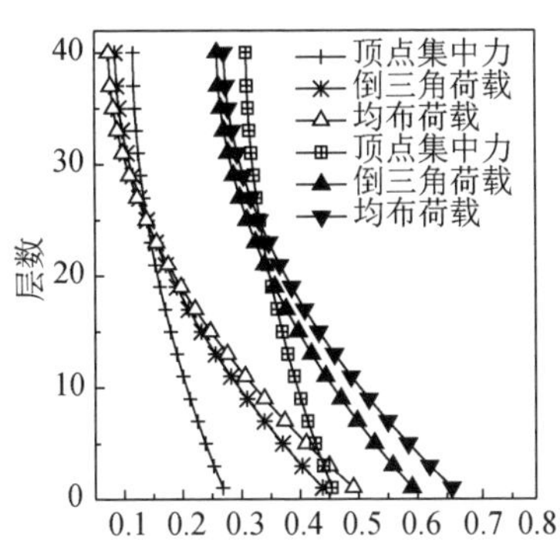

图 3.26　荷载形式对α的影响

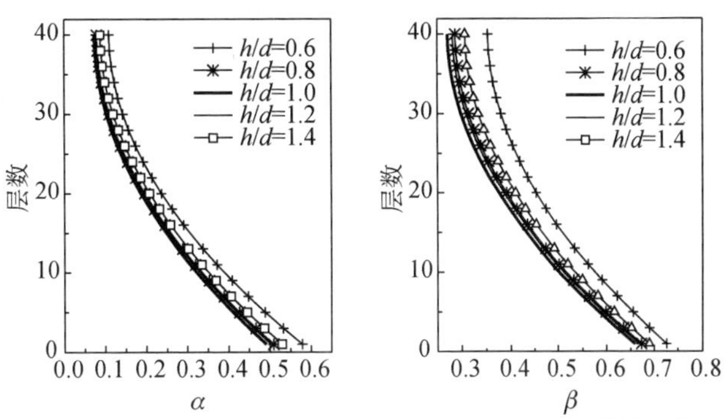

（a）h/d对α值的影响　　（b）h/d对β值的影响

图 3.27　层高柱距比h/d对α、β值的影响

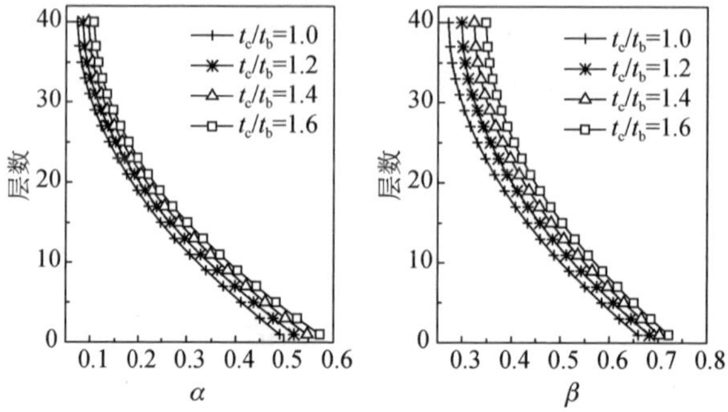

（a）t_c/t_b 对 α 的影响　　（b）t_c/t_b 对 β 的影响

图 3.28　中柱厚裙梁厚比 t_c/t_b 对 α、β 值的影响

由图 3.23～图 3.28 可以得出以下规律。

①β 一般高于 α，且 α、β 在结构底部较大，在结构顶部较小；②随着开洞率的减小、高宽比的增大、柱厚裙与梁厚比的减小，α、β 逐渐减小；③层高与柱距之比 $h/d=1$ 时，α、β 为极小值，以 $h/d=1$ 为界，h/d 的增大或减小都将使 α、β 增大，且小于 1 时比大于 1 时的增大幅度大；④随着长宽比的增大，β 增大；⑤随着水平荷载作用中心位置高度的增大，结构底部剪滞系数逐渐变小，而顶部剪滞系数逐渐增大[58,59]。

2. 框架分析的 D 值法

本节只列出了带刚域杆件考虑剪切变形后的计算方法，若按普通框架计算，只需将刚域长度和考虑剪切变形的附加系数取 0 即可。

（1）带刚域杆件考虑剪切变形后的刚度系数和 D 值的修正[60]

如图 3.29 所示，当 1、2 两端各有一个单位转角时，$1'$、$2'$ 两点除有单位转角外，还有线位移 al 和 bl，即还有旋转角为

$$\phi=\frac{al+bl}{l'}=\frac{a+b}{1-a-b} \tag{3.12}$$

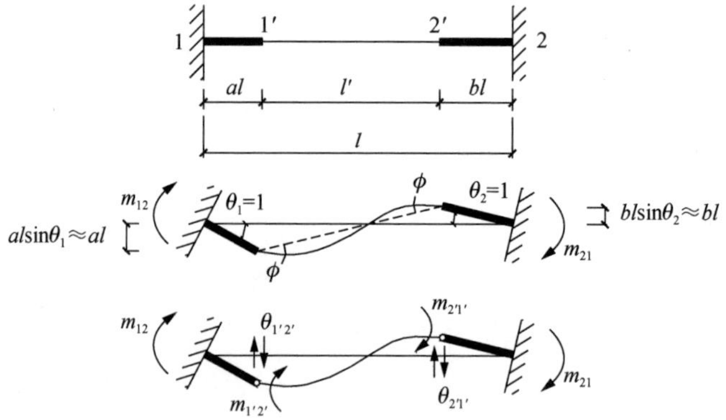

图 3.29　带刚域杆件的变形

为了便于求出 m_{12} 和 m_{21}，可先假设 $1'$ 点和 $2'$ 点为铰接，使刚域各产生一个单位转角。这时，在梁内并不产生内力。然后又在 $1'$ 点、$2'$ 点处加上弯矩 $m_{1'2'}$ 与 $m_{2'1'}$，使 $1'\ 2'$ 段从斜线位置变到所要求的变形位置。这时 $1'\ 2'$ 段两端都转了一个角度，即

$$1+\phi=\frac{1}{1-a-b} \tag{3.13}$$

所以，有

$$\begin{aligned} m_{1'2'}=m_{2'1'}&=\frac{6EI}{(1+\beta_i)l'}\left(\frac{1}{1-a-b}\right)\\ &=\frac{6EI}{(1+\beta_i)(1-a-b)^2 l} \end{aligned} \tag{3.14}$$

式中，β_i——考虑剪切变形影响的附加系数，$\beta_i=\dfrac{12\kappa EI}{GAl'^2}$；

EI——杆件的抗弯刚度。

$$\begin{aligned} V_{1'2'}=V_{2'1'}&=\frac{m_{1'2'}+m_{2'1'}}{l'}\\ &=\frac{6EI}{(1-a-b)^3 l^2(1+\beta_i)} \end{aligned} \tag{3.15}$$

$$m_{12}=m_{1'2'}+V_{1'2'}al=\frac{6EI(1+a-b)}{(1+\beta_i)(1-a-b)^3 l}=6ci \tag{3.16}$$

$$m_{21}=m_{2'1'}+V_{2'1'}bl=\frac{6EI(1-a+b)}{(1+\beta_i)(1-a-b)^3 l}=6c'i \tag{3.17}$$

式中，$c=\dfrac{1+a-b}{(1+\beta_i)(1-a-b)^3}$；

$c'=\dfrac{1-a+b}{(1+\beta_i)(1-a-b)^3}$；

$i=\dfrac{EI}{l}$。

令

$$K'_{12}=ci,\quad K'_{21}=c'i$$

则有

$$m_{12}=6K'_{12},\quad m_{21}=6K'_{21}$$

若为等截面杆，$m=12i$，则有 $K'=\dfrac{c+c'}{2}i$，因此可按等截面杆计算柱的抗侧移刚度 D 值，但取

$$K_c = \frac{c + c'}{2} i_c \tag{3.18}$$

在带刚域的框架中用杆件修正刚度 K 代替普通框架中的 ci，梁取为 $K = ci$ 或 $c'i$，柱取为 $K_c = \frac{c + c'}{2} i_c$，就可以按普通框架设计中给出的方法，计算柱的抗侧移刚度 D_{ci} 值，即

$$D_{ci} = \frac{12K_c}{h^2} \alpha_c \tag{3.19}$$

壁式框架的刚度系数 α_c 的计算见表 3.2，刚域长度的取值采用了《高层建筑混凝土结构技术规程》（JGJ 3—2010）[39]中的相关表达式。在求梁柱刚度比时，考虑与角柱相连的裙梁的反弯点不在中点以及整体弯曲变形的影响，取折减系数 0.7。

表 3.2　壁式框架的刚度系数 α_c 的计算

楼层	梁、柱修正刚度值	梁柱刚度比 K	α_c
一般层	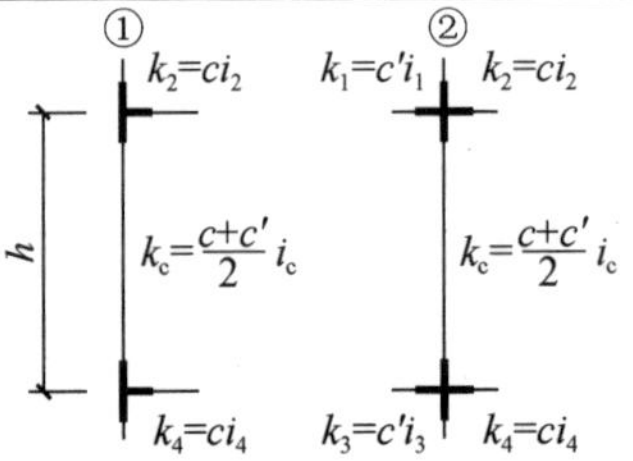	①情况 $K = \frac{0.7(k_2 + k_4)}{2k_c}$ ②情况 $K = \frac{k_1 + k_2 + k_3 + k_4}{2k_c}$	$\alpha_c = \frac{K}{2+K}$
底层	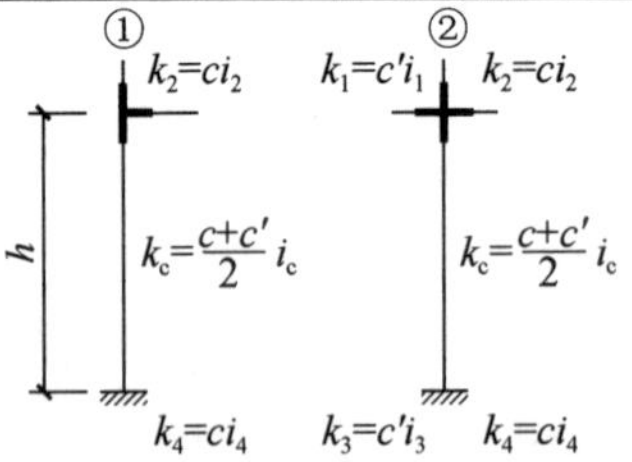	①情况 $K = \frac{0.7k_2}{2k_c}$ ②情况 $K = \frac{k_1 + k_2}{2k_c}$	$\alpha_c = \frac{0.5+K}{2+K}$

（2）反弯点高度系数 z_m 的确定

在计算腹板框架的柱端弯矩及整体弯曲变形及各柱轴力时均可用反弯点高度系数。为简化计算，在计算整体弯曲时，第 m 层反弯点高度系数取值如下：当 $m=1$ 时，$z_m = 0.60$；当 $1<m<n$ 时，$z_m = 0.50$；当 $m = n$ 时，$z_m = 0.45$。本节在计算柱端弯矩时，只在上述基础上对底层进行修正，角柱取 0.65，中柱取 0.55。在计算柱端弯矩时，也可参考文献[60]和[61]。

3. 翼缘框架抗剪参与系数

假设第 m 层翼缘框架柱及内柱（有内柱时）的抗剪参与系数为 ζ_m，表达如下：

$$\zeta_m = \frac{D'_m}{D_m} \tag{3.20}$$

式中，D'_m——第 m 层翼缘框架（不含角柱）及内柱抗剪刚度；

D_m——第 m 层腹板框架（含角柱）抗剪刚度，可采用式（3.19）求出。

如图 3.30（a）所示，ζ_m 主要与楼板及内梁的平面外刚度、框筒中柱的截面形状、角柱的尺寸裙梁的抗扭刚度和内柱的截面尺寸等相关。基本规律如下：①楼板、内梁的平面外刚度及裙梁的抗扭刚度越大，ζ_m 越大；②内柱增多、截面尺寸越大，ζ_m 越大；③框筒中柱截面越接近方形（长边沿筒壁方向布置）、角柱相对中柱截面尺寸越小，ζ_m 越大。在等效平面框架法和等效连续体法中取 $\zeta_m = 0$，是偏于保守的[62]。

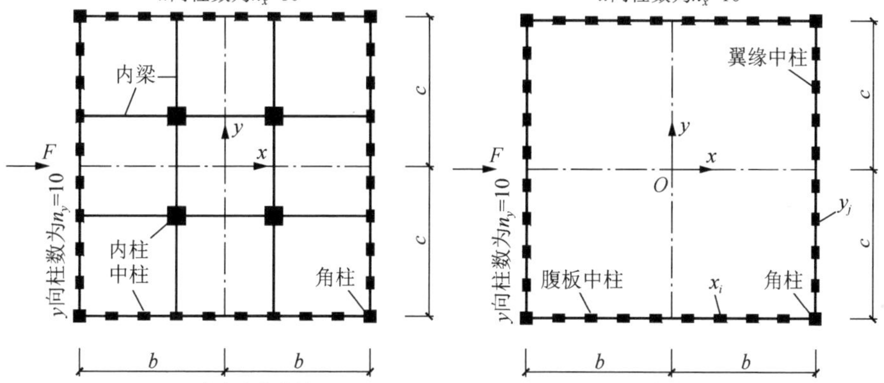

（a）考虑内柱的情况　　（b）不考虑内柱的情况

x_i—x 方向第 i 根柱；y_i—y 方向第 i 根柱。

图 3.30　框筒结构分析简图

为求 ζ_m，需求出 D'_m，当不考虑内柱及内梁的抗剪参与系数、各层层高均为 h 时，简化的计算方法如下：

$$D'_1 = 2(n_y - 2)\frac{3EI_{\mathrm{cy}}}{h^3} \tag{3.21}$$

$$D'_m = 0.1D'_1 \qquad (m > 1) \tag{3.22}$$

式中，n_y——翼缘方向柱数（含角柱）；

I_{cy}——翼缘中柱沿 y 向的截面惯性矩。

式（3.21）中的 D'_1 是按底端固支上部自由的悬臂杆考虑翼缘框架（不含角柱）抗剪刚度，未考虑梁板对底层柱的约束作用。

由式（3.19）～式（3.21）计算出底层翼缘抗剪参数，其与系数 ζ_1 一般在 0.15～0.30 内变化，而在第 2 层以上较小。因此，考虑翼缘参与抗剪对框筒结构受力影响最大的部位在底层，它将使底层腹板框架承担的剪力比第 2 层和第 3 层小，腹板中柱柱端弯矩也是底层，比第 2 层和第 3 层要小[63,64]。

3.3.3　整体剪切变形及内力计算

人们比较关心的是腹板柱承受的弯矩和剪力，假定各层反弯点高度系数为 z_m，第 m 层第 i 根腹板柱受到的剪力为

$$V_{mi}=\frac{1}{(1+\zeta_m)}\frac{D_{mi}V_m}{D_m} \tag{3.23}$$

式中，D_{mi}——第 m 层第 i 根柱的抗侧刚度；

V_m——第 m 层结构受到的总剪力，$V_m=\sum_{j=m}^{n}F_j$，F_j 为作用于第 j 层的外部荷载。

当各中柱的截面尺寸相同，各角柱的截面尺寸相同时，有

$$D_m=2(n_x-2)D_{m,\text{中柱}}+4D_{m,\text{角柱}} \tag{3.24}$$

式中，$D_{m,\text{中柱}}$、$D_{m,\text{角柱}}$——第 m 层中柱和角柱的抗侧刚度，可通过式（3.19）求得。

中柱和角柱受到的剪力分别为

$$\begin{cases}V_{m,\text{中柱}}=\dfrac{1}{1+\zeta_m}\dfrac{D_{m,\text{中柱}}}{D_m}V_m\\[2ex] V_{m,\text{角柱}}=\dfrac{1}{1+\zeta_m}\dfrac{D_{m,\text{角柱}}}{D_m}V_m\end{cases} \tag{3.25}$$

得到各柱受到的剪力后，将剪力乘反弯点到柱顶或柱底的距离，可得到柱顶或柱底的弯矩。利用节点弯矩平衡条件可求梁端弯矩。

第 m 层的整体剪切水平位移为

$$u_{s,m}=\frac{1}{1+\zeta_m}\ \frac{V_m}{D_m}+\sum_{i=1}^{m-1}u_{s,i} \tag{3.26}$$

3.3.4　整体弯曲变形及其内力计算

考虑剪力滞的影响时可以分为 3 种方法：①连续体法考虑剪力滞；②剪力滞简化处理方法；③考虑负剪力滞效应的简化处理方法[65]。

1. 连续体法考虑剪力滞

根据图 3.30（b），设 $2b$、$2c$ 分别为框筒沿 x 向宽度、y 向长度，假定腹板第 i 根柱的纵向位移按式（3.6）和式（3.7）取值，剪滞系数按式（3.8）和式（3.9）取值。第 m 层结构承受的总弯矩为

$$M_m = \sum_{i=m}^{n} F_i \left[\sum_{j=m+1}^{i} h_j + (1-z_m)h_m \right] \tag{3.27}$$

式中，h_j——第 j 层的层高；

z_m——第 m 层反弯点高度系数。

当各层层高均为 h 时，式（3.27）可简化为

$$M_m = \sum_{i=m}^{n} F_i \left[(i-m)h + (1-z_m)h \right] \tag{3.28}$$

设第 m 层的转角增量为 $\Delta\varphi_m$，利用对称性取 1/2 框筒截面进行分析（如取 1/4 框筒截面进行分析，则需根据翼缘柱数的奇偶数分别处理），有

$$M_m / 2 = 2\sum_{i=1}^{\frac{n_x+1}{2}} P_{\mathrm{w},mi} x_i + \sum_{j=1}^{n_y-2} P_{\mathrm{f},mj} b \tag{3.29}$$

式中，$P_{\mathrm{w},mi}$——腹板第 i 根柱（含角柱）分担的轴力；

$P_{\mathrm{f},mj}$——翼缘第 j 根柱分担的轴力。

式（3.29）即为

$$M_m / 2 = \Delta\phi_m \frac{Eb^2}{h_m} \left\{ 2\sum_{i=1}^{\frac{n_x+1}{2}} A_i \left[(1-\alpha)\frac{x_i}{b} + \alpha\left(\frac{x_i}{b}\right)^3 \right] \frac{x_i}{b} + \sum_{j=1}^{n_y-2} A_j \left[(1-\beta) + \beta\left(\frac{y_j}{c}\right)^2 \right] \right\} \tag{3.30}$$

设中柱截面面积为 A_{m}，角柱截面面积为 A_{c}，令框筒的抗弯刚度为

$$K_{\phi m} = M_m h_m / \Delta\phi_m \tag{3.31}$$

则有

$$K_{\phi m} = 2Eb^2 A_{\mathrm{m}} \left\{ 2\sum_{i=1}^{\frac{n_x-1}{2}} \left[(1-\alpha)\left(\frac{x_i}{b}\right)^2 + \alpha\left(\frac{x_i}{b}\right)^4 \right] + 2\frac{A_{\mathrm{c}}}{A_{\mathrm{m}}} + \sum_{j=1}^{n_y-2} \left[(1-\beta) + \beta\left(\frac{y_j}{c}\right)^2 \right] \right\} \tag{3.32}$$

式（3.29）和式（3.30）及式（3.32）中的 $\frac{n_x+1}{2}$、$\frac{n_x-1}{2}$ 取整数；n_x 为单侧腹板柱数（含角柱）；n_y 为单侧翼缘柱数（含角柱）。

$$\Delta\phi_m = M_m h_m / K_{\phi m} \tag{3.33}$$

求得扭转角位移增量后，可得第 m 层各柱的轴力。

腹板中柱轴力为

$$P_{mi}=EA_{\mathrm{m}}b\frac{\Delta\phi_m}{h_m}\left[(1-\alpha)\frac{x_i}{b}+\alpha\left(\frac{x_i}{b}\right)^3\right] \tag{3.34}$$

角柱轴力为

$$P_{m\mathrm{c}}=EA_{\mathrm{c}}b\frac{\Delta\phi_m}{h_m} \tag{3.35}$$

翼缘中柱轴力为

$$P_{mj}=EA_{\mathrm{m}}b\frac{\Delta\phi_m}{h_m}\left[(1-\beta)+\beta\left(\frac{y_j}{c}\right)^2\right] \tag{3.36}$$

第 m 层整体弯曲水平位移为

$$u_{\mathrm{b},m}=u_{\mathrm{b},m-1}+\phi_{m-1}h_m+\Delta\phi_m h_m/2 \tag{3.37}$$

由式（3.26）和式（3.37）可得，各层总水平位移为

$$u_m=u_{\mathrm{s},m}+u_{\mathrm{b},m} \tag{3.38}$$

2. 剪力滞简化处理方法

假定腹板的位移沿横向为三次抛物线分布，翼缘的竖向位移沿横向也为三次抛物线分布。

设腹板第 i 根柱的纵向位移增量为

$$\Delta w_{\mathrm{w}i}=\Delta\phi b\left[(1-\alpha)\frac{x_i}{b}+\alpha\left(\frac{x_i}{b}\right)^3\right] \tag{3.39}$$

翼缘第 j 根柱的纵向位移增量为

$$\Delta w_{\mathrm{f}j}=\Delta\phi b\left[(1-\beta)+\beta\left|\frac{y_j}{c}\right|^3\right] \tag{3.40}$$

式中，α、β——腹板、翼缘的剪滞系数。

α、β 取值为

$$\alpha(\xi_m)=\gamma\left(\frac{\rho}{0.60}\right)^{1.7}\frac{3.0}{H/B}\left[1+0.15\left(\frac{t_{\mathrm{c}}}{t_{\mathrm{b}}}-1\right)\right](1-3\xi_m)\quad(\alpha(\xi_m)\geqslant 0) \tag{3.41}$$

$$\beta(\xi_m)=1.2\frac{c}{b}\alpha(\xi_m) \tag{3.42}$$

式中，ρ——开洞率；

γ——考虑荷载形式影响的系数，顶部集中荷载作用时，取 $\gamma=0.55$，均布荷载作用时，取 $\gamma=0.72$，倒三角形荷载作用时，取 $\gamma=0.68$；

$\xi_m = \dfrac{\left(\sum\limits_{i=1}^{m-1} h_i + z_m h_m\right)}{H}$，$h_i$ 为第 i 层层高，H 为结构总高。

当层高与柱距之比在 1 附近变化时，剪滞系数变化较小，因此在式（3.39）和式（3.40）中，没有考虑层高与柱距之比对剪滞系数的影响。

设中柱截面面积为 A_{m}，角柱截面面积为 A_{c}，令框筒的抗弯刚度为

$$K_{\phi m} = M_m h_m / \Delta\phi_m \tag{3.43}$$

则有

$$K_{\phi m} = 2Eb^2 A_{\mathrm{m}} \left\{ 2\sum_{i=1}^{\frac{n_x-1}{2}} \left[\left(1-\alpha(\xi_m)\right)\left(\frac{x_i}{b}\right)^2 + \alpha(\xi_m)\left(\frac{x_i}{b}\right)^4 \right] + 2\frac{A_{\mathrm{c}}}{A_{\mathrm{m}}} \right.$$
$$\left. + \sum_{j=1}^{n_y-2} \left[\left(1-\beta(\xi_m)\right) + \beta(\xi_m)\left|\frac{y_j}{c}\right|^3 \right] \right\} \tag{3.44}$$

式中，$\dfrac{n_x-1}{2}$——取整数；

n_x——单侧腹板柱数（含角柱）；

n_y——单侧翼缘柱数（含角柱）。

$$\Delta\phi_m = M_m h_m / K_{\phi m} \tag{3.45}$$

求得扭转角位移增量后，可得第 m 层各柱的轴力。

腹板中柱轴力为

$$P_{mi} = EA_{\mathrm{m}} b \frac{\Delta\phi_m}{h_m} \left\{ \left[1-\alpha(\xi_m)\right]\frac{x_i}{b} + \alpha(\xi_m)\left(\frac{x_i}{b}\right)^3 \right\} \tag{3.46}$$

角柱轴力为

$$P_{m\mathrm{c}} = EA_{\mathrm{c}} b \frac{\Delta\phi_m}{h_m} \tag{3.47}$$

翼缘中柱轴力为

$$P_{mj} = EA_{\mathrm{m}} b \frac{\Delta\phi_m}{h_m} \left\{ \left[1-\beta(\xi_m)\right] + \beta(\xi_m)\left|\frac{y_j}{c}\right|^3 \right\} \tag{3.48}$$

第 m 层整体弯曲水平位移为

$$u_{\mathrm{b},m} = u_{\mathrm{b},m-1} + \phi_{m-1} h_m + \Delta\phi_m h_m / 2 \tag{3.49}$$

3. 考虑负剪力滞效应的简化处理方法

假定腹板的沿横向应变为五次抛物线分布，翼缘的竖向应变沿横向为四次抛物线分布；假定正剪力滞和负剪力滞同时存在于各楼层，正剪力滞大小与各层的

整体弯矩分布成正比，负剪力滞沿高度按线性分布，底部最大，顶部最小。当正剪力滞大于负剪力滞时，表现为正剪力滞；当正剪力滞小于负剪力滞时，表现为负剪力滞。

设腹板第 i 根柱的纵向应变为

$$w'_{\mathrm{w}i}=\phi' x_i-\left[\frac{x_i}{b}-\left(\frac{x_i}{b}\right)^5\right]u'_1 \tag{3.50}$$

翼缘第 j 根柱的纵向应变为

$$w'_{\mathrm{f}j}=\phi' b-\left(1-\left|\frac{y_j}{c}\right|^3\right)u'_2 \tag{3.51}$$

式中，ϕ'——角柱纵向应变的截面曲率，与高度相关；

u'_1、u'_2——腹板、翼缘的剪力滞大小的应变函数。

令

$$u'_2=1.2\frac{c}{b}u'_1 \tag{3.52}$$

$$M_m=2EA_{\mathrm{m}}b^2\left\{2\sum_{i=1}^{\frac{n_x-1}{2}}\left[\phi'\frac{x_i}{b}-\left(\frac{x_i}{b}-\left(\frac{x_i}{b}\right)^5\right)\frac{u'_1}{b}\right]\frac{x_i}{b}+\frac{2A_{\mathrm{c}}}{A_{\mathrm{m}}}\phi'\right.$$
$$\left.+\sum_{j=1}^{n_y-2}\left[\phi'-\left(1-\left(\frac{y_i}{c}\right)^4\right)\frac{u'_2}{b}\right]\right\} \tag{3.53}$$

式（3.53）可化简为

$$\phi'\left[2\sum_{i=1}^{\frac{n_x-1}{2}}\left(\frac{x_i}{b}\right)^2+\frac{2A_{\mathrm{c}}}{A_{\mathrm{m}}}+n_y-2\right]-\left[2\sum_{i=1}^{\frac{n_x-1}{2}}\left(\left(\frac{x_i}{b}\right)^2-\left(\frac{x_i}{b}\right)^6\right)+\sum_{j=1}^{n_y-2}\left(1-\left(\frac{y_i}{c}\right)^4\right)\frac{1.2c}{b}\right]\frac{u'_1}{b}=\frac{M_m}{2EA_{\mathrm{m}}b^2} \tag{3.54}$$

式(3.54)中存在两个未知量 ϕ' 及 u'_1，需补充计算条件，现将 ϕ' 和 u'_1 写成 $\phi'(\xi_m)$ 和 $u'_1(\xi_m)$，假定 $u'_1(\xi_m)$ 和底层的 $\phi'(\xi_1)$ 存在如下关系：

$$u'_1(\xi_m)=\alpha(\xi_m)\phi'(\xi_1)b \tag{3.55}$$

$\alpha(\xi_m)$ 可表达如下：

顶点集中荷载为

$$\alpha(\xi_m)=0.550\eta(1-\xi_m) \tag{3.56}$$

均布荷载为

$$\alpha\left(\xi_m\right)=1.674\eta\left[\left(1-\xi_m\right)^2-\lambda\left(1-\xi_m\right)/3\right] \tag{3.57}$$

倒三角形荷载为

$$\alpha\left(\xi_m\right)=1.897\eta\left[\left(0.5\xi_m^3-1.5\xi_m+1\right)-0.375\lambda\left(1-\xi_m\right)\right] \tag{3.58}$$

式中，λ——常系数，取 1.71；

η——与开洞率、高宽比及柱厚与梁厚比相关的系数，取为

$$\eta=\left(\frac{\rho}{0.60}\right)^{1.7}\frac{3.0}{H/B}\left[1+0.15\left(\frac{t_{\mathrm{c}}}{t_{\mathrm{b}}}-1\right)\right] \tag{3.59}$$

式（3.57）和式（3.58）为考虑负剪力滞的线性项。

当层高与柱距之比在 1 附近变化时，剪力滞系数变化较小，因此在式（3.59）中没有考虑层高与柱距之比对剪力滞系数的影响。

利用式（3.55）～式（3.59）即可求解式（3.54）的 ϕ' 和 u_1'。过程如下，令

$$Q=2\sum_{i=1}^{\frac{n_x-1}{2}}\left(\frac{x_i}{b}\right)^2+\frac{2A_{\mathrm{c}}}{A_{\mathrm{m}}}+n_y-2 \tag{3.60}$$

$$R=2\sum_{i=1}^{\frac{n_x-1}{2}}\left(\left(\frac{x_i}{b}\right)^2-\left(\frac{x_i}{b}\right)^6\right)+\sum_{j=1}^{n_y-2}\left(1-\left(\frac{y_i}{c}\right)^4\right)\frac{1.2c}{b} \tag{3.61}$$

则式（3.54）可化为

$$\phi'\left(\xi_1\right)=\frac{1}{Q-R\alpha\left(\xi_1\right)}\frac{M_m}{2EA_{\mathrm{m}}b^2} \tag{3.62}$$

$$\phi'\left(\xi_m\right)=\frac{1}{Q}\left[\frac{M_m}{2EA_{\mathrm{m}}b^2}+R\alpha\left(\xi_m\right)\phi'\left(\xi_1\right)\right]\quad\left(m>1\right) \tag{3.63}$$

求得各层的曲率后，即可按式（3.50）和式（3.51）求出各层腹板及翼缘各柱应变或轴力。

第 m 层各柱的轴力具体如下：

腹板中柱轴力为

$$P_{mi}=EA_{\mathrm{m}}b\left\{\phi'\left(\xi_m\right)\frac{x_i}{b}-\left[\frac{x_i}{b}-\left(\frac{x_i}{b}\right)^5\right]u_1'\left(\xi_m\right)\right\} \tag{3.64}$$

角柱轴力为

$$P_{m\mathrm{c}}=EA_{\mathrm{c}}b\phi'\left(\xi_m\right) \tag{3.65}$$

翼缘中柱轴力为

$$P_{mj}=EA_{\mathrm{m}}b\left\{\phi'\left(\xi_m\right)-\left[1-\left(\frac{y_j}{c}\right)^4\right]\times1.2\frac{c}{b}u_1'\left(\xi_m\right)\right\} \tag{3.66}$$

第 m 层的转角位移增量及转角位移分别为

$$\Delta\phi_m = \phi'(\xi_m)h\text{；}\quad \phi_m = \sum_{i=1}^{m}\phi'(\xi_i)h \tag{3.67}$$

第 m 层整体弯曲水平位移为

$$u_{\mathrm{b},m} = u_{\mathrm{b},m-1} + \phi_{m-1}h_m + \Delta\phi_m h_m / 2 \tag{3.68}$$

3.3.5 算例及影响因素分析

对 1 个 24 层开洞率为 0.60、均布荷载作用下的框筒结构进行考虑或不考虑刚域和剪切变形的计算水平位移对比如图 3.31 所示，从图中可以看出，刚域和剪切变形对结构的整体刚度有较大影响。一般认为按文献[60]规定考虑刚域长度和剪切变形的计算结果较为合理。

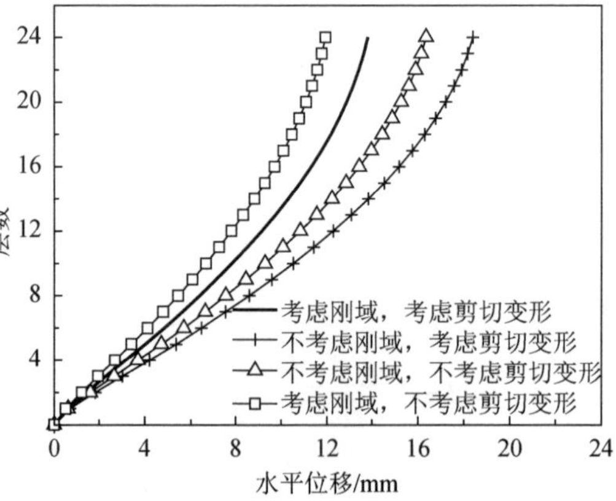

图 3.31　空间框架法考虑不同因素对水平位移的影响

本节选用空间带刚域框架分析程序作为简化分析的对比，其刚域长度取值及剪切变形的考虑与简化分析方法相同。取洞口高宽比与层高柱距比相等，弹性模量 $E = 3.0\times10^4$ MPa，泊松比为 0.2。在以下分析中，方法 1 为按等效连续体法考虑剪力滞；方法 2 为剪力滞简化处理方法；方法 3 为考虑负剪力滞的简化处理方法。

【算例 3.1】 某 24 层框筒结构，层高为 3m，$\rho = 58.78\%$，$L/B = 1$，$H/B = 3$，$n_x = n_y = 9$，$h/d = 1$，$t_c/t_b = 1$，则各梁柱截面尺寸均为 700mm×700mm，$q = 33.3$ kN/m（承受水平均布荷载作用）。

【算例 3.2】 某 50 层框筒结构，层高为 3.3m，$\rho = 52.89\%$，$L/B = 1.2$，$H/B = 5$，$n_x = 11$、$n_y = 13$，$h/d = 1$，$t_c/t_b = 1.2$，中柱截面尺寸均为 600mm×900mm，角柱截面尺寸均为 900mm×900mm，裙梁截面尺寸为 500mm×900mm，$q = 50$kN/m（承受倒三角形荷载作用）。

在空间框架分析结果中，腹板框架中邻近角柱的中柱分担的剪力和弯矩最小，而中间的中柱分担的弯矩最大，因而这里只列出了该两根柱的受力情况。

由图 3.32～图 3.41 可知，本节简化计算方法与空间框架分析结果较为近似，弯矩和剪力结果接近，算例 3.1 和算例 3.2 采用 3 种方法计算的顶点位移误差分别为 4.3%、1.0%、5.2%和 7.2%、3.0%、7.6%。由于前两种方法未考虑负剪力滞的影响，不能模拟角柱在结构上部出现负应变的情况，但总体变化趋势是一致的。第 3 种简化方法考虑了负剪力滞的影响，能模拟角柱在结构上部出现负应变的情况，且总体变化趋势及大小的吻合良好。从图 3.32～图 3.41 中还可以看出，只有在结构上部的角柱才会出现负应变。本章简化可直接分析出弯曲变形和剪切变形占结构整体变形中的比例。

由图 3.36 可知，不考虑翼缘参与抗剪时，会使计算位移和二层以上腹板各柱内力偏大，偏大幅度较小；但在结构底层，由于翼缘抗剪参与系数较大，一般为 0.15～0.30，不考虑翼缘抗剪引起的误差较大。由于翼缘框架的抗剪参与，底层腹板各中柱承担的剪力和弯矩比第 2 层和第 3 层小，这一点与文献[66]中筒中筒结构振动台试验及本章作者所做的筒中筒结构拟动力试验中的外框筒破坏最严重的部位不在底层而在第 2 层和第 3 层的结论是一致的。

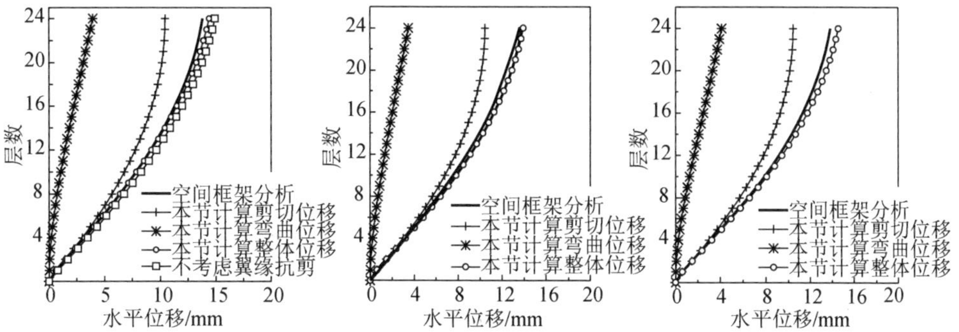

（a）方法1　（b）方法2　（c）方法3

注：图上图线有重叠。

图 3.32　算例 3.1 结构的水平位移

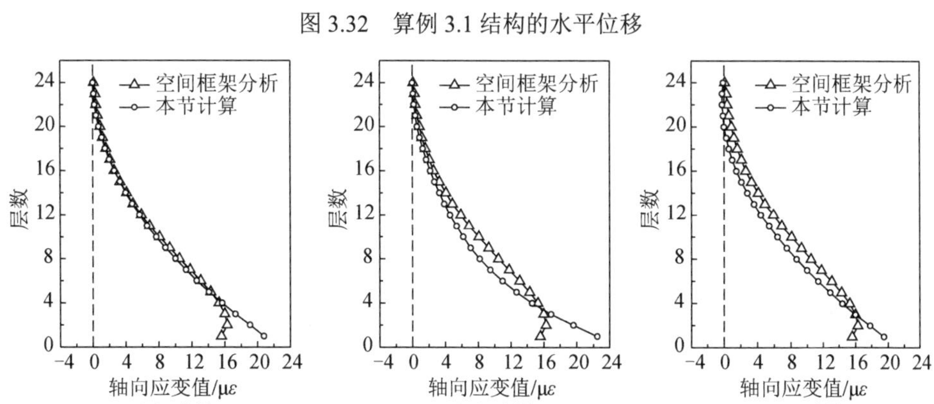

（a）方法1　（b）方法2　（c）方法3

图 3.33　算例 3.1 腹板邻角柱的正应变

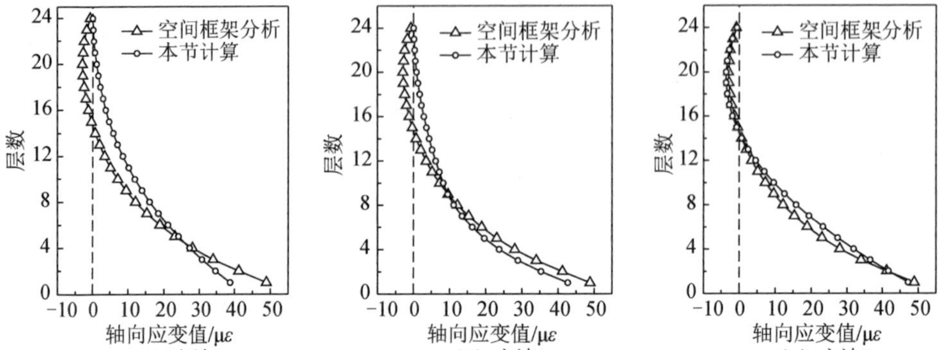

（a）方法1　（b）方法2　（c）方法3

图 3.34　算例 3.1 角柱的正应变

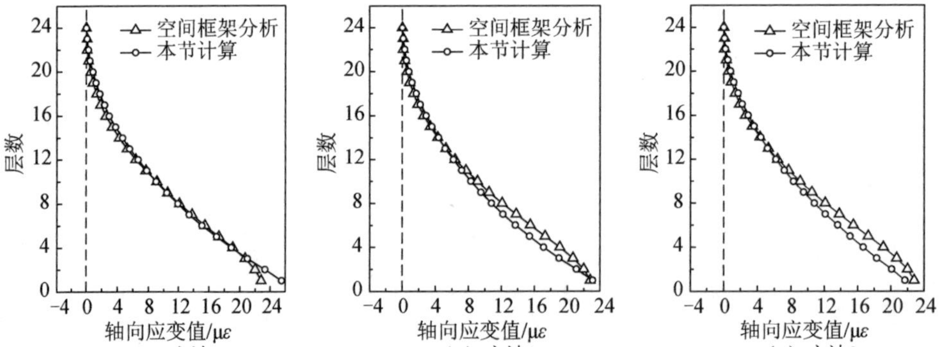

（a）方法1　（b）方法2　（c）方法3

图 3.35　算例 3.1 翼缘邻角柱的正应变

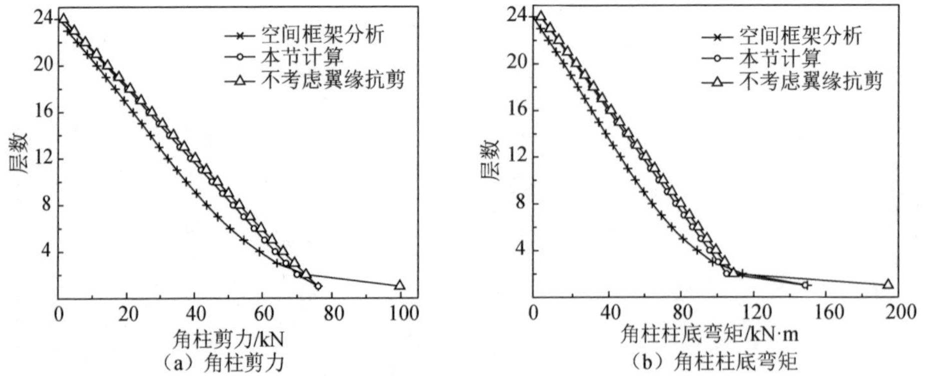

（a）角柱剪力　（b）角柱柱底弯矩

图 3.36　算例 3.1 各柱剪力及柱底的弯矩

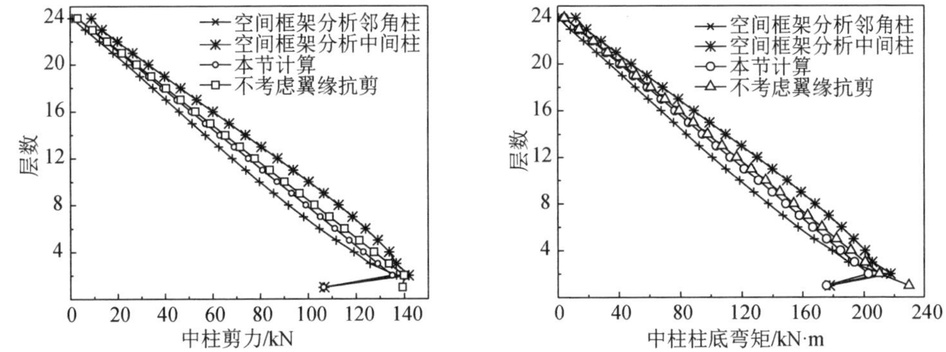

（c）中柱剪力　　（d）中柱柱底弯矩

图 3.36（续）

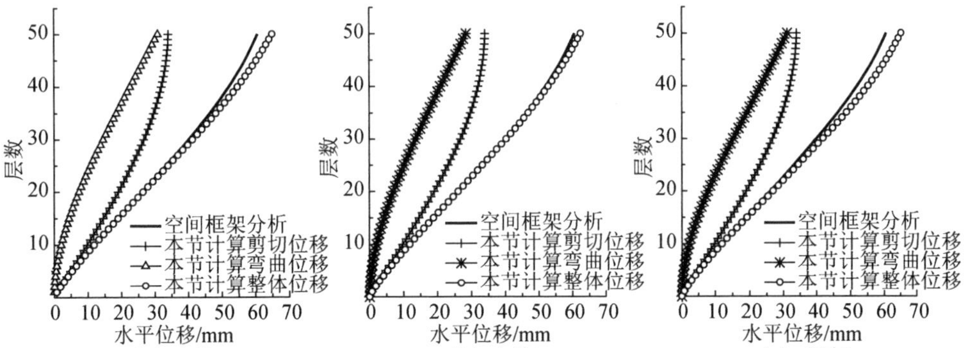

（a）方法1　　（b）方法2　　（c）方法3

图 3.37　算例 3.2 结构的水平位移

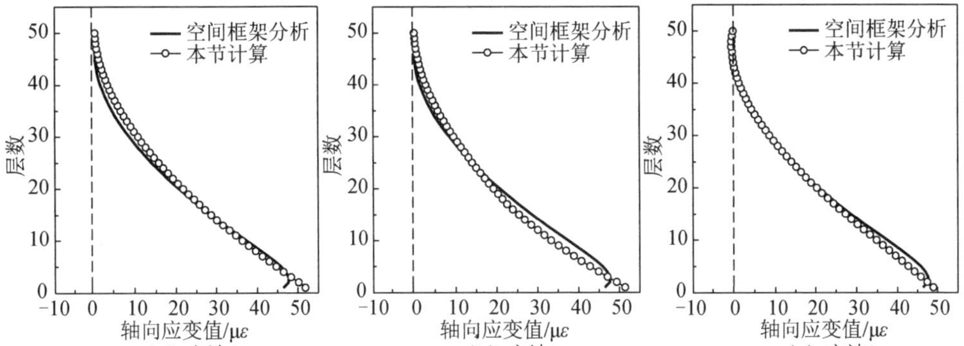

（a）方法1　　（b）方法2　　（c）方法3

图 3.38　算例 3.2 腹板邻角柱的正应变

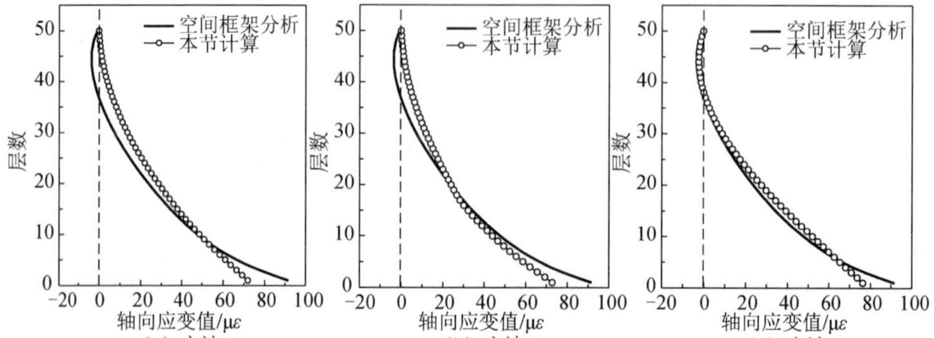

（a）方法1　（b）方法2　（c）方法3

图 3.39　算例 3.2 角柱的正应变

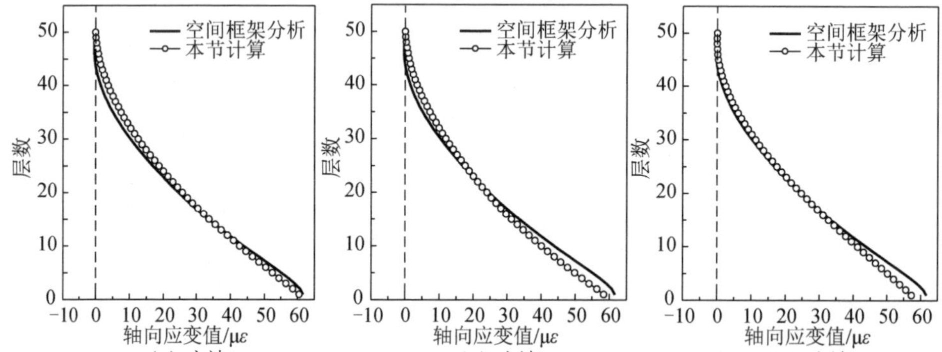

（a）方法1　（b）方法2　（c）方法3

图 3.40　算例 3.2 翼缘邻角柱的正应变

1. 结构水平位移的影响因素分析

下面以前述方法 2 为对比计算方法，对影响结构水平位移的因素进行分析。

图 3.42 为框筒结构在受均布荷载、小高宽比（高宽比为 3）条件下考虑层高柱距比 h/d 、开洞率 ρ 、柱厚与梁厚比 t_c/t_b 等因素变化对结构水平位移影响的情况。

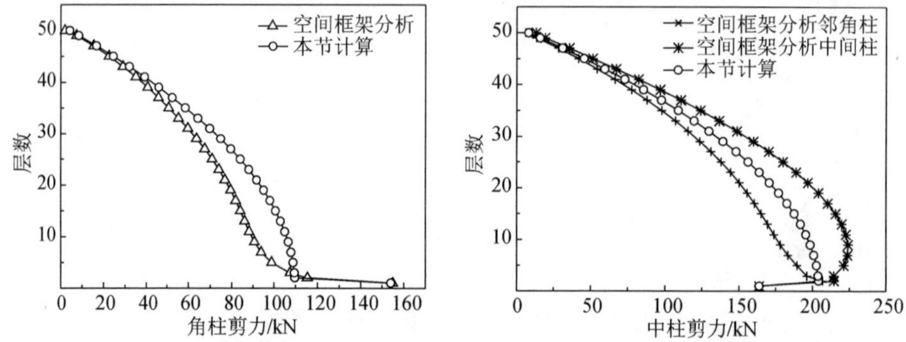

（a）角柱剪力　（b）中柱剪力

图 3.41　算例 3.2 各柱的剪力

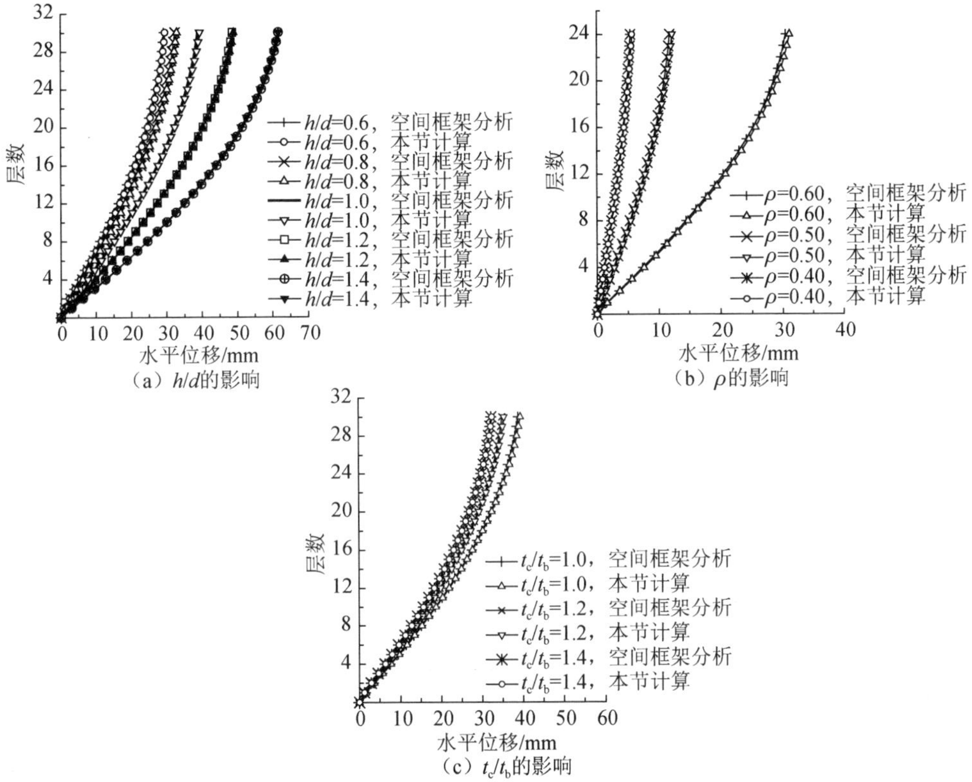

图 3.42　层高柱距比、开洞率、柱厚与梁厚比对结构水平位移的影响

由图 3.42（a）可知，由于取洞口高宽比与层高柱距比相等，$h/d<1$ 为强柱弱梁型，$h/d>1$ 为强梁弱柱型，强柱弱梁型比强梁弱柱型时的抗侧移刚度要大，对抵抗水平荷载更为有利。当然，h/d 也不能太小，太小则剪力滞后严重，弯曲变形会增大，对梁承受竖向荷载也不利。因而，按《高层建筑混凝土结构技术规程》（JGJ 3—2010）规定[39]，取 h/d 接近 1 是合理的。

由图 3.42（b）可知，当框筒开洞率减小时，结构水平位移急剧减小，且剪力滞后越小。因而从效率上分析，增大框筒结构抗侧刚度最有效的方法是减小开洞率。

由图 3.42（c）可知，增大中柱厚与裙梁厚之比会加大剪力滞后，但对增大结构的抗侧移刚度效率不高。

表 3.3 所示为一框筒在受相同均布荷载作用，仅改变层数，即改变高宽比的水平位移的变化情况。从表 3.3 中可以看出，随着高宽比的增大，弯曲位移占整体位移的比例逐渐增大，当高宽比为 6 时，弯曲位移所占比例接近 0.5。

表 3.3　高宽比 H/B 对结构水平位移的影响

项目	高宽比			
	3	4	5	6
层数	30	40	50	60
空间框架计算水平位移/mm	38.89	77.82	138.17	227.66
本节方法计算水平位移/mm	39.48	79.54	142.77	237.69
本节方法的计算误差/%	1.52	2.21	3.33	4.41
本节方法计算剪切位移/mm	30.93	55.19	86.41	124.61
本节方法计算弯曲位移/mm	8.55	24.35	56.36	113.08
弯曲位移/整体位移/%	21.7	30.6	39.5	47.6

2. 负剪力滞的影响因素分析

下面以前述方法 3 为对比计算方法，对影响负剪力滞的因素进行分析，主要分析了荷载形式、开洞率和高宽比对负剪力滞的影响。

（1）荷载形式

图 3.43～图 3.45 所示为当开洞率为 0.60 时的计算结果，可知均布荷载作用时的负剪力滞最大，顶点集中荷载作用时角柱上部不出现负应变，即随着水平荷载作用中心位置的升高，负剪力滞的影响越小。

（2）开洞率

由图 3.46 可知，当开洞率分别为 0.60、0.50 和 0.40 时，上部角柱的最大负应变与底层角柱的正应变之比分别为 5.1%、4.5%和 4.0%。可以得出如下结论：随着开洞率的减小，角柱上部的负应变相对值逐渐减小，即负剪力滞的影响随开洞率的减小而降低。

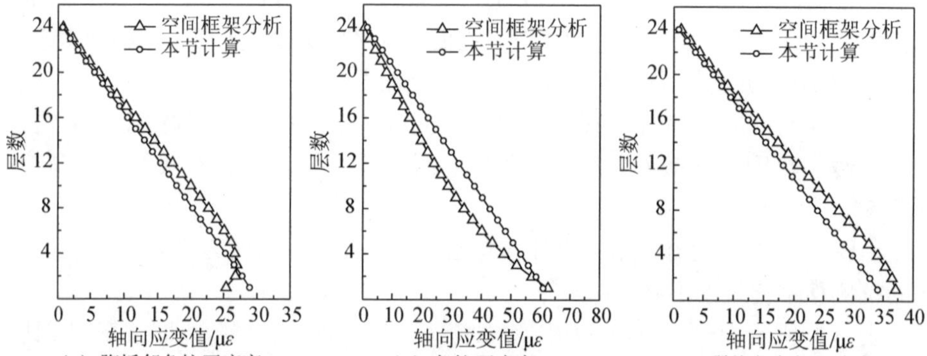

（a）腹板邻角柱正应变　（b）角柱正应变　（c）翼缘邻角柱正应变

图 3.43　集中荷载作用下的分析结果

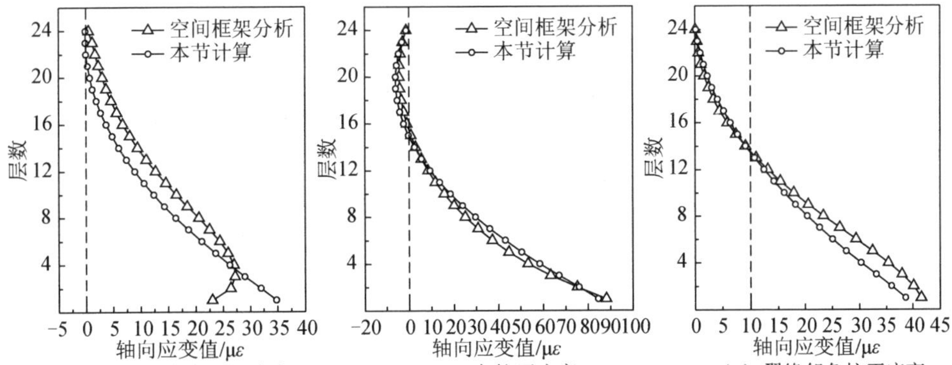

（a）腹板邻角柱正应变　（b）角柱正应变　（c）翼缘邻角柱正应变

图 3.44　均布荷载作用下的分析结果

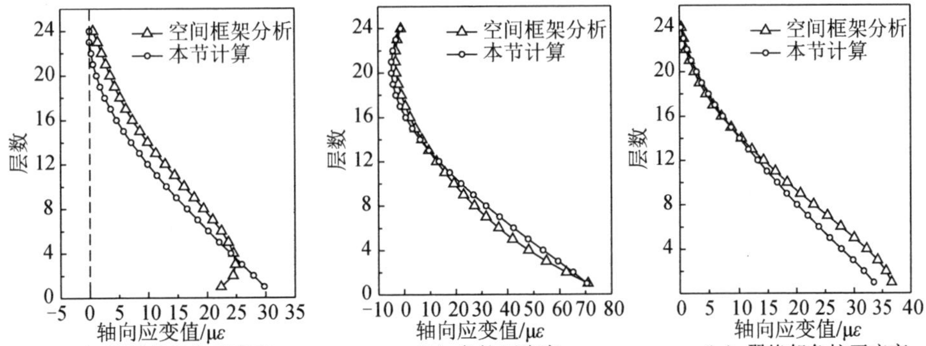

（a）腹板邻角柱正应变　（b）角柱正应变　（c）翼缘邻角柱正应变

图 3.45　倒三角形荷载作用下的分析结果

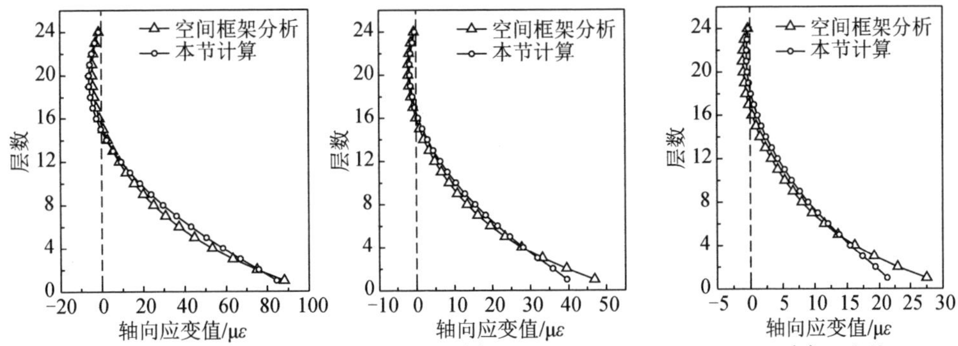

（a）ρ=0.60　（b）ρ=0.50　（c）ρ=0.40

图 3.46　ρ 对角柱正应变的影响

（3）高宽比

由图 3.47 可知，当高宽比分别为 3、4、5 和 6 时，上部角柱的最大负应变与底层角柱的正应变之比分别为 5.5%、4.5%、3.5%和 2.8%。可以得出如下结论：随着高宽比的增大，角柱上部的负应变相对值逐渐减小，即负剪力滞的影响随高宽比的增大而降低。

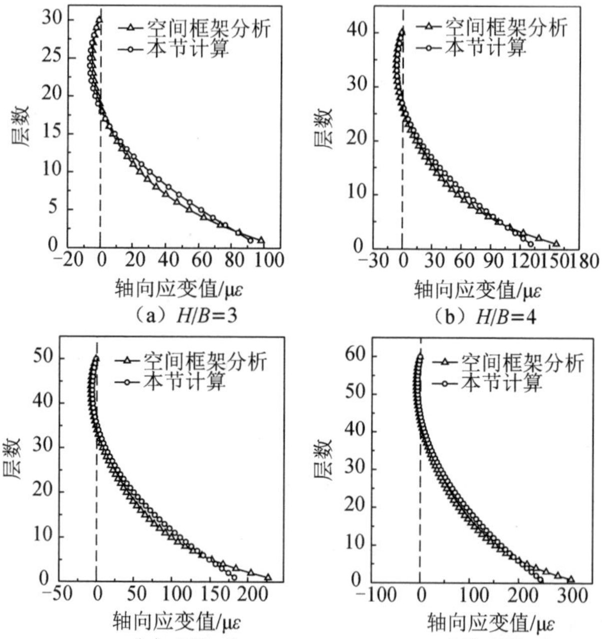

（a）$H/B=3$　（b）$H/B=4$

（c）$H/B=5$　（d）$H/B=6$

图 3.47　H/B 对角柱正应变的影响

3.4　筒中筒结构在水平荷载作用下的简化分析

3.4.1　简化分析方法

对于筒中筒结构，可将其分为外框筒和核心筒，采用层模型对水平荷载作用下的内力和位移分别进行计算[67]。外框筒可采用 3.3 节中的简化方法进行分析；核心筒一般为薄壁杆，因为对称荷载通过剪力中心只产生弯曲和剪切，可按考虑剪切变形的普通梁计算；二者通过楼板及内梁连系，假定楼板平面内刚度无限大，平面外刚度忽略不计；按矩阵位移法进行计算时，每层只有 3 个自由度，即层水平位移、外框筒层扭转角位移、核心筒层扭转角位移。

设定筒中筒结构总层数为 n，以第 m 层为研究对象（$1\leqslant m\leqslant n$）。

对于外框筒，令层间剪切刚度为 $K_{\mathrm{f},sm}$，有

$$K_{\mathrm{f},sm}=D_m(1+\zeta_m) \tag{3.69}$$

式中，D_m——第 m 层腹板框架（含角柱）抗剪刚度［可采用式（3.19）求出］；

　　ζ_m——翼缘框架柱的抗剪参与系数［可通过式（3.20）求出］。

令外框筒层间抗弯刚度为 $K_{\mathrm{f},\varphi m}$，不考虑结构上部负剪力滞的影响，采用 3.3.4 节中的方法 2 求出抗弯刚度，其表达式见式（3.44）。

令核心筒层间剪切刚度为 $K_{\mathrm{c,s}m}$，有

$$K_{\mathrm{c,s}m} = GA_{\mathrm{s}}/h \tag{3.70}$$

式中，A_{s}——核心筒有效抗剪截面面积；

　　G——剪切模量；

　　h——层高。

令核心筒层间抗弯刚度为 $K_{\mathrm{c},\varphi m}$，则有

$$K_{\mathrm{c},\varphi m} = EI/h \tag{3.71}$$

第 m 层的外框筒和核心筒可采用统一刚度矩阵形式为

$$\boldsymbol{K}_{\mathrm{e}} = \begin{bmatrix} K'_{\mathrm{s}m} & \dfrac{h}{2}K'_{\mathrm{s}m} & -K'_{\mathrm{s}m} & \dfrac{h}{2}K'_{\mathrm{s}m} \\ & \dfrac{h^2}{4}K'_{\mathrm{s}m} + K_{\varphi m} & -\dfrac{h}{2}K'_{\mathrm{s}m} & \dfrac{h^2}{4}K'_{\mathrm{s}m} - K_{\varphi m} \\ & & K'_{\mathrm{s}m} & -\dfrac{h}{2}K'_{\mathrm{s}m} \\ & \text{对称} & & \dfrac{h^2}{4}K'_{\mathrm{s}m} + K_{\varphi m} \end{bmatrix} \tag{3.72}$$

式中，$K'_{\mathrm{s}m} = \dfrac{\beta_m}{1+\beta_m}K_{\mathrm{s}m}$，$\beta_m = \dfrac{12K_{\varphi m}}{K_{\mathrm{s}m}h^2}$。

式（3.72）中的刚度矩阵为外框筒或核心筒的层间刚度矩阵，在计算过程中，分别将 $K_{\mathrm{f,s}m}$、$K_{\mathrm{f},\varphi m}$ 和 $K_{\mathrm{c,s}m}$、$K_{\mathrm{c},\varphi m}$ 取代式（3.72）中的 $K_{\mathrm{s}m}$、$K_{\varphi m}$ 即可。

3.4.2　水平荷载作用下的简化分析与试验对比

以第 2 章中所做的筒中筒结构模型在水平荷载作用下的静力试验结果作为对比进行分析，试验模型的开洞率 $\rho = 54\%$，层高柱距比 $h/d = 1.579$，高宽比 $H/B = 3.72$，柱梁厚度比 $t_{\mathrm{c}}/t_{\mathrm{b}} = 1$，洞口高宽比 b/a 与层高柱距之比 h/d 相等，属于强梁弱柱型框筒。

图 3.48～图 3.50 为试验与简化计算的结果对比图。其中试验值为模型在竖向荷载 $P = 68\mathrm{kN}$ 时三种情况下（水平荷载偏心距分别为 $e_0 = 0$、$e_0 = 100\mathrm{mm}$ 和 $e_0 = 200\mathrm{mm}$）的水平位移平均值。从图 3.48～图 3.50 中可以看出，简化计算值要稍小于试验值，但总体来讲，与试验值比较接近。在简化分析过程中，仅考虑了加载顶板对顶层刚度的影响。

图 3.51 为 $q=3.33\text{kN/m}$（均布荷载）、$q=3.85\text{kN/m}$（倒三角形荷载）时的水平位移计算曲线。从位移曲线可以看出，筒中筒变形特征呈现出较为明显的弯剪综合变形特征，下部为弯曲型，上部为剪切型，曲线中存在反弯点。

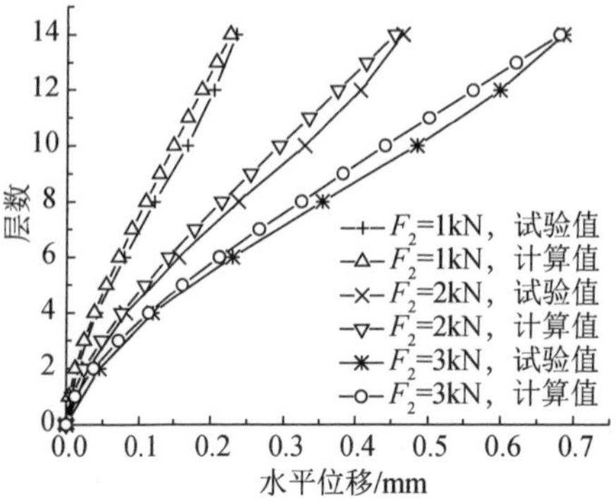

图 3.48　顶部加载各层的水平位移试验值与计算值

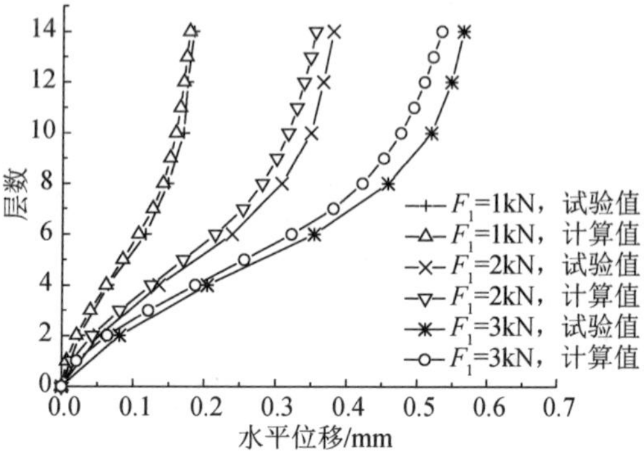

图 3.49　中部加载各层的水平位移试验值与计算值

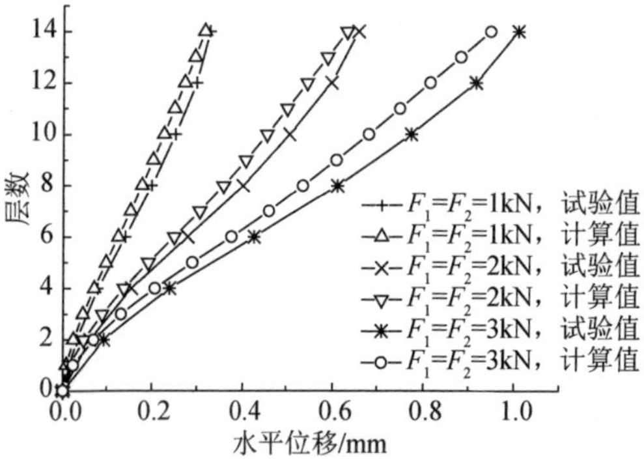

图 3.50　中部、顶部加载时各水平位移试验值与计算值

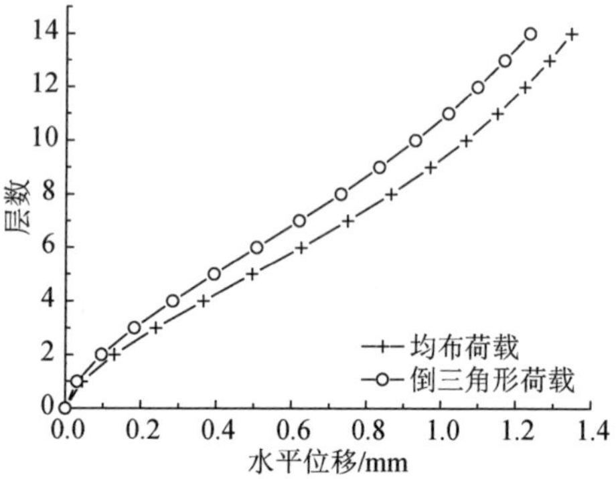

图 3.51　均布、倒三角形荷载下的位移计算值

图 3.52～图 3.54 为试验模型在顶部集中荷载、上述均布荷载和倒三角形荷载作用下外框筒、核心筒剪力弯矩的简化计算分配情况。从图 3.52～图 3.54 中可以看出，结构模型的底部剪力主要由核心筒承担，上部剪力主要由外框筒承担；整体弯矩主要由外框筒承担。从图 3.53 和图 3.54 可以看出，筒中筒中外框筒和核心筒的剪力分布特征与框剪结构中的框架和剪力墙的分布特征类似。

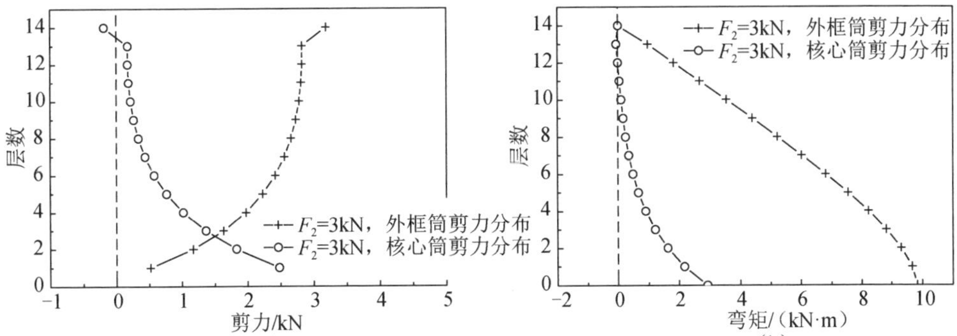

（a）　（b）

图 3.52　顶部荷载作用下的各层剪力及弯矩计算值

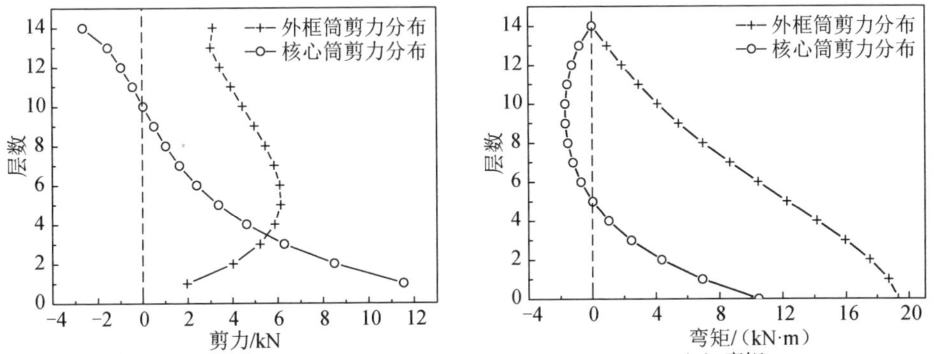

（a）剪力　（b）弯矩

图 3.53　均布荷载作用下的各层剪力及弯矩计算值

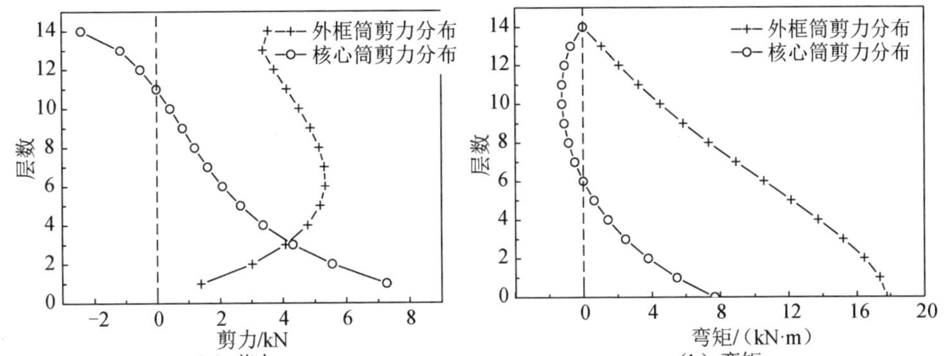

（a）剪力　（b）弯矩

图 3.54　倒三角形荷载作用下的各层剪力及弯矩计算值

3.5　筒中筒结构在扭转荷载作用下的简化分析

筒中筒结构在扭转荷载作用下的分析也采用层模型分析方法，沿用前述假定，即假定楼板在平面内的刚度无限大，平面外刚度忽略不计，则各楼层的内外筒扭转角相同[68]。

3.5.1　外框筒在扭转荷载下的简化分析方法

如图 3.55 所示，设 x、y 向单侧框架的平面内的层抗侧移刚度为 D_{mx}、D_{my}，其值可以通过前述的 D 值法求出。

设第 m 层外框筒的抗扭刚度为 $K_{\theta m,F}$，有

$$K_{\theta m,F}=2c^2D_{mx}+2b^2D_{my}+2\sum_{i=2}^{n_x-1}D'_{mx,i}x_i^2+2\sum_{i=2}^{n_y-1}D'_{my,j}y_j^2 \tag{3.73}$$

式中，$2b$、$2c$ ——框筒 x、y 方向的宽度和长度；

$D'_{mx,i}$ ——第 m 层框筒 x 方向第 i 根中柱的 y 方向抗侧移刚度；

$D'_{my,j}$ ——第 m 层框筒 y 方向第 j 根中柱的 x 方向抗侧移刚度；x_i、y_j 分别为框筒 x、y 方向第 i、j 根中柱的坐标。

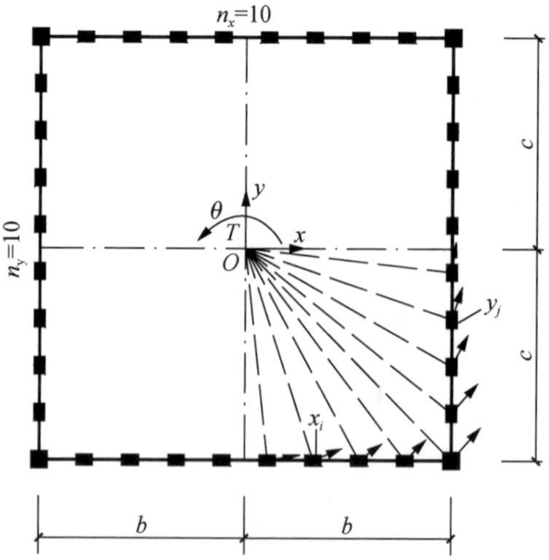

图 3.55　框筒扭转分析简图

令系数

$$\xi_m=\frac{2\sum_{i=2}^{n_x-1}D'_{mx,i}x_i^2+2\sum_{i=2}^{n_y-1}D'_{my,j}y_j^2}{2c^2D_{mx}+2b^2D_{my}} \tag{3.74}$$

式中，ξ_m ——第 m 层框筒平面外抗扭刚度参与系数。

ξ_m 与 3.3 节中的翼缘抗剪参与系数 ζ_m 有相似之处，即在底层较大，上部各层较小。其原因在于，上部各楼层楼板对中柱的平面外约束较小，而底端固支对中柱的平面外约束较大。本节在这里近似取 $\xi_m=0$ ($m\geqslant2$)，仅考虑底层的 ξ_1 对

框筒抗扭的影响。

式（3.73）可简化为

$$K_{\theta m,F}=\left(1+\xi_m\right)\left(2c^2D_{mx}+2b^2D_{my}\right),\quad \xi_m=0\quad (m\geqslant 2) \tag{3.75}$$

考虑了底层的 ξ_1 对框筒抗扭的影响是本节方法与以往平面框架分析方法的不同之处。

考察某框筒可知，$L/B=1$，$n_x=n_y=11$，$t_c/t_b=1$，角柱为正方形截面、截面宽度与中柱宽度相等。主要分析 h/d 、ρ 及 t_c/d_c 的变化对 ξ_1 的影响，分析结果见表 3.4。

表 3.4　底层框筒平面外抗扭刚度参与系数 ξ_1　　（单位：%）

开洞率 ρ	中柱厚度与中柱宽度之比 t_c/d_c	层高与柱距之比 h/d									
		0.6	0.7	0.8	0.9	1.0	1.1	1.2	1.3	1.4	1.5
40%	0.5	5.14	3.86	3.06	2.54	2.18	1.92	1.72	1.57	1.45	1.36
	0.6	7.62	5.71	4.53	3.76	3.22	2.83	2.54	2.32	2.14	2.00
	0.7	10.61	7.94	6.29	5.21	4.46	3.92	3.52	3.21	2.97	2.78
	0.8	14.10	10.54	8.34	6.91	5.91	5.20	4.67	4.26	3.94	3.69
	0.9	18.09	13.51	10.69	8.85	7.57	6.66	5.98	5.46	5.05	4.73
	1.0	22.58	16.85	13.34	11.03	9.44	8.30	7.46	6.81	6.30	5.90
50%	0.5	4.59	3.52	2.83	2.37	2.05	1.82	1.64	1.51	1.40	1.32
	0.6	6.83	5.22	4.19	3.50	3.02	2.68	2.42	2.22	2.07	1.95
	0.7	9.53	7.26	5.82	4.86	4.19	3.71	3.36	3.09	2.87	2.71
	0.8	12.68	9.65	7.73	6.45	5.56	4.92	4.45	4.09	3.81	3.59
	0.9	16.29	12.38	9.91	8.26	7.12	6.30	5.70	5.24	4.89	4.61
	1.0	20.36	15.45	12.36	10.30	8.88	7.86	7.11	6.54	6.10	5.75
60%	0.5	4.18	3.29	2.69	2.27	1.98	1.76	1.60	1.48	1.38	1.31
	0.6	6.23	4.89	3.99	3.36	2.92	2.60	2.36	2.18	2.04	1.93
	0.7	8.70	6.81	5.54	4.67	4.05	3.61	3.28	3.03	2.84	2.69
	0.8	11.60	9.06	7.36	6.19	5.37	4.78	4.35	4.02	3.77	3.57
	0.9	14.92	11.63	9.43	7.93	6.88	6.12	5.57	5.15	4.83	4.58
	1.0	18.66	14.52	11.77	9.89	8.58	7.64	6.94	6.43	6.03	5.72

从表 3.4 中可以看出，按表中的计算条件，ξ_1 的变化范围为 1.31%～22.58%。其变化规律如下：ξ_1 随 t_c/d_c 的增大而增大，即中柱越扁，ξ_1 值越小；中柱越接近方形，ξ_1 值越大；ξ_1 随 h/d 的增大而减小；ξ_1 随 ρ 的增大而减小。此外，角柱的截面尺寸相对于中柱越大，ξ_1 值越小；中柱数越少，ξ_1 值越小。

3.5.2　核心筒在扭转荷载下的简化分析方法

假定核心筒各墙体平面外刚度可忽略不计，只考虑其平面内刚度，各墙体的平面内刚度可按考虑剪切变形的普通梁进行计算。通常连梁高度约为层高的 1/4～1/3，对于类似于本节试验模型的对称开设两个洞口的核心筒结构，其抗扭刚度可表达如下：

$$K_{\theta m,C}=4\left[\frac{0.5+12.5(h_{\text{b}}/h_m)}{2+12.5(h_{\text{b}}/h_m)}\right]k_{\text{T}m}\quad (m=1) \tag{3.76}$$

$$K_{\theta m,C}=\left[4.9(h_{\text{b}}/h_m)+\left(\frac{n-m}{n}\right)^3\right]k_{\text{T}m}\quad (m>1) \tag{3.77}$$

式中，h_m——第 m 层层高；

h_{b}——连梁高度；

$k_{\text{T}m}=0.25\sum_i \frac{12EI_i}{(1+\beta_i)h_m}$，可按考虑剪切变形的普通梁理论进行计算。

则筒中筒结构第 m 层的抗扭刚度为

$$K_{\theta m}=K_{\theta m,F}+K_{\theta m,C} \tag{3.78}$$

3.5.3　扭转荷载作用下的简化分析与试验对比

以 3.1 节中所做的筒中筒结构模型在扭转荷载作用下的静力试验结果作为对比进行分析。

扭转角位移的试验值和计算值如图 3.56～图 3.58 所示，从图中可以看出，计算曲线大体反映了筒中筒结构在扭转荷载下的扭转变形变化规律，由于本章的层模型所限，尚不能较好地模拟结构中部作用扭矩时（图 3.57），结构上部扭转角先增大后减小的变化规律。

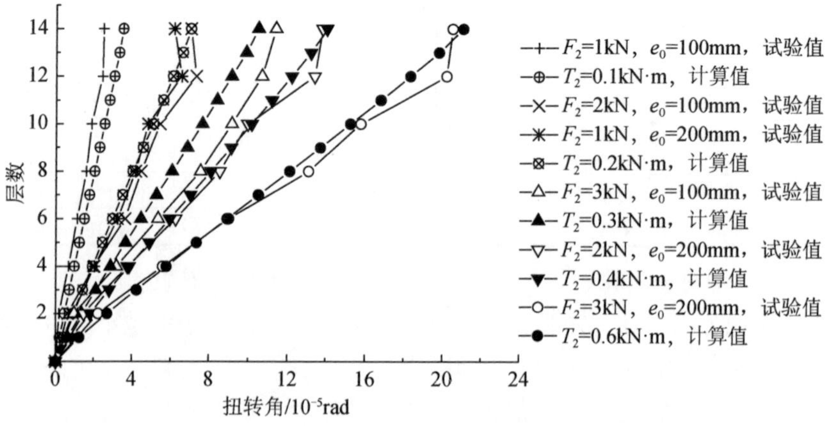

图 3.56　顶部加载时的扭转角位移的试验值和计算值

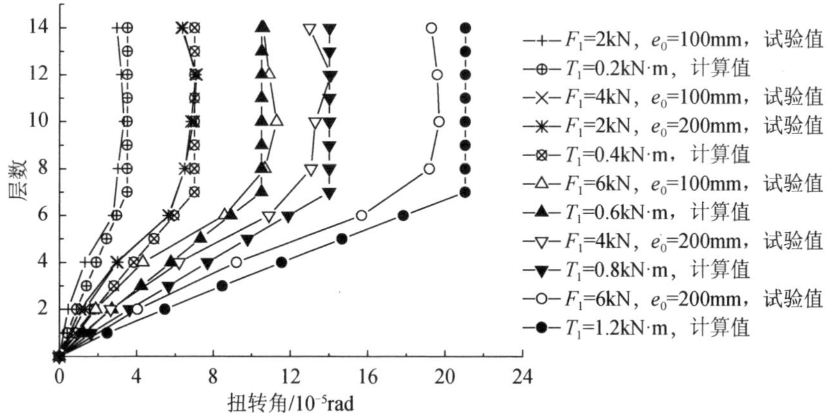

图 3.57　中部加载时的扭转角位移的试验值和计算值

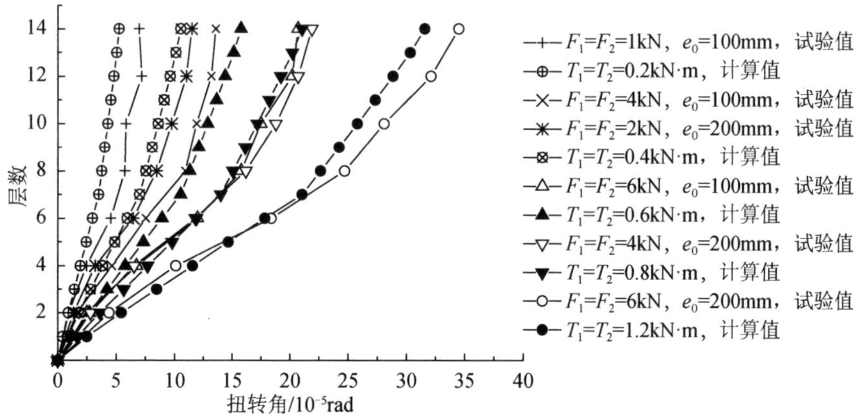

图 3.58　中部、顶部加载时的扭转角位移的试验值和计算值

3.6　本 章 小 结

本章进行了钢筋混凝土筒中筒结构模型和组合筒体结构模型水平静力荷载试验；提出了考虑翼缘抗剪的层模型简化分析方法分析框筒结构和筒中筒结构，并且得出以下结论。

1）在外部荷载较小时，筒体结构的侧移和扭转变形满足线弹性假定，符合叠加原理。

2）在水平荷载作用下筒体结构侧移曲线呈现明显的弯剪综合变形特征，曲线存在反弯点，反弯点以下以弯曲变形为主，反弯点以上以剪切变形为主。

3）在结构顶部施加竖向作用力时，其会使结构的抗侧刚度和抗扭刚度增大，水平位移和扭转变位减小，对水平位移的影响相对较大。

4）设计为质量和刚度对称的结构，由于施工偏差和材料的离散性，会产生一定的偏心距。因此，对称结构也应考虑偏心扭转的影响。

5）筒体结构在水平荷载作用下，外框筒的翼缘框架和腹板框架的应变呈现明显的剪力滞现象，核心筒应变基本上满足平截面假定。

6）通过采用等效连续体法分析影响框筒结构剪力滞后的因素可知，减小框筒开洞率、增大高宽比、减小柱厚与裙梁厚度比，层高与柱距比接近 1、长宽比接近 1 有利于减小剪力滞后的影响，提高框筒空间作用效率。

7）采用简化的 D 值与等效连续体法、只考虑正剪力滞的简化方法、考虑负剪力滞的简化方法相结合的层模型对框筒结构在水平荷载作用下的内力和位移进行分析，计算过程较为简洁、实用、误差较小，其结果可供初步设计使用。

8）考虑翼缘参与抗剪对框筒结构受力影响最大的部位在底层，它将使底层腹板框架承担的剪力比第 2 层和第 3 层小，得出腹板框架中柱承担剪力和弯矩最大的楼层在第 2 层，而不在底层的结论。

9）通过对影响结构水平位移的因素分析可知，强梁弱柱型框筒的抗侧刚度较小，在设计中应尽量避免采用，梁柱刚度比接近或稍小于 1 是较为合理的选择；增大框筒结构抗侧刚度最有效的方法是减小开洞率；随着高宽比的增大，弯曲位移占整体位移的比例逐渐增大。

10）本章提出的关于剪力滞的假定与框筒结构的实际受力性能较为吻合。即假定正剪力滞和负剪力滞同时存在于各楼层，正剪力滞大小与各层的整体弯矩分布成正比，负剪力滞沿高度按线性分布，底部最大，顶部最小。

11）通过对影响负剪力滞的因素分析可知，负剪力滞主要出现在框筒结构的上部，对结构的总体影响较小；随着水平荷载作用中心位置的升高、开洞率的减小、高宽比的增大，负剪力滞的影响越小。

12）本章采用层模型对在水平荷载作用下的筒中筒结构进行了简化分析，该简化分析因每个楼层只有 3 个自由度，因而计算过程较为简洁、计算量较小，通过与第 2 章筒中筒结构模型静力试验对比，表明本书所提出的层模型是合理的。

13）在分析了外框筒底层平面外抗扭刚度参与系数的影响因素及大小的前提下，本章还提出扭转荷载作用下筒中筒结构简化层模型，通过与偏心荷载作用下的筒中筒结构模型试验结果进行对比，表明了本章的扭转层模型物理概念清晰、思路简单，其计算结果可满足实际工程需要。

第 4 章 筒体结构的动力特性研究

动力特性是结构在振动过程中表现出来的固有性质，包括振动频率、振型等。振动频率是结构动力特性简单、直接的反映，而结构动荷载（风载、地震、振动等）的大小不仅与荷载本身有关，还与结构动力特性有关，因此，对结构进行动力分析必须首先确定其动力特性。结构动力特性的确定方法有许多，依计算工作量的大小及精度不同，可分为经验公式法、近似计算法和精确分析法，前两种方法仅能近似计算基本自振周期，仅供方案阶段估算使用；后一种方法通常需要求解频率方程，常用雅可比（Jacobi）法进行 n 维矩阵运算（n 为层数），进行空间振动分析时尚要进行 $3n$ 维矩阵运算，该方法虽能得到结构自振频率和振型的精确解，但计算工作量较大。

本章对筒体结构的动力特性进行了较深入的研究，提出了筒体结构的动力特性的简化分析方法，并对两个筒体结构模型的动力特性进行了实测。

4.1 筒体结构的动力特性研究现状

在框筒结构和筒中筒结构的研究中，用经验公式估算结构的自振周期显得过于粗略，简化公式也能近似地给出基本自振周期，但不能给出结构的其他自振周期和振型，给工程应用带来了很大的局限性，用解频率方程求结构的动力特性是计算机分析的基本方法，但对于杆件数量众多的大型结构——筒体结构，自由度过于庞大，计算机求解较费机时。

针对求解结构动力特性的上述问题，许多学者从不同的角度提出了筒体结构的动力特性的简化分析方法，精度损失不大。

Coull 和 Bose 将筒中筒结构的外框筒用等效连续筒代替[69]。包世华和段小廿在框筒结构连续的基础上，分别假定应力，用基于余能原理的方法求解外框筒的柔度矩阵；假定位移，用基于势能原理的方法求解柔度矩阵，根据柔度矩阵求逆后的刚度矩阵，建立筒中筒结构自由振动的基本方程，求解固有频率和振型，动力自由度数目大大减小[70]。包世华等，提出用有限元线法对变截面的高层筒体结构的动力特性进行分析[71]。首先用分段连续化方法将实际框筒结构等效为变截面的正交各向异性折板结构，将结构沿一个方向（横向）半离散化；然后取结线位移为基本未知函数，通过势能驻值原理，建立半解析的振动微分方程组；最后用常微分方程求解器求解频率和振型。

李恒增等也是采用连续化方法，将框筒结构简化为等效的连续板筒，然后由筒中筒单元刚度矩阵组装得到结构刚度矩阵，经静力聚缩得到结构的简化动力方程[72]。后来李恒增采用连续-离散化方法分析框筒和筒中筒结构，且考虑弯扭振动耦联。

樊小卿和张维岳推导了用层间转移矩阵表示的筒体结构单根竖杆内力和变形的基本传递关系[73]，通过变量合并把结构简化为一根多质点悬臂杆模型，该模型除考虑弯曲变形和剪切变形外还考虑了竖杆轴向变形的影响，是对剪切模型和弯剪模型的改进，同时比基于结构连续化的解析法和有限条法未知量要少得多。

汪梦甫提出框筒结构自由振动计算的模态综合法[74]。首先将框筒结构离散为几片平面框架子结构，平面框架中梁、柱均视为带刚域杆件，忽略梁的轴向变形，但考虑柱的轴向变形，其边柱惯性矩不变，面积取为原边柱面积的一半，建立反映子结构约束模态的自由振动方程；然后按照刚性楼盖及各子结构界面的位移协调条件，组装成框筒结构的自由振动方程。该方法计算简单，且精度较高。

4.2　筒体结构的动力特性等效刚度法

动力特性的精确计算需要求得结构的抗侧移刚度，通常的研究方法是将结构的整体刚度矩阵进行分块、静力凝聚，得到结构的抗侧移刚度矩阵。高层建筑自由度较多，抗侧移刚度矩阵的计算只有借助于计算机才能完成。本章提出高层建筑结构抗侧移刚度的简化计算方法，能大量地减少自由度数，减少计算机时，甚至当层数不多时，能方便地手工计算这类结构的抗侧移刚度，进而能快速地进行结构动力特性、侧移计算，便于初步设计阶段的结构动力特性估算。

本书在考虑到柱轴向变形的框架结构、框架剪力墙结构及考虑空间作用的框筒结构和筒中筒结构在水平荷载作用下的变形曲线呈弯剪型的情况下，提出一种弯-剪型层间简化分析模型，即将结构简化为层间结构模型，该模型为弹性杆相连的多质点体系，弹性杆具有与原结构等效的弯曲刚度和剪切刚度，本章的核心任务是确定弹性杆的等效弯曲刚度和等效剪切刚度，它是动力特性和侧移计算的基础。

4.2.1　框筒结构的等效刚度

框筒结构是由密柱深梁的多片壁式框架围成的筒状结构，其空间工作性能好，在高层及超高层建筑中应用广泛。框筒结构的抗侧移刚度由弯曲刚度和剪切刚度两部分组成，令简化分析模型与原结构具有相等的抗侧移刚度，则原结构相应的简化分析模型的刚度分为等效弯曲刚度和等效剪切刚度。

1. 框筒结构的等效弯曲刚度

根据原结构与简化分析模型的整体弯曲变形相等的原则，可得到简化分析模型的等效弯曲刚度，即层间转角变形为单位曲率时所施加的弯矩。对对称布置、不考虑扭转变形的框筒结构，其等效弯曲刚度可按下列简化分析方法计算。

由于柱的轴向变形引起结构的整体弯曲变形，框筒结构的第 i 层框筒的等效弯曲刚度的计算公式如下：

$$(EI)_i = \frac{M_i}{\Delta \phi_i} h_i \tag{4.1}$$

式中，$(EI)_i$ ——第 i 层等效抗弯刚度；

h_i——第 i 层层高；

M_i——第 i 层框筒结构承受的整体弯矩；

$\Delta \phi_i$ ——第 i 层框筒结构的扭转角增量。

由水平荷载引起框筒结构第 i 层的整体弯矩 M_i 与框筒柱轴力对框筒截面形心的力矩平衡，框筒柱轴力分布与剪力滞分布有关。

在水平荷载作用下，框筒结构的整体弯曲变形不同于实腹筒的平截面变形，由于横梁的刚度有限，剪切变形较大，腹板和翼缘框架的变形不再保持平截面，即产生了剪力滞，如图 4.1 所示。

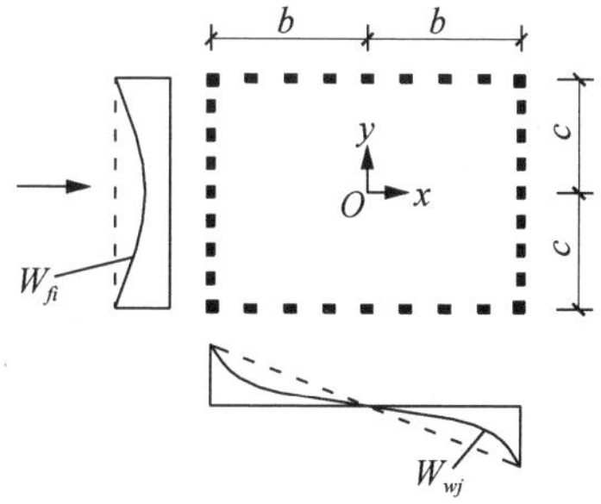

图 4.1　框筒结构柱轴力分布

考虑翼缘框架剪力滞的影响，$(EI)_i$ 的推导过程见 3.3.2 节，其计算公式如下：

$$(EI)_i = 2Eb^2 A_{\mathrm{m}} \left\{ \sum_{i=2}^{n_x - 1} \left[(1-\alpha)\left(\frac{x_i}{b}\right)^2 + \alpha \left(\frac{x_i}{b}\right)^4 \right] + 2\frac{A_{\mathrm{c}}}{A_{\mathrm{m}}} + \sum_{j=1}^{n_y - 2} \left[(1-\beta) + \beta \left(\frac{y_j}{c}\right)^2 \right] \right\} \tag{4.2}$$

式中，n_x——单侧腹板柱数（含角柱）；

n_y——单侧翼缘柱数（含角柱）。

2. 框筒结构的等效剪切刚度

剪切刚度是杆件变形引起的单位层间剪切变形所需要施加的水平力，处在弹性阶段时可用 D 值法计算。i 层弹性杆的等效剪切刚度的计算公式如下：

$$(GA)_i = \frac{\mathrm{d}v_i}{\mathrm{d}\delta_i} h_i = D_i h_i \tag{4.3}$$

式中，D_i——用 D 值法计算的 i 层结构各柱 D 值之和；

h_i——第 i 层层高。

框筒结构的等效剪切刚度包括腹板框架和翼缘框架的等效剪切刚度之和，其中板框架的等效剪切刚度按考虑节点刚域、杆件弯曲变形和剪切变形的壁式框架近似计算[75]；翼缘框架的等效剪切刚度，由于假定楼板与柱为铰接（忽略楼板平面外刚度），其 D 值为 0。实际上，实际工程常设有内梁，且楼板平面外刚度与框筒柱（一般为扁柱）的刚度相比，不能完全忽略，因此可考虑一定的翼缘剪切刚度。

翼缘框架不考虑楼板对底层柱的约束作用，按底端固支、上端自由的悬臂杆考虑，底层翼缘框架抗侧移刚度

$$D_1' = 2(n_y - 2)\frac{3EI_{cy}}{h^3} \tag{4.4}$$

式中，n_y——翼缘方向柱数（含角柱）；

I_{cy}——翼缘中柱沿 y 向的惯性矩；

h——1 层层高。

其他层翼缘框架的抗侧移刚度近似取为

$$D_i' = 0.1D_1' \quad (i>1) \tag{4.5}$$

综合前述，框筒结构第 i 层等效剪切刚度为

$$(GA)_i = (D_i + D_i')h_i \tag{4.6}$$

4.2.2　筒中筒结构的等效刚度

筒中筒结构可分为外框筒和核心筒，外框筒的等效弯曲刚度 $(EI)_{fi}$ 和等效剪切刚度 $(GA)_{fi}$ 可参照式（4.2）和式（4.6）计算。

核心筒一般为薄壁杆，因为对称荷载通过剪力中心，只产生弯曲和剪切变形，可按考虑剪切变形的普通梁计算，即层间剪切刚度为 $(GA_s)_{ci}$，层间弯曲刚度近似为 $(EI)_{ci}$，其中，A_s 为核心筒有效抗剪截面面积，I 为核心筒有效截面惯性矩，G 为剪切模量，E 为弹性模量。

外框筒和核心筒通过楼板连系，假定楼板平面内刚度无限大，平面外刚度忽略不计，每层只有 3 个自由度，即层水平位移、外框筒层转角位移、核心筒层扭转角位移。因此，其等效剪切刚度为外框筒和核心筒的等效剪切刚度之和，但由于外框筒和核心筒的弯曲转角变形不一致，其等效弯曲刚度不能严格相加，实际核心筒的弯曲刚度相对于外框筒来说较小。因此，为了简化分析，筒中筒结构的等效弯曲刚度可近似取为外框筒和核心筒的等效弯曲刚度之和。

综前所述，筒中筒结构的等效弯曲刚度 $(EI)_i$ 和等效剪切刚度 $(GA)_i$ 分别为

$$(EI)_i = (EI)_{ci} + (EI)_{fi} \tag{4.7}$$

$$(GA)_i = (GA_s)_{ci} + (GA)_{fi} \tag{4.8}$$

式中，$(EI)_{ci}$——核心筒的层间弯曲刚度，N • mm^2；

$(EI)_{fi}$——外框筒的层间等效弯曲刚度，N • mm^2；

$(GA_s)_{ci}$——核心筒的层间剪切刚度，N；

$(GA)_{fi}$——外框筒的层间等效剪切刚度，N。

4.2.3 钢管混凝土柱的相关参数

等效刚度计算过程中需要用到弹性模量（E）、剪切模量（G）、惯性矩（I）、截面面积（A）等参数。这些参数对混凝土材料而言很容易取值，但对钢管混凝土柱而言，一般采用等效值。

钢管混凝土柱抗弯刚度的计算方法有刚度叠加法和统一理论法：①刚度叠加法将钢管和管内混凝土的刚度简单相加，或将混凝土的刚度折减后再叠加，该方法较简单，但未考虑钢管对混凝土的约束作用及混凝土对钢管的支撑作用；②统一理论法将钢管和混凝土视为一种统一的材料，通过研究其弯矩曲率关系曲线确定其组合材料的弹性模量和惯性矩。本章采用统一理论法计算抗弯刚度，钢管混凝土柱统一材料的等效弹性模量 E_{eq} 的计算公式如下[36]：

$$E_{\mathrm{eq}}=\frac{1+n\beta}{1+n\alpha}\frac{1+\alpha}{1+\beta}E_{\mathrm{sc}} \tag{4.9}$$

其中，

$$E_{\mathrm{sc}}=\frac{0.192f_{\mathrm{y}}\ /235+0.488}{0.67f_{\mathrm{y}}}f_{\mathrm{sc}}^{\mathrm{y}}E_{\mathrm{s}} \tag{4.10}$$

$$f_{\mathrm{sc}}^{\mathrm{y}}=(1.212+B\zeta+C\zeta^{2})f_{\mathrm{ck}} \tag{4.11}$$

$$B=0.1759f_{\mathrm{y}}\ /\ 235+0.974 \tag{4.12}$$

$$C=-0.1038f_{\mathrm{ck}}\ /\ 20+0.0309 \tag{4.13}$$

上述式中：E_{s}——为钢管混凝土的弹性模量；

n——钢管和混凝土的弹性模量比，$n=E_{\mathrm{s}}\ /\ E_{\mathrm{c}}$；

α——钢管和混凝土的截面面积比，$\alpha=A_{\mathrm{s}}\ /\ A_{\mathrm{c}}$；

β——钢管和混凝土的惯性矩比，$\beta=I_{\mathrm{s}}\ /\ I_{\mathrm{c}}$；

ζ——标准套箍系数，$\zeta=\alpha f_{\mathrm{y}}\ /\ f_{\mathrm{ck}}$；

f_{y}、f_{ck}——钢管抗拉强度设计值和混凝土抗压强度标准值。

钢管混凝土柱统一材料的等效惯性矩的计算公式如下[36]：

$$I_{\mathrm{eq}}=(0.6625+0.9375\alpha)I_{\mathrm{sc}} \tag{4.14}$$

式中，I_{sc}——钢管和混凝土的惯性矩之和，$I_{\mathrm{sc}}=I_{\mathrm{s}}+I_{\mathrm{c}}$。

式（4.14）适用于部分混凝土开裂的受弯及压弯构件，对不产生受拉的钢管混凝土偏心受压柱，取 $I_{\mathrm{eq}}=I_{\mathrm{sc}}$。

钢管混凝土组合截面的等效剪切刚度

$$(GA)_{\mathrm{eq}}=K_{\mathrm{G}}E_{\mathrm{sc}}(A_{\mathrm{s}}+A_{\mathrm{c}}) \tag{4.15}$$

式中，K_{G}——换算系数，可根据钢材型号、混凝土等级和含钢量查表获得。

钢管混凝土柱的等效截面面积按下式计算[36]：

$$A_{eq} = \sqrt{0.75 + 0.25\alpha} A_{sc} \tag{4.16}$$

式中，A_{sc}——钢管混凝土柱横截面，$A_{sc} = A_s + A_c$。

4.2.4 抗侧移刚度矩阵的简化形成方法

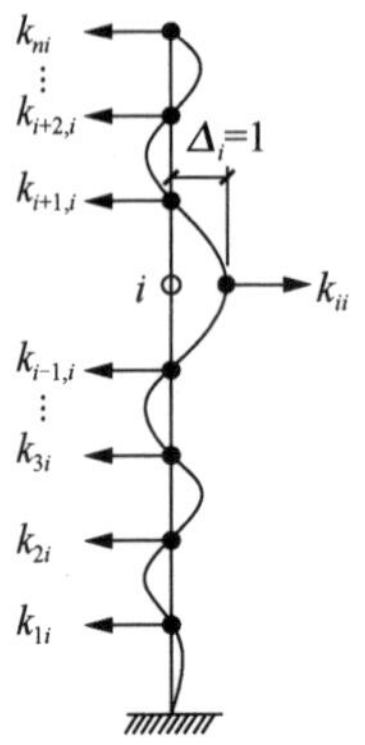

图 4.2　各质点的连杆反力

形成结构抗侧移刚度矩阵的传统方法是按杆系结构形成结构的总刚，对总刚进行静力凝聚，得到侧向刚度矩阵。按传统的杆系结构方法求解结构抗侧移刚度矩阵时，需要求解大型矩阵及矩阵求逆运算，计算机时较长，按本章提出的考虑弯曲变形和剪切变形的串联多质点系模型，求解结构抗侧移刚度矩阵的计算工作量要小得多。

将杆系结构简化为用弹性杆相连的多质点体系，已知弹性杆各层的等效弯曲刚度$(EI)_i$和等效剪切刚度$(GA)_i$，可用来简化计算结构抗侧移刚度矩阵。图 4.2 所示为 i 质点产生单位水平侧移时其他质点链杆反力，依次放松各质点的链杆约束，使其产生单位水平侧移，求得各质点受到的外加力或链杆反力，如第 i 层质点产生单位水平侧移时各质点受到的外加力或链杆反力从下到上依次为k_{i1}、k_{i2}、k_{i3}……，则结构抗侧移刚度矩阵为

$$\boldsymbol{K} = \begin{pmatrix} k_{11} & k_{12} & k_{13} & \cdots & k_{1n} \\ k_{21} & k_{22} & k_{23} & \cdots & k_{2n} \\ k_{31} & k_{32} & k_{33} & \cdots & k_{3n} \\ \vdots & \vdots & \vdots & & \vdots \\ k_{n1} & k_{n2} & k_{n3} & \cdots & k_{nn} \end{pmatrix} \tag{4.17}$$

求得多质点体系的抗侧移刚度矩阵后，即可按常规方法计算结构的动力特性或侧移。

4.3 筒体结构模型的动力特性实测

4.3.1 测试设备、参数与内容

1. 测试设备

模型的动力特性测试设备采用北京东方振动和噪声技术研究所开发的 DASP 大容量数据自动采集和信号处理系统。典型的系统连接方式如图 4.3 所示。

图 4.3　典型的系统连接方式

模态分析采用多输入单输出方法，即单点拾振、多点移步激励。在模型的顶层采用磁座方式安装压电式加速度传感器拾振，移动力锤，每楼层逐层敲击激励。

2. 测试参数

采用敲击法做模态分析时，采样方式一般采用变时基方式，采样频率的选择根据欲采信号的最高频率而定，一般采样频率取低通滤波频率的 2.5～3 倍。每个采样点的采样块数应在 3 次以上，这样经过平均后可有效减小误差，本章试验采样块数为 4 块。各通道的标定值取决于多个参数。设传感器灵敏度为 K_1，四合一放大器电荷增益为 K_2，适调灵敏度为 K_3，积分增益为 K_4，则该通道的灵敏度标定值 $K=1000\times K_1\times K_2\times K_4/K_3$。

3. 测试内容

测试模型可通过设置采样频率、变时倍数、程控放大倍数等参数，对不同的人工质量、竖向荷载、水平加载等工况及不同的变形阶段进行动力特性测试，测得模型在各种不同工况下的频率、振型、阻尼比、模态质量、模态刚度、模态阻尼等参数。

4.3.2 数据处理的基本原理

1. 模态分析基本理论

模态分析是将描述结构动态性能的矩阵方程解耦，从而使多自由度系统的动力学特性用单自由度系统来表示，用以描述结构动态特性的固有频率、阻尼比和振型等模态参数。计算模态分析是从结构的几何、材料特性出发，确定系统的模态参数；而试验模态分析是基于输入和输出信号，经信号处理识别系统的模态参数，前者称为结构动力学的正问题，后者称为结构动力学的逆问题。

目前，模态参数识别的方法多采用频域方法，即由实测的频率响应函数通过优化方法来确定模态参数。常用的优化方法为最小二乘法，优化的准则为使实测的频率响应值与数学模型对应的值的总均方误差极小，因而模态参数识别又称为频率响应曲线拟合。

N 个自由度体系的结构动力学方程为

$$\boldsymbol{M}\ddot{\boldsymbol{x}}+\boldsymbol{C}\dot{\boldsymbol{x}}+\boldsymbol{K}\boldsymbol{x}=\boldsymbol{f}(t) \tag{4.18}$$

式中，$\boldsymbol{f}(t)$——N 维激振力向量；

$\boldsymbol{x}$、$\dot{\boldsymbol{x}}$、$\ddot{\boldsymbol{x}}$——N 维位移、速度、加速度响应向量；

$\boldsymbol{M}$、$\boldsymbol{K}$、$\boldsymbol{C}$——结构的质量、刚度和阻尼矩阵。

对式（4.18）两边进行拉普拉斯变换[76]，可得到以复数 s 为变量的矩阵代数方程

$$\left(\boldsymbol{M}s^2+\boldsymbol{C}s+\boldsymbol{K}\right)\boldsymbol{X}(s)=\boldsymbol{F}(s) \tag{4.19}$$

令

$$\boldsymbol{H}(s)=(\boldsymbol{M}s^2+\boldsymbol{C}s+\boldsymbol{K})^{-1} \tag{4.20}$$

式中，$\boldsymbol{H}(s)$——广义导纳矩阵，也就是传递函数矩阵。由式（4.19）可知，输入和输出信号的关系为

$$\boldsymbol{X}(s)=\boldsymbol{H}(s)\boldsymbol{F}(s) \tag{4.21}$$

在式（4.21）中，令 $s=\mathrm{j}\omega$（ω 为模态频率），即可得到系统在频域中输出响应向量 $\boldsymbol{X}(\omega)$ 和输入激振力向量 $\boldsymbol{F}(\omega)$ 的关系式为

$$\boldsymbol{X}(\omega)=\boldsymbol{H}(\omega)\boldsymbol{F}(\omega) \tag{4.22}$$

式中，$\boldsymbol{H}(\omega)$——频率响应函数矩阵，利用振型矩阵加权正交条件，进行适当变换，可以得到用模态参数表示的频率响应函数矩阵为

$$\boldsymbol{H}(\omega)=\sum_{r=1}^{N}\frac{\boldsymbol{\phi}_r\boldsymbol{\phi}_r^{\mathrm{T}}}{m_r\left[(\omega_r^2-\omega^2)+\mathrm{j}2\varsigma_r\omega_r\omega\right]} \tag{4.23}$$

$\boldsymbol{H}(\omega)$ 矩阵的第 i 行 j 列元素为

$$H_{ij}(\omega)=\sum_{r=1}^{N}\frac{\phi_{ri}\phi_{rj}}{m_r\left[(\omega_r^2-\omega^2)+\mathrm{j}2\varsigma_r\omega_r\omega\right]} \tag{4.24}$$

式中，ω_r——第 r 阶模态频率，$\omega_r^2=\dfrac{K_r}{m_r}$，$K_r$、$m_r$ 分别为模态刚度和模态质量；

ς_r——第 r 阶模态阻尼比，$\varsigma_r=\dfrac{C_r}{2m_r\omega_r}$，$C_r$ 为第 r 阶模态阻尼；

$\boldsymbol{\phi}_r$——第 r 阶振型向量。

由式（4.24）可知，具有 N 自由度系统的频率响应，等于 N 个单自由度系统频率响应的线性叠加。为了确定全部模态参数 ω_r、ς_r、$\boldsymbol{\phi}_r$（$r=1,2,\cdots,N$），实际上只需测量频率响应矩阵的一列［对应一点激振，各点测量的 $\boldsymbol{H}(\omega)$］或一行［对应依次各点激振、一点测量的 $\boldsymbol{H}^{\mathrm{T}}(\omega)$］就够了。

需要说明的是，前述公式是按比例阻尼系统推导的，对于一般黏性阻尼情况，模态参数均为复数，即复模态。同理可推得传递函数为

$$\boldsymbol{H}(s)=\sum_{r=1}^{n}\left[\frac{A_r}{s-s_r}+\frac{A_r^*}{s-s_r^*}\right] \tag{4.25}$$

式中，s_r——极点，通常表示为

$$s_r = -\varsigma_r \omega_r + \mathrm{j}\sqrt{1-\varsigma_r^2}\,\omega_r \tag{4.26}$$

$\boldsymbol{A}_r$ 为对应极点的留数矩阵的计算公式如下：

$$\boldsymbol{A}_r = \frac{\boldsymbol{\phi}_r \boldsymbol{\phi}_r^{\mathrm{T}}}{\mathrm{j}2\beta_r m_r} \tag{4.27}$$

由式（4.26）和式（4.27）可知，极点与频率、阻尼比相关，留数与振型相关。

2. 模态参数识别全过程

（1）传递函数模型

将传递函数模型值表示为有理分式形式，即

$$H(s) = \frac{N(s)}{D(s)} = \frac{a_0 s^m + a_1 s^{m-1} + \cdots + a_{m-1} s + a_m}{s^n + b_1 s^{n-1} + \cdots + b_{n-1} s + b_n} \tag{4.28}$$

式中，n 等于 2 倍自由度数，$m \leqslant n$ 。有理分式的系数 a_i、b_i 可由实测频率响应数据用最小二乘法求解。

设测试频率响应值 $\tilde{\boldsymbol{H}}(s)$ 与模型值 $\boldsymbol{H}(s)$ 的误差为

$$\boldsymbol{e}(s) = \boldsymbol{H}(s) - \tilde{\boldsymbol{H}}(s) \tag{4.29}$$

对应选定各频率的总方差为

$$E = \left[\boldsymbol{H}(s) - \tilde{\boldsymbol{H}}(s)\right]^{\mathrm{T}} \left[\boldsymbol{H}(s) - \tilde{\boldsymbol{H}}(s)\right]^* \tag{4.30}$$

式中，E——待识别参数的泛涵，可转化为待求系数 a_i、b_i 的线性函数，而使 $E = \min$ 的最小二乘解已变成线性优化问题。令

$$\frac{\partial E}{\partial a_i} = 0, \quad \frac{\partial E}{\partial b_i} = 0 \tag{4.31}$$

可求出全部系数 a_i、b_i。

（2）极点与留数

由式（4.28）的分母多项式的求解根方程，则有

$$D(s) = s^n + b_1 s^{n-1} + \cdots b_{n-1} s + b_n = 0 \tag{4.32}$$

解得 N 对极点 s_r、$s_r^*(r = 1,2,\cdots,N)$，然后再由下式求出各对应极点的留数 A_r，即

$$A_r = \frac{[N(s)]}{(s - s_r^*)\prod\limits_{\substack{i=1 \\ i \neq r}}^{N} (s - s_i)(s - s_i^*)} \Bigg| s = s_r \tag{4.33}$$

（3）参数识别

将已求得的 N 对极点 s_r、s_r^*代入式（4.26）可求得模态阻尼和阻尼比，将留数 A_r 代入式（4.27）可以得到 $\boldsymbol{\phi}_r$ 。

4.3.3　筒中筒结构模型的动力特性实测

目前，有多种理论方法或经验公式计算筒中筒结构的动力特性[70]，但较难通过试验验证，本节对钢筋混凝土筒中筒结构模型的动力特性进行了实测，得到大量实测结果，实测获得的动力特性规律可供工程设计和理论分析参考。

1. 试验方案

（1）模型简介

实测模型为 14 层的钢筋混凝土筒中筒结构模型，模型按 1∶10 制作，模型边长为 1140mm，层高为 300mm，总高为 4590mm，平面几何尺寸如图 4.4 所示。本节试验是指分别在不同工况的静力弹性试验和拟动力试验后进行的动力特性测试。

（2）测试工况

分别对下列 7 种工况的 x 向、y 向、扭转用多种采样频率采集数据：①无人工质量；②附加人工质量；③人工质量的基础上，在顶部施加竖向荷载；④弹性范围内施加静力水平加载，然后卸除顶部竖向荷载；⑤加速度峰值为 0.22g 拟动力试验；⑥加速度峰值为 0.4g 拟动力试验；⑦加速度峰值为 0.62g 拟动力试验。

2. 试验结果

（1）无人工质量时的动力特性

模型无附加人工质量时，分别在 x 方向和 y 方向采用锤击法测试模型结构的动力特性。图 4.5 所示为力脉冲信号和加速度反应信号，是动力特性分析的原始采集数据，一个采样点应采集 4 组，以供平均处理，消除误差。图 4.6 所示为传递函数图，即为某数据采集点的数据经平均处理后的传递函数分析图，反映各阶自振频率及对应的相位变化。图 4.7 所示为自谱曲线，反映环境干扰对采样数据的影响程度，图中相干系数大于 0.85，说明环境干扰较小。图 4.8 所示为拟合结果比较图，即实测的频率响应函数与模型分析值的拟合比较。图 4.9 为相干函数图，是模态分析时用于确定模态阶数的依据，某个峰值是否为某阶模态要与其振型曲线对照确定。图 4.10（a）（b）分别为 x 向、y 向 1～9 阶振型图，实测动力特性参数见表 4.1。表 4.1 参数按质量归一计算，即模态质量为 1，其他表相同。

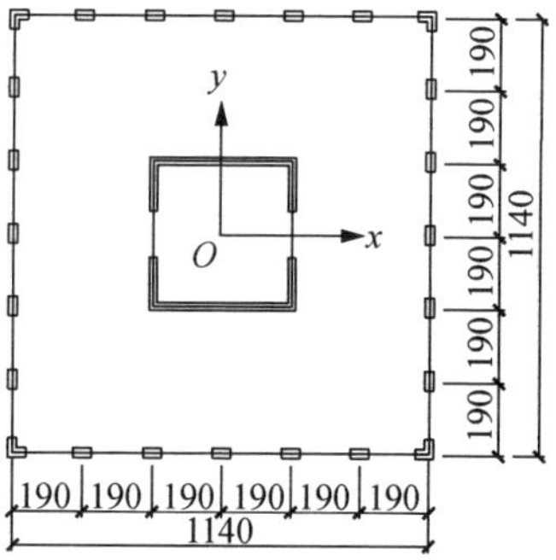

图 4.4　模型的平面几何尺寸（单位：mm）

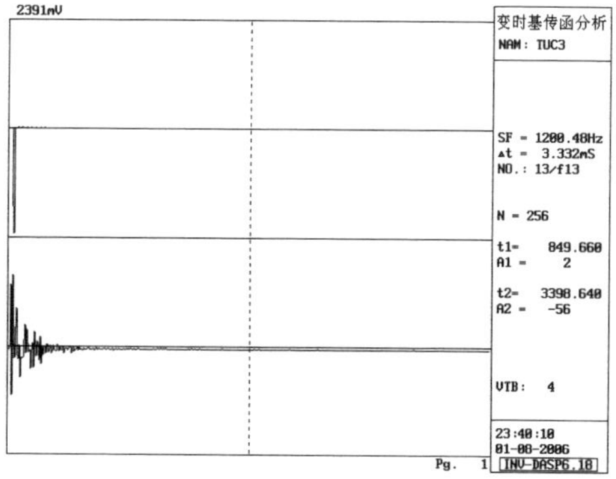

图 4.5　力脉冲信号和加速度反应信号

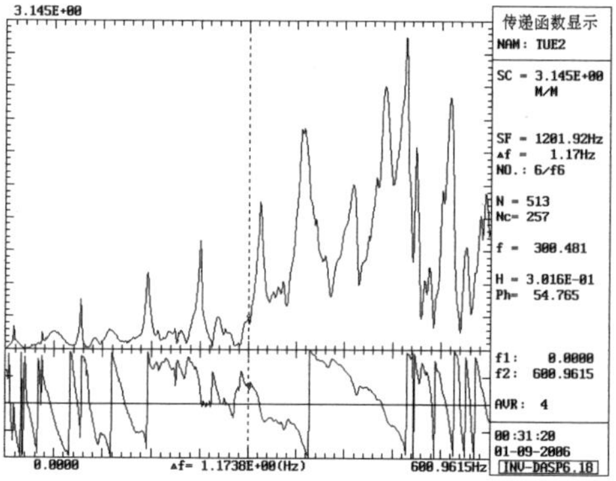

图 4.6　传递函数图

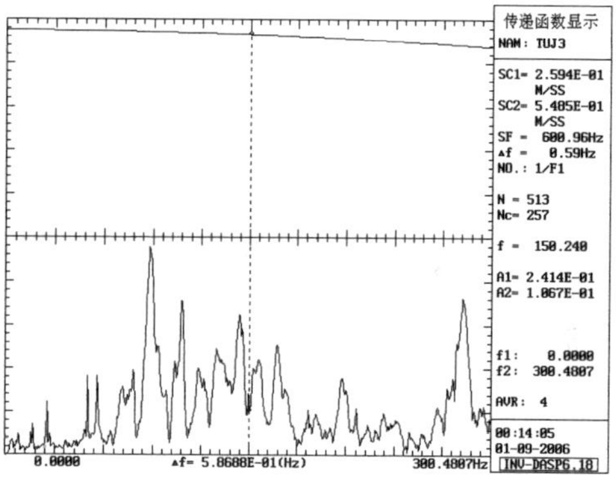

图 4.7　自谱曲线

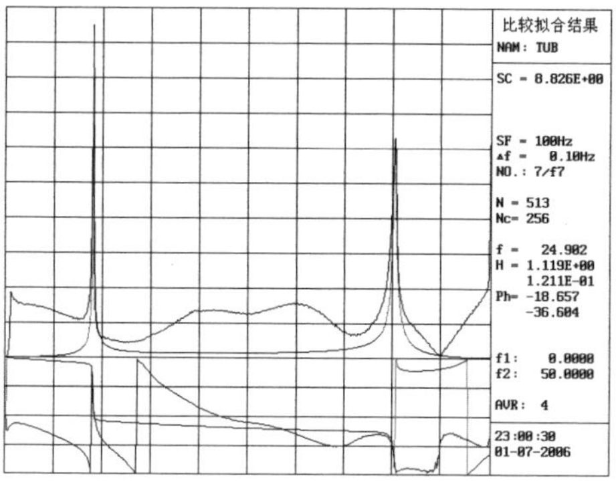

图 4.8　拟合结果比较图

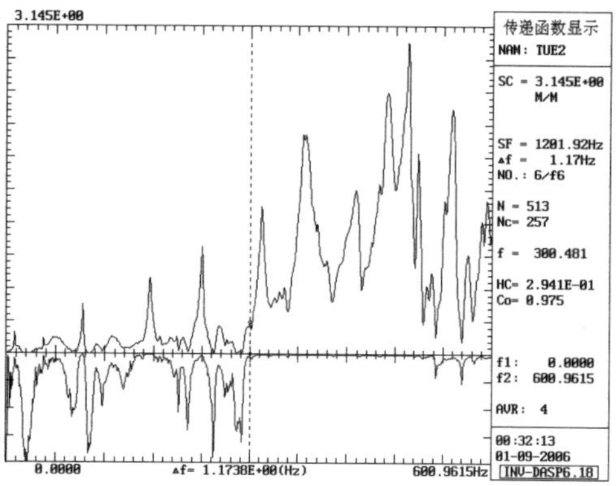

图 4.9　相干函数图

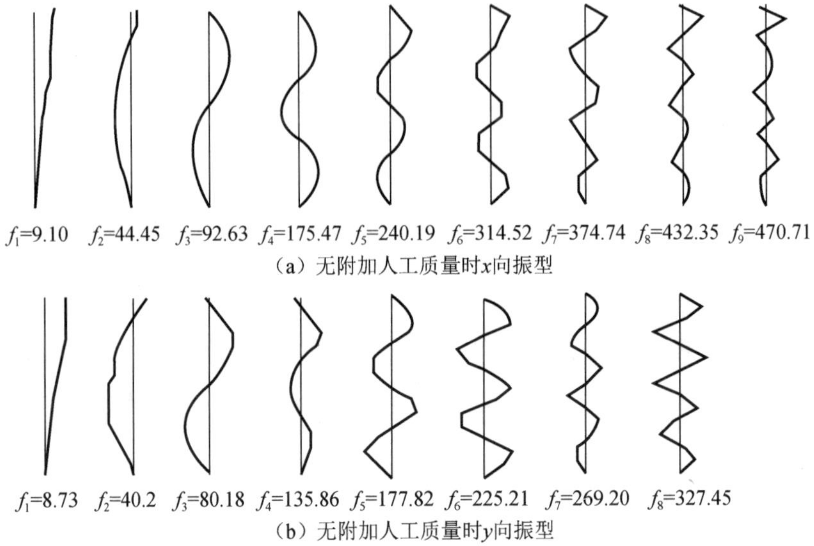

图 4.10　无附加人工质量时的振型（单位：Hz）

表 4.1　无人工质量时的实测动力特性参数

项目		振型							
		振型 1	振型 2	振型 3	振型 4	振型 5	振型 6	振型 7	振型 8
x 向	频率/Hz	9.10	44.45	92.63	175.47	240.19	314.52	374.74	432.35
	阻尼比/%	0.50	0.60	0.85	1.11	0.74	0.64	1.24	0.71
y 向	频率/Hz	8.73	40.2	80.18	135.86	177.82	225.21	269.20	327.45
	阻尼比/%	0.14	0.87	0.86	0.80	0.83	0.72	1.02	0.74
扭转	频率/Hz	15.69	58.25	104.5	159.55	207.25	255.79	313.96	351.45
	阻尼比/%	0.59	0.58	0.68	0.69	0.62	0.80	0.69	0.64

（2）附加人工质量后的动力特性

在模型的第 2～第 7 层的楼面附加人工质量，每层砝码质量 250kg，模拟实际结构自重，测得 x 向和 y 向的振型曲线如图 4.11 所示，实测动力特性参数见表 4.2，其他动力特性图形及采样信号等图形与无附加人工质量时形状类似，限于篇幅略去。

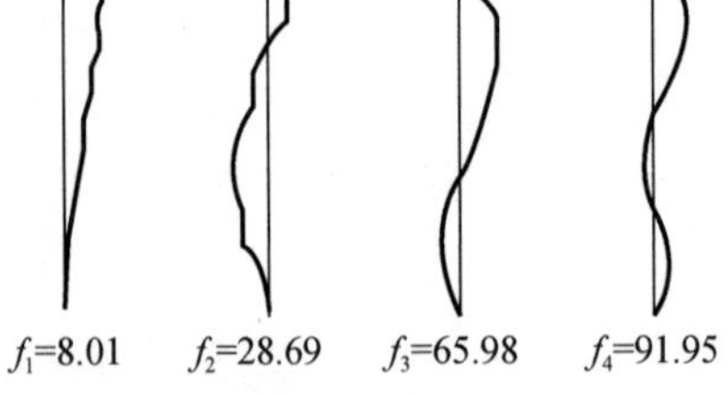

图 4.11　附加质量 x 向动力特性（单位：Hz）

表 4.2　附加人工质量后的实测动力特性参数

项目		振型			
		振型 1	振型 2	振型 3	振型 4
x 向	频率/Hz	8.01	28.69	65.98	91.95
	阻尼比/%	0.82	0.45	1.55	1.05
	模态刚度/（N • mm^2）	2.53×10^3	3.3×10^4	1.72×10^5	3.34×10^5
	模态阻尼/N	0.82	1.62	12.87	12.11
y 向	频率/Hz	7.95	24.99	55.64	84.47
	阻尼比/%	0.67	0.4	0.42	2.07
	模态刚度/（N • mm^2）	2.5×10^3	2.5×10^4	1.17×10^5	2.02×10^5
	模态阻尼/N	0.67	1.27	2.85	21.94
扭转	频率/Hz	11.97	32.96	70.32	98.58
	阻尼比/%	0.52	0.54	0.21	0.92
	模态刚度/（N • mm^2）	5.61×10^3	4.29×10^4	1.64×10^5	3.84×10^5
	模态阻尼/N	0.776	2.23	1.66	11.36

（3）施加竖向荷载后的动力特性

模型在人工质量的基础上，在顶部施加 68kN 竖向荷载，弥补自重和荷载应力的不足，x 向振型如图 4.12 所示，实测动力特性参数见表 4.3。

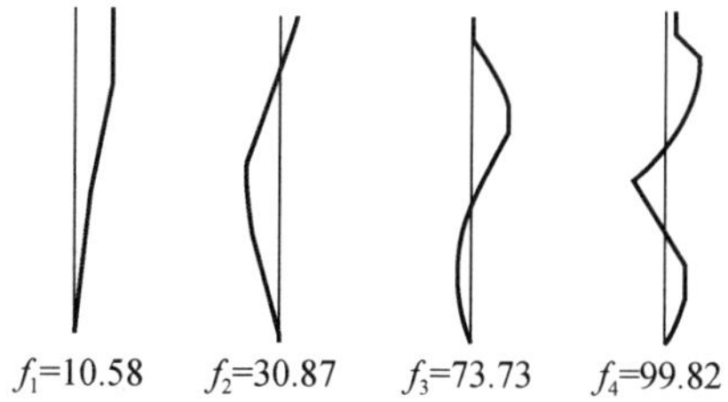

图 4.12　附加质量、顶部竖向荷载，x 向动力特性（单位：Hz）

表 4.3　施加竖向荷载后的实测动力特性参数

项目		振型			
		振型 1	振型 2	振型 3	振型 4
x 向	频率/Hz	10.58	30.87	73.73	99.82
	阻尼比/%	1.12	0.51	1.10	1.57
	模态刚度/（N • mm^2）	4.42×10^3	3.76×10^4	2.15×10^5	3.93×10^5
	模态阻尼/N	1.48	1.99	10.2	19.7
y 向	频率/Hz	9.03	26.62	58.24	90.74
	阻尼比/%	0.43	1.21	0.55	0.83
	模态刚度/（N • mm^2）	3.22×10^3	2.8×10^4	1.34×10^5	3.25×10^5
	模态阻尼/N	0.49	4.04	4.0	9.47
扭转	频率/Hz	12.54	34.35	69.26	96.48
	阻尼比/%	0.58	0.54	0.66	0.59
	模态刚度/（N • mm^2）	6.18×10^3	4.66×10^4	1.89×10^5	3.67×10^5

（4）静力试验后的动力特性

在模型结构的顶部和第 8 层楼面板处用千斤顶施加水平荷载，结构变形基本上处于线弹性阶段，卸去水平荷载和顶部竖向荷载，x 向振型如图 4.13 所示，动力特性实测参数见表 4.4。

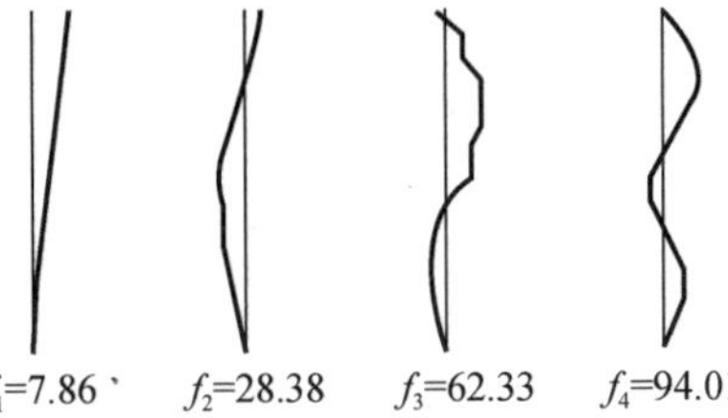

图 4.13　附加质量、卸去竖向荷载 x 向动力特性（单位：Hz）

表 4.4　静力试验后的实测动力特性参数

项目		振型				
		振型 1	振型 2	振型 3	振型 4	振型 5
x 向	频率/Hz	7.86	28.38	62.33	—	—
	阻尼比/%	0.7	1.39	0.24	—	—
	模态刚度/(N • mm²)	2.44×10^3	3.18×10^4	1.54×10^5	—	—
	模态阻尼/N	0.691	4.97	1.87	—	—
y 向	频率/Hz	7.81	24.82	54.5	85.26	104.4
	阻尼比/%	0.95	1.00	0.87	1.12	1.13
	模态刚度/(N • mm²)	2.41×10^3	2.43×10^4	1.17×10^5	2.87×10^5	4.310^5
	模态阻尼/N	0.932	3.11	5.98	11.97	14.88
扭转	频率/Hz	11.71	32.63	63.32	99.27	—
	阻尼比/%	0.6	0.59	0.74	2.52	—
	模态刚度/(N • mm²)	5.4×10^3	4.2×10^4	1.58×10^5	3.89×10^5	—

（5）拟动力试验后的动力特性

在附加人工质量和顶部 72kN 竖向荷载作用下，在 14 层顶部和第 8 层楼面标高安装水平作动器，加载装置质量分别为 180kg、181kg。采用 Elcentro N-S 波进行等效两自由度拟动力试验。当地面水平加速度峰值达 0.4g 时，核心筒与底板相交处出现水平裂缝，然后框筒柱出现水平受拉裂缝、梁出现竖直裂缝和斜裂缝，节点出现水平裂缝和交叉斜裂缝，x 向振型如图 4.14 所示，实测动力特性参数见表 4.5。当水平加速度达 0.62g 时，框筒柱和梁有新裂缝增加，核心筒裂缝进一步开展但无新增裂缝，x 向振型如图 4.15 所示，实测动力特性参数见表 4.6。

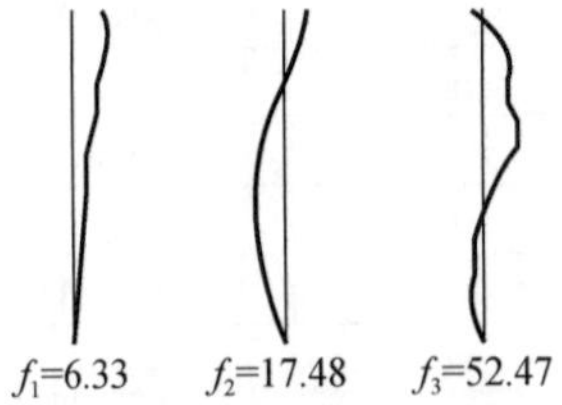

图 4.14　0.4g 拟动力试验后 x 向动力特性（单位：Hz）

表 4.5　拟动力试验后的实测动力特性参数（0.4g）

项目		振型		
		振型 1	振型 2	振型 3
x 向	频率/Hz	6.33	17.48	52.47
	阻尼比/%	0.82	0.82	1.31
	模态刚度/（N • mm^2）	1.58×10^3	1.21×10^4	1.09×10^5
	模态阻尼/N	0.65	1.80	8.65
y 向	频率/Hz	6.11	17.15	49.66
	阻尼比/%	1.71	1.12	0.13
	模态刚度/（N • mm^2）	1.48×10^3	1.16×10^4	9.74×10^4
	模态阻尼/N	1.31	2.42	0.83
扭转	频率/Hz	9.53	22.96	42.81
	阻尼比/%	0.81	2.04	1.09
	模态刚度/（N • mm^2）	3.58×10^3	2.08×10^4	7.24×10^4
	模态阻尼/N	1.04	5.89	5.87

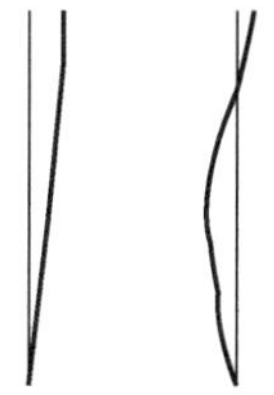

图 4.15　0.62g 拟动力试验后 x 向动力特性

表 4.6　拟动力试验后的实测动力特性参数（0.62g）

项目		振型	
		振型 1	振型 2
x 向	频率/Hz	6.08	16.98
	阻尼比/%	1.43	1.20
	模态刚度/（N • mm^2）	1.46×10^3	1.14×10^4
	模态阻尼/N	1.09	2.57
扭转	频率/Hz	9.55	22.64
	阻尼比/%	0.95	1.38
	模态刚度/（N • mm^2）	3.6×10^3	2.04×10^4
	模态阻尼/N	1.13	3.93

3. 试验结果分析

（1）人工质量对动力特性的影响

模型在第 2～第 7 层楼面附加人工质量后，结构动力特性发生显著变化。由

表 4.1 和表 4.2 可知，结构自振频率明显减小。第 8～14 层无附加人工质量，沿竖向质量变化过大，第 8 层出现质量突变，使结构高阶振型上下振动极不协调，下部振动很小，而上部振动幅度较大，如图 4.16 所示，以至于无法测得模型的高阶振型。另外，对模型结构采用复模态单自由度方法进行模态拟合，采用集总平均的定阶方式，按模态质量归一的方法，计算得到阻尼比、模态刚度和模态阻尼，模态刚度的规律性较好，随自振频率加大而加大，但阻尼比和模态阻尼的规律性不强，尤其是阻尼比，几乎在同一自振频率时可测得多个不同的阻尼比，表 4.7 为无人工质量时通过变化采样参数测得的一系列 x 向自振频率为 9.1 左右时的阻尼比变化情况，其他频率情况下的阻尼比也有类似情况。

图 4.16　上下振幅差别

表 4.7　自振频率近似相等时的实测阻尼及刚度

项目	数据							
自振频率/Hz	8.84	9.02	9.03	9.04	9.06	9.09	9.10	9.11
阻尼比/%	0.52	0.62	0.57	2.04	0.65	0.28	0.62	0.50
模态刚度/（N •mm^2）	3.1×10^3	3.2×10^3	3.2×10^3	3.2×10^3	3.2×10^3	3.3×10^3	3.3×10^3	3.3×10^3
模态阻尼/N	0.577	0.707	0.652	2.31	0.735	0.315	0.714	0.572

注：表中自振频率为无人工质量时的 x 向自振频率。

模型顶部的混凝土刚性块对结构振动影响很大，尤其是高阶振型，从图 4.10 和图 4.11 可见，3 阶以上的振型曲线都在顶部出现反弯点。

（2）竖向荷载对动力特性的影响

在模型结构顶部用千斤顶施加竖向恒定荷载，千斤顶与反力梁滚动接触，由表 4.2 可知，自振频率比无竖向荷载（表 4.4）时要大，这是由于反力梁与千斤顶的滚动接触存在较大的约束，相当于加大了结构的侧向刚度。对模型施加水平荷载，模型产生侧移，当水平荷载卸除时，模型不能完全恢复到初始位置，这也说明了反力梁对模型有一定程度的侧向约束。另外，竖向荷载使混凝土的弹性模量加大，从而也加大了结构的自振频率。

（3）水平荷载对结构动力特性的影响

用千斤顶在结构的顶层和第 8 层楼面处施加水平荷载顶推，顶部最大位移达 5mm，模型无任何可见裂缝，应变和侧向位移反映结构应处于线弹性阶段，但测得的动力特性有稍许变化，与表 4.2 比较，表 4.4 自振频率有一定程度的下降，说明结构虽无可见裂缝，但已有微裂缝的发展，结构并未完全处于线弹性阶段。

结构等效两自由度拟动力试验，输入地震波加速度峰值达 0.4g 时核心筒底有明显开裂，自振频率降低较多，当地震波加速度峰值达 0.62g 时，核心筒底裂缝进一步发展，框筒梁柱裂纹增多，结构自振频率进一步降低，虽然降低幅度不大，但动力特性较难测到，尤其是高阶振型。从表 4.8 可见，结构微裂缝的开展使自振频率略有降低，从线弹性阶段到结构开裂，自振频率降低较多，结构明显开裂后自振频率的进一步降低不多。

表 4.8 不同工况的实测 y 向自振频率

项目	振型				
	振型 1	振型 2	振型 3	振型 4	振型 5
无附加人工质量	8.73	40.2	80.18	135.86	177.82
附加人工质量	7.95	24.99	55.64	84.47	—
人工质量、顶部荷载	9.03	26.62	58.24	90.74	—
人工质量、千斤顶水平加载、顶部卸载	7.81	24.82	54.5	85.26	104.35
拟动力 0.4g、顶部荷载	6.11	17.15	49.66	—	—
拟动力 0.62g、顶部荷载	6.08	16.98	—	—	—

4.3.4 组合筒体结构模型的动力特性实测

钢管混凝土组合筒体结构模型构造，同钢筋混凝土筒中筒结构模型一样，对组合筒体结构模型也进行了多种工况的动力特性测试，本节仅给出两种平动工况下的动力特性和 ANSYS 软件的分析结果，如图 4.17～图 4.19 所示。

用本章提出的等效刚度理论计算了钢筋混凝土筒中筒结构模型的动力特性，并与实测值进行了比较，计算值与实测值具有较好的一致性，表明本章提出的筒体结构的动力特性简化分析方法是可靠的。图 4.20 和表 4.9 为模型无人工质量时 x 向的动力特性。

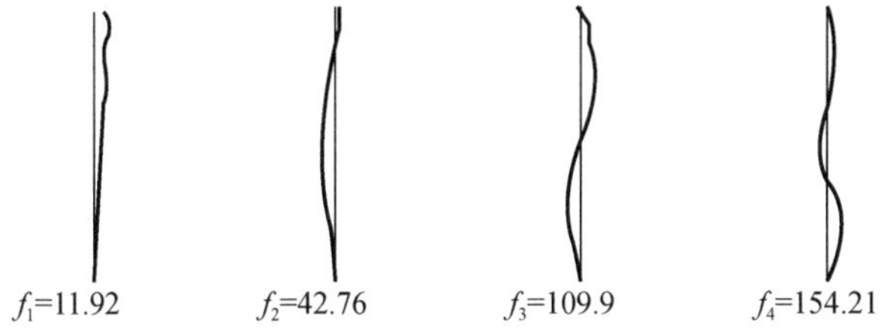

图 4.17 无附加质量的动力特性（单位：Hz）

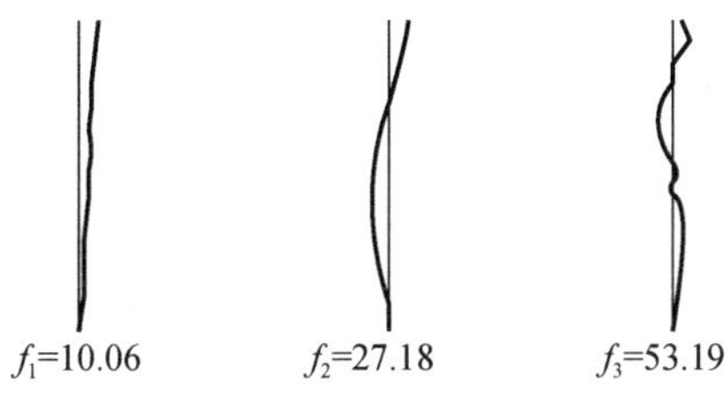

图 4.18 有附加质量的动力特性（单位：Hz）

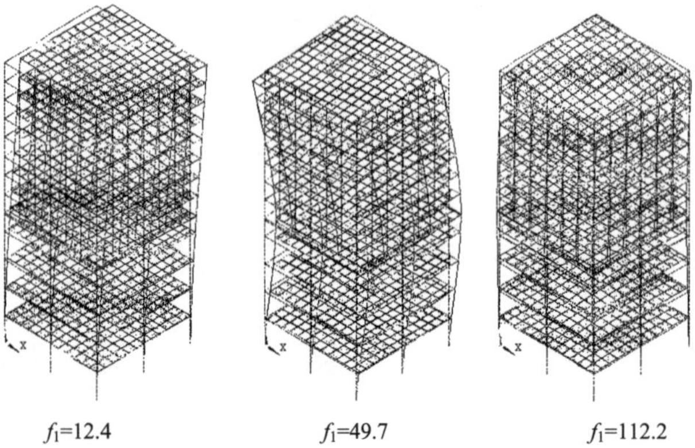

图 4.19　无附加质量时 ANSYS 软件分析的前三阶振型（单位：Hz）

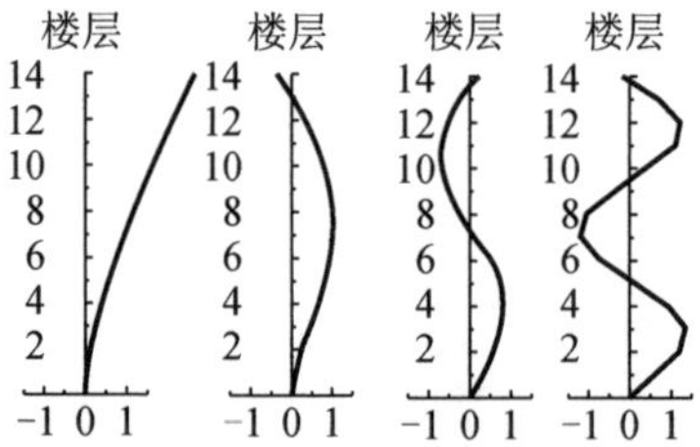

图 4.20　本节计算的前四阶振型

表 4.9　筒中筒模型 *x* 向频率比较

项目	振型			
	一阶	二阶	三阶	四阶
本节方法	9.35	46.97	94.99	187.04
ANSYS 软件分析方法	9.90	44.95	94.32	178.54
实测	9.10	44.45	92.63	175.47

4.4　本 章 小 结

本章对筒体结构的抗侧移刚度进行了简化分析，并对两个筒体结构模型的动力特性进行了实测，得出以下结论：

1）提出了一种弯-剪型层间简化分析模型，将结构简化为弹性杆相连的多质点体系，弹性杆具有与原结构等效的弯曲刚度和剪切刚度，推导了钢管混凝土柱组合筒体结构、钢筋混凝土筒体结构、钢筋混凝土筒中筒结构的层间等效弯曲刚度和等效剪切刚度，并据此按简化方法形成抗侧移刚度矩阵。

2）实测了钢筋混凝土筒中筒结构模型的动力特性，获得了模型结构在多种工况下的自振频率、振型、阻尼比、模态质量、模态刚度、模态阻尼等结构动力特性参数，结果表明：①模型附加人工质量后，自振频率明显变小；②施加顶部竖向荷载后结构的自振频率加大；③结构开裂前后自振频率降低较多，但结构明显开裂后自振频率降低并不多；④模态刚度有较好的规律性，随自振频率加大而加大，但阻尼比和模态阻尼的规律性不强。

3）实测了钢管混凝土组合筒体结构模型的动力特性，并与 ANSYS 软件分析结果进行了对比，计算值与实测值基本一致。

4）用本章提出的等效刚度理论计算了钢筋混凝土筒中筒结构模型的动力特性，并与实测值进行了比较，计算值与实测值具有较好的一致性。

第 5 章　结构动力方程的精细积分方法研究

现代拟动力试验可分为两种类型，即快速（实时）拟动力试验和慢速拟动力试验。慢速拟动力试验对试验加载设备要求不高，可以仔细观察裂缝开展至结构破坏全过程，目前，应用仍较为广泛，但对试件的加载速率不敏感，难以模拟真实的地震作用。慢速拟动力试验由于试验数据采集量较大，试验过程中裂缝的观测等因素的影响，如果没有先进的同步采集设备，一条地震波通常需要较长的时间才能试验完成。例如，对一条时间步长为0.02s、持续时间为10s的地震波，如果平均2min完成一步试验，则全部试验时间将接近17h，工作量太大，往往只能截取其中一段峰值较大的区域来进行试验，无法完成一条完整地震波的拟动力试验。

本章的研究是基于一个设想：能否将时间步长增大，如原来需要500步完成的拟动力试验，现在只需要250步或更少的步数来实现，这样，不仅试验的工作量将减少一半甚至更多，减少试验误差积累，而且其计算精度和稳定性比原来的方法还要好。利用目前常用的动力方程数值积分方法是不能实现的，采用什么方法才能实现呢？带着这些问题，首先从动力方程的数值积分方法入手，开展了本章的研究。

对于有阻尼体系，可建立动力方程

$$\boldsymbol{M}\ddot{\boldsymbol{x}}(t)+\boldsymbol{C}\dot{\boldsymbol{x}}(t)+\boldsymbol{K}\boldsymbol{x}(t)=\boldsymbol{f}(t) \tag{5.1}$$

式中，$\boldsymbol{M}$、$\boldsymbol{C}$和$\boldsymbol{K}$——$n\times n$阶质量、阻尼和刚度矩阵；

$\ddot{\boldsymbol{x}}(t)$、$\dot{\boldsymbol{x}}(t)$、$\boldsymbol{x}(t)$及$\boldsymbol{f}(t)$——n 阶质点的运动加速度、速度、位移及节点荷载向量。

5.1　结构动力方程的数值积分的研究现状

非线性动力问题求解方法有数学规划法和数值积分法。目前常用的方法是数值积分法，它是将时间划分为足够小的若干时段，将上一时段的结果作为本时段计算的初始值，根据体系的运动方程算出本时段内的刚度矩阵，并认为在本时段内不变，算得本时段末的结构反应，重复上述过程直至整个时间历程。

结构动力分析的直接逐步积分法有中心差分法、威尔逊θ法（Wilson θ）、纽马克β法（Newmark-β）和侯博特（Houbolt）法等，可分为显式积分和隐式积分两大类。显式积分对于每一时间步效率较高，但时间步长必须取得很小方能保证其稳定性；隐式积分法则可通过恰当的参数选择，保证积分的稳定性，因此时间步长稍大一些也能适用。

1994 年钟万勰提出了精细积分方法[77]，用于求解线性定常结构动力系统，可以得到在数值上逼近于精确解的数值结果，为结构动力系统的时程分析开辟了崭新的途径。并利用子域精细积分法及偏微分方程半解析法方程，解决了矩阵尺度太大的困难。齐次结构动力方程利用精细积分法计算十分方便，只需利用泰勒（Taylor）级数计算出相应的 2^N 类指数矩阵，并代入初始条件，就可以逐步积分。但是，对于非齐次的结构动力方程，如结构受外力作用或等效外力的作用，精细积分法除了要计算相应的指数矩阵，还要对矩阵进行求逆，即使非齐次项为常数时也是如此。矩阵求逆不仅计算量大，数值稳定性还不好，在实际工程中也还可能出现逆矩阵不存在的问题。为满足线性化假设，非线性齐次项的时间步长不能太大。这些都限制了精细积分法的应用。下面就线弹性和非线性精细积分中的几个问题的改进与发展进行分别评论。

5.1.1　线性精细动力积分方法的研究现状

1）指数矩阵计算的展开方法。刘勇和沈为平[78]在上述方法的基础上加以扩展，用帕德（Padê）逼近代替泰勒级数来计算指数矩阵，指出泰勒级数是帕德逼近的特例，并用对角帕德逼近理论构造了自适应变尺度算法。但该方法由于增加了矩阵相乘和求逆的计算量，目前应用较少。

2）精细积分精度及稳定性、参数选择的讨论。陈奎孚和张森文[79]讨论了精细时程积分法中离散间隔 Δt 、截断阶数 L 和二分阶数 N 的优化问题，指出 Δt 应满足采样定理，证明了 $L=4$ 是优选的，并给出了 N 的简单选择公式。赵丽滨等[80]分析了精细积分方法的稳定性、精度和计算工作量，讨论了离散时间间隔、指数矩阵幂级数展开式的截断阶数 L 及 2^N 类算法的阶数 N 的优化问题，说明了精细积分方法是条件稳定的，但稳定性条件极易满足。综合考虑稳定性、精度和计算工作量，判定截断阶数 $L=4$ 时精细积分方法的总体效果最好，并给出了 N 的参数优化公式。张洪武[81]对精细积分算法的精度问题进行深入研究，并提出了改进策略，克服了算法精度对时间步长的依赖性问题。汪梦甫和区达光[82]按算法阻尼、算法振幅衰减及算法周期延长全面评估了精细积分方法的精度指出，当 $L=4$ 、$N\geqslant 15$ 时，精细积分方法的指数矩阵计算可认为接近精确解。

3）非齐次项的处理方法。林家浩等[83]将激励展开成简谐激励的和，王超[84]等对激励采用了二次项进行拟合，王忠等[85]对激励采用了多项式或级数形式来拟合，计算的精度可通过项数加以调整。张森文和曹开彬[86]提出了结构动力响应的状态方程直接积分法，对关于荷载项的积分采用了辛普森（Simpon）积分公式，有效地避免了非齐次方程的矩阵求逆问题，但与精细时程积分法的高精度相比，精度降低，即使非齐次项为常数时也是如此。这说明精细直接积分法中积分方法的选择有进一步探讨的必要。储德文和王元丰[87]讨论了精细直接积分法中积分方法的选择问题，并采用梯形积分、辛普森积分、科茨（Cotes）积分、高斯（Gauss）

积分进行了数值验证，指出科茨积分、高斯积分是保持精细算法高精度的较好算法。汪梦甫和周锡元[88]采用高斯积分方法对非齐次项进行了积分，表明了随高斯积分点数量的增加，计算精度可逐步提高。任传波等[89]采用龙贝格（Romberg）积分方法对非齐次项进行了积分。

4）对矩阵形式的改进。对于非齐次动力方程涉及矩阵求逆的困难，顾元宪等 [90]提出了采用增维的办法，将非齐次动力方程转化为齐次动力方程，改进了精细积分方法的应用。蒲军平等[91]采用减缩主从自由度的精细时程积分算法对动力方程进行降维积分，通过保留指定的主自由度，删除其余的自由度来减小质量阵、阻尼阵和刚度阵的维数，既降低了指数矩阵的维数，又保持了必要的计算精度，使指数矩阵分解所需时间大为降低。数值算例表明所给方法在保障求解精度的前提下具有很高的求解效率。

5）与其他方法结合的应用。张森文等[92]将随机扩阶法、随机有限元法与精细积分时域平均法相结合，进行了确定性系统受随机激励的动力响应分析。王元丰和储德文[93]将精细积分方法与Newmark-β差分法耦合，但其精度较差。储德文和王元丰[94]将精细积分法与振型分解法相结合，为解决以低振型为主的线性结构动力响应分析提供途径。王晟和林哲[95]在荷载识别的逆问题中引入了精细时程积分的理论。庄海洋和陈国兴[96]采用分段线性精细时程积分理论进行了框架结构的非线性分析。

5.1.2　非线性精细动力积分方法的研究现状

非线性动力学问题的计算研究，一直是解析法占主导地位，而直接的数值积分技术发展相对滞后。尽管解析法本身也有了长足的进步，但仍局限于求解某些特殊的问题，无法满足实际工程越来越多的更为复杂的多自由度问题求解的需要，难以对非线性动力学行为提供全面的认识。解析法，如摄动法、慢变参数法、多尺度法、谐波平衡法和伽辽金法等，都有其局限性，前 3 种方法一般只能用于弱非线性问题，不能处理强非线性问题；处理强非线性问题时，一般常用后 2 种方法，即谐波平衡法或伽辽金法，但其缺点是计算精度较差。另外，增量谐波平衡法也处理强非线性问题，这种方法基本属于半解析方法。结构非线性动力方程及其他领域内的非线性动力方程的高精度计算问题是较难解决的问题，由于目前绝大多数方程尚未有解析解，因此对数值计算方法的研究就是特别重要。

赵秋玲[97]、裘春航等[98]提出了一种非线性系统线性化的精细积分方法，但线性化的计算结果精度不是很高。张洵安和姜节胜[99]提出了一种精度稍高的线性化迭代计算方法。蔡志勤等[100]提出了一种采用线性插值格式处理非线性周期变系数系统的精细积分法。裘春航和吕和祥[101]提出了一种将非线性部分展开为泰勒级数多项式的方法，采用多项近似式的次数越高，其精度越高。李金桥和于建华[102]

在此基础上提出了避免状态矩阵求逆的级数求解法。这些方法都是从不同的角度探索非线性问题的求解，期望能够得到满意的计算精度。裘春航等[103]将非线性部分用 t_k 时刻的 j 次多项式来近似，然后借助于分段直接积分法，导出了各段内用 Δt 的解析函数表达的求解公式，通过选取 j 值，可获得一系列具有不同精度的近似解，还全面讨论了多项式的确定方法，其中包括避免求 $f(\boldsymbol{v},t)$ 导数的算法。当 $j=3$ 时，该方法为显式、自起动、预测-校正的单步四阶精度的积分算法，可以称为基于精细积分的龙格-库塔（Runge-Kutta）法。同时也构造出积分核是正弦和余弦函数非线性动力学积分方程，减少了许多精细积分算法中矩阵与向量相乘。李伟东等[104]简化了上述方法的预估式，并将其用于非线性多自由度转子系统精细数值积分中，但其预估格式的精度较差。梅树立等[105]将外推法引入非线性动力学方程的精细积分求解方法中，建立了一种时间步长的自适应选取方法。

闫海青等[106]基于任意阶显式精细积分多步法的一般公式，给出了几种常用形式，并实现了高阶次数值计算。数值计算结果表明任意阶显式精细积分多步法是一种高精度、高效率、稳定性较好的方法，并在刚性方程中予以应用。但目前该方法仅用于弹性刚性方程的分析中。

5.2　Newmark-β 方法的递推简化分析

5.2.1　Newmark-β 方法简介

Newmark-β 法是基于线性加速度方法基础上的一种成熟的积分方法。它假定速度及位移可以用下面的差分格式表示[107]，即

$$\dot{\boldsymbol{x}}(t+\Delta t)=\boldsymbol{n}_1(t)+\gamma\Delta t\ddot{\boldsymbol{x}}(t+\Delta t) \tag{5.2}$$

$$\boldsymbol{x}(t+\Delta t)=\boldsymbol{n}_2(t)+\beta\Delta t^2\ddot{\boldsymbol{x}}(t+\Delta t) \tag{5.3}$$

式中，$\boldsymbol{n}_1(t)=\dot{\boldsymbol{x}}(t)+(1-\gamma)\Delta t\ddot{\boldsymbol{x}}(t)$；

$\boldsymbol{n}_2(t)=\boldsymbol{x}(t)+\Delta t\dot{\boldsymbol{x}}(t)+(0.5-\beta)\Delta t^2\ddot{\boldsymbol{x}}(t)$；

γ、β——精度控制参数。

将式（5.2）和式（5.3）代入式（5.1）可得

$$\ddot{\boldsymbol{x}}(t+\Delta t)=\left(\boldsymbol{M}+\gamma\Delta t\boldsymbol{C}+\beta\Delta t^2\boldsymbol{K}\right)^{-1}\left(\boldsymbol{f}(t+\Delta t)+\boldsymbol{C}\boldsymbol{n}_1(t)-\boldsymbol{K}\boldsymbol{n}_2(t)\right) \tag{5.4}$$

将式（5.4）代入式（5.2）和式（5.3）即可得到 $t+\Delta t$ 时刻的速度和位移向量。

Newmark-β 法的逐步积分格式为积分格式群。当 γ、β 满足条件，即 $\gamma\geqslant 0.5$，$\beta\geqslant 0.25(0.25+\gamma)^2$ 时，它为无条件稳定自起步格式；当 $\gamma=0.5$ 时，其计算精度为二阶，否则为一阶。当 $\gamma=1/2$，$\beta=1/4$ 时，退化为常平均加速度法；当 $\gamma=1/2$，$\beta=1/6$ 时，退化为线性加速度法；当 $\gamma=1/2$，$\beta=1/8$ 时，加速度为台阶形变化。

5.2.2　Newmark-β 方法的递推格式

为保证二阶精度，取$\gamma=1/2$，利用式(5.2)和式(5.3)，在相邻两个时域($t-\Delta t$，t)和(t，$t+\Delta t$)范围内，存在如下两对关系：

$$\boldsymbol{x}(t+\Delta t)-\boldsymbol{x}(t)=\Delta t\dot{\boldsymbol{x}}(t)+\left(\frac{1}{2}-\beta\right)\Delta t^2\ddot{\boldsymbol{x}}(t)+\beta\Delta t^2\ddot{\boldsymbol{x}}(t+\Delta t) \tag{5.5}$$

$$\boldsymbol{x}(t)-\boldsymbol{x}(t-\Delta t)=\Delta t\dot{\boldsymbol{x}}(t-\Delta t)+\left(\frac{1}{2}-\beta\right)\Delta t^2\ddot{\boldsymbol{x}}(t-\Delta t)+\beta\Delta t^2\ddot{\boldsymbol{x}}(t) \tag{5.6}$$

$$\dot{\boldsymbol{x}}(t+\Delta t)-\dot{\boldsymbol{x}}(t)=\frac{1}{2}\Delta t\left(\ddot{\boldsymbol{x}}(t)+\ddot{\boldsymbol{x}}(t+\Delta t)\right) \tag{5.7}$$

$$\dot{\boldsymbol{x}}(t)-\dot{\boldsymbol{x}}(t-\Delta t)=\frac{1}{2}\Delta t\left(\ddot{\boldsymbol{x}}(t-\Delta t)+\ddot{\boldsymbol{x}}(t)\right) \tag{5.8}$$

将式（5.5）和式（5.6）分别相加和相减，再利用式（5.7）和式（5.8）则可分别得到

$$\dot{\boldsymbol{x}}(t-\Delta t)+\frac{1-2\beta}{\beta}\dot{\boldsymbol{x}}(t)+\dot{\boldsymbol{x}}(t+\Delta t)=\frac{1}{2\beta\Delta t}\left(\boldsymbol{x}(t+\Delta t)-\boldsymbol{x}(t-\Delta t)\right) \tag{5.9}$$

$$\ddot{\boldsymbol{x}}(t-\Delta t)+\frac{1-2\beta}{\beta}\ddot{\boldsymbol{x}}(t)+\ddot{\boldsymbol{x}}(t+\Delta t)=\frac{1}{\beta\Delta t^2}\left(\boldsymbol{x}(t+\Delta t)-2\boldsymbol{x}(t)+\boldsymbol{x}(t-\Delta t)\right) \tag{5.10}$$

将连续相邻 3 个时刻$t-\Delta t$、t和$t+\Delta t$时刻的运动方程按下列方式进行组合，则有

$$\begin{aligned}&\boldsymbol{M}\left(\ddot{\boldsymbol{x}}(t-\Delta t)+\frac{1-2\beta}{\beta}\ddot{\boldsymbol{x}}(t)+\ddot{\boldsymbol{x}}(t+\Delta t)\right)+\boldsymbol{C}\left(\dot{\boldsymbol{x}}(t-\Delta t)+\frac{1-2\beta}{\beta}\dot{\boldsymbol{x}}(t)+\dot{\boldsymbol{x}}(t+\Delta t)\right)\\&\quad+\boldsymbol{K}\left(\boldsymbol{x}(t-\Delta t)+\frac{1-2\beta}{\beta}\boldsymbol{x}(t)+\boldsymbol{x}(t+\Delta t)\right)=\boldsymbol{f}(t-\Delta t)+\frac{1-2\beta}{\beta}\boldsymbol{f}(t)+\boldsymbol{f}(t+\Delta t)\end{aligned} \tag{5.11}$$

可得振动分析的位移递推方程

$$\boldsymbol{x}(t+\Delta t)=\boldsymbol{A}\boldsymbol{x}(t)+\boldsymbol{B}\boldsymbol{x}(t-\Delta t)+\boldsymbol{D}\boldsymbol{F} \tag{5.12}$$

对于多自由度体系

式中，

$$\boldsymbol{A}=2\boldsymbol{E}^{-1}\left(\boldsymbol{M}-\left(\frac{1}{2}-\beta\right)\Delta t^2\boldsymbol{K}\right)$$

$$\boldsymbol{B}=-\boldsymbol{E}^{-1}\left(\boldsymbol{M}-\frac{\Delta t}{2}\boldsymbol{C}+\beta\Delta t^2\boldsymbol{K}\right),\quad \boldsymbol{D}=\beta\Delta t^2\boldsymbol{E}^{-1}$$

$$\boldsymbol{E}=\boldsymbol{M}+\frac{\Delta t}{2}\boldsymbol{C}+\beta\Delta t^2\boldsymbol{K}$$

$$F = f(t-\Delta t) + \frac{1-2\beta}{\beta} f(t) + f(t+\Delta t)$$

对于线性单自由度体系

式中，

$A = 2\dfrac{1-(1/2-\beta)(\omega\Delta t)^2}{1+\xi\omega\Delta t+\beta(\omega\Delta t)^2}$；

$B = -\dfrac{1-\xi\omega\Delta t+\beta(\omega\Delta t)^2}{1+\xi\omega\Delta t+\beta(\omega\Delta t)^2}$；

$D = \dfrac{\beta\Delta t^2}{1+\xi\omega\Delta t+\beta(\omega\Delta t)^2}$；

F 的表达式同前；

ξ——阻尼比；

ω——圆频率。

5.2.3 Newmark-β 方法的起步条件

由于在递推起步格式中需用到 $\boldsymbol{x}(\Delta t)$ 的值，因此需给定起步条件。

对于第 1 时域（$0, \Delta t$），利用式（5.7）和式（5.5）有

$$\dot{\boldsymbol{x}}(\Delta t) - \dot{\boldsymbol{x}}(0) = \frac{1}{2}\Delta t\left(\ddot{\boldsymbol{x}}(0) + \ddot{\boldsymbol{x}}(\Delta t)\right) \tag{5.13}$$

$$\boldsymbol{x}(\Delta t) - \boldsymbol{x}(0) = \Delta t\dot{\boldsymbol{x}}(0) + \left(\frac{1}{2}-\beta\right)\Delta t^2\ddot{\boldsymbol{x}}(0) + \beta\Delta t^2\ddot{\boldsymbol{x}}(\Delta t) \tag{5.14}$$

将式（5.13）代入式（5.14）可得

$$\dot{\boldsymbol{x}}(\Delta t) = \frac{1}{2\beta\Delta t}\left(\boldsymbol{x}(\Delta t) - \boldsymbol{x}(0)\right) - \left(\frac{1}{2\beta}-1\right)\dot{\boldsymbol{x}}(0) - \left(\frac{1}{4\beta}-1\right)\Delta t\ddot{\boldsymbol{x}}(0) \tag{5.15}$$

根据动力方程（5.1），对于 $t=0$ 、$t=\Delta t$ 时刻有

$$\boldsymbol{M}\left(\ddot{\boldsymbol{x}}(0) + \ddot{\boldsymbol{x}}(\Delta t)\right) = \boldsymbol{f}(0) + \boldsymbol{f}(\Delta t) - \boldsymbol{C}\left(\dot{\boldsymbol{x}}(0) + \dot{\boldsymbol{x}}(\Delta t)\right) - \boldsymbol{K}\left(\boldsymbol{x}(0) + \boldsymbol{x}(\Delta t)\right) \tag{5.16}$$

将式（5.13）和式（5.15）代入式（5.16），可得

$$\begin{aligned}\boldsymbol{E}\boldsymbol{x}(\Delta t) = &\left(\boldsymbol{M} + \frac{\Delta t}{2}\boldsymbol{C} - \beta\Delta t^2\boldsymbol{K}\right)\boldsymbol{x}(0) + \Delta t\left[\boldsymbol{M} + \left(\frac{1}{2}-2\beta\right)\Delta t\boldsymbol{C}\right]\dot{\boldsymbol{x}}(0)\\ &+\left(\frac{1}{2}-2\beta\right)\Delta t^2\left(\boldsymbol{M} + \frac{\Delta t}{2}\boldsymbol{C}\right)\ddot{\boldsymbol{x}}(0) + \beta\Delta t\left(\boldsymbol{f}(0) + \boldsymbol{f}(\Delta t)\right)\end{aligned} \tag{5.17}$$

在一般情况下起步条件 $\boldsymbol{x}(0)$ 、$\dot{\boldsymbol{x}}(0)$ 给定，而 $\ddot{\boldsymbol{x}}(0)$ 未知，需将 $t=0$ 时刻的动力方程代入式（5.17）可得

$$\boldsymbol{x}(\Delta t) = \boldsymbol{G}\boldsymbol{x}(0) + \boldsymbol{Q}\dot{\boldsymbol{x}}(0) + \boldsymbol{P} \tag{5.18}$$

式（5.18）即为起步条件。

式中，

$$\boldsymbol{G}=\boldsymbol{E}^{-1}\left[\boldsymbol{M}+\frac{\Delta t}{2}\boldsymbol{C}-\left(\frac{1}{2}-\beta\right)\Delta t^{2}\boldsymbol{K}-\left(\frac{1}{4}-\beta\right)\Delta t^{3}\boldsymbol{C}\,\boldsymbol{M}^{-1}\boldsymbol{K}\right] \tag{5.19}$$

$$\boldsymbol{Q}=\Delta t\boldsymbol{E}^{-1}\left[\boldsymbol{M}-\left(\frac{1}{4}-\beta\right)\Delta t^{2}\boldsymbol{C}\,\boldsymbol{M}^{-1}\boldsymbol{C}\right] \tag{5.20}$$

$$\boldsymbol{P}=\Delta t^{2}\boldsymbol{E}^{-1}\left\{\left[\left(\frac{1}{2}-\beta\right)+\left(\frac{1}{4}-\beta\right)\Delta t\boldsymbol{C}\boldsymbol{M}^{-1}\right]\boldsymbol{f}(0)+\beta\boldsymbol{f}(\Delta t)\right\} \tag{5.21}$$

对于单自由度体系

式中，

$$G=\frac{1+\xi\omega\Delta t-(1/2-\beta)(\omega\Delta t)^{2}-(1/2-2\beta)(\omega\Delta t)^{3}}{1+\xi\omega\Delta t+\beta(\omega\Delta t)^{2}}$$

$$Q=\Delta t\frac{1-(1-4\beta)\xi^{2}(\omega\Delta t)^{2}}{1+\xi\omega\Delta t+\beta(\omega\Delta t)^{2}}$$

$$P=\Delta t^{2}\frac{\left[(1/2-\beta)-(1/2-2\beta)\xi\omega\Delta t\right]f(0)+\beta f(\Delta t)}{1+\xi\omega\Delta t+\beta(\omega\Delta t)^{2}}$$

从上述的递推简化分析可以看出，该方法可直接对位移进行递推，在计算各步位移时，不需先计算该步速度和加速度等中间值，因此本节方法更为简单、方便。

5.2.4 Newmark-β 方法递推格式的稳定性分析

通过前面的论述已知，一个较好的数值分析方法，除须运算简捷外，还应满足两点要求：一是稳定性要好，二是算法阻尼要小。本节以单自由度体系的自由振动为例来研究递推格式的稳定性问题。

定义 $\boldsymbol{y}_i=\{x(t)\ \ x(t-\Delta t)\}^{\mathrm{T}}$，则自由振动时的递推格式可以写为

$$\boldsymbol{y}_{i+1}=\boldsymbol{H}\boldsymbol{y}_i \quad (i=1,2,3\cdots) \tag{5.22}$$

式中，

$$\boldsymbol{H}=\begin{bmatrix}2\dfrac{1-(1/2-\beta)(\omega\Delta t)^{2}}{1+\xi\omega\Delta t+\beta(\omega\Delta t)^{2}} & -\dfrac{1-\xi\omega\Delta t+\beta(\omega\Delta t)^{2}}{1+\xi\omega\Delta t+\beta(\omega\Delta t)^{2}}\\ 1 & 0\end{bmatrix} \tag{5.23}$$

由数值分析理论可知，式（5.22）稳定的充分必要条件是，转换矩阵 $\boldsymbol{H}$ 的谱半径小于 1，即

$$\rho(\boldsymbol{H})=\max|\lambda_i|<1 \tag{5.24}$$

式中，λ_i——矩阵 $\boldsymbol{H}$ 的特征值，可如下表达：

$$\lambda_i=\frac{1-(1/2-\beta)(\omega\Delta t)^2}{1+\xi\omega\Delta t+\beta(\omega\Delta t)^2}\pm\sqrt{\left(\frac{1-(1/2-\beta)(\omega\Delta t)^2}{1+\xi\omega\Delta t+\beta(\omega\Delta t)^2}\right)^2-\frac{1-\xi\omega\Delta t+\beta(\omega\Delta t)^2}{1+\xi\omega\Delta t+\beta(\omega\Delta t)^2}}\quad(i=1,2)\tag{5.25}$$

若式（5.25）右端根号内的判别式小于 0，则谱半径 $\max|\lambda_i|<1$ 的稳定性条件可获得满足，即下式成立

$$\left(\frac{1}{4}-\beta\right)(\omega\Delta t)^2\leqslant(1-\xi^2)\tag{5.26}$$

式（5.26）中 $\gamma=1/2$ 时，Newmark-β 法为稳定性条件的统一格式。一般实际工程结构阻尼比 $0.02\leqslant\xi\leqslant0.05$，在这里取式（5.26）右端为 1，并将 $\omega=2\pi/T$（T 为自振周期）代入，可得 3 种常用格式下的稳定条件：

1）当 $\beta=1/4$ 时，即平均加速度法，为无条件稳定格式。

2）当 $\beta=1/6$ 时，即线性加速度法，为条件稳定格式，稳定条件为 $\Delta t/T\leqslant0.551$。

3）当 $\beta=1/8$ 时，即加速度为台阶形变化时，为条件稳定格式，稳定条件为 $\Delta t/T\leqslant0.450$。

5.3　动力方程线性精细积分方法

5.3.1　线性精细积分方法的原理及公式

结构动力方程式（5.1）可以表示为

$$\boldsymbol{M}\ddot{\boldsymbol{x}}(t)+\boldsymbol{C}\dot{\boldsymbol{x}}(t)/2+\boldsymbol{C}\dot{\boldsymbol{x}}(t)/2+\boldsymbol{K}\boldsymbol{x}(t)=\boldsymbol{f}(t)\tag{5.27}$$

$\boldsymbol{x}(0)$、$\dot{\boldsymbol{x}}(0)$ 为给定的起步条件。

令

$$\boldsymbol{p}(t)=\boldsymbol{M}\dot{\boldsymbol{x}}(t)+\boldsymbol{C}\boldsymbol{x}(t)/2\tag{5.28}$$

则方程式（5.27）的结构动力响应状态方程为

$$\dot{\boldsymbol{v}}(t)=\boldsymbol{H}\boldsymbol{v}(t)+\boldsymbol{r}(t)\tag{5.29}$$

式中，$\boldsymbol{H}$ —— $2n\times2n$ 阶状态转换矩阵；

$\boldsymbol{v}(t)$、$\boldsymbol{r}(t)$ 为 $2n$ 阶向量；其中

$$\boldsymbol{v}(t)=\begin{bmatrix}\boldsymbol{x}(t)\\ \boldsymbol{p}(t)\end{bmatrix},\quad \boldsymbol{r}(t)=\begin{bmatrix}0\\ \boldsymbol{f}(t)\end{bmatrix},\quad \boldsymbol{H}=\begin{bmatrix}-\boldsymbol{M}^{-1}\boldsymbol{C}/2 & \boldsymbol{M}^{-1}\\ \boldsymbol{C}\,\boldsymbol{M}^{-1}\boldsymbol{C}/4-\boldsymbol{K} & -\boldsymbol{C}\boldsymbol{M}^{-1}/2\end{bmatrix}$$

也可根据需要采用另一种表达形式：

$$\boldsymbol{v}(t)=\begin{bmatrix}\boldsymbol{x}(t)\\ \dot{\boldsymbol{x}}(t)\end{bmatrix},\quad \boldsymbol{r}(t)=\begin{bmatrix}0\\ \boldsymbol{M}^{-1}\boldsymbol{f}(t)\end{bmatrix},\quad \boldsymbol{H}=\begin{bmatrix}0 & \boldsymbol{I}\\ -\boldsymbol{M}^{-1}\boldsymbol{K} & -\boldsymbol{M}^{-1}\boldsymbol{C}\end{bmatrix}$$

式中，$\boldsymbol{I}$ —— $n\times n$ 阶单位矩阵。

显然，两种表达方式是等效的。

将式（5.29）改写成 $\dot{\boldsymbol{v}}(t)-\boldsymbol{H}\boldsymbol{v}(t)=\boldsymbol{r}(t)$ [104]，两边乘以 $\mathrm{e}^{-\boldsymbol{H}t}$，得

$$\mathrm{e}^{-\boldsymbol{H}t}\left(\dot{\boldsymbol{v}}(t)-\boldsymbol{H}\boldsymbol{v}(t)\right)=\mathrm{e}^{-\boldsymbol{H}t}\boldsymbol{r}(t) \tag{5.30}$$

对式（5.30）从 0～t 进行积分，则有

$$\int_0^t \mathrm{d}\left(\mathrm{e}^{-\boldsymbol{H}\tau}\boldsymbol{v}(\tau)\right)=\int_0^t \mathrm{e}^{-\boldsymbol{H}\tau}\boldsymbol{r}(\tau)\mathrm{d}\tau \tag{5.31}$$

其同解方程为

$$\left\{\boldsymbol{v}(t)\right\}=\mathrm{e}^{\boldsymbol{H}t}\boldsymbol{v}(0)+\int_0^t \mathrm{e}^{\boldsymbol{H}(t-\tau)}\boldsymbol{r}(\tau)\mathrm{d}\tau \tag{5.32}$$

式中，$\boldsymbol{v}(0)$——积分步的初值。

将荷载作用时间分为步长为 Δt 的若干时间间隔，则任一时刻 $t_k=k\Delta t(k=0,1,2\cdots)$，而 $t_{k+1}=t_k+\Delta t$，则式（5.32）可表示为

$$\begin{aligned}\boldsymbol{v}(t_{k+1})&=\mathrm{e}^{\boldsymbol{H}t_{k+1}}\boldsymbol{v}(0)+\int_0^{t_{k+1}}\mathrm{e}^{\boldsymbol{H}(t_{k+1}-\tau)}\boldsymbol{r}(\tau)\mathrm{d}\tau\\&=\mathrm{e}^{\boldsymbol{H}\Delta t}\left(\mathrm{e}^{\boldsymbol{H}t_k}\boldsymbol{v}(0)+\int_0^{t_k}\mathrm{e}^{\boldsymbol{H}(t_k-\tau)}\boldsymbol{r}(\tau)\mathrm{d}\tau\right)+\int_{t_k}^{t_{k+1}}\mathrm{e}^{\boldsymbol{H}(t_{k+1}-\tau)}\boldsymbol{r}(\tau)\mathrm{d}\tau\\&=\mathrm{e}^{\boldsymbol{H}\Delta t}\boldsymbol{v}(t_k)+\int_{t_k}^{t_{k+1}}\mathrm{e}^{\boldsymbol{H}(t_{k+1}-\tau)}\boldsymbol{r}(\tau)\mathrm{d}\tau\end{aligned} \tag{5.33}$$

式（5.33）右端中的第 1 项为齐次解，第 2 项为非齐次解。下面分开讨论该两项的计算。

1. 齐次解计算

式（5.33）中的第 1 项可利用指数矩阵的加法定理精细计算出，具体算法[77]如下，令

$$\boldsymbol{T}=\mathrm{e}^{\boldsymbol{H}\Delta t}=\left(\mathrm{e}^{\boldsymbol{H}\Delta t/m}\right)^m=\left(\mathrm{e}^{\boldsymbol{H}\tau}\right)^m \tag{5.34}$$

式中，$m=2^N$——较大数；

τ——时间 Δt 的微小细分值，$\tau=\Delta t/m$。

对于线弹性体系，由于 $\boldsymbol{H}$ 的元素都是常数，时间步长 Δt 也是给定值，所以 T 值在整个时程过程中是定值，因此从式（5.27）～式（5.34）的推导过程都是解析的过程，没有引入任何误差或近似解法。显然，T 的求解精度将直接影响该方法的计算精度。

关于 $\mathrm{e}^{\boldsymbol{H}\tau}$ 的近似计算主要有以下两种方法。

（1）泰勒级数法

根据泰勒级数展开（截断阶数为 4）有

$$\mathrm{e}^{\boldsymbol{H}\tau}\approx\boldsymbol{I}+\boldsymbol{H}\tau+\left(\boldsymbol{H}\tau\right)^2/2+\left(\boldsymbol{H}\tau\right)^3/6+\left(\boldsymbol{H}\tau\right)^4/24=\boldsymbol{I}+\boldsymbol{T}_{a,0} \tag{5.35}$$

式中，$\boldsymbol{I}$——$2n\times2n$ 阶单位矩阵，下同。

截断的阶数可根据计算需要而选取，一般取 4 阶精度已足够。对于泰勒级数法，文献[77]建议取 $N=20$，即 $m=1048576$。

（2）帕德函数逼近法

帕德函数逼近理论提供了一种比泰勒级数更好的函数来逼近指数矩阵，其表达式如下：

$$\mathrm{e}^{\boldsymbol{H}\tau} \approx \boldsymbol{D}_{pq}\left(\boldsymbol{H}\tau\right)^{-1} \cdot \boldsymbol{N}_{pq}\left(\boldsymbol{H}\tau\right) \tag{5.36}$$

式中，

$$\boldsymbol{N}_{pq}\left(\boldsymbol{H}\tau\right) = \sum_{k=0}^{p} \frac{(p+q-k)\ !p\ !}{(p+q)\ !k\ !(p-k)\ !}\left(\boldsymbol{H}\tau\right)^{k} \tag{5.37}$$

$$\boldsymbol{D}_{pq}\left(\boldsymbol{H}\tau\right) = \sum_{k=0}^{q} \frac{(p+q-k)\ !q\ !}{(p+q)\ !k\ !(q-k)\ !}\left(-\boldsymbol{H}\tau\right)^{k} \tag{5.38}$$

显然，当 $q=0$ 时，$\mathrm{e}^{\boldsymbol{H}\tau} \approx \sum_{k=0}^{p} \frac{\left(\boldsymbol{H}\tau\right)^{k}}{k\ !}$ 为 p 阶的泰勒级数截断式，即泰勒级数是帕德函数的特例。

当 $q=4$，$p=4$ 时，式（5.36）～式（5.38）可表达为

$$\mathrm{e}^{\boldsymbol{H}\tau} = \left(\boldsymbol{I}+\boldsymbol{D}_{s}\right)^{-1}\left(\boldsymbol{I}+\boldsymbol{N}_{s}\right) = \boldsymbol{I} + \left(\boldsymbol{I}+\boldsymbol{D}_{s}\right)^{-1}\left(\boldsymbol{N}_{s}-\boldsymbol{D}_{s}\right) = \boldsymbol{I}+\boldsymbol{T}_{a,0} \tag{5.39}$$

$$\boldsymbol{N}_{44}\left(\boldsymbol{H}\tau\right) = \boldsymbol{I} + \frac{1}{2}\boldsymbol{H}\tau + \frac{3}{28}\left(\boldsymbol{H}\tau\right)^{2} + \frac{1}{84}\left(\boldsymbol{H}\tau\right)^{3} + \frac{1}{1680}\left(\boldsymbol{H}\tau\right)^{4} = \boldsymbol{I}+\boldsymbol{N}_{s} \tag{5.40}$$

$$\boldsymbol{D}_{44}\left(\boldsymbol{H}\tau\right) = \boldsymbol{I} - \frac{1}{2}\boldsymbol{H}\tau + \frac{3}{28}\left(\boldsymbol{H}\tau\right)^{2} - \frac{1}{84}\left(\boldsymbol{H}\tau\right)^{3} + \frac{1}{1680}\left(\boldsymbol{H}\tau\right)^{4} = \boldsymbol{I}+\boldsymbol{D}_{s} \tag{5.41}$$

帕德函数逼近法中[78]，$N=11$，即 $m=2048$。

由前述推导可知，对于 $\mathrm{e}^{\boldsymbol{H}\tau}$ 的近似计算，当截断阶数取 4 阶时，泰勒级数法采用式（5.35），帕德函数逼近法采用式（5.39）。

根据指数函数的性质，关于 $\boldsymbol{T}$ 值的计算，两种方法均可表达为

$$\begin{aligned}\boldsymbol{T} &= \left(\mathrm{e}^{\boldsymbol{H}\tau}\right)^{2^{N}} = \left(\boldsymbol{I}+\boldsymbol{T}_{a,0}\right)^{2^{N}} \\ &= \left(\boldsymbol{I}+2\boldsymbol{T}_{a,0}+\boldsymbol{T}_{a,0}{}^{2}\right)^{2^{N-1}} = \left(\boldsymbol{I}+\boldsymbol{T}_{a,1}\right)^{2^{N-1}} = \left(\boldsymbol{I}+\boldsymbol{T}_{a,i}\right)^{2^{N-i}}\end{aligned} \tag{5.42}$$

由于对时间 Δt 经过细分后，$\boldsymbol{T}_{a,i}$ 的值相对于单位矩阵非常小，为了减小计算机的舍入误差，计算过程中单位矩阵 $\boldsymbol{I}$ 不参与累加及乘法运算，可通过下式实现：

$$\boldsymbol{T}_{a,i} = 2\boldsymbol{T}_{a,i-1} + \boldsymbol{T}_{a,i-1}^{2} \quad (i=1,2,\cdots,N-1,N) \tag{5.43}$$

经过 N 次循环后，可得

$$\boldsymbol{T} = \boldsymbol{I} + \boldsymbol{T}_{a,N} \tag{5.44}$$

2. 非齐次解的计算

令非齐次解为

$$\boldsymbol{w}(t_{k+1}) = \int_{t_k}^{t_{k+1}} \mathrm{e}^{\boldsymbol{H}(t_{k+1}-\tau)}\boldsymbol{r}(\tau)\mathrm{d}\tau \tag{5.45}$$

（1）线性加速度法

假定加速度在时间步长内是线性变化的，即列向量 $\boldsymbol{r}(t)$ 在时间 (t_k, t_{k+1}) 内按线性变化，有

$$\boldsymbol{r}(t)=\boldsymbol{r}(t_k)+\left(\boldsymbol{r}(t_{k+1})-\boldsymbol{r}(t_k)\right)\left(t-t_k\right)/\Delta t \quad (t_k \leqslant t \leqslant t_{k+1}) \tag{5.46}$$

把式（5.46）代入式（5.33）中可得

$$\begin{aligned}\boldsymbol{w}(t_{k+1})=&\boldsymbol{T}\boldsymbol{H}^{-1}\left[\boldsymbol{r}(t_k)+\boldsymbol{H}^{-1}\left(\boldsymbol{r}(t_{k+1})-\boldsymbol{r}(t_k)\right)/\Delta t\right]\\&-\boldsymbol{H}^{-1}\left[\boldsymbol{r}(t_k)+\left(\boldsymbol{H}^{-1}/\Delta t-\boldsymbol{I}\right)\left(\boldsymbol{r}(t_{k+1})-\boldsymbol{r}(t_k)\right)\right]\end{aligned} \tag{5.47}$$

式中，$\boldsymbol{T}$ 的表达及求解方法见式（5.34）和式（5.44）。

（2）梯形积分公式

当代数精度为 1 阶时，梯形积分公式为

$$\boldsymbol{w}(t_{k+1})=\left(\mathrm{e}^{\boldsymbol{H}\Delta t}\boldsymbol{r}(t_k)+\boldsymbol{r}(t_{k+1})\right)\Delta t/2 \tag{5.48}$$

（3）辛普森积分公式

当代数精度为 3 阶时，辛普森积分公式为

$$\boldsymbol{w}(t_{k+1})=\left[\mathrm{e}^{\boldsymbol{H}\Delta t}\boldsymbol{r}(t_k)+4\mathrm{e}^{\boldsymbol{H}\frac{1}{2}\Delta t}\boldsymbol{r}\left(t_k+\frac{\Delta t}{2}\right)+\boldsymbol{r}(t_{k+1})\right]\Delta t/6 \tag{5.49}$$

（4）复化梯形积分公式

当 $n=4$，n 为 Δt 的等分数，代数精度为 3 阶时，复化梯形积分公式为

$$\begin{aligned}\boldsymbol{w}(t_{k+1})=&\left[\mathrm{e}^{\boldsymbol{H}\Delta t}\boldsymbol{r}(t_k)+2\mathrm{e}^{\boldsymbol{H}\frac{3}{4}\Delta t}\boldsymbol{r}\left(t_k+\frac{\Delta t}{4}\right)+2\mathrm{e}^{\boldsymbol{H}\frac{1}{2}\Delta t}\boldsymbol{r}\left(t_k+\frac{\Delta t}{2}\right)\right.\\&\left.+2\mathrm{e}^{\boldsymbol{H}\frac{1}{4}\Delta t}\boldsymbol{r}\left(t_k+\frac{3\Delta t}{4}\right)+\boldsymbol{r}(t_{k+1})\right]\Delta t/8\end{aligned} \tag{5.50}$$

（5）复化辛普森积分公式

当 $n=4$，代数精度为 4 阶时，辛普森积分公式为

$$\begin{aligned}\boldsymbol{w}(t_{k+1})=&\left[\mathrm{e}^{\boldsymbol{H}\Delta t}\boldsymbol{r}(t_k)+4\mathrm{e}^{\boldsymbol{H}\frac{3}{4}\Delta t}\boldsymbol{r}\left(t_k+\frac{\Delta t}{4}\right)+2\mathrm{e}^{\boldsymbol{H}\frac{1}{2}\Delta t}\boldsymbol{r}\left(t_k+\frac{\Delta t}{2}\right)\right.\\&\left.+4\mathrm{e}^{\boldsymbol{H}\frac{1}{4}\Delta t}\boldsymbol{r}\left(t_k+\frac{3\Delta t}{4}\right)+\boldsymbol{r}(t_{k+1})\right]\Delta t/12\end{aligned} \tag{5.51}$$

（6）科茨积分公式

当 $n=4$，代数精度为 5 阶时，科茨积分公式为

$$\begin{aligned}\boldsymbol{w}(t_{k+1})=&\left[7\mathrm{e}^{\boldsymbol{H}\Delta t}\boldsymbol{r}(t_k)+32\mathrm{e}^{\boldsymbol{H}\frac{3}{4}\Delta t}\boldsymbol{r}\left(t_k+\frac{\Delta t}{4}\right)+12\mathrm{e}^{\boldsymbol{H}\frac{1}{2}\Delta t}\boldsymbol{r}\left(t_k+\frac{\Delta t}{2}\right)\right.\\&\left.+32\mathrm{e}^{\boldsymbol{H}\frac{1}{4}\Delta t}\boldsymbol{r}\left(t_k+\frac{3\Delta t}{4}\right)+7\boldsymbol{r}(t_{k+1})\right]\Delta t/90\end{aligned} \tag{5.52}$$

当 $n=8$，代数精度为 9 阶时，科茨积分公式为

$$
\begin{aligned}
\boldsymbol{w}(t_{k+1})=\Bigg[&989\mathrm{e}^{\boldsymbol{H}\Delta t}\boldsymbol{r}(t_k)+5888\mathrm{e}^{\boldsymbol{H}\frac{7}{8}\Delta t}\boldsymbol{r}\left(t_k+\frac{\Delta t}{8}\right)-928\mathrm{e}^{\boldsymbol{H}\frac{3}{4}\Delta t}\boldsymbol{r}\left(t_k+\frac{\Delta t}{4}\right)\\
&+10496\mathrm{e}^{\boldsymbol{H}\frac{5}{8}\Delta t}\boldsymbol{r}\left(t_k+\frac{3\Delta t}{8}\right)-4540\mathrm{e}^{\boldsymbol{H}\frac{1}{2}\Delta t}\boldsymbol{r}\left(t_k+\frac{\Delta t}{2}\right)\\
&+10496\mathrm{e}^{\boldsymbol{H}\frac{3}{8}\Delta t}\boldsymbol{r}\left(t_k+\frac{5\Delta t}{8}\right)-928\mathrm{e}^{\boldsymbol{H}\frac{1}{4}\Delta t}\boldsymbol{r}\left(t_k+\frac{3\Delta t}{4}\right)\\
&+5888\mathrm{e}^{\boldsymbol{H}\frac{1}{8}\Delta t}\boldsymbol{r}\left(t_k+\frac{7\Delta t}{8}\right)+989\boldsymbol{r}(t_{k+1})\Bigg]\Delta t/28350
\end{aligned}
\tag{5.53}
$$

当 $n\leqslant 7$ 时，科茨积分公式的系数均为正，因而是稳定的；而当 $n\geqslant 8$ 时，科茨积分公式的系数中有负数，因而是不稳定的。

（7）龙贝格积分公式

龙贝格积分公式是在复化梯形积分公式的基础上，应用 Richardson 外推构造的一种算法，具体的外推算法参见文献[108]和[89]。在 $n=4$ 时，其积分格式与科茨公式相同。当 $n=8$ 时，积分公式为

$$
\begin{aligned}
\boldsymbol{w}(t_{k+1})=\Bigg[&217\mathrm{e}^{\boldsymbol{H}\Delta t}\boldsymbol{r}(t_k)+1024\mathrm{e}^{\boldsymbol{H}\frac{7}{8}\Delta t}\boldsymbol{r}\left(t_k+\frac{\Delta t}{8}\right)+352\mathrm{e}^{\boldsymbol{H}\frac{3}{4}\Delta t}\boldsymbol{r}\left(t_k+\frac{\Delta t}{4}\right)\\
&+1024\mathrm{e}^{\boldsymbol{H}\frac{5}{8}\Delta t}\boldsymbol{r}\left(t_k+\frac{3\Delta t}{8}\right)+436\mathrm{e}^{\boldsymbol{H}\frac{1}{2}\Delta t}\boldsymbol{r}\left(t_k+\frac{\Delta t}{2}\right)+1024\mathrm{e}^{\boldsymbol{H}\frac{3}{8}\Delta t}\boldsymbol{r}\left(t_k+\frac{5\Delta t}{8}\right)\\
&+352\mathrm{e}^{\boldsymbol{H}\frac{1}{4}\Delta t}\boldsymbol{r}\left(t_k+\frac{3\Delta t}{4}\right)+1024\mathrm{e}^{\boldsymbol{H}\frac{7}{8}\Delta t}\boldsymbol{r}\left(t_k+\frac{\Delta t}{8}\right)+217\boldsymbol{r}(t_{k+1})\Bigg]\Delta t/5670
\end{aligned}
\tag{5.54}
$$

式（5.49）～式（5.54）中指数矩阵计算可利用前述齐次解 T 值的中间计算值求得

$$\mathrm{e}^{\boldsymbol{H}\frac{1}{8}\Delta t}=\boldsymbol{I}+\boldsymbol{T}_{a,N-3}\tag{5.55}$$

$$\mathrm{e}^{\boldsymbol{H}\frac{1}{4}\Delta t}=\boldsymbol{I}+\boldsymbol{T}_{a,N-2}\tag{5.56}$$

$$\mathrm{e}^{\boldsymbol{H}\frac{1}{2}\Delta t}=\boldsymbol{I}+\boldsymbol{T}_{a,N-1}\tag{5.57}$$

$$\mathrm{e}^{\boldsymbol{H}\frac{3}{8}\Delta t}=\boldsymbol{I}+\boldsymbol{T}_{a,N-3}+\boldsymbol{T}_{a,N-2}+\boldsymbol{T}_{a,N-3}\boldsymbol{T}_{a,N-2}\tag{5.58}$$

$$\mathrm{e}^{\boldsymbol{H}\frac{5}{8}\Delta t}=\boldsymbol{I}+\boldsymbol{T}_{a,N-3}+\boldsymbol{T}_{a,N-1}+\boldsymbol{T}_{a,N-3}\boldsymbol{T}_{a,N-1}\tag{5.59}$$

$$\mathrm{e}^{\boldsymbol{H}\frac{3}{4}\Delta t}=\boldsymbol{I}+\boldsymbol{T}_{a,N-2}+\boldsymbol{T}_{a,N-1}+\boldsymbol{T}_{a,N-2}\boldsymbol{T}_{a,N-1}\tag{5.60}$$

$$
\begin{aligned}
\mathrm{e}^{\boldsymbol{H}\frac{7}{8}\Delta t}=&\boldsymbol{I}+\boldsymbol{T}_{a,N-3}+\boldsymbol{T}_{a,N-2}+\boldsymbol{T}_{a,N-1}+\boldsymbol{T}_{a,N-3}\boldsymbol{T}_{a,N-2}+\boldsymbol{T}_{a,N-3}\boldsymbol{T}_{a,N-1}\\
&+\boldsymbol{T}_{a,N-2}\boldsymbol{T}_{a,N-1}+\boldsymbol{T}_{a,N-3}\boldsymbol{T}_{a,N-2}\boldsymbol{T}_{a,N-1}
\end{aligned}
\tag{5.61}
$$

采用上述式（5.55）～式（5.61）即可利用齐次解 $\boldsymbol{T}$ 值的求出，一次性求出全部指数矩阵系数，节省计算工作量。

（8）高斯积分公式

令

$$\tau = \frac{t_k + t_{k+1}}{2} + \frac{t_k + t_{k+1}}{2} y \tag{5.62}$$

高斯积分公式为

$$\begin{aligned} \boldsymbol{w}(t_{k+1}) &= \int_{-1}^{1} \mathrm{e}^{\boldsymbol{H}\frac{1}{2}\Delta t(1-y)} \boldsymbol{r}\left(t_k + \frac{1}{2}\Delta t(1+y)\right)\frac{1}{2}\Delta t \mathrm{d}y \\ &= \sum_{i=1}^{n} A_i \mathrm{e}^{\boldsymbol{H}\frac{1}{2}\Delta t(1-y_i)} \boldsymbol{r}\left(t_k + \frac{1}{2}\Delta t(1+y_i)\right)\frac{1}{2}\Delta t \end{aligned} \tag{5.63}$$

式中，当 $n=3$ 时，式（5.63）为内插 3 节点的高斯积分公式。参数取值如下：$A_1 = 5/9$，$y_1 = -\sqrt{0.6}$；$A_2 = 8/9$，$y_2 = 0$；$A_3 = 5/9$，$y_3 = \sqrt{0.6}$。式（5.63）中的指数矩阵除 $y_2 = 0$ 时，可采用式（5.57）求出外，其余均需采用前述指数矩阵精细计算方法单独计算。

5.3.2　例题分析

【算例 5.1】　取自文献[77]，荷载为常数，动力方程为

$$\begin{bmatrix} 2 & 0 \\ 0 & 1 \end{bmatrix}\begin{bmatrix} \ddot{x}_1(t) \\ \ddot{x}_2(t) \end{bmatrix} + \begin{bmatrix} 6 & -2 \\ -2 & 4 \end{bmatrix}\begin{bmatrix} x_1(t) \\ x_2(t) \end{bmatrix} = \begin{bmatrix} 0 \\ 10 \end{bmatrix},\quad \begin{bmatrix} x_1(0) \\ x_2(0) \end{bmatrix} = \begin{bmatrix} 0 \\ 0 \end{bmatrix}, \begin{bmatrix} \dot{x}_1(0) \\ \dot{x}_2(0) \end{bmatrix} = \begin{bmatrix} 0 \\ 0 \end{bmatrix} \tag{5.64}$$

齐次方程解采用泰勒级数法计算，非齐次解采用上述 8 种方法计算。各种方法的计算结果见表 5.1（这里只列出 $x_1(t)$ 的值，表中未注明时取 $\Delta t = 0.28\mathrm{s}$）。采用 Newmark-$\beta$ 法的分析结果见表 5.2。

表 5.1　$x_1(t)$ 位移时程的精细积分结果

时间/s	精确解	线性荷载法	梯形公式	辛普森公式	复化梯形公式	复化辛普森公式	科茨公式（$n=4$）	高斯公式（$n=3$）
0.28	0.002515	0.002515	0.004983	0.002509	0.002668	0.002514	0.002515	0.002515
0.56	0.038071	0.038071	0.046628	0.038050	0.038601	0.038069	0.038071	0.038070
0.84	0.175595	0.175595	0.190473	0.175557	0.176516	0.175592	0.175595	0.175595
1.12	0.486026	0.486026	0.503446	0.485976	0.487103	0.486023	0.486026	0.486026
1.40	0.996351	0.996351	1.009672	0.996299	0.997172	0.996348	0.996351	0.996351
1.68	1.656965	1.656965	1.659215	1.656924	1.657096	1.656962	1.656965	1.656965
1.96	2.338202	2.338202	2.325027	2.338182	2.337374	2.338201	2.338202	2.338202
2.24	2.860814	2.860814	2.832670	2.860817	2.859056	2.860814	2.860814	2.860814
2.52	3.051709	3.051709	3.014404	3.051729	3.049382	3.051710	3.051709	3.051709

续表

时间/s	精确解	线性荷载法	梯形公式	辛普森公式	复化梯形公式	复化辛普森公式	科茨公式（$n=4$）	高斯公式（$n=3$）
2.80	2.805723	2.805723	2.768969	2.805747	2.803431	2.805724	2.805723	2.805723
3.08	2.130584	2.130584	2.105004	2.130597	2.128989	2.130585	2.130584	2.130584
3.36	1.157226	1.157226	1.150845	1.157216	1.156825	1.157225	1.157226	1.157226
最大误差/%		0.000	98.131	0.239	6.083	0.040	0.000	0.003

时间/s	科茨公式（$n=4$）		科茨公式（$n=8$）		龙贝格公式（$n=8$）		高斯公式（$n=3$）	
	$\Delta t=0.56$	$\Delta t=1.12$	$\Delta t=1.12$	$\Delta t=1.68$	$\Delta t=1.12$	$\Delta t=1.68$	$\Delta t=0.56$	$\Delta t=1.12$
0.56	0.038071	—	—	—	—	—	0.038070	—
1.12	0.486029	0.486202	0.486026	—	0.486026	—	0.486024	0.485856
1.68	1.656967	—	—	1.656965	—	1.656948	1.656963	—
2.24	2.860815	2.860860	2.860814	—	2.860814	—	2.860814	2.860770
2.80	2.805723	—	—	—	—	—	2.805723	—
3.36	1.157227	1.157282	1.157226	1.157226	1.157226	1.157220	1.157225	1.157171
误差	0.000	0.036	0.000	0.000	0.000	0.001	0.003	0.035

表 5.2　$x_1(t)$ 位移时程的 Newmark-β 法的分析结果

时间/s	精确解	$\beta=1/4$		$\beta=1/6$		$\beta=1/8$	
		$\Delta t=0.028$	$\Delta t=0.0028$	$\Delta t=0.028$	$\Delta t=0.0028$	$\Delta t=0.028$	$\Delta t=0.0028$
0.28	0.002515	0.002561	0.002515	0.002538	0.002515	0.002526	0.002515
0.56	0.038071	0.038207	0.038072	0.038139	0.038069	0.038105	0.038068
0.84	0.175595	0.175744	0.175603	0.175670	0.175578	0.175633	0.175565
1.12	0.486026	0.486004	0.486058	0.486019	0.485936	0.486023	0.485874
1.40	0.996351	0.995957	0.996459	0.996169	0.996050	0.996259	0.995845
1.68	1.656965	1.656119	1.657251	1.656577	1.656209	1.656769	1.655688
1.96	2.338202	2.337050	2.338831	2.337697	2.336662	2.337946	2.335579
2.24	2.860814	2.859734	2.861995	2.860397	2.858150	2.860598	2.856229
2.52	3.051709	3.051202	3.053658	3.051640	3.047699	3.051662	3.044723
2.80	2.805723	2.806209	2.808594	2.806211	2.800407	2.805948	2.796321
3.08	2.130584	2.132191	2.134386	2.131675	2.124362	2.131105	2.119362
3.36	1.157226	1.159663	1.161752	1.158740	1.150856	1.157953	1.145427
最大误差/%		1.829	0.391	0.915	0.550	0.437	1.020

【算例 5.2】　取自文献[77]，荷载为正弦荷载，动力方程为

$$\begin{bmatrix}1 & 0\\0 & 1\end{bmatrix}\begin{bmatrix}\ddot{x}_1(t)\\\ddot{x}_2(t)\end{bmatrix}+\begin{bmatrix}1 & -2\\-2 & 2.5\end{bmatrix}\begin{bmatrix}x_1(t)\\x_2(t)\end{bmatrix}=\begin{bmatrix}-\sin(t)\\0.5\sin(t)\end{bmatrix},\quad \begin{bmatrix}x_1(0)\\x_2(0)\end{bmatrix}=\begin{bmatrix}2.5\\0\end{bmatrix},\begin{bmatrix}\dot{x}_1(0)\\\dot{x}_2(0)\end{bmatrix}=\begin{bmatrix}1\\1\end{bmatrix}\tag{5.65}$$

各种方法的计算结果见表 5.3 和表 5.4。

表 5.3　$x_1(t)$ 位移时程的精细积分计算结果

时间/s	精确解	线性荷载法	梯形公式	辛普森公式	复化梯形公式	复化辛普森公式	科茨公式（$n=4$）	高斯公式（$n=3$）
0.50	2.679652	2.680237	2.699844	2.679546	2.680889	2.679646	2.679652	2.679652
1.00	2.281682	2.285001	2.316114	2.281513	2.283795	2.281672	2.281682	2.281682
1.50	1.546139	1.555201	1.585510	1.545969	1.548560	1.546129	1.546140	1.546139
2.00	0.746963	0.763847	0.782329	0.746841	0.749145	0.746956	0.746963	0.746963
2.50	0.020563	0.045009	0.046134	0.020505	0.022148	0.020560	0.020563	0.020563
3.00	−0.672591	−0.643367	−0.658813	−0.672598	−0.671731	−0.672591	−0.672591	−0.672591
3.50	−1.434655	−1.405112	−1.432157	−1.434636	−1.434494	−1.434654	−1.434655	−1.434655
4.00	−2.259984	−2.234946	−2.267534	−2.259954	−2.260449	−2.259982	−2.259984	−2.259984
4.50	−2.946040	−2.929678	−2.962509	−2.945992	−2.947058	−2.946037	−2.946040	−2.946040
5.00	−3.166587	−3.162014	−3.190333	−3.166508	−3.168053	−3.166582	−3.166587	−3.166587
5.50	−2.669756	−2.678992	−2.697392	−2.669646	−2.671457	−2.669749	−2.669756	−2.669755
6.00	−1.468408	−1.492207	−1.494407	−1.468294	−1.470006	−1.468401	−1.468408	−1.468408
6.50	0.113124	0.075900	0.095099	0.113200	0.112015	0.113129	0.113124	0.113124
7.00	1.579204	1.532392	1.573645	1.579206	1.578857	1.579205	1.579204	1.579204
7.50	2.507960	2.458411	2.515110	2.507882	2.508389	2.507955	2.507960	2.507960
8.00	2.748269	2.705004	2.763632	2.748145	2.749200	2.748261	2.748269	2.748268
8.50	2.448330	2.420463	2.464659	2.448217	2.449324	2.448323	2.448330	2.448329
9.00	1.909163	1.903257	1.919956	1.909111	1.909826	1.909160	1.909164	1.909163
9.50	1.372126	1.390069	1.374637	1.372149	1.372288	1.372127	1.372125	1.372126
10.00	0.887543	0.926064	0.883637	0.887618	0.887316	0.887547	0.887543	0.887543
最大误差/%		118.883	124.354	0.280	7.708	0.015	0.000	0.000

时间/s	科茨公式（$n=4$）		科茨公式（$n=8$）		龙贝格公式（$n=8$）		高斯公式（$n=3$）	
	$\Delta t=1.00$	$\Delta t=2.00$	$\Delta t=1.00$	$\Delta t=2.00$	$\Delta t=1.00$	$\Delta t=2.00$	$\Delta t=1.00$	$\Delta t=2.00$
1.00	2.281709	—	2.281682	—	2.281682	—	2.281656	—
2.00	0.746977	0.749368	0.746963	0.746965	0.746963	0.746939	0.746950	0.744579
3.00	−0.672596	—	−0.672591	—	−0.672591	—	−0.672586	—
4.00	−2.259988	−2.260601	−2.259984	−2.259985	−2.259984	−2.259978	−2.259981	−2.259372
5.00	−3.166595	—	−3.166587	—	−3.166587	—	−3.166580	—
6.00	−1.468425	−1.472138	−1.468408	−1.468412	−1.468408	−1.468366	−1.468392	−1.464697
7.00	1.579206	—	1.579204	—	1.579204	—	1.579203	—
8.00	2.748293	2.754338	2.748269	2.748275	2.748269	2.748197	2.748245	2.742219
9.00	1.909172	—	1.909163	—	1.909163	—	1.909156	—
10.00	0.887525	0.882894	0.887543	0.887538	0.887543	0.887599	0.887560	0.892180
误差	0.002	0.524	0.000	0.001	0.000	0.006	0.002	0.522

表 5.4　$x_1(t)$ 位移时程的 Newmark-β 法的分析结果

时间/s	精确解	$\beta=1/4$		$\beta=1/6$		$\beta=1/8$	
		$\Delta t=0.01$	$\Delta t=0.002$	$\Delta t=0.01$	$\Delta t=0.002$	$\Delta t=0.01$	$\Delta t=0.002$
0.50	2.679652	2.680194	2.679643	2.680129	2.679688	2.680098	2.679708
1.00	2.281682	2.283639	2.281648	2.283065	2.281798	2.282782	2.281867
1.50	1.546139	1.548249	1.546007	1.547768	1.546321	1.547541	1.546460
2.00	0.746963	0.747133	0.746663	0.747732	0.747154	0.748056	0.747357
2.50	0.020563	0.018520	0.020132	0.020243	0.020724	0.021139	0.020933
3.00	−0.672591	−0.673964	−0.672978	−0.672663	−0.672441	−0.671979	−0.672320
3.50	−1.434655	−1.431045	−1.434770	−1.432420	−1.434462	−1.433080	−1.434509
4.00	−2.259984	−2.249562	−2.259715	−2.254590	−2.259729	−2.257087	−2.259953
4.50	−2.946040	−2.932382	−2.945497	−2.939291	−2.945800	−2.942735	−2.946114
5.00	−3.166587	−3.157678	−3.166059	−3.162442	−3.166525	−3.164821	−3.166791
5.50	−2.669756	−2.672987	−2.669508	−2.671845	−2.670023	−2.671284	−2.670143
6.00	−1.468408	−1.484900	−1.468474	−1.477211	−1.469032	−1.473407	−1.469016
6.50	0.113124	0.090427	0.112998	0.101208	0.112294	0.106514	0.112326
7.00	1.579204	1.561566	1.579379	1.569855	1.578429	1.573879	1.578337
7.50	2.507960	2.503319	2.508610	2.505176	2.507461	2.505979	2.507199
8.00	2.748269	2.755539	2.749184	2.751530	2.748105	2.749446	2.747782
8.50	2.448330	2.458113	2.448994	2.452978	2.448388	2.450409	2.448213
9.00	1.909163	1.910927	1.909084	1.909994	1.909278	1.909600	1.909421
9.50	1.372126	1.362866	1.371192	1.367694	1.372235	1.370212	1.372697
10.00	0.887543	0.875267	0.886155	0.881866	0.887764	0.885248	0.888354
最大误差/%		20.064	55.271	10.534	0.783	5.843	1.799

【算例 5.3】　取文献[109]中一个自上而下等效 7 自由度体系的动力方程：

$$\boldsymbol{M}\ddot{\boldsymbol{x}}(t)+\boldsymbol{C}\dot{\boldsymbol{x}}(t)+\boldsymbol{K}\boldsymbol{x}(t)=\boldsymbol{f}(t),\quad \boldsymbol{x}(0)=0,\quad \dot{\boldsymbol{x}}(0)=0 \tag{5.66}$$

式中，对角质量矩阵、阻尼矩阵和刚度矩阵分别为

$$\boldsymbol{M}=\begin{bmatrix} 153.0 & & & & & & \\ & 170.0 & & & & 0 & \\ & & 170.0 & & & & \\ & & & 170.0 & & & \\ & & & & 170.0 & & \\ & 0 & & & & 170.0 & \\ & & & & & & 183.0 \end{bmatrix} \tag{5.67}$$

$$
\boldsymbol{C}=\begin{bmatrix}
3510 & -5780 & 425 & 1830 & 121 & 29.6 & 8.74\\
 & 13500 & -8950 & 1090 & 215 & 69.4 & 16.5\\
 & & 14500 & -8740 & 1160 & 231 & 78.5\\
 & & & 14600 & -8720 & 1170 & 251\\
 & & & & 14600 & -8710 & 1230\\
 & \text{对} & \text{称} & & & 14600 & -8430\\
 & & & & & & 13900
\end{bmatrix} \tag{5.68}
$$

$$
\boldsymbol{K}=10^4\times\begin{bmatrix}
204 & -350 & 111 & 25.7 & 7.30 & 1.79 & 0.529\\
 & 808 & -542 & 66.2 & 13.0 & 4.20 & 1.00\\
 & & 870 & -529 & 70.3 & 14.0 & 4.75\\
 & & & 874 & -528 & 70.7 & 15.2\\
 & & & & 875 & -527 & 74.6\\
 & \text{对} & \text{称} & & & 876 & -510\\
 & & & & & & 833
\end{bmatrix} \tag{5.69}
$$

$$
\boldsymbol{f}(t)=\sin(\pi t)\left[153.0\ \ 170.0\ \ 170.0\ \ 170.0\ \ 170.0\ \ 170.0\ \ 183.0\right]^{\mathrm{T}}\quad (0\leqslant t\leqslant 1) \tag{5.70}
$$

顶层位移时程的部分计算结果见表 5.5。

表 5.5　$x_1(t)$ 位移时程的 Newmark-β 法的分析结果（顶层位移）

时间/s	Δt	0.20	0.40	0.60	0.80	1.00	误差/%
精确解	—	0.004269	0.014858	0.011925	0.006134	0.002571	—
线性荷载法	0.05	0.004260	0.014828	0.011900	0.006121	0.002565	0.23
	0.10	0.004233	0.014738	0.011827	0.006083	0.002551	0.84
	0.20	0.004081	0.014360	0.011488	0.005895	0.002506	4.40
梯形公式	0.05	0.004061	0.014667	0.011630	0.005912	0.002594	4.87
辛普森公式	0.05	0.004278	0.014881	0.011954	0.006157	0.002579	0.37
	0.10	0.004176	0.014590	0.011663	0.005927	0.002524	3.37
复化梯形公式	0.10	0.004224	0.014828	0.011873	0.006096	0.002583	1.05
	0.20	0.004061	0.014667	0.011630	0.005912	0.002594	4.87
复化辛普森公式	0.10	0.004278	0.014881	0.011954	0.006157	0.002579	0.37
	0.20	0.004176	0.014590	0.011663	0.005927	0.002524	3.37
科茨公式 $n=4$	0.10	0.004284	0.014901	0.011973	0.006173	0.002583	0.64
	0.20	0.004123	0.014496	0.011565	0.005856	0.002522	4.53
科茨公式 $n=8$	0.10	0.004267	0.014856	0.011923	0.006133	0.002572	0.05
	0.20	0.004328	0.014998	0.012090	0.006260	0.002611	2.05
龙贝格公式 $n=8$	0.10	0.004268	0.014855	0.011921	0.006131	0.002570	0.05
	0.20	0.004287	0.014907	0.011980	0.006178	0.002584	0.72

续表

时间/s		Δt	0.20	0.40	0.60	0.80	1.00	误差/%
高斯公式 $n=3$		0.10	0.004255	0.014814	0.011872	0.006090	0.002555	0.72
		0.20	0.004372	0.015132	0.012172	0.006329	0.002591	3.18
Newmark-β	$\beta=1/4$	0.008	0.004267	0.014855	0.011937	0.006122	0.002571	0.20
		0.01	0.004266	0.014853	0.011944	0.006115	0.002571	0.31
		0.05	0.004171	0.014765	0.012362	0.005755	0.002475	6.18
	$\beta=1/6$	0.008	0.004267	0.014858	0.01193	0.006128	0.002572	0.10
		0.01	0.004266	0.014857	0.011934	0.006124	0.002572	0.16
	$\beta=1/8$	0.008	0.004267	0.014859	0.011927	0.006130	0.002572	0.07

由表 5.1、表 5.3 和表 5.5 的精细积分计算结果及积分方法的自身特性可以得出以下结论：

1）当荷载为常数时，线性荷载法在有效位数内与精确解一致；而当荷载为其他荷载形式时，线性荷载法的计算结果误差较大。

2）直接积分法中，在同等步长情况下，随着积分公式的代数精度的提高，计算结果的误差减小。

3）梯形积分和辛普森积分是低精度、稳定的方法，但对于光滑性较差的被积函数有时比用高精度方法能取得更好的效果。在这种情况下，也可采用复化梯形积分和复化辛普森积分进行分析。

4）龙贝格积分方法的算法简单、稳定，当利用节点加密提高近似程度时，前面的计算结果可为后面的计算利用，因此，对减少计算量很有好处，并有比较简单的误差估计方法。

5）科茨积分（$n\leqslant 7$）和高斯积分方法都是精度较高、稳定的积分方法。但高斯积分的节点是不规则的（当荷载表达为离散型函数时就不能使用，如输入地震波），当节点数增加时，前面的计算值不能被后面利用，且增加了指数矩阵的计算量。但是它的精度较高，是其他方法所不能比拟的。

可以得出，精细积分方法是一种高精度的计算方法，对于非齐次方程，其精度控制在于第 2 项积分方法的选择。在结构动力分析的过程中，可以根据计算精度的要求选取适当的方法。

从表 5.2、表 5.4 和表 5.5 的 Newmark-β 法计算结果可以看出：

1）相对于精细积分方法，只有当步长取得较小时，才能获得较小的计算误差，而当步长取得更小时计算误差又逐渐增大，因为步长越小，误差累积是逐渐增大的。

2）当 β 值从 1/8～1/4 变化时，随着 β 的减小，计算精度提高，但稳定性变差。

5.4　动力方程非线性精细积分方法

5.4.1　动力方程的非线性常微分方程解法

在前述线性精细积分方法中，假定 $\boldsymbol{H}$ 是常矩阵，即与时间无关。但在实际应用中，矩阵 $\boldsymbol{H}$ 往往与时间 t、变量 $\boldsymbol{v}$ 有关，即 $\boldsymbol{H}(\boldsymbol{v},t)$，因此，方程式（5.29）往往是变系数的或非线性的。下面将线性精细积分方法推广到非线性问题。将矩阵 $\boldsymbol{H}(\boldsymbol{v},t)$ 用 $\boldsymbol{H}_0+\boldsymbol{H}_1(\boldsymbol{v},t)$ 来表示，其中 $\boldsymbol{H}_0$ 是常矩阵，其构造很简单，首先将 $\boldsymbol{H}(\boldsymbol{v},t)$ 的常数部分归入 $\boldsymbol{H}_0$，如果矩阵缺秩，可将矩阵 $\boldsymbol{H}_0$ 补充一些常数元素（同时在 $\boldsymbol{H}_1(\boldsymbol{v},t)$ 中减去相应的元素），使其满秩而又不病态，并将 $\boldsymbol{H}_0+\boldsymbol{H}_1(\boldsymbol{v},t)$ 代入式（5.29）可得

$$\dot{\boldsymbol{v}}(t)=\boldsymbol{H}_0\boldsymbol{v}(t)+\boldsymbol{H}_1(\boldsymbol{v},t)\boldsymbol{v}(t)+\boldsymbol{r}(t) \tag{5.71}$$

为简化表达，常矩阵 $\boldsymbol{H}_0$ 仍用 $\boldsymbol{H}$ 表示，后两项合并为一项 $f(\boldsymbol{v}(t),t)$，则其非线性方程为

$$\dot{\boldsymbol{v}}(t)=\boldsymbol{H}\boldsymbol{v}(t)+\boldsymbol{f}^*(\boldsymbol{v}(t),t) \tag{5.72}$$

式中，$\boldsymbol{f}^*(\boldsymbol{v}(t),t)$——与位移、速度、作用荷载相关的 $2n$ 阶向量。

该动力方程按常微分方程求解的两种分析方法如下：①单步法，是经典的龙格-库塔法；②多步法，包括 A-B 法和 A-B-M 法、米尔恩-辛普森法、米尔恩-汉明法等。

1. 单步法（龙格-库塔法）

龙格-库塔法公式为

$$\begin{cases}\boldsymbol{v}(t_{k+1})=\boldsymbol{v}(t_k)+\dfrac{\Delta t}{6}(\boldsymbol{K}_1+2\boldsymbol{K}_2+2\boldsymbol{K}_3+\boldsymbol{K}_4)\\ \boldsymbol{K}_1=\boldsymbol{H}\boldsymbol{v}(t_k)+\boldsymbol{f}^*\left(\boldsymbol{v}(t_k),t_k\right)\\ \boldsymbol{K}_2=\boldsymbol{H}\left(\boldsymbol{v}(t_k)+\boldsymbol{K}_1/2\right)+\boldsymbol{f}^*\left(\boldsymbol{v}(t_k)+\boldsymbol{K}_1/2,t_k+\Delta t/2\right)\\ \boldsymbol{K}_3=\boldsymbol{H}\left(\boldsymbol{v}(t_k)+\boldsymbol{K}_2/2\right)+\boldsymbol{f}^*\left(\boldsymbol{v}(t_k)+\boldsymbol{K}_2/2,t_k+\Delta t/2\right)\\ \boldsymbol{K}_4=\boldsymbol{H}\left(\boldsymbol{v}(t_k)+\boldsymbol{K}_3\right)+\boldsymbol{f}^*\left(\boldsymbol{v}(t_k)+\boldsymbol{K}_3,t_k+\Delta t\right)\end{cases} \tag{5.73}$$

龙格-库塔法的优点是：单步法，可自起步，在给定初值后可逐步计算下去；精度较高，比同阶的多步法精度高，虽然同为 $o(\Delta t^4)$，但其局部截断误差为 $-\dfrac{1}{2880}\Delta t^5\boldsymbol{v}^{(5)}(\xi_i)$；在计算过程中便于改变步长。其缺点是：计算量较大，每积 1 步需计算 4 次函数值。对被积部分为离散型函数时，则不能使用该方法。

龙格-库塔法是条件稳定的，稳定区域见文献[108]。

2. 多步法

（1）A-B 法与 A-B-M 法

1）A-B 法。

A-B 法（或称外插亚当斯法）为

$$\boldsymbol{v}(t_{k+1})=\boldsymbol{v}(t_k)+\frac{\Delta t}{24}\left(55\boldsymbol{F}(t_k)-59\boldsymbol{F}(t_{k-1})+37\boldsymbol{F}(t_{k-2})-9\boldsymbol{F}(t_{k-3})\right) \quad (5.74)$$

式中，$\boldsymbol{F}(t_{k-i})=\boldsymbol{H}\boldsymbol{v}(t_{k-i})+\boldsymbol{f}^*(\boldsymbol{v}(t_{k-i}),t_{k-i})$，其中 $i=0,1,2,3$。

2）A-B-M 法。

先用式（5.74）预估然后用四阶隐式公式进行校正，则有

$$\boldsymbol{v}(t_{k+1})=\boldsymbol{v}(t_k)+\frac{\Delta t}{24}\left(9\boldsymbol{F}(t_{k+1})+19\boldsymbol{F}(t_k)-5\boldsymbol{F}(t_{k-1})+\boldsymbol{F}(t_{k-2})\right) \quad (5.75)$$

式（5.74）的截断误差为 $\frac{251}{720}\Delta t^5\boldsymbol{v}^{(5)}(\eta)$，而式（5.75）的截断误差为 $-\frac{19}{720}\Delta t^5\boldsymbol{v}^{(5)}(\eta^*)$。因而，也可利用二者截断误差的近似关系进行一次预估-校正。

① 预估：

$$\boldsymbol{p}_{k+1}=\boldsymbol{v}(t_k)+\frac{\Delta t}{24}\left(55\boldsymbol{F}(t_k)-59\boldsymbol{F}(t_{k-1})+37\boldsymbol{F}(t_{k-2})-9\boldsymbol{F}(t_{k-3})\right) \quad (5.76)$$

② 修正：

$$\boldsymbol{m}_{k+1}=\boldsymbol{p}_{k+1}+\frac{251}{270}(\boldsymbol{c}_k-\boldsymbol{p}_k) \quad (5.77)$$

$$\boldsymbol{m}'_{k+1}=\boldsymbol{H}\cdot\boldsymbol{m}_{k+1}+\boldsymbol{f}^*\left(\boldsymbol{m}_{k+1},t_{k+1}\right) \quad (5.78)$$

③ 校正：

$$\boldsymbol{c}_{k+1}=\boldsymbol{v}(t_k)+\frac{\Delta t}{24}\left(9\boldsymbol{m}'_{k+1}+19\boldsymbol{F}(t_k)-5\boldsymbol{F}(t_{k-1})+\boldsymbol{F}(t_{k-2})\right) \quad (5.79)$$

④ 修正：

$$\boldsymbol{v}(t_{k+1})=\boldsymbol{c}_{k+1}-\frac{19}{270}(\boldsymbol{c}_{k+1}-\boldsymbol{p}_{k+1}) \quad (5.80)$$

式中，$\boldsymbol{p}_k$、$\boldsymbol{p}_{k+1}$、$\boldsymbol{c}_k$、$\boldsymbol{c}_{k+1}$、$\boldsymbol{m}_{k+1}$、$\boldsymbol{m}'_{k+1}$——与 $\boldsymbol{v}(t)$ 同阶的向量。

（2）米尔恩-辛普森法

取米尔恩公式为预估，用四阶隐式辛普森公式校正，即

$$\begin{cases}\boldsymbol{v}(t_{k+1})=\boldsymbol{v}(t_{k-3})+\dfrac{4\Delta t}{3}\left(2\boldsymbol{F}(t_{k-2})-\boldsymbol{F}(t_{k-1})+\boldsymbol{F}(t_k)\right) & \text{（预估）}\\ \boldsymbol{v}(t_{k+1})=\boldsymbol{v}(t_{k-1})+\dfrac{\Delta t}{3}\left(\boldsymbol{F}(t_{k-1})+4\boldsymbol{F}(t_k)+\boldsymbol{F}(t_{k+1})\right) & \text{（校正）}\end{cases} \quad (5.81)$$

预估式（5.81）的截断误差为 $\frac{14}{45}\Delta t^5\boldsymbol{v}^{(5)}(\eta)$，而校正式的截断误差为

$-\dfrac{1}{90}\Delta t^5\boldsymbol{v}^{(5)}(\eta^*)$。因而也可利用二者截断误差的近似关系进行一次预估-校正，则有

$$\begin{cases}\boldsymbol{p}_{k+1}=\boldsymbol{v}(t_{k-3})+\dfrac{4\Delta t}{3}\big(2\boldsymbol{F}(t_{k-2})-\boldsymbol{F}(t_{k-1})+\boldsymbol{F}(t_k)\big) & （预估）\\ \boldsymbol{m}_{k+1}=\boldsymbol{p}_{k+1}+\dfrac{28}{29}\big(\boldsymbol{v}(t_k)-\boldsymbol{p}_k\big) & （修正）\\ \boldsymbol{v}(t_{k+1})=\boldsymbol{v}(t_{k-1})+\dfrac{\Delta t}{3}\Big(\boldsymbol{F}(t_{k-1})+4\boldsymbol{F}(t_k)+\boldsymbol{H}\boldsymbol{m}_{k+1}+\boldsymbol{f}^*\big(\boldsymbol{m}_{k+1},t_{k+1}\big)\Big) & （校正）\end{cases}\tag{5.82}$$

（3）米尔恩-汉明法

取米尔恩公式为预估，用汉明公式校正

$$\begin{cases}\boldsymbol{v}(t_{k+1})=\boldsymbol{v}(t_{k-3})+\dfrac{4\Delta t}{3}\big(2\boldsymbol{F}(t_{k-2})-\boldsymbol{F}(t_{k-1})+\boldsymbol{F}(t_k)\big) & （预估）\\ \boldsymbol{v}(t_{k+1})=\dfrac{1}{8}\big(9\boldsymbol{v}(t_k)-\boldsymbol{v}(t_{k-2})\big)+\dfrac{3\Delta t}{8}\big(-\boldsymbol{F}(t_{k-1})+2\boldsymbol{F}(t_k)+\boldsymbol{F}(t_{k+1})\big) & （校正）\end{cases}\tag{5.83}$$

校正式的截断误差为$-\dfrac{1}{40}\Delta t^5\boldsymbol{v}^{(5)}(\eta^*)$，一步修正的预估-校正公式为

$$\begin{cases}\boldsymbol{p}_{k+1}=\boldsymbol{v}(t_{k-3})+\dfrac{4\Delta t}{3}\big(2\boldsymbol{F}(t_{k-2})-\boldsymbol{F}(t_{k-1})+\boldsymbol{F}(t_k)\big)\\ \boldsymbol{m}_{k+1}=\boldsymbol{p}_{k+1}+\dfrac{112}{121}(\boldsymbol{c}_k-\boldsymbol{p}_k)\\ \boldsymbol{m}'_{k+1}=\boldsymbol{H}\boldsymbol{m}_{k+1}+\boldsymbol{f}^*\big(\boldsymbol{m}_{k+1},t_{k+1}\big)\\ \boldsymbol{c}_{k+1}=\dfrac{1}{8}\big(9\boldsymbol{v}(t_k)-\boldsymbol{v}(t_{k-2})\big)+\dfrac{3\Delta t}{8}\big(-\boldsymbol{F}(t_{k-1})+2\boldsymbol{F}(t_k)+\boldsymbol{m}'_{k+1}\big)\\ \boldsymbol{v}(t_{k+1})=\boldsymbol{c}_{k+1}-\dfrac{9}{121}(\boldsymbol{c}_{k+1}-\boldsymbol{p}_{k+1})\end{cases}\tag{5.84}$$

综上所述，要使用多步法，必须先知道前面 4 个点上的函数值，因此，多步法不能独立使用，或者说不能自起步。通常利用同阶的龙格-库塔法计算表头。多步法也是条件稳定方法，隐式方法的稳定性明显优于显式方法，A-B-M 法的稳定性优于后两种方法。多步法的优点是：直接利用已有函数值进行计算，不需要增加中间函数的计算；也可用于离散型被积函数的情况。缺点是：不能自起步；截断误差比龙格-库塔法大（其原因在于龙格-库塔法实质上步长减为原来的 1/2）。

5.4.2　动力方程的非线性精细积分法

本节在精细积分方法、文献[110]及 A-B-M 法的基础上，主要研究了四阶精度的避免求 $f(v,t)$ 导数的非线性动力方程精细积分单步法、避免状态矩阵求逆的多步法、状态矩阵求逆的多步法[111]。

与众多研究非线性动力方程的方法不同，本节将式（5.72）中的 $f(\boldsymbol{v}(t),t)$ 分解为两项，即维持式（5.71）右端项为三项的形式，第二项 $\boldsymbol{H}_1(\boldsymbol{v},t)\boldsymbol{v}(t)$ 采用 $f(\boldsymbol{v}(t),t)$ 表示，第三项为仅与时间相关的荷载向量 $\boldsymbol{r}(t)$，常矩阵 $\boldsymbol{H}_0$ 仍用 $\boldsymbol{H}$ 表示，即转换为如下非线性动力系统

$$\dot{\boldsymbol{v}}(t)=\boldsymbol{H}\boldsymbol{v}(t)+f(\boldsymbol{v}(t),t)+\boldsymbol{r}(t) \tag{5.85}$$

利用指数矩阵可将其转化为如下同解积分方程

$$\boldsymbol{v}(t_{k+1})=\mathrm{e}^{\boldsymbol{H}\Delta t}\boldsymbol{v}(t_k)+\int_{t_k}^{t_{k+1}}\mathrm{e}^{\boldsymbol{H}(t_{k+1}-\tau)}f(\boldsymbol{v},\tau)\mathrm{d}\tau+\int_{t_k}^{t_{k+1}}\mathrm{e}^{\boldsymbol{H}(t_{k+1}-\tau)}\boldsymbol{r}(\tau)\mathrm{d}\tau \tag{5.86}$$

式中，$\boldsymbol{v}(t_{k+1})$、$\boldsymbol{v}(t_k)$——所求解在时刻 t_{k+1} 和 t_k 的向量值。

这样，将 $\boldsymbol{v}(t_{k+1})$ 的表达式分解成了 3 项，第 1 项可直接采用精细算法精确得到，由于荷载项已知，第 3 项可以采用 5.3 节中高精度的积分方法得到。因此，本节将 $f(\boldsymbol{v},t)$ 分解为两项的方法可以提高计算精度和稳定性。下面讨论第 2 项的数值求解方法。

1. 单步法

由于被积函数 $\boldsymbol{f}(\boldsymbol{v},t)$ 本身包含未知解向量 $\boldsymbol{v}$，为运用直接积分法，在 $t=t_k$，$\boldsymbol{v}=\boldsymbol{v}(t_k)$ 处，将非线性部分 $\boldsymbol{f}(\boldsymbol{v},t)$ 用泰勒级数展开的 3 次多项式 $\boldsymbol{p}(\boldsymbol{v},t)$ 来近似

$$f(\boldsymbol{v},t)\approx\boldsymbol{p}(\boldsymbol{v},t)=\boldsymbol{c}_0+\boldsymbol{c}_1(t-t_k)+\boldsymbol{c}_2\frac{(t-t_k)^2}{2!}+\boldsymbol{c}_3\frac{(t-t_k)^3}{3!} \tag{5.87}$$

式中，$t_k\leqslant t\leqslant t_{k+1}$，$t_{k+1}=t_k+\Delta t$；

$\boldsymbol{c}_0$、$\boldsymbol{c}_1$、$\boldsymbol{c}_2$、$\boldsymbol{c}_3$——4 个待定的常向量。

现用 3 次多项式（5.87）代替积分方程式（5.86）中的 $\boldsymbol{f}(\boldsymbol{v},t)$，其中的包含项 $\boldsymbol{c}_j\dfrac{(t-t_k)^j}{j!}$ 的积分为

$$\int_{t_k}^{t_{k+1}}\mathrm{e}^{\boldsymbol{H}(t_{k+1}-\tau)}\boldsymbol{c}_j\frac{(\tau-t_k)^j}{j!}\mathrm{d}\tau=\frac{1}{j!}\int_0^{\Delta t}\mathrm{e}^{\boldsymbol{H}\eta}\boldsymbol{c}_j(\Delta t-\eta)^j\mathrm{d}\eta\qquad(j=0,1,2,3) \tag{5.88}$$

遵守矩阵与向量相乘的不可交换性，可利用下列公式进行积分：

$$\int_0^{\Delta t}\mathrm{e}^{\boldsymbol{H}\eta}\boldsymbol{c}_0\mathrm{d}\eta=\mathrm{e}^{\boldsymbol{H}\Delta t}\boldsymbol{H}^{-1}\boldsymbol{c}_0-\boldsymbol{H}^{-1}\boldsymbol{c}_0 \tag{5.89}$$

$$\int_0^{\Delta t}\mathrm{e}^{\boldsymbol{H}\eta}\boldsymbol{c}_1\eta\mathrm{d}\eta=\mathrm{e}^{\boldsymbol{H}\Delta t}\left(\Delta t\boldsymbol{H}^{-1}-\boldsymbol{H}^{-2}\right)\boldsymbol{c}_1+\boldsymbol{H}^{-2}\boldsymbol{c}_1 \tag{5.90}$$

$$\int_0^{\Delta t}\mathrm{e}^{\boldsymbol{H}\eta}\boldsymbol{c}_2\eta^2\mathrm{d}\eta=\mathrm{e}^{\boldsymbol{H}\Delta t}\left(\Delta t^2\boldsymbol{H}^{-1}-2\Delta t\boldsymbol{H}^{-2}+2\boldsymbol{H}^{-3}\right)\boldsymbol{c}_2-2\boldsymbol{H}^{-3}\boldsymbol{c}_2 \tag{5.91}$$

$$\int_0^{\Delta t}\mathrm{e}^{\boldsymbol{H}\eta}\boldsymbol{c}_3\eta^3\mathrm{d}\eta=\mathrm{e}^{\boldsymbol{H}\Delta t}\left(\Delta t^3\boldsymbol{H}^{-1}-3\Delta t^2\boldsymbol{H}^{-2}+6\Delta t\boldsymbol{H}^{-3}-6\boldsymbol{H}^{-4}\right)\boldsymbol{c}_3-6\boldsymbol{H}^{-4}\boldsymbol{c}_3 \tag{5.92}$$

这样，利用式（5.88）～式（5.92）及精度较高的科茨积分公式（5.53）最终从式（5.86）推导出

$$\boldsymbol{v}(t_{k+1})=\mathrm{e}^{\boldsymbol{H}\Delta t}\left(\boldsymbol{v}(t_k)+\sum_{j=0}^{3}(\boldsymbol{H}^{-1})^{j+1}\boldsymbol{c}_j\right)-\sum_{j=0}^{3}\left(\sum_{m=1}^{j+1}\frac{\Delta t^{j+1-m}}{(j+1-m)!}\boldsymbol{H}^{-m}\right)\boldsymbol{c}_j+\boldsymbol{w}(t_{k+1}) \tag{5.93}$$

$$\boldsymbol{w}(t_{k+1})=\frac{\Delta t}{90}\left[7\mathrm{e}^{\boldsymbol{H}\Delta t}\boldsymbol{r}(t_k)+32\mathrm{e}^{\boldsymbol{H}\frac{3}{4}\Delta t}\boldsymbol{r}\left(t_k+\frac{\Delta t}{4}\right)+12\mathrm{e}^{\boldsymbol{H}\frac{1}{2}\Delta t}\boldsymbol{r}\left(t_k+\frac{\Delta t}{2}\right)\right.$$
$$\left.+32\mathrm{e}^{\boldsymbol{H}\frac{1}{4}\Delta t}\boldsymbol{r}\left(t_k+\frac{3\Delta t}{4}\right)+7\boldsymbol{r}(t_{k+1})\right] \tag{5.94}$$

式（5.94）也可根据计算需要用其他高于四阶精度的龙贝格积分公式或高斯积分公式代替。

当多项式 $p(\boldsymbol{v},t)$ 的次数为 $j=0,1,2,3$ 时，称相应求解公式（5.93）分别为一次近似、二次近似、三次近似、四次近似，具体如下。

1）一次近似式为

$$\boldsymbol{v}(t_{k+1})=\mathrm{e}^{\boldsymbol{H}\Delta t}(\boldsymbol{v}(t_k)+\boldsymbol{H}^{-1}\boldsymbol{c}_0)-\boldsymbol{H}^{-1}\boldsymbol{c}_0+\boldsymbol{w}(t_{k+1}) \tag{5.95}$$

2）二次近似式为

$$\boldsymbol{v}(t_{k+1})=\mathrm{e}^{\boldsymbol{H}\Delta t}(\boldsymbol{v}(t_k)+\boldsymbol{H}^{-1}\boldsymbol{c}_0+\boldsymbol{H}^{-2}\boldsymbol{c}_1)-\left(\boldsymbol{H}^{-1}\boldsymbol{c}_0+\left(\Delta t\boldsymbol{H}^{-1}+\boldsymbol{H}^{-2}\right)\boldsymbol{c}_1\right)+\boldsymbol{w}(t_{k+1}) \tag{5.96}$$

3）三次近似式为

$$\boldsymbol{v}(t_{k+1})=\mathrm{e}^{\boldsymbol{H}\Delta t}(\boldsymbol{v}(t_k)+\boldsymbol{H}^{-1}\boldsymbol{c}_0+\boldsymbol{H}^{-2}\boldsymbol{c}_1+\boldsymbol{H}^{-3}\boldsymbol{c}_2)-\left(\boldsymbol{H}^{-1}\boldsymbol{c}_0+\left(\Delta t\boldsymbol{H}^{-1}+\boldsymbol{H}^{-2}\right)\boldsymbol{c}_1\right.$$
$$\left.+\left(\Delta t^2/2\boldsymbol{H}^{-1}+\Delta t\boldsymbol{H}^{-2}+\boldsymbol{H}^{-3}\right)\boldsymbol{c}_2\right)+\boldsymbol{w}(t_{k+1}) \tag{5.97}$$

4）四次近似式为

$$\boldsymbol{v}(t_{k+1})=\mathrm{e}^{\boldsymbol{H}\Delta t}\left(\boldsymbol{v}(t_k)+\boldsymbol{H}^{-1}\boldsymbol{c}_0+\boldsymbol{H}^{-2}\boldsymbol{c}_1+\boldsymbol{H}^{-3}\boldsymbol{c}_2+\boldsymbol{H}^{-4}\boldsymbol{c}_3\right)-\left[\boldsymbol{H}^{-1}\boldsymbol{c}_0\right.$$
$$+\left(\Delta t\boldsymbol{H}^{-1}+\boldsymbol{H}^{-2}\right)\boldsymbol{c}_1+\left(\Delta t^2/2\boldsymbol{H}^{-1}+\Delta t\boldsymbol{H}^{-2}+\boldsymbol{H}^{-3}\right)\boldsymbol{c}_2$$
$$\left.+\left(\Delta t^3/6\cdot\boldsymbol{H}^{-1}+\Delta t^2/2\boldsymbol{H}^{-2}+\Delta t\boldsymbol{H}^{-3}+\boldsymbol{H}^{-4}\right)\boldsymbol{c}_3\right]+\boldsymbol{w}(t_{k+1}) \tag{5.98}$$

式中，$\mathrm{e}^{\boldsymbol{H}\Delta t}$ 的值可以用前述的 2^N 类精细算法得到。

为保证四阶精度，仅考虑四次近似式。为避免使用 $f(\boldsymbol{v},t)$ 的导数，将步长 Δt 进行 3 等分，可采用 4 次牛顿多项式插值，并与式（5.87）系数对应。可得 $\boldsymbol{c}_0$、$\boldsymbol{c}_1$、$\boldsymbol{c}_2$ 和 $\boldsymbol{c}_3$ 的表达形式如下：

$$\begin{cases}\boldsymbol{c}_0=\boldsymbol{f}_{(k)}\\ \boldsymbol{c}_1=\dfrac{2\boldsymbol{f}_{(k+1)}-9\boldsymbol{f}_{(k+2/3)}+18\boldsymbol{f}_{(k+1/3)}-11\boldsymbol{f}_{(k)}}{2\Delta t}\\ \boldsymbol{c}_2=\dfrac{9\left(-\boldsymbol{f}_{(k+1)}+4\boldsymbol{f}_{(k+2/3)}-5\boldsymbol{f}_{(k+1/3)}+2\boldsymbol{f}_{(k)}\right)}{\Delta t^2}\\ \boldsymbol{c}_3=\dfrac{27\left(\boldsymbol{f}_{(k+1)}-3\boldsymbol{f}_{(k+2/3)}+3\boldsymbol{f}_{(k+1/3)}-\boldsymbol{f}_{(k)}\right)}{\Delta t^3}\end{cases} \tag{5.99}$$

式中，$\boldsymbol{f}_{(k+m/3)}$（$m=0,1,2,3$）—— $\boldsymbol{f}(\boldsymbol{v}(t_k+m\Delta t/3),t_k+m\Delta t/3)$ 的简记。

使用式（5.99）的优点是可避免求 $f(\boldsymbol{v},t)$ 的各阶导数，但却要用到本身尚需求的 3 个值，即 $\boldsymbol{v}(t_k+\Delta t/3)$、$\boldsymbol{v}(t_k+2\Delta t/3)$ 和 $\boldsymbol{v}(t_k+\Delta t)$。在实际计算中，可利用当前 t_k 的 $\boldsymbol{v}$ 值来预估它们。文献[110]简单地采用梯形积分公式，即

$$\boldsymbol{v}_{(k+m/3)}=\boldsymbol{v}_{(k+(m-1)/3)}+\frac{\Delta t}{6}\left[\dot{\boldsymbol{v}}_{(k+(m-1)/3)}+\boldsymbol{H}\left(\boldsymbol{v}_{(k+(m-1)/3)}+\frac{\Delta t}{3}\dot{\boldsymbol{v}}_{(k+(m-1)/3)}\right)+\boldsymbol{f}\left(\boldsymbol{v}_{(k+(m-1)/3)}+\frac{\Delta t}{3}\dot{\boldsymbol{v}}_{(k+(m-1)/3)},t_{k+m/3}\right)\right]\quad(m=1,2,3)\tag{5.100}$$

式中，$\boldsymbol{v}_{(k+(m-1)/3)}$ —— $\boldsymbol{v}\left(t_k+(m-1)\Delta t/3\right)$ 的简记；

$\dot{\boldsymbol{v}}_{(k+(m-1)/3)}=\boldsymbol{H}\boldsymbol{v}_{(k+(m-1)/3)}+\boldsymbol{f}_{(k+(m-1)/3)}+\boldsymbol{r}_{(k+(m-1)/3)}$。

文献[104]采用以下公式：

$$\boldsymbol{v}_{(k+m/3)}=\mathrm{e}^{\boldsymbol{H}\Delta t}\left(\boldsymbol{v}_k+\boldsymbol{H}^{-1}\boldsymbol{f}_{(k+(m-1)/3)}\right)-\boldsymbol{H}^{-1}\boldsymbol{f}_{(k+(m-1)/3)}\tag{5.101}$$

本节认为，由于其采用了过于简化的荷载不变假定，计算精度较差。

本节曾采用辛普森公式进行预估

$$\begin{aligned}\boldsymbol{v}_{(k+m/3)}=\boldsymbol{v}_{(k+(m-1)/3)}+\frac{\Delta t}{18}\Bigg\{&\dot{\boldsymbol{v}}_{(k+(m-1)/3)}+4\boldsymbol{H}\left(\boldsymbol{v}_{(k+(m-1)/3)}+\frac{\Delta t}{6}\dot{\boldsymbol{v}}_{(k+(m-1)/3)}\right)\\&+4\boldsymbol{f}\left(\boldsymbol{v}_{(k+(m-1)/3)}+\frac{\Delta t}{6}\dot{\boldsymbol{v}}_{(k+(m-1)/3)},t_{k+(2m-1)/6}\right)+\boldsymbol{H}\left(\boldsymbol{v}_{(k+(m-1)/3)}+\frac{\Delta t}{3}\dot{\boldsymbol{v}}_{(k+(m-1)/3)}\right)\\&+\boldsymbol{f}\left(\boldsymbol{v}_{(k+(m-1)/3)}+\frac{\Delta t}{3}\dot{\boldsymbol{v}}_{(k+(m-1)/3)},t_{k+m/3}\right)\Bigg\}\quad(m=1,2,3)\end{aligned}\tag{5.102}$$

但计算分析结果表明，该方法对提高计算精度并不明显，且增加了计算工作量。

将式（5.101）和精细积分法相结合，本节提出了新的预估式，即

$$\begin{aligned}\boldsymbol{v}_{(k+m/3)}=&\mathrm{e}^{\boldsymbol{H}\Delta t/3}\left[\boldsymbol{v}_{(k+(m-1)/3)}+\boldsymbol{H}^{-1}\left(\boldsymbol{f}_{(k+(m-1)/3)}+3\boldsymbol{H}^{-1}(\boldsymbol{f}^*_{(k+m/3)}-\boldsymbol{f}_{(k+(m-1)/3)})/\Delta t\right)\right]\\&-\boldsymbol{H}^{-1}\left(\boldsymbol{f}_{(k+(m-1)/3)}+3\boldsymbol{H}^{-1}(\boldsymbol{f}^*_{(k+m/3)}-\boldsymbol{f}_{(k+(m-1)/3)})/\Delta t+\boldsymbol{f}^*_{(k+m/3)}-\boldsymbol{f}_{(k+(m-1)/3)}\right)\end{aligned}\tag{5.103}$$

式中，

$$\boldsymbol{f}^*_{(k+m/3)}=\boldsymbol{f}\left(\boldsymbol{v}_{(k+(m-1)/3)}+\frac{\Delta t}{3}(\boldsymbol{H}\boldsymbol{v}_{(k+(m-1)/3)}+\boldsymbol{f}_{(k+(m-1)/3)}),\ t_{k+m/3}\right)\tag{5.104}$$

$$\boldsymbol{f}_{(k+(m-1)/3)}=\boldsymbol{f}(\boldsymbol{v}_{(k+(m-1)/3)},t_{k+(m-1)/3})+\boldsymbol{r}(t_{k+(m-1)/3})\quad(m=1,2,3)\tag{5.105}$$

利用式（5.100）或式（5.103）～式（5.105）即可逐步求出需要的 $\boldsymbol{v}_{(k+m/3)}$ 及其函数值 $\boldsymbol{f}_{(k+m/3)}$ 的预估值，借以求出相应的 $\boldsymbol{c}_0$、$\boldsymbol{c}_1$、$\boldsymbol{c}_2$ 和 $\boldsymbol{c}_3$，然后利用式（5.93）和式（5.94）即可求出最终的校正值 $\boldsymbol{v}(t_{k+1})$。

2. 避免状态矩阵求逆的多步法

在式（5.86）的基础上对第 2 项积分公式采用多步法预估、多步法校正。将二者结合形成多步预估校正方法，利用二者相互关系形成一次预估校正方法。

（1）多步法预估

避免状态矩阵求逆的多步法预估是将式（5.86）中的 $\mathrm{e}^{\boldsymbol{H}(t_{k+1}-\tau)}f(\boldsymbol{v},\tau)$ 用前 4 个点 $\mathrm{e}^{\boldsymbol{H}(t_{k+1}-t_{k-i})}\boldsymbol{f}(\boldsymbol{v}(t_{k-i}),t_{k-i})$，$i=0,1,2,3$ 的值采用拉格朗日插值多项式 $\boldsymbol{\phi}_3(t)$ 展开，并进行积分可得

$$\boldsymbol{v}(t_{k+1})=\mathrm{e}^{\boldsymbol{H}\Delta t}\boldsymbol{v}(t_k)+\frac{\Delta t}{24}\big(55\boldsymbol{F}(t_k)-59\boldsymbol{F}(t_{k-1})+37\boldsymbol{F}(t_{k-2})-9\boldsymbol{F}(t_{k-3})\big)+\boldsymbol{w}(t_{k+1}) \tag{5.106}$$

式中，$\boldsymbol{w}(t_{k+1})$ 的表达见式（5.94），则有

$$\begin{cases}\boldsymbol{F}(t_k)=\mathrm{e}^{\boldsymbol{H}\Delta t}\boldsymbol{f}(\boldsymbol{v}(t_k),t_k)\\ \boldsymbol{F}(t_{k-1})=\mathrm{e}^{2\boldsymbol{H}\Delta t}\boldsymbol{f}(\boldsymbol{v}(t_{k-1}),t_{k-1})\\ \boldsymbol{F}(t_{k-2})=\mathrm{e}^{3\boldsymbol{H}\Delta t}\boldsymbol{f}(\boldsymbol{v}(t_{k-2}),t_{k-2})\\ \boldsymbol{F}(t_{k-3})=\mathrm{e}^{4\boldsymbol{H}\Delta t}\boldsymbol{f}(\boldsymbol{v}(t_{k-3}),t_{k-3})\end{cases} \tag{5.107}$$

（2）多步法校正

将式（5.86）中的 $f(\boldsymbol{v},t)$ 用当前点及前 3 个点 $f(\boldsymbol{v}(t_{k+1-i}),t_{k+1-i})$，$i=0,1,2,3$ 的值直接采用拉格朗日插值多项式 $\boldsymbol{\phi}_3(t)$ 展开，并进行积分可得

$$\boldsymbol{v}(t_{k+1})=\mathrm{e}^{\boldsymbol{H}\Delta t}\boldsymbol{v}(t_k)+\frac{\Delta t}{24}\big(9\boldsymbol{F}(t_{k+1})+19\boldsymbol{F}(t_k)-5\boldsymbol{F}(t_{k-1})+\boldsymbol{F}(t_{k-2})\big)+\boldsymbol{w}(t_{k+1}) \tag{5.108}$$

式中，$\boldsymbol{F}(t_{k+1})=\boldsymbol{f}(\boldsymbol{v}(t_{k+1}),t_{k+1})$，其他各参数含义见式（5.107）。

避免状态矩阵求逆的多步法预估-校正的步骤是先利用式（5.106）求出 $\boldsymbol{v}(t_{k+1})$ 的预估值，求 $\boldsymbol{F}(t_{k+1})$；然后利用式（5.108）进行多次校正，最终求出 $\boldsymbol{v}(t_{k+1})$ 的校正值。

（3）多步法一次预估-校正

利用式（5.106）和式（5.108）的截断误差进行一次预估-校正，则有

$$\begin{cases}\boldsymbol{p}_{k+1}=\mathrm{e}^{\boldsymbol{H}\Delta t}\boldsymbol{v}(t_k)+\dfrac{\Delta t}{24}\big(55\boldsymbol{F}(t_k)-59\boldsymbol{F}(t_{k-1})+37\boldsymbol{F}(t_{k-2})-9\boldsymbol{F}(t_{k-3})\big)+\boldsymbol{w}(t_{k+1})\\ \boldsymbol{m}_{k+1}=\boldsymbol{p}_{k+1}+\dfrac{251}{270}(\boldsymbol{c}_k-\boldsymbol{p}_k)\\ \boldsymbol{F}(t_{k+1})=\boldsymbol{f}(\boldsymbol{m}_{k+1},t_{k+1})\\ \boldsymbol{c}_{k+1}=\mathrm{e}^{\boldsymbol{H}\Delta t}\boldsymbol{v}(t_k)+\dfrac{\Delta t}{24}\big(9\boldsymbol{F}(t_{k+1})+19\boldsymbol{F}(t_k)-5\boldsymbol{F}(t_{k-1})+\boldsymbol{F}(t_{k-2})\big)+\boldsymbol{w}(t_{k+1})\\ \boldsymbol{v}(t_{k+1})=\boldsymbol{c}_{k+1}-\dfrac{19}{270}(\boldsymbol{c}_{k+1}-\boldsymbol{p}_{k+1})\end{cases} \tag{5.109}$$

3. 状态矩阵求逆的多步法

（1）多步法预估

将式（5.86）中的 $f(\boldsymbol{v},t)$ 用前 4 个点 $f(\boldsymbol{v}(t_{k-i}),t_{k-i})$，$i=0,1,2,3$ 的值直接采用拉格朗日插值多项式 $\boldsymbol{\phi}_3(t)$ 展开，即

$$\begin{aligned}\boldsymbol{\phi}_3(t)=&\frac{(t-t_{k-1})(t-t_{k-2})(t-t_{k-3})}{(t_k-t_{k-1})(t_k-t_{k-2})(t_k-t_{k-3})}\boldsymbol{F}(t_k)+\frac{(t-t_k)(t-t_{k-2})(t-t_{k-3})}{(t_{k-1}-t_k)(t_{k-1}-t_{k-2})(t_{k-1}-t_{k-3})}\boldsymbol{F}(t_{k-1})\\&+\frac{(t-t_k)(t-t_{k-1})(t-t_{k-3})}{(t_{k-2}-t_k)(t_{k-2}-t_{k-1})(t_{k-2}-t_{k-3})}\boldsymbol{F}(t_{k-2})+\frac{(t-t_k)(t-t_{k-1})(t-t_{k-2})}{(t_{k-3}-t_k)(t_{k-3}-t_{k-1})(t_{k-3}-t_{k-2})}\boldsymbol{F}(t_{k-3})\end{aligned}\tag{5.110}$$

式中，$\boldsymbol{F}(t_k)=\boldsymbol{f}(\boldsymbol{v}(t_k),t_k)$。

令 $t=t_{k+1}-\eta$，代入式（5.110）可得

$$\begin{aligned}\boldsymbol{\phi}_3(t_{k+1}-\eta)=&-\frac{24\Delta t^3-26\Delta t^2\eta+9\Delta t\eta^2-\eta^3}{6\Delta t^3}\boldsymbol{F}(t_k)+\frac{12\Delta t^3-19\Delta t^2\eta+8\Delta t\eta^2-\eta^3}{2\Delta t^3}\boldsymbol{F}(t_{k-1})\\&-\frac{8\Delta t^3-14\Delta t^2\eta+7\Delta t\eta^2-\eta^3}{2\Delta t^3}\boldsymbol{F}(t_{k-2})+\frac{6\Delta t^3-11\Delta t^2\eta+6\Delta t\eta^2-\eta^3}{6\Delta t^3}\boldsymbol{F}(t_{k-3})\end{aligned}\tag{5.111}$$

令

$$\boldsymbol{\phi}_3(t_{k+1}-\eta)=\boldsymbol{c}_0+\boldsymbol{c}_1\eta+\boldsymbol{c}_2\eta^2+\boldsymbol{c}_3\eta^3\tag{5.112}$$

利用式（5.89）～式（5.92）则有

$$\begin{aligned}\int_{t_k}^{t_k+\Delta t}\mathrm{e}^{\boldsymbol{H}(t_{k+1}-\tau)}\boldsymbol{f}(\boldsymbol{v}(\tau),\tau)\mathrm{d}\tau&\approx\int_{t_k}^{t_k+\Delta t}\mathrm{e}^{\boldsymbol{H}(t_{k+1}-\tau)}\boldsymbol{\phi}_3(\tau)\mathrm{d}\tau=\int_0^{\Delta t}\mathrm{e}^{\boldsymbol{H}\eta}\boldsymbol{\phi}_3(t_{k+1}-\eta)\mathrm{d}\eta\\&=\mathrm{e}^{\boldsymbol{H}\Delta t}\Big(\boldsymbol{H}^{-1}\boldsymbol{c}_0+\left(\Delta t\boldsymbol{H}^{-1}-\boldsymbol{H}^{-2}\right)\boldsymbol{c}_1+\left(\Delta t^2\boldsymbol{H}^{-1}-2\Delta t\boldsymbol{H}^{-2}\right.\\&\quad\left.+2\boldsymbol{H}^{-3}\right)\boldsymbol{c}_2+\left(\Delta t^3\boldsymbol{H}^{-1}-3\Delta t^2\boldsymbol{H}^{-2}+6\Delta t\boldsymbol{H}^{-3}-6\boldsymbol{H}^{-4}\right)\boldsymbol{c}_3\Big)\\&\quad-\boldsymbol{H}^{-1}\boldsymbol{c}_0+\boldsymbol{H}^{-2}\boldsymbol{c}_1-2\boldsymbol{H}^{-3}\boldsymbol{c}_2+6\boldsymbol{H}^{-4}\boldsymbol{c}_3\end{aligned}\tag{5.113}$$

式中，

$$\begin{cases}\boldsymbol{c}_0=4\boldsymbol{F}(t_k)-6\boldsymbol{F}(t_{k-1})+4\boldsymbol{F}(t_{k-2})-\boldsymbol{F}(t_{k-3})\\\boldsymbol{c}_1=\dfrac{-26\boldsymbol{F}(t_k)+57\boldsymbol{F}(t_{k-1})-42\boldsymbol{F}(t_{k-2})+11\boldsymbol{F}(t_{k-3})}{6\Delta t}\\\boldsymbol{c}_2=\dfrac{3\boldsymbol{F}(t_k)-8\boldsymbol{F}(t_{k-1})+7\boldsymbol{F}(t_{k-2})-2\boldsymbol{F}(t_{k-3})}{2\Delta t^2}\\\boldsymbol{c}_3=\dfrac{-\boldsymbol{F}(t_k)+3\boldsymbol{F}(t_{k-1})-3\boldsymbol{F}(t_{k-2})+\boldsymbol{F}(t_{k-3})}{6\Delta t^3}\end{cases}\tag{5.114}$$

将式（5.113）及式（5.94）代入式（5.86）中，即可求出预估值为

$$\boldsymbol{v}(t_{k+1}) = \mathrm{e}^{\boldsymbol{H}\Delta t}\Big[\boldsymbol{v}(t_k) + \boldsymbol{H}^{-1}\boldsymbol{c}_0 + \left(\Delta t\boldsymbol{H}^{-1} - \boldsymbol{H}^{-2}\right)\boldsymbol{c}_1 + \left(\Delta t^2\boldsymbol{H}^{-1} - 2\Delta t\boldsymbol{H}^{-2} + 2\boldsymbol{H}^{-3}\right)\boldsymbol{c}_2$$
$$+\left(\Delta t^3\boldsymbol{H}^{-1} - 3\Delta t^2\boldsymbol{H}^{-2} + 6\Delta t\boldsymbol{H}^{-3} - 6\boldsymbol{H}^{-4}\right)\boldsymbol{c}_3\Big]$$
$$-\boldsymbol{H}^{-1}\boldsymbol{c}_0 + \boldsymbol{H}^{-2}\boldsymbol{c}_1 - 2\boldsymbol{H}^{-3}\boldsymbol{c}_2 + 6\boldsymbol{H}^{-4}\boldsymbol{c}_3 + \boldsymbol{w}(t_{k+1}) \tag{5.115}$$

（2）多步法校正

将式（5.86）中的 $f(\boldsymbol{v},t)$ 用当前点及前 3 个点 $f(\boldsymbol{v}(t_{k+1-i}),t_{k+1-i})$，$i=0,1,2,3$ 的值直接采用拉格朗日插值多项式 $\boldsymbol{\phi}_3(t)$ 展开，即

$$\boldsymbol{\phi}_3(t) = \frac{(t-t_k)(t-t_{k-1})(t-t_{k-2})}{(t_{k+1}-t_k)(t_{k+1}-t_{k-1})(t_{k+1}-t_{k-2})}\boldsymbol{F}(t_{k+1}) + \frac{(t-t_{k+1})(t-t_{k-1})(t-t_{k-2})}{(t_k-t_{k+1})(t_k-t_{k-1})(t_k-t_{k-2})}\boldsymbol{F}(t_k)$$
$$+\frac{(t-t_{k+1})(t-t_k)(t-t_{k-2})}{(t_{k-1}-t_{k+1})(t_{k-1}-t_k)(t_{k-1}-t_{k-2})}\boldsymbol{F}(t_{k-1}) + \frac{(t-t_{k+1})(t-t_k)(t-t_{k-1})}{(t_{k-2}-t_k)(t_{k-2}-t_k)(t_{k-1}-t_{k-2})}\boldsymbol{F}(t_{k-2}) \tag{5.116}$$

令 $t = t_{k+1} - \eta$，代入式（5.116）可得

$$\boldsymbol{\phi}_3(t_{k+1}-\eta) = -\frac{6\Delta t^3 - 11\Delta t^2\eta + 6\Delta t\eta^2 - \eta^3}{6\Delta t^3}\boldsymbol{F}(t_{k+1}) + \frac{-6\Delta t^2\eta + 5\Delta t\eta^2 - \eta^3}{2\Delta t^3}\boldsymbol{F}(t_k)$$
$$-\frac{-3\Delta t^2\eta + 4\Delta t\eta^2 - \eta^3}{2\Delta t^3}\boldsymbol{F}(t_{k-1}) + \frac{-2\Delta t^2\eta + 3\Delta t\eta^2 - \eta^3}{6\Delta t^3}\boldsymbol{F}(t_{k-2}) \tag{5.117}$$

利用式（5.112）可求出式（5.113）的积分结果，式（5.113）中常系数向量的值为

$$\begin{cases} \boldsymbol{c}_0 = \boldsymbol{F}(t_{k+1}) \\ \boldsymbol{c}_1 = \dfrac{-11\boldsymbol{F}(t_{k+1}) + 18\boldsymbol{F}(t_k) - 9\boldsymbol{F}(t_{k-1}) + 2\boldsymbol{F}(t_{k-2})}{6\Delta t} \\ \boldsymbol{c}_2 = \dfrac{2\boldsymbol{F}(t_{k+1}) - 5\boldsymbol{F}(t_k) + 4\boldsymbol{F}(t_{k-1}) - \boldsymbol{F}(t_{k-2})}{2\Delta t^2} \\ \boldsymbol{c}_3 = \dfrac{-\boldsymbol{F}(t_{k+1}) + 3\boldsymbol{F}(t_k) - 3\boldsymbol{F}(t_{k-1}) + \boldsymbol{F}(t_{k-2})}{6\Delta t^3} \end{cases} \tag{5.118}$$

将式（5.118）代入式（5.115），即可求出校正值 $\boldsymbol{v}(t_{k+1})$。

多步法预估-校正的做法是利用式（5.114）和式（5.115）求出 $\boldsymbol{v}(t_{k+1})$ 的预估值，再求 $\boldsymbol{F}(t_{k+1})$；然后，利用式（5.118）和式（5.115）进行多次校正；最终求出 $\boldsymbol{v}(t_{k+1})$ 的校正值。

（3）多步法一次预估-校正

预估法中，式（5.111）中 $\boldsymbol{\phi}_3(t_{k+1}-\eta)$ 的截断误差为

$$R_3(t_{k+1}-\eta) = \frac{F^{(4)}(\xi)}{4!}(24\Delta t^4 - 50\Delta t^3\eta + 35\Delta t^2\eta^2 - 10\Delta t\eta^3 + \eta^4) \tag{5.119}$$

利用式（5.89）～式（5.92）及下式

$$\int_0^{\Delta t} \mathrm{e}^{\boldsymbol{H}\eta} \boldsymbol{c}_4 \eta^4 \mathrm{d}\eta = \mathrm{e}^{\boldsymbol{H}\Delta t}\left(\Delta t^4 \boldsymbol{H}^{-1} - 4\Delta t^3 \boldsymbol{H}^{-2} + 12\Delta t^2 \boldsymbol{H}^{-3} - 12\Delta t \boldsymbol{H}^{-4} + 24\boldsymbol{H}^{-5}\right)\boldsymbol{c}_4 - 24\boldsymbol{H}^{-5}\boldsymbol{c}_4 \tag{5.120}$$

则有

$$\int_0^{\Delta t} \mathrm{e}^{\boldsymbol{H}\eta} R_3(t_{k+1}-\eta)\mathrm{d}\eta = \Big[\mathrm{e}^{\boldsymbol{H}\Delta t}(6\Delta t^3 \boldsymbol{H}^{-2} + 22\Delta t^2 \boldsymbol{H}^{-3} + 36\Delta t \boldsymbol{H}^{-4} + 24\boldsymbol{H}^{-5}) - 24\Delta t^4 \boldsymbol{H}^{-1} - 50\Delta t^3 \boldsymbol{H}^{-2} - 70\Delta t^2 \boldsymbol{H}^{-3} - 60\Delta t \boldsymbol{H}^{-4} - 24\boldsymbol{H}^{-5}\Big]\frac{F^{(4)}(\xi)}{4!} = \boldsymbol{A}\frac{F^{(4)}(\xi)}{4!} \tag{5.121}$$

式中，$\boldsymbol{A}$——系数矩阵。

校正法中，式（5.117）中$\boldsymbol{\phi}_3(t_{k+1}-\eta)$的截断误差为

$$R_3(t_{k+1}-\eta) = \frac{F^{(4)}(\xi)}{4!}\left(-6\Delta t^3 \eta + 11\Delta t^2 \eta^2 - 6\Delta t \eta^3 + \eta^4\right) \tag{5.122}$$

则有

$$\int_0^{\Delta t} \mathrm{e}^{\boldsymbol{H}\eta} R_3(t_{k+1}-\eta)\mathrm{d}\eta = \Big[\mathrm{e}^{\boldsymbol{H}\Delta t}(-2\Delta t^3 \boldsymbol{H}^{-2} - 2\Delta t^2 \boldsymbol{H}^{-3} + 12\Delta t \boldsymbol{H}^{-4} + 24\boldsymbol{H}^{-5}) - 6\Delta t^3 \boldsymbol{H}^{-2} - 22\Delta t^2 \boldsymbol{H}^{-3} - 36\Delta t \boldsymbol{H}^{-4} - 24\boldsymbol{H}^{-5}\Big]\frac{F^{(4)}(\xi^*)}{4!} = \boldsymbol{B}\frac{F^{(4)}(\xi^*)}{4!} \tag{5.123}$$

式中，$\boldsymbol{B}$——系数矩阵。

令式（5.121）和式（5.122）中$F^{(4)}(\xi) = F^{(4)}(\xi^*)$。

一次预估-校正的步骤如下：按式（5.114）和式（5.115）求出$\boldsymbol{v}(t_{k+1})$的预估值$\boldsymbol{p}_{k+1}$；按式(5.124)求$\boldsymbol{v}(t_{k+1})$的修正值$\boldsymbol{m}_{k+1}$，并求$\boldsymbol{F}(t_{k+1})$；按式(5.118)和式(5.115)求出$\boldsymbol{v}(t_{k+1})$的校正值$\boldsymbol{c}_{k+1}$；按式（5.125）求最终修正值$\boldsymbol{v}(t_{k+1})$。

$$\boldsymbol{m}_{k+1} = \boldsymbol{p}_{k+1} + \boldsymbol{A}(\boldsymbol{A}-\boldsymbol{B})^{-1}(\boldsymbol{c}_k - \boldsymbol{p}_k) \tag{5.124}$$

$$\boldsymbol{v}(t_{k+1}) = \boldsymbol{c}_{k+1} + \boldsymbol{B}(\boldsymbol{A}-\boldsymbol{B})^{-1}(\boldsymbol{c}_{k+1} - \boldsymbol{p}_{k+1}) \tag{5.125}$$

式中，$\boldsymbol{A}$和$\boldsymbol{B}$的表达形式见式（5.121）和式（5.123）。也可采用简化的处理办法，分别用$251/270$和$-19/270$代替式（5.124）中的$\boldsymbol{A}(\boldsymbol{A}-\boldsymbol{B})^{-1}$和式（5.125）中的$\boldsymbol{B}(\boldsymbol{A}-\boldsymbol{B})^{-1}$。

上述各方法中，方法 2 和方法 3 均需计算表头，即计算开始后的三步值（初值已知）。本节表头的计算采用两种方法进行：①采用方法 1，也可采用其他四阶精度的单步法，如文献[110]中的单步法、龙格-库塔法等；②假定初始为线弹性阶段，该方法有一定的局限性，初始阶段荷载较小时才能适用。

上述方法均为条件稳定方法，对于多步法，预估-校正法的稳定性明显优于一次预估校正法和预估法。

5.4.3 例题分析

在以下算例中，算例 5.4～算例 5.7 为通用算例，均引于相关文献，多步法的表头均采用本节单步法得到。多步法的表头均考虑初始阶段位移按线性变化而获得，主要是为下节拟动力试验方法打下理论基础。

【算例 5.4】 为便于与解析解进行比较，考虑单摆非线性振动[110]，幅角 v_1 满足方程 $\ddot{v}_1=-\omega^2\sin v_1$。将右端项分离成 $-\omega^2\sin v_1=-\omega^2 v_1+\omega^2(v_1-\sin v_1)$，参数 $\omega=\sqrt{g/l}$。摆长 $l=1.0$，$g=9.80665$。相应的一阶微分方程组 $\dot{\boldsymbol{v}}=\boldsymbol{H}\boldsymbol{v}+f(\boldsymbol{v},t)$ 为

$$\begin{bmatrix}\dot{v}_1\\ \dot{v}_2\end{bmatrix}=\begin{bmatrix}0 & 1\\ -\omega^2 & 0\end{bmatrix}\begin{bmatrix}v_1\\ v_2\end{bmatrix}+\begin{bmatrix}0\\ \omega^2(v_1-\sin v_1)\end{bmatrix} \tag{5.126}$$

式中，$\boldsymbol{H}=\begin{bmatrix}0 & 1\\ -\omega^2 & 0\end{bmatrix}$；

$v_2=\dot{v}_1$，初值 $v_1(0)=1.0472$，$v_2(0)=0.0$。

各种单步法及多步法的前 5s 分析结果见表 5.6，前 40s 的位移时程曲线如图 5.1 所示，各种方法的前 40s 位移绝对误差（误差的绝对值，用 $R()$表示）时程曲线如图 5.2～图 5.4 所示（所取点为 1s 的整数倍）。

表 5.6　单摆非线性振动幅角的各种计算结果比较　　（$\Delta t=0.1\text{s}$）

项目	时间/s				
	1	2	3	4	5
椭圆积分解析解	−1.02233	0.94846	−0.82799	0.66532	−0.46731
细分解	−1.022330	0.948465	−0.827989	0.665314	−0.467329
龙格-库塔法	−1.02224	0.94825	−0.82762	0.66481	−0.46672
单步法[110]	−1.02238	0.94853	−0.82804	0.66530	−0.46718
本节单步法	−1.02233	0.94846	−0.82798	0.66529	−0.46730
A-B 法	−1.01403	0.93312	−0.80727	0.64291	−0.44826
A-B-M 法	−1.02271	0.94941	−0.82953	0.66734	−0.46960
一次 A-B-M 法	−1.02273	0.94923	−0.82890	0.66603	−0.46756
预估法（方法 2）	−1.02465	0.95145	−0.82950	0.66325	−0.46053
预估-校正法（方法 2）	−1.02268	0.94856	−0.82783	0.66498	−0.46694
一次预估-校正法（方法 2）	−1.02284	0.94880	−0.82812	0.66532	−0.46739
预估法（方法 3）	−1.01881	0.94531	−0.82640	0.66642	−0.47183
预估-校正法（方法 3）	−1.02255	0.94870	−0.82818	0.66537	−0.46717
一次预估-校正法（方法 3）	−1.02231	0.94848	−0.82807	0.66545	−0.46749

注：细分解指将积分步长缩小至能计算出有效位数（一般取小数点后 8 位）相同的计算结果。龙格-库塔法、单步法[110]及本节单步法计算出的细分解是相同的。后面的内容中的误差分析均以细分解为精确解。

算例 5.4 中 $\Delta t=0.1\text{s}$ 时，计算结果见表 5.6，如图 5.2～图 5.4 所示，由此可知：①在单步法中，本节单步法计算误差明显小于龙格-库塔法和单步法[110]，单步法[110]

在前 7s 的位移误差小于龙格-库塔法，但后期误差比龙格-库塔法大。文献[110]通过前 5s 位移解的比较，认为单步法[110]优于龙格-库塔法，本节认为是片面的。②从解的误差分析来看，在多步预估校正法中，本节方法 3 优于方法 2，方法 2 优于 A-B-M 法；对一次多步预估-校正法亦可得出同样的结论。同时，预估-校正法优于预估法。

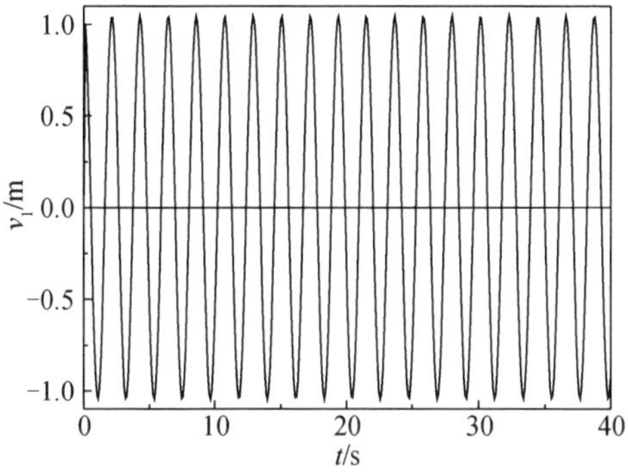

图 5.1　位移时程曲线

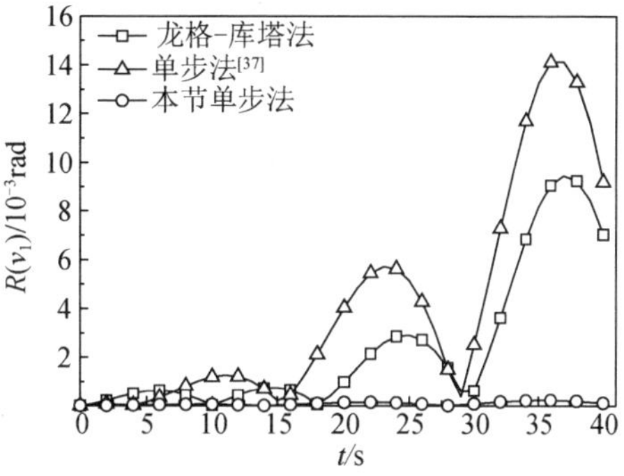

图 5.2　单步法解的误差 $R(v_1)$

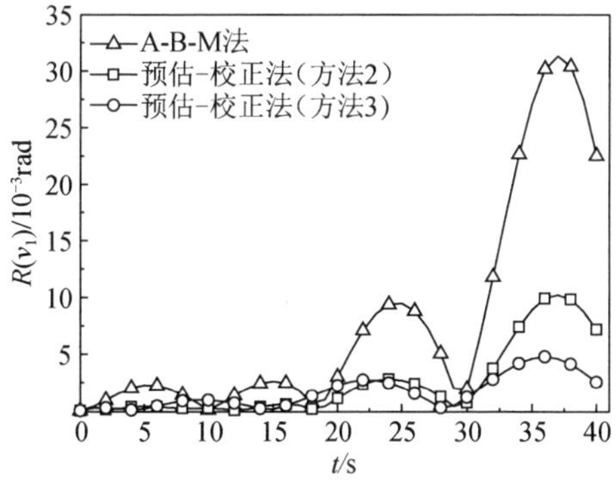

图 5.3　多步预估-校正法解的误差 $R(v_1)$

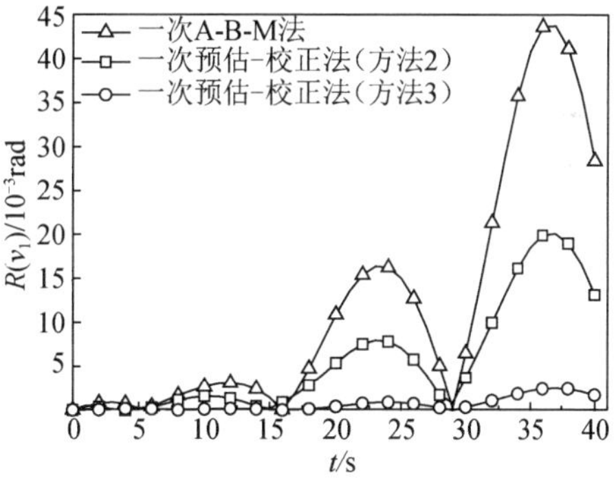

图 5.4　一次多步预估-校正法解的误差 $R(v_1)$

【算例 5.5】　考虑带参数 a 和 b 的达芬（Duffing）方程[110]：

$$\ddot{\boldsymbol{x}} + a\dot{\boldsymbol{x}} + \boldsymbol{x}^3 = b\cos t \tag{5.127}$$

设 $\boldsymbol{x} = v_1$， $\dot{\boldsymbol{x}} = v_2$，相应的一阶微分方程组 $\dot{\boldsymbol{v}} = \boldsymbol{H}\boldsymbol{v} + f(\boldsymbol{v},t) + \boldsymbol{r}(t)$ 为

$$\begin{bmatrix} \dot{v}_1 \\ \dot{v}_2 \end{bmatrix} = \begin{bmatrix} 0 & 1 \\ -1 & -a \end{bmatrix}\begin{bmatrix} v_1 \\ v_2 \end{bmatrix} + \begin{bmatrix} 0 \\ v_1 - v_1^2 \end{bmatrix} + \begin{bmatrix} 0 \\ b\cos t \end{bmatrix} \tag{5.128}$$

用初值 $v_1(0) = 0.3$， $v_2(0) = 0.5$ 进行了计算，图 5.5～图 5.7 分别给出了当线性阻尼系数 a 较小，$b = 2$、$b = 45$ 时，前 20s 各种方法的位移解误差时程曲线（所取点为 1s 的整数倍）。由图 5.5～图 5.7 可知：①随着激励幅值 b 的增加，与龙格-库塔法相比，单步法[110]和本节单步法解的误差减小，而本节单步法的优势更为明

显，计算精度更高。②随着激励幅值 b 的增加，与 A-B-M 方法相比，本节的多步预估校正方法 2 和方法 3 的误差减小，方法 3 的计算精度高于方法 2。③随着激励幅值 b 的增加，与一次 A-B-M 法相比，一次多步预估-校正方法 3 的误差减小，但方法 2 在计算精度方面的优势并不明显。

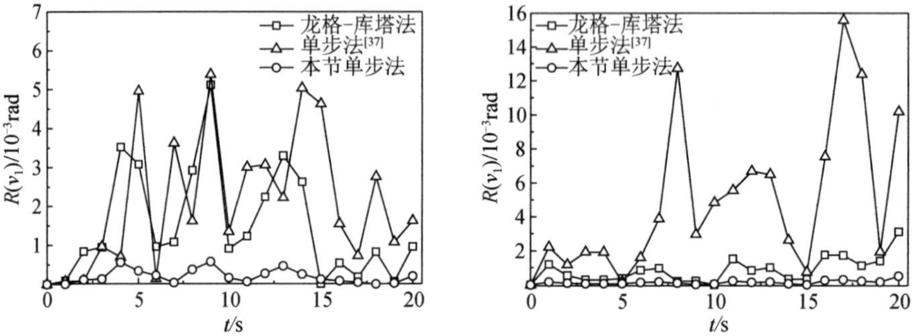

（a）a=0.3，b=2，Δt=0.2s　　（b）a=0.3，b=45，Δt=0.05s

图 5.5　单步法解的误差 $R(v_1)$

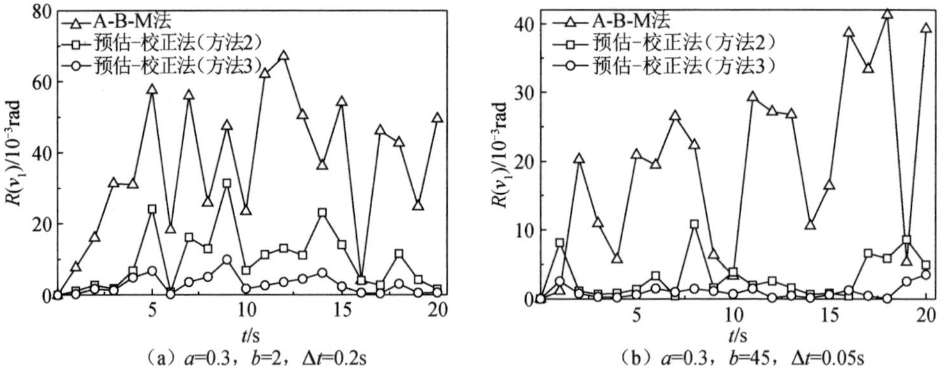

（a）a=0.3，b=2，Δt=0.2s　　（b）a=0.3，b=45，Δt=0.05s

图 5.6　多步预估-校正法解的误差 $R(v_1)$

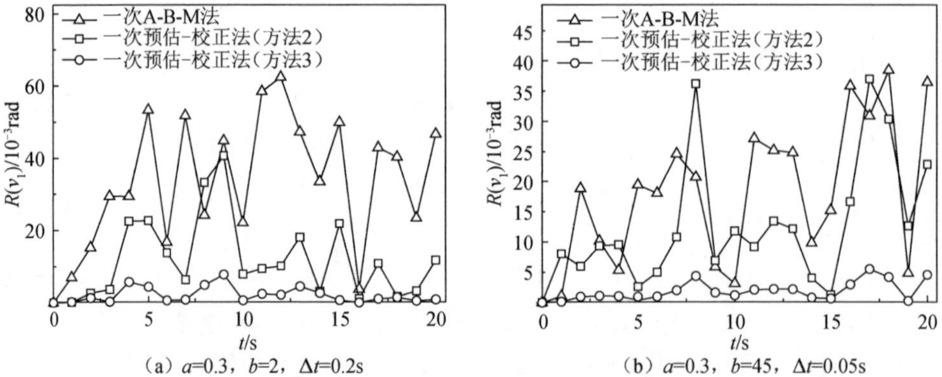

（a）a=0.3，b=2，Δt=0.2s　　（b）a=0.3，b=45，Δt=0.05s

图 5.7　一次多步预估-校正法解的误差 $R(v_1)$（线性阻尼系数较小时）

以前述初值为起点，计算至 200s，轨线从 100s 开始绘制，如图 5.8 所示。

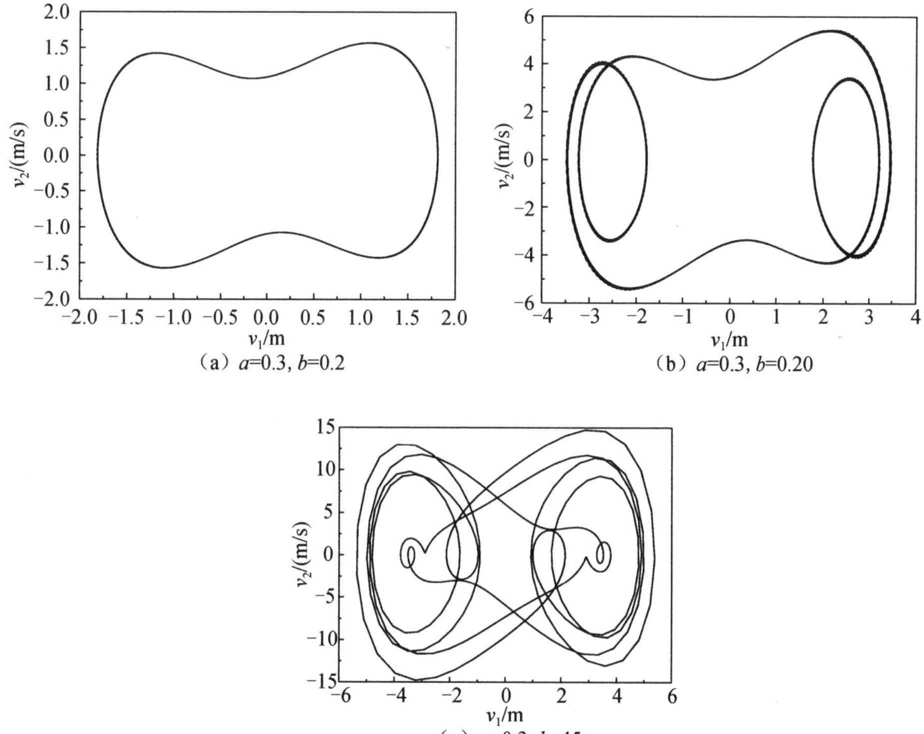

（a）a=0.3, b=0.2　（b）a=0.3, b=0.20

（c）a=0.3, b=45

图 5.8　式（5.128）的极限环形状

由图 5.8（a）和（b）可知，当暂态结束后，所有轨线都集中在一起，形成周期吸引子的图形；而图 5.8（c）则显示了轨线仍分散的混沌吸引子。一般地说，当线性阻尼系数 a 较小时，随着激励幅值 b 的增加，周期解可能分支为对称解，再经过一系列倍周期过程而进入混沌解。算例 5.5 的收敛性和数值稳定性都较好，用 $\Delta t = 0.1\text{s}$ 和 $\Delta t = 0.02\text{s}$ 算出的结果吻合，对图 5.8（c）的问题，即使采用本节的单步法取步长 $\Delta t = 0.2\text{s}$ 也能算出误差较小的结果，而龙格–库塔法和单步法[110]的结果误差较大。

【算例 5.6】　考虑如下阻尼为非线性的非线性动力方程[89]：

$$\ddot{\boldsymbol{x}} + 2(\boldsymbol{x}^2 - 2\sin 2t)\dot{\boldsymbol{x}} + 3\boldsymbol{x} + 2\cos t \cdot \boldsymbol{x}^3 = b\sin 3t \tag{5.129}$$

设 $\boldsymbol{x} = v_1$，$\dot{\boldsymbol{x}} = v_2$，于是式（5.129）相应的一阶微分方程组为

$$\begin{bmatrix} \dot{v}_1 \\ \dot{v}_2 \end{bmatrix} = \begin{bmatrix} 0 & 1 \\ -3 & 0 \end{bmatrix} \begin{bmatrix} v_1 \\ v_2 \end{bmatrix} + \begin{bmatrix} 0 \\ 2(2\sin 2t - v_1^2)v_2 - 2\cos t \cdot v_1^3 \end{bmatrix} + \begin{bmatrix} 0 \\ b\sin 3t \end{bmatrix} \tag{5.130}$$

用初值 $v_1(0) = 0$，$v_2(0) = 0$ 进行了计算，图 5.9 给出了 $b = 5$ 时，前 30s 单步法的位移解误差时程（所取点为 1s 的整数倍）。可以看出，本节单步法的计算精

度相对较高。图 5.10 给出了不同激励 100～200s 的运动轨线，由于非线性阻尼的存在，以及激励幅值 b 的增加，其极限环形状的非对称性更加明显。

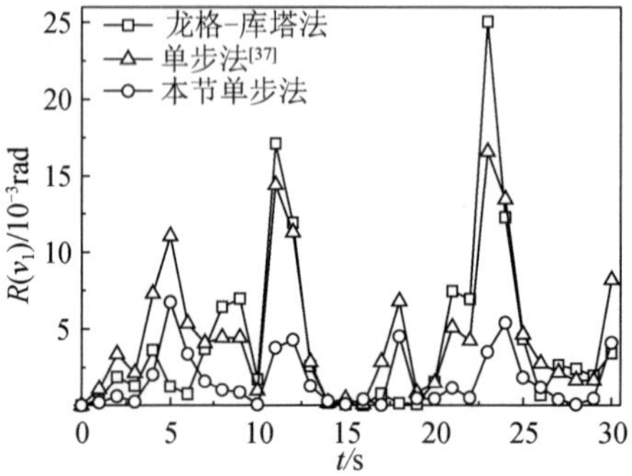

图 5.9　单步法解的误差 $R(v_1)$（$b=5,\ \Delta t=0.1\text{s}$）

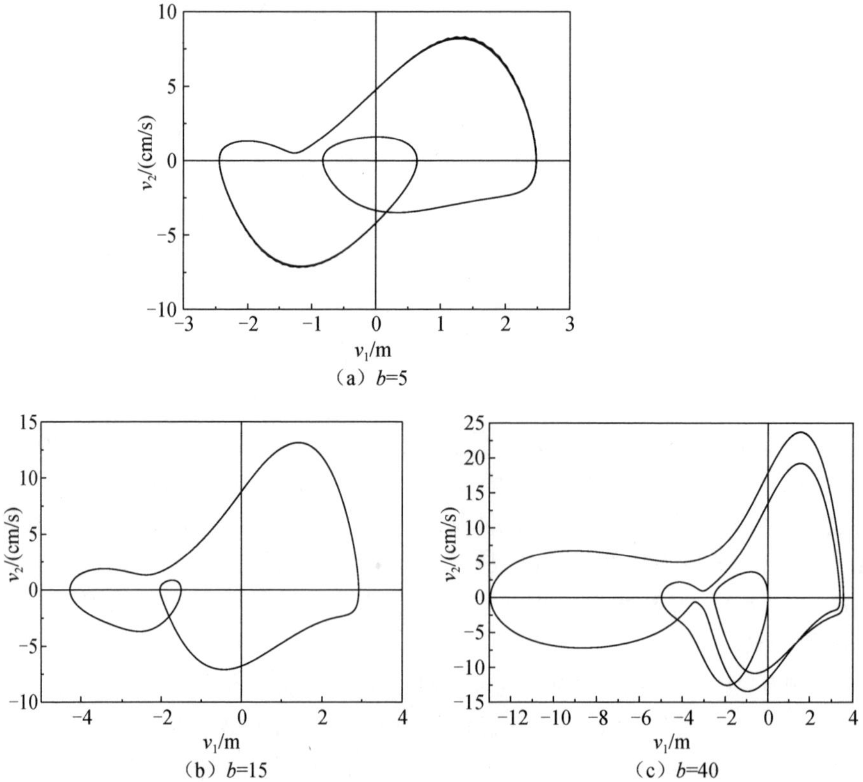

图 5.10　式（5.130）的极限环形状

【算例 5.7】　考虑下列强非线性耗能系统[103]：

$$\ddot{\boldsymbol{x}}+\mu(\boldsymbol{x}^2-1)\dot{\boldsymbol{x}}+\boldsymbol{x}+k\boldsymbol{x}^2=0 \quad (\mu=1,\ k=1/4) \tag{5.131}$$

令 $C=0$， $K=0.826281$，这样，设 $\boldsymbol{x}=v_1$， $\dot{\boldsymbol{x}}=v_2$，于是式（5.131）的等价方程组为

$$\begin{bmatrix}\dot{v}_1\\ \dot{v}_2\end{bmatrix}=\begin{bmatrix}0 & 1\\ -0.826281 & 0\end{bmatrix}\begin{bmatrix}v_1\\ v_2\end{bmatrix}+\begin{bmatrix}0\\ \mu(1-v_{1_1}^2)v_2-kv_1^2-0.173719v_1\end{bmatrix} \tag{5.132}$$

式中，初值 $v_1(0)=0.614$， $v_2(0)=0.0$。

本节的各种方法均能计算出图 5.11 的结果，图中显示了方程（5.131）的自激振动特性，即由不同的初始条件（无论是大的扰动还是很小的扰动）最后都在同一个幅值下不停地周期振动，表现为同一个极限环，这是非线性振动一个很重要的特性。

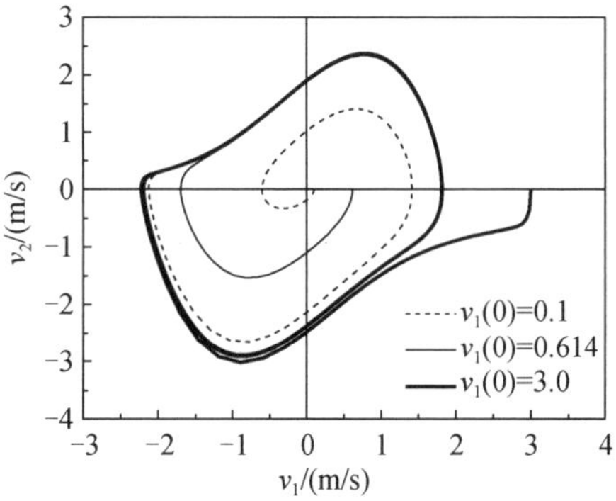

图 5.11　式（5.132）的极限环形状

【算例 5.8】　某单层钢筋混凝土框架结构，输入地震波为正弦波，加速度峰值为 0.40g，其非线性动力方程如下：

$$M\ddot{\boldsymbol{x}}(t)+C\dot{\boldsymbol{x}}(t)+K\boldsymbol{x}(t)[1-0.0015\boldsymbol{x}^2(t)]=0.4Mg\sin 2\pi t \tag{5.133}$$

楼层质量为 $M=50\text{t}$，阻尼比为 0.05，初始弹性刚度为 $K=28.8\text{kN/mm}$，地震持时为 10s，位移单位为 mm。式（5.133）可简写为

$$\ddot{\boldsymbol{x}}+2.4\dot{\boldsymbol{x}}+576\boldsymbol{x}=0.864\boldsymbol{x}^3+400g\sin 2\pi t \tag{5.134}$$

将式（5.134）按式（5.27）的方式进行展开，即可形成式（5.85）的形式，进而可采用本节方法进行分析。

图 5.12 显示了地震持时内的位移-时程曲线，在此仅比较了多步预估-校正法的分析结果。由于 A-B-M 法在 $\Delta t=0.02\text{s}$ 时不能得出计算结果，未参与对比，这说明本节多步法计算稳定性优于 A-B-M 法。表头的计算由假定初始阶段位移为线性变化而得到，分别计算了当 $\Delta t=0.02\text{s}$ 、0.04s 和 0.08s 的位移解的情况。未采用单步法计算表头的原因是想讨论独立使用多步法的误差大小，为下一节分析做基础。

图 5.13 显示了在各时间步长下的位移计算误差包络图，从图中可以看出：①方法 2 和方法 3 的最大相对误差（最大位移误差/位移峰值）分别为 $\Delta t=0.02\text{s}$ 时，

0.0486%、0.0154%，$\Delta t = 0.04\text{s}$ 时，0.854%、0.537%，$\Delta t = 0.08\text{s}$ 时，均为 14.43%。这说明使用假定初始阶段位移为线性变化，当初始阶段承受较大荷载作用时，对计算精度有较大的影响，当步长较大时影响更为明显；②多步预估校正方法 3 的总体计算误差小于方法 2。

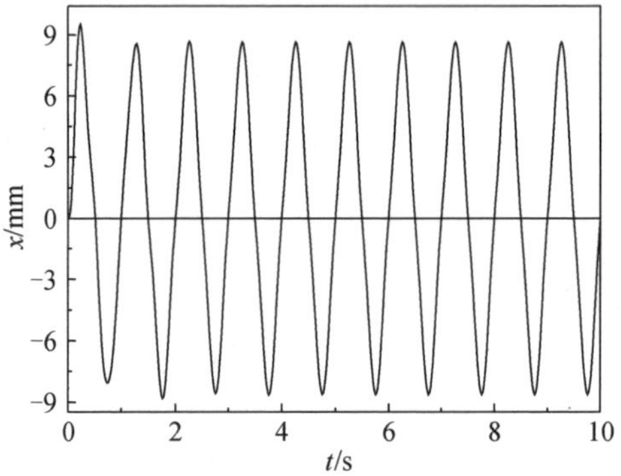

图 5.12　位移时程曲线

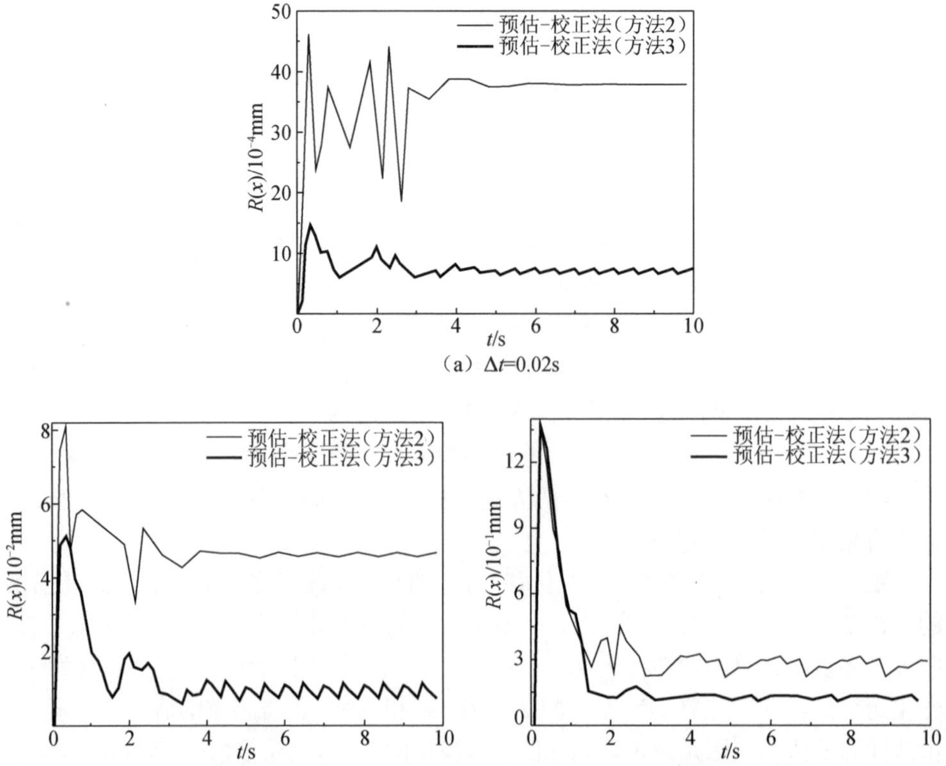

(a) Δt=0.02s

(b) Δt=0.04s

(c) Δt=0.08s

图 5.13　多步预估-校正法解的误差 $R(x)$ 包络图

【算例 5.9】 本书第 6 章所完成的等效自由度的钢筋混凝土筒中筒结构模型，不考虑阻尼的影响，输入地震波为正弦波，原型加速度峰值为 0.40g，持时为 10s，等效质量 $m_1 = 2016\text{kg}$，$m_2 = 1464\text{kg}$；时间步长 Δt 由时间相似系数和原型时间步长 0.02s 求得，时间步长为 $\Delta t = 0.00422\text{s}$。位移单位为 mm。假定其非线性方程为

$$10^{-3} \times \begin{bmatrix} 2.016 & 0 \\ 0 & 1.461 \end{bmatrix} \begin{bmatrix} \ddot{x}_1 \\ \ddot{x}_2 \end{bmatrix} + \begin{bmatrix} 28.9 & -12.0 \\ -12.0 & 8.8 \end{bmatrix} \left(\begin{bmatrix} x_1 \\ x_2 \end{bmatrix} - 4 \begin{bmatrix} \sin(0.05x_1) \\ \sin(0.05x_2) \end{bmatrix} \right)$$
$$= 0.4\alpha g \sin(10\pi t) \times \begin{bmatrix} 2.016 & 0 \\ 0 & 1.461 \end{bmatrix} \tag{5.135}$$

式中，$\alpha = 2.41$。

将式（5.135）按式（5.27）的方式进行展开，即可形成式（5.85）的形式，进而可采用本节方法进行分析。

图 5.14 显示了地震持时内的位移-时程曲线。本节比较了单步法和多步预估校正法在不同时间步长下的分析结果。由于 A-B-M 法在最小步长为 $\Delta t = 0.00422\text{s}$ 时不能得出较理想的计算结果（图 5.14），因而未参与误差分析对比，多步法的表头计算由假定初始阶段位移为线性变化而得到，分别计算了当 $\Delta t = 0.00422\text{s}$、0.00844s 和 0.01688s 时的位移解。

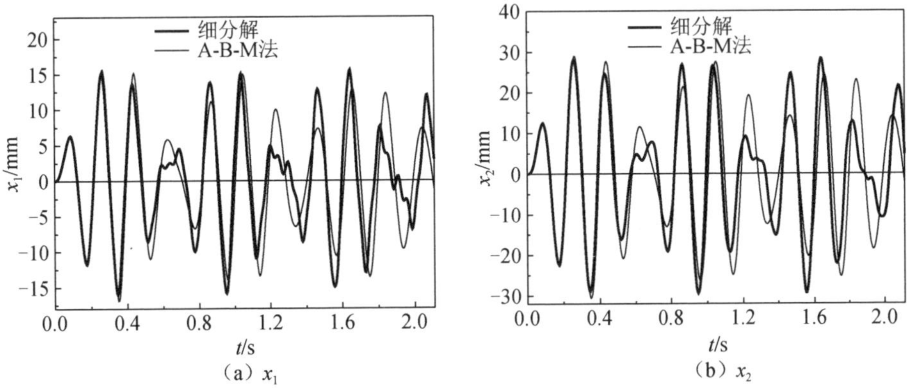

图 5.14　A-B-M 法位移解与细分解对比（$\Delta t = 0.00422\text{s}$）

图 5.15～图 5.20 分别显示了在各时间步长下的单步法和多步预估校正法的位移计算误差包络图，表 5.7 列出了各种方法计算的位移相对误差。从图 5.15～图 5.20 中可以看出：①本节单步法的位移计算误差明显小于龙格-库塔法和单步法[110]，其 $\Delta t = 0.01688\text{s}$ 的位移计算误差与龙格-库塔法 $\Delta t = 0.00422\text{s}$ 时的结果相近，说明了本节单步法的计算精度较高；②与单自由度体系不同，在计算两自由度体系时，多步预估校正方法 3 的总体计算误差与方法 2 相比没有明显的优势。对本例而言，本节的两种多步预估校正法在各时间步长下的计算误差均小于龙格-库塔法。

表 5.7　各种方法计算的位移相对误差表　　（单位：%）

相对误差类别	$\lvert\max(R(x_1))/\max(x_1)\rvert\times100\%$			$\lvert\max(R(x_2))/\max(x_2)\rvert\times100\%$		
Δt / s	0.00422	0.00844	0.01688	0.00422	0.00844	0.01688
龙格-库塔法	0.560	4.729	12.89	0.230	1.853	7.99
单步法[37]	0.146	1.227	16.87	0.068	0.564	6.29
本节单步法	0.005	0.071	0.722	0.002	0.029	0.214
A-B-M 法	54.0	—	—	60.9	—	—
预估-校正法（方法 2）	0.185	2.017	11.30	0.082	0.861	4.79
预估-校正法（方法 3）	0.186	2.258	10.21	0.085	1.030	5.26

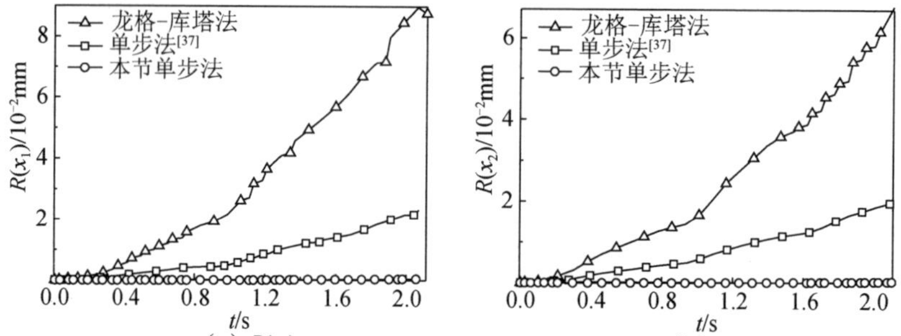

（a）$R(x_1)$　　（b）$R(x_2)$

图 5.15　单步法位移解的误差包络图（$\Delta t = 0.00422$s）

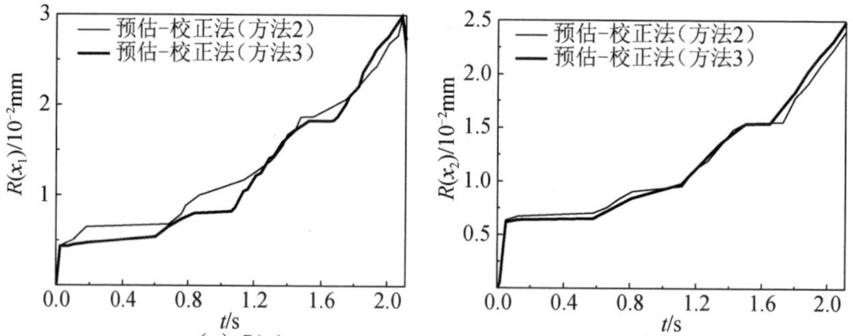

（a）$R(x_1)$　　（b）$R(x_2)$

图 5.16　多步预估-校正法位移解的误差包络图（$\Delta t = 0.00422$s）

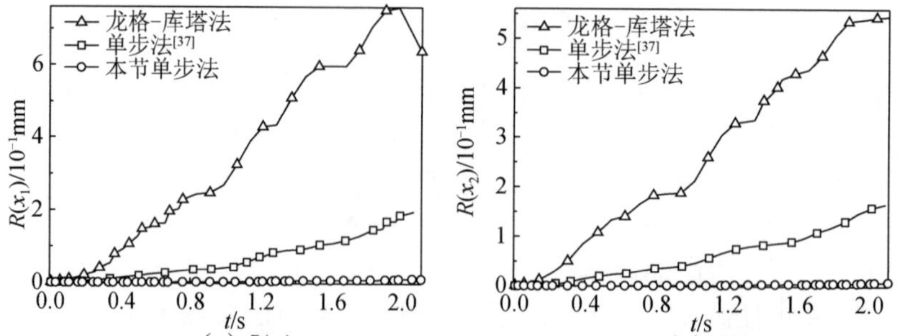

（a）$R(x_1)$　　（b）$R(x_2)$

图 5.17　单步法位移解的误差包络图（$\Delta t = 0.00844$s）

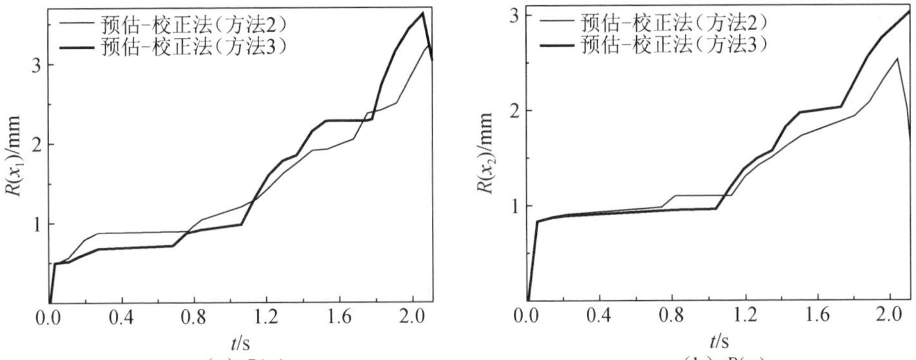

（a）$R(x_1)$　（b）$R(x_2)$

图 5.18　多步预估-校正法位移解的误差包络图（$\Delta t = 0.00844$s）

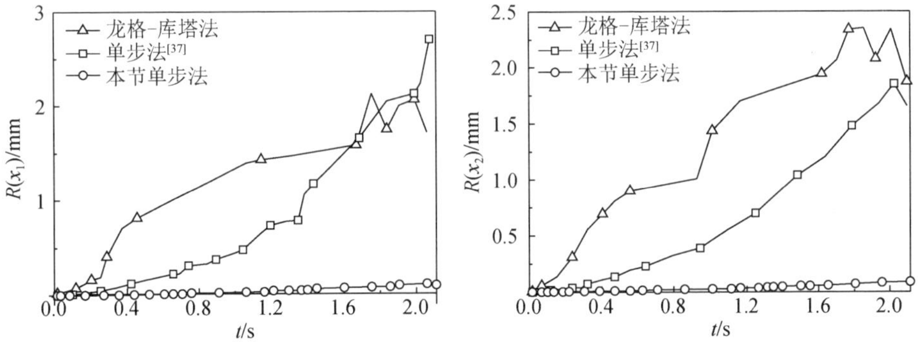

（a）$R(x_1)$　（b）$R(x_2)$

图 5.19　单步法位移解的误差包络图（$\Delta t = 0.01688$s）

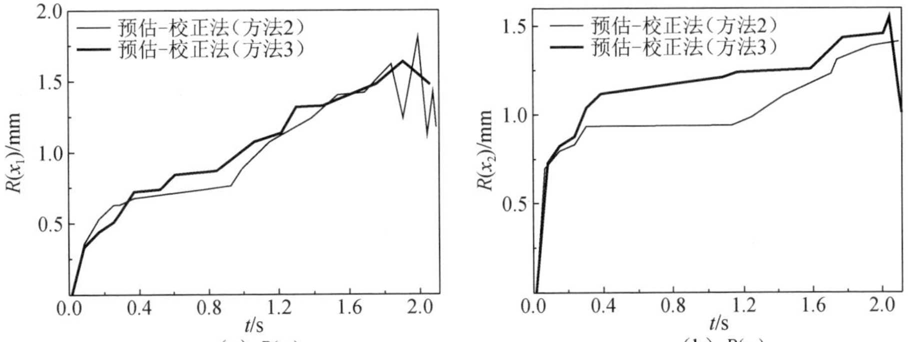

（a）$R(x_1)$　（b）$R(x_2)$

图 5.20　多步预估-校正法位移解的误差包络图（$\Delta t = 0.01688$s）

5.5　拟动力试验的精细积分方法

拟动力试验系统也称为计算机-加载器联机系统。该方法将结构动力学微分方程的数值解法与伪静力试验有机结合起来，首先由计算机计算当前一步的位移反应；然后强迫结构实现这个位移，同时测量结构对应于该步的实际恢复力并反馈给计算机；最后计算机再根据这个恢复力和其他已知参数计算下一步的位移反应。这样一步步循环下去直至完成整个地震反应的模拟。

通过 5.4 节对单步法和多步法的论述可知，经过处理的地震记录是有时间间隔的，一般为 0.02s，难以用连续函数表达。而单步法由于需通过连续的荷载函数求中间函数值，因而不能用于拟动力试验。而 A-B-M 法由于稳定性和精度较差，也不能用于拟动力试验积分。下面讨论如何将 5.4 节的预估校正方法 2 和方法 3 增加时间步长后用于拟动力试验积分[112]。

拟动力试验运动微分方程为

$$\boldsymbol{M}\ddot{\boldsymbol{x}}(t)+\boldsymbol{C}\dot{\boldsymbol{x}}(t)+\boldsymbol{r}(\boldsymbol{x},t)=\boldsymbol{f}(t) \tag{5.136}$$

式中，$\boldsymbol{M}$ 、$\boldsymbol{C}$ ——$n\times n$ 阶质量、阻尼矩阵；

$\ddot{\boldsymbol{x}}(t)$ 、$\dot{\boldsymbol{x}}(t)$ 、$\boldsymbol{x}(t)$ 及 $\boldsymbol{f}(t)$ ——n 阶质点的运动加速度、速度、位移及荷载向量；

$\boldsymbol{r}(\boldsymbol{x},t)$ ——n 阶质点的恢复力向量。

在拟动力试验中，质量矩阵 $\boldsymbol{M}$ 已知，阻尼矩阵 $\boldsymbol{C}$ 通常考虑为给定线性阻尼或忽略阻尼，因而该项是已知的；$\boldsymbol{f}(t)=-\boldsymbol{MI}\ddot{\boldsymbol{x}}_g(t)$，式中 $\ddot{\boldsymbol{x}}_g(t)$ 为输入地面运动加速度，因而 $\boldsymbol{f}(t)$ 是已知的。

可将式（5.136）化为一阶微分方程，即

$$\dot{\boldsymbol{v}}(t)=\boldsymbol{H}\boldsymbol{v}(t)+\boldsymbol{R}(\boldsymbol{v},t)+\boldsymbol{F}(t) \tag{5.137}$$

式中，

$$\boldsymbol{v}(t)=\begin{bmatrix}\boldsymbol{x}(t)\\ \boldsymbol{M}\dot{\boldsymbol{x}}(t)+\dfrac{\boldsymbol{C}\boldsymbol{x}(t)}{2}\end{bmatrix},\ \boldsymbol{R}(\boldsymbol{v},t)=\begin{bmatrix}0\\ -\boldsymbol{r}(\boldsymbol{x},t)\end{bmatrix},\ \boldsymbol{F}(t)=\begin{bmatrix}0\\ \boldsymbol{f}(t)\end{bmatrix},\ \boldsymbol{H}=\begin{bmatrix}-\dfrac{\boldsymbol{M}^{-1}\boldsymbol{C}}{2} & \boldsymbol{M}^{-1}\\ \dfrac{\boldsymbol{C}\boldsymbol{M}^{-1}\boldsymbol{C}}{4} & -\dfrac{\boldsymbol{C}\boldsymbol{M}^{-1}}{2}\end{bmatrix}$$

或考虑结构初始刚度 K_0 时，则有

$$\boldsymbol{R}(\boldsymbol{v},t)=\begin{bmatrix}0\\ K_0\boldsymbol{x}(t)-\boldsymbol{r}(\boldsymbol{x},t)\end{bmatrix},\quad \boldsymbol{H}=\begin{bmatrix}-\dfrac{\boldsymbol{M}^{-1}\boldsymbol{C}}{2} & \boldsymbol{M}^{-1}\\ \dfrac{\boldsymbol{C}\boldsymbol{M}^{-1}\boldsymbol{C}}{4}-\boldsymbol{k}_0 & -\dfrac{\boldsymbol{C}\boldsymbol{M}^{-1}}{2}\end{bmatrix}$$

利用指数矩阵可将式（5.137）转化为如下同解积分方程：

$$\boldsymbol{v}(t_{k+1})=\mathrm{e}^{\boldsymbol{H}\Delta t}\boldsymbol{v}(t_k)+\int_{t_k}^{t_{k+1}}\mathrm{e}^{\boldsymbol{H}(t_{k+1}-\tau)}\boldsymbol{R}(\boldsymbol{v},\tau)\mathrm{d}\tau+\int_{t_k}^{t_{k+1}}\mathrm{e}^{\boldsymbol{H}(t_{k+1}-\tau)}\boldsymbol{F}(\tau)\mathrm{d}\tau \tag{5.138}$$

式中，$\boldsymbol{v}(t_{k+1})$ 、$\boldsymbol{v}(t_k)$ ——所求解向量在时刻 t_{k+1} 和 t_k 的值。

5.5.1 避免状态矩阵求逆的显式拟动力积分法

5.4 节预估-校正方法 2 为隐式方法，但由于 $\boldsymbol{R}(\boldsymbol{x}(t_{k+1}),t_{k+1})$ 的前 n 项为 0，因

而该方法用于拟动力试验时，变成了显式方法，具体实施如下。

先求预定施加位移 $\boldsymbol{x}(t_{k+1})$，则有

$$\boldsymbol{v}(t_{k+1})=\mathrm{e}^{\boldsymbol{H}\Delta t}\boldsymbol{v}(t_k)+\frac{\Delta t}{24}\big(19\boldsymbol{G}(t_k)-5\boldsymbol{G}(t_{k-1})+\boldsymbol{G}(t_{k-2})\big)+\boldsymbol{w}(t_{k+1}) \quad (5.139)$$

式中，$\boldsymbol{G}(t_k)=\mathrm{e}^{\boldsymbol{H}\Delta t}\boldsymbol{R}(\boldsymbol{v}(t_k),t_k)$；$\boldsymbol{G}(t_{k-1})=\mathrm{e}^{2\boldsymbol{H}\Delta t}\boldsymbol{R}(\boldsymbol{v}(t_{k-1}),t_{k-1})$，$\boldsymbol{G}(t_{k-2})=\mathrm{e}^{3\boldsymbol{H}\Delta t}\boldsymbol{R}(\boldsymbol{v}(t_{k-2}),t_{k-2})$，$\boldsymbol{w}(t_{k+1})$ 的表达见式（5.140）～式（5.142）。

当 $\Delta t=2\Delta t^*$ 时，

$$\boldsymbol{w}(t_{k+1})=\frac{\Delta t}{6}\left[\mathrm{e}^{\boldsymbol{H}\Delta t}\boldsymbol{F}(t_k)+4\mathrm{e}^{\boldsymbol{H}\frac{1}{2}\Delta t}\boldsymbol{F}\left(t_k+\frac{\Delta t}{2}\right)+\boldsymbol{F}(t_{k+1})\right] \quad (5.140)$$

当 $\Delta t=3\Delta t^*$ 时，

$$\boldsymbol{w}(t_{k+1})=\frac{\Delta t}{8}\left[\mathrm{e}^{\boldsymbol{H}\Delta t}\boldsymbol{F}(t_k)+3\mathrm{e}^{\boldsymbol{H}\frac{2}{3}\Delta t}\boldsymbol{F}\left(t_k+\frac{\Delta t}{3}\right)+3\mathrm{e}^{\boldsymbol{H}\frac{1}{3}\Delta t}\boldsymbol{F}\left(t_k+\frac{2\Delta t}{3}\right)+\boldsymbol{F}(t_{k+1})\right] \quad (5.141)$$

当 $\Delta t=4\Delta t^*$ 时，

$$\boldsymbol{w}(t_{k+1})=\frac{\Delta t}{90}\left[7\mathrm{e}^{\boldsymbol{H}\Delta t}\boldsymbol{F}(t_k)+32\mathrm{e}^{\boldsymbol{H}\frac{3}{4}\Delta t}\boldsymbol{F}\left(t_k+\frac{\Delta t}{4}\right)+12\mathrm{e}^{\boldsymbol{H}\frac{1}{2}\Delta t}\boldsymbol{F}\left(t_k+\frac{\Delta t}{2}\right)\right.$$
$$\left.+32\mathrm{e}^{\boldsymbol{H}\frac{1}{4}\Delta t}\boldsymbol{F}\left(t_k+\frac{3\Delta t}{4}\right)+7\boldsymbol{F}(t_{k+1})\right] \quad (5.142)$$

需要注意的是，Δt^* 为地震记录时间间隔，如 $\Delta t^*=0.02\mathrm{s}$，则 $\Delta t=0.04\mathrm{s}$。

从式（5.140）～式（5.142）可以看出，$\Delta t/\Delta t^*$ 不同，选取的积分方法不同，实际上是将 Δt 内的各步地震波信息加以利用，提高其计算精度。

试验的时间间隔 Δt 取得过大，算法的精度会下降，试验点较少。一般可根据试验精度要求取 $2\Delta t^*$～$4\Delta t^*$ 即可。

求出 $\boldsymbol{v}(t_{k+1})$ 后即可得到 $\boldsymbol{x}(t_{k+1})$，利用伺服作动器控制系统实现 $\boldsymbol{x}(t_{k+1})$，可得到该步的恢复力 $\boldsymbol{r}(\boldsymbol{x}(t_{k+1}),t_{k+1})$，即可得 $\boldsymbol{R}(\boldsymbol{v}(t_{k+1}),t_{k+1})$，代入下式可得

$$\boldsymbol{v}(t_{k+1})=\mathrm{e}^{\boldsymbol{H}\Delta t}\boldsymbol{v}(t_k)+\frac{\Delta t}{24}\big(9\boldsymbol{R}(\boldsymbol{v}(t_{k+1}),t_{k+1})+19\boldsymbol{G}(t_k)-5\boldsymbol{G}(t_{k-1})+\boldsymbol{G}(t_{k-2})\big)+\boldsymbol{w}(t_{k+1}) \quad (5.143)$$

利用式（5.139）～式（5.143）即可完成拟动力试验的全过程。表头计算按位移线性假定利用初始刚度进行计算，一般在地震作用的初始阶段，地震波的峰值较小，该假定应是可行的。

本书第 6 章的组合筒体结构模型拟动力试验即是采用该方法实现的。

5.5.2　状态矩阵求逆的隐式拟动力积分法

以 5.5.1 节显式拟动力积分方法为基础进行预估，状态矩阵求逆的隐式拟动力

积分法的实施步骤如下：

1）首先利用式（5.139）计算预估位移 $x^0(t_{k+1})$，利用作动器实现该位移。

2）测得该步的恢复力 $\boldsymbol{r}(\boldsymbol{x}(t_{k+1}),t_{k+1})$，即可得 $\boldsymbol{R}(\boldsymbol{v}(t_{k+1}),t_{k+1})$，计算 $\boldsymbol{v}(t_{k+1})$，即

$$\boldsymbol{v}(t_{k+1})=\mathrm{e}^{\boldsymbol{H}\Delta t}\Big[\boldsymbol{v}(t_k)+\boldsymbol{H}^{-1}\boldsymbol{c}_0+\left(\Delta t\boldsymbol{H}^{-1}-\boldsymbol{H}^{-2}\right)\boldsymbol{c}_1+\left(\Delta t^2\boldsymbol{H}^{-1}-2\Delta t\boldsymbol{H}^{-2}+2\boldsymbol{H}^{-3}\right)\boldsymbol{c}_2+\left(\Delta t^3\boldsymbol{H}^{-1}-3\Delta t^2\boldsymbol{H}^{-2}+6\Delta t\boldsymbol{H}^{-3}-6\boldsymbol{H}^{-4}\right)\boldsymbol{c}_3\Big]-\boldsymbol{H}^{-1}\boldsymbol{c}_0+\boldsymbol{H}^{-2}\boldsymbol{c}_1-2\boldsymbol{H}^{-3}\boldsymbol{c}_2+6\boldsymbol{H}^{-4}\boldsymbol{c}_3+\boldsymbol{w}(t_{k+1}) \tag{5.144}$$

$$\begin{cases}\boldsymbol{c}_0=\boldsymbol{R}(\boldsymbol{v}(t_{k+1}),t_{k+1})\\ \boldsymbol{c}_1=\dfrac{-11\boldsymbol{R}(\boldsymbol{v}(t_{k+1}),t_{k+1})+18\boldsymbol{R}(\boldsymbol{v}(t_k),t_k)-9\boldsymbol{R}(\boldsymbol{v}(t_{k-1}),t_{k-1})+2\boldsymbol{R}(\boldsymbol{v}(t_{k-2}),t_{k-2})}{6\Delta t}\\ \boldsymbol{c}_2=\dfrac{2\boldsymbol{R}(\boldsymbol{v}(t_{k+1}),t_{k+1})-5\boldsymbol{R}(\boldsymbol{v}(t_k),t_k)+4\boldsymbol{R}(\boldsymbol{v}(t_{k-1}),t_{k-1})-\boldsymbol{R}(\boldsymbol{v}(t_{k-2}),t_{k-2})}{2\Delta t^2}\\ \boldsymbol{c}_3=\dfrac{-\boldsymbol{R}(\boldsymbol{v}(t_{k+1}),t_{k+1})+3\boldsymbol{R}(\boldsymbol{v}(t_k),t_k)-3\boldsymbol{R}(\boldsymbol{v}(t_{k-1}),t_{k-1})+\boldsymbol{R}(\boldsymbol{v}(t_{k-2}),t_{k-2})}{6\Delta t^3}\end{cases} \tag{5.145}$$

即可得到 $\boldsymbol{x}^1(t_{k+1})$。

3）如果 $\left|\boldsymbol{x}^1(t_{k+1})-\boldsymbol{x}^0(t_{k+1})\right|\leqslant\varepsilon$，则取 $\boldsymbol{x}(t_{k+1})=\boldsymbol{x}^0(t_{k+1})$，执行下一步；否则，用伺服作动器控制系统实现 $\boldsymbol{x}^1(t_{k+1})$，令 $\boldsymbol{x}^0(t_{k+1})=\boldsymbol{x}^1(t_{k+1})$，执行第 2）步（$\varepsilon$ 为控制精度的较小数，可取 0.02mm）。

4）$k=k+1$，如果 $k>$ 总步数，则试验结束；否则，执行第 1）步。

该方法的表头的计算与 5.5.1 节方法相同。通过前面内容的分析表明，该方法对单自由度或等效单自由度结构体系的试验积分计算精度较高。由于该方法为隐式方法，每一步的试验可能需要多步来完成，增加了试验的工作量。

5.5.3　例题分析

由于各种误差的影响，结构的拟动力试验是不可重复的。因而试验算例的选择也较困难。本节选取了输入地震波为正弦波的两个弹性试验算例和两个非线性试验算例。仅考虑舍入误差影响，作动器的控制位移的精度取为 0.01mm，力的精度取为 0.01kN。由于中央差分法和显式的 Newmark-β 在本质上是相同的，这里以细分解为标准，比较了中央差分法和本节显式多步方法的误差问题。

【算例 5.10】　将算例 5.8 的单自由度体系改为线弹性结构，其动力方程为

$$M\ddot{x}(t)+C\dot{x}(t)+r(t)=0.2Mg\sin(2\pi t) \tag{5.146}$$

式中，楼层质量为 $M=50\mathrm{t}$，阻尼比为 0.05，初始弹性刚度为 $K=28.8\mathrm{kN/mm}$，地震持时为 10s，位移单位为 mm，取 $\boldsymbol{r}(t)=\boldsymbol{Kx}(t)$，考虑舍入误差影响。

中央差分法的计算控制时间步长为 0.02s，本节显式多步法的步长为 0.04s。两种方法得出的位移及其计算误差如图 5.21 所示。

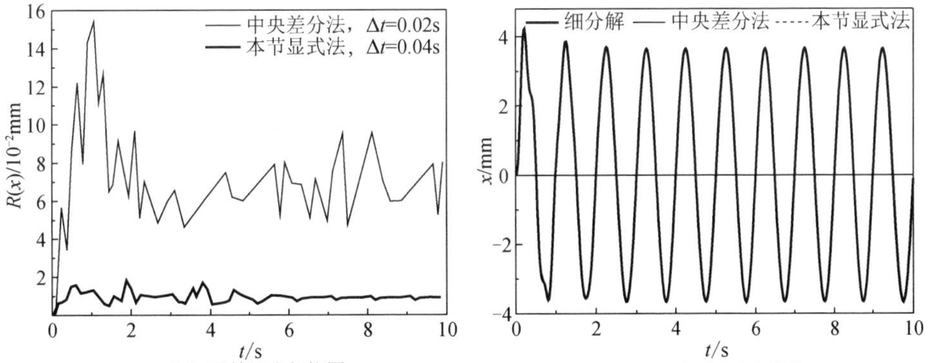

（a）误差$R(x)$包络图　　（b）位移x时程曲线

注：图上图线有重叠。

图 5.21　两种方法试验位移及误差包络图（一）

【算例 5.11】　将算例 5.9 的两自由度体系改为线弹性结构，不考虑阻尼的影响，则有

$$10^{-3}\times\begin{bmatrix}2.016 & 0\\ 0 & 1.461\end{bmatrix}\begin{bmatrix}\ddot{x}_1\\ \ddot{x}_2\end{bmatrix}+\begin{bmatrix}r_1\\ r_2\end{bmatrix}=0.1\alpha g\sin(10\pi t)\times\begin{bmatrix}2.016 & 0\\ 0 & 1.461\end{bmatrix}\tag{5.147}$$

式中，$\alpha=2.41$，恢复力取$\begin{bmatrix}r_1\\ r_2\end{bmatrix}=\begin{bmatrix}28.9 & -12.0\\ -12.0 & 8.8\end{bmatrix}\begin{bmatrix}x_1\\ x_2\end{bmatrix}$，考虑舍入误差影响。

中央差分法的计算控制时间步长为 0.00422s，本节显式多步法的步长为 0.01688s。两种方法得出的位移及其计算误差如图 5.22 所示。

【算例 5.12】　直接采用 5.4 节的单自由度体系算例 5.8 中的式（5.133）进行拟动力试验。恢复力取$\boldsymbol{r}(\boldsymbol{x}(t),t)=\boldsymbol{K}\boldsymbol{x}(t)[1-0.0015\boldsymbol{x}^2(t)]$，考虑舍入误差影响。中央差分法的计算控制时间步长为 0.02s，本节显式多步法的步长为 0.04s。两种方法得出的位移及其计算误差如图 5.23 所示。

【算例 5.13】　直接采用算例 5.9 的两自由度体系进行拟动力试验。中央差分法的计算控制时间步长为 0.00422s，本节显式多步法的步长为 0.01688s。恢复力取$\begin{bmatrix}r_1\\ r_2\end{bmatrix}=\begin{bmatrix}28.9 & -12.0\\ -12.0 & 8.8\end{bmatrix}\left(\begin{bmatrix}x_1\\ x_2\end{bmatrix}-4\begin{bmatrix}\sin(0.05x_1)\\ \sin(0.05x_2)\end{bmatrix}\right)$，考虑舍入误差影响。两种方法得出的位移及其计算误差如图 5.24 所示。

表 5.8　中央差分法与本节显示法计算的位移相对误差表　　（单位：%）

算例 相对误差	步长/s	算例 5.10 $R^*(x)$	算例 5.12 $R^*(x)$	步长/s	算例 5.11 $R^*(x_1)$	算例 5.11 $R^*(x_2)$	算例 5.13 $R^*(x_1)$	算例 5.13 $R^*(x_2)$
中央差分法	0.02	3.65	1.21	0.00422	63.9	68.4	22.92	15.0
本节显式法	0.04	0.43	0.85	0.01688	4.93	4.47	11.62	5.36

注：表中相对误差 $R^*(x_i)=\left|\max(R(x_i))/\max(x_i)\right|\times100\%$ 。

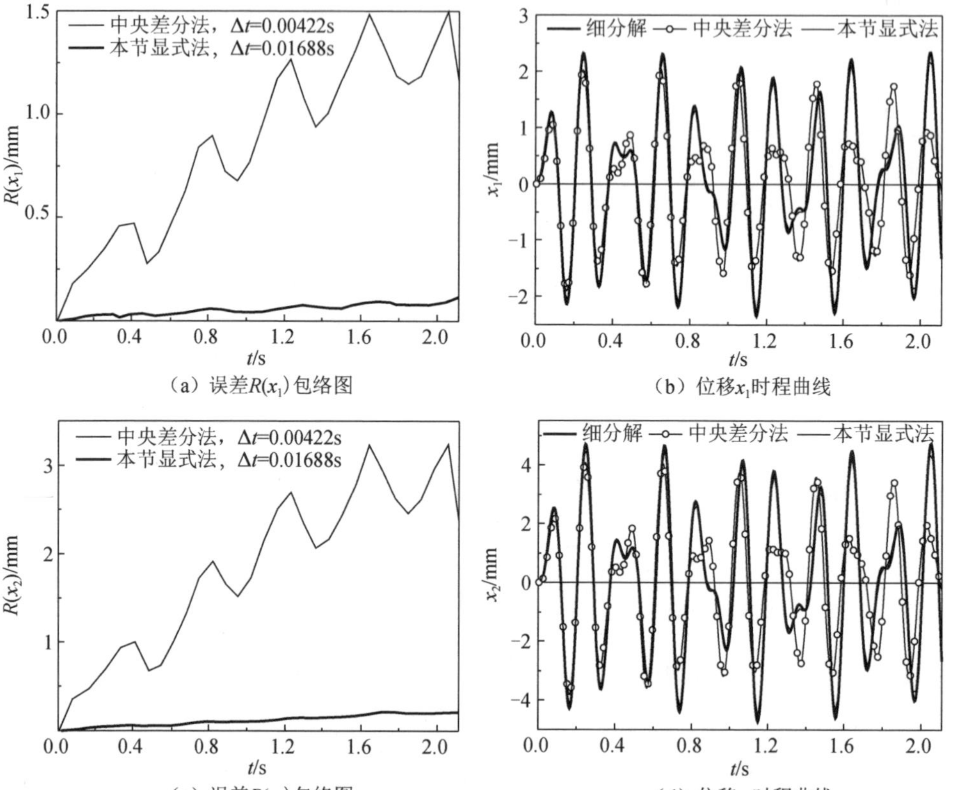

（a）误差$R(x_1)$包络图　　（b）位移x_1时程曲线

（c）误差$R(x_2)$包络图　　（d）位移x_2时程曲线

图 5.22　两种方法试验位移及误差包络图（二）

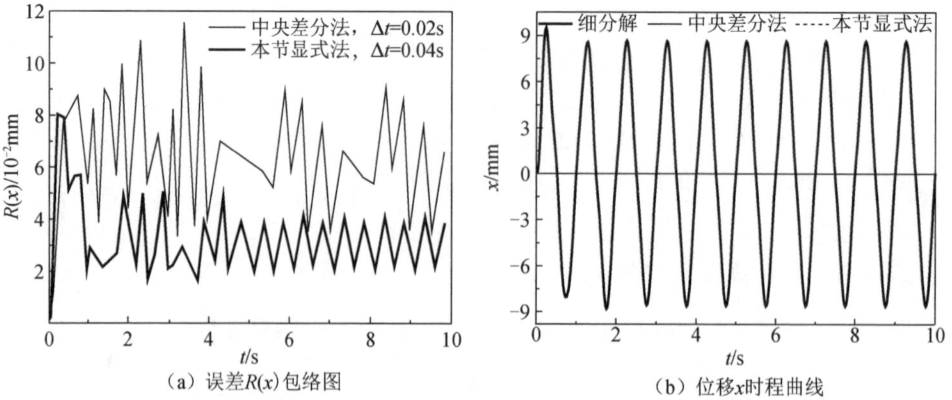

（a）误差$R(x)$包络图　　（b）位移x时程曲线

注：图上图线有重叠。

图 5.23　两种方法试验位移及误差包络图（三）

通过算例 5.10～算例 5.13 的对比（图 5.21～图 5.24），可以得出以下结论：

①无论单自由度体系或两自由度体系，本节显式多步算法在时间步长增大后的计算精度明显优于中央差分法；②中央差分法对于单自由度拟动力试验，算法的精度较高，对两自由度体系而言，精度较差；③对于非线性算例 5.12 而言，由于位移峰值出现在初始阶段，因而本节显式多步法在初始阶段误差较大，在实际拟动力试验过程中，可避免出现此情况（实际地震作用的位移峰值一般不出现在初始阶段）；④对于力和位移的测试仪器而言，位移峰值和力的峰值接近满量程时，其舍入误差较小，反之舍入误差较大。

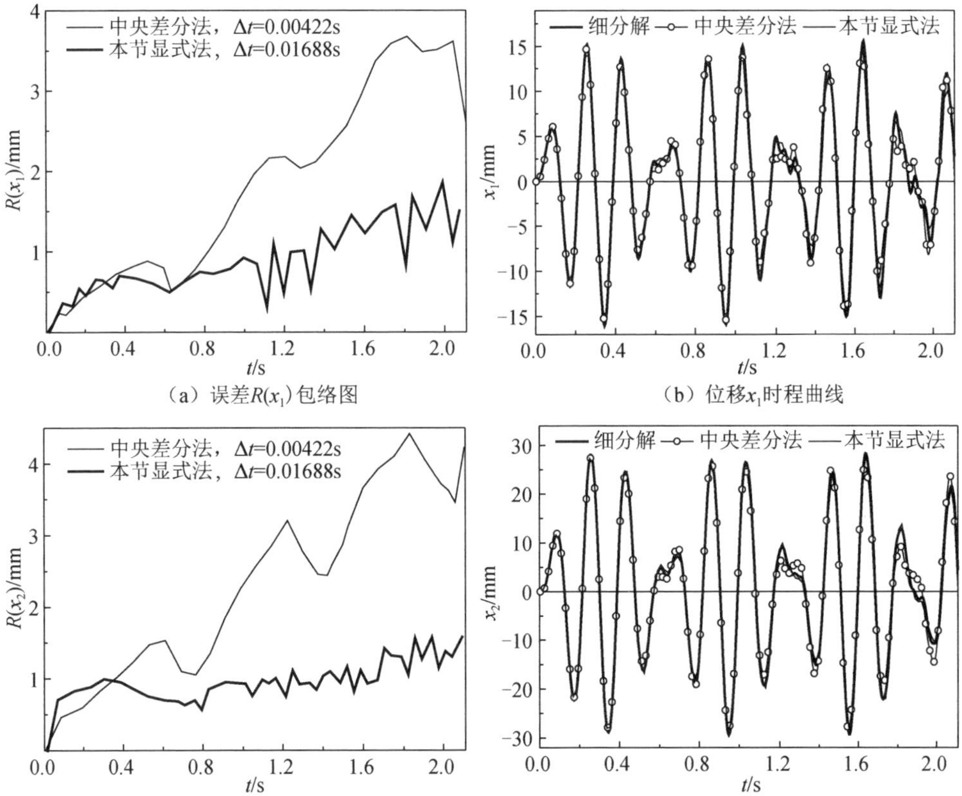

（a）误差$R(x_1)$包络图　（b）位移x_1时程曲线

（c）误差$R(x_2)$包络图　（d）位移x_2时程曲线

注：图上图线有重叠。

图 5.24　两种方法试验位移及误差包络图（四）

5.6　本 章 小 结

本章通过对 Newmark-β 法的简化递推分析，对线性精细动力积分方法和非线性精细动力积分方法进行了研究，最后应用于拟动力试验的控制数值积分。本章主要内容和结论如下。

1）基于常用的 Newmark-β 法，推导出了一种新的递推格式，该递推格式在计算位移时，不需要计算速度和加速度等中间值，因此，本节方法更为简单、方便。通过算例分析可以得出，相对于精细积分方法，Newmark-β 法只有当步长取值较小时，才能获得较小的计算误差，而当步长取值更小时计算误差又逐渐增大；当 β 值从 1/8～1/4 变化时，随 β 的减小，计算精度提高，但稳定性变差。

2）精细积分方法是一种高精度的计算方法，对于非齐次方程，其精度控制在于荷载项积分方法的选择。通过对 4 种线性精细动力积分方法的讨论和汇总，可以得出，龙贝格积分法、科茨积分（$n\leqslant7$）法和高斯积分法都是精度较高、稳定性好的积分法，且有自身的一些特点，如龙贝格积分法的算法简单，当利用节点加密提高近似程度时，前面的计算结果可为后面的计算利用，并有比较简单的误差估计方法，高斯积分的节点是不规则的，不适用于荷载函数为时间间隔相等的离散函数的情况，如在模拟地震的拟动力试验中，就不能使用。辛普森积分方法精度稍差，但在某些情况下也可得到应用，如本节的拟动力试验方法中，当采用本节显式多步法将原时间步长增大一倍或两倍时，用辛普森方法是较好的选择。

3）以线性精细动力积分方法及现有求解常微方程组的四阶精度的单步龙格-库塔法和 A-B-M 多步法为基础，本章提出了新的非线性精细动力积分方法的单步法和多步法。该方法将目前常用的 2 项精细积分变为 3 项，从定性上分析，可使得其稳定性和计算精度均优于现有方法。本章单步法与 RK 方法、单步法[110]相比，在计算精度上的优势非常明显。本章的两种多步法与 A-B-M 相比（包括预估法、预估校正法及一次预估校正法），其稳定性和计算精度都有较大提高。因而，本章非线性精细动力积分方法的创新，具有较大的计算优势和现实意义。

4）以非线性精细动力积分多步法为基础，提出了新的拟动力试验数值积分方法，包括显式方法和隐式方法。本章的显式多步法在增大时间步长后的计算精度比中央差分法要高，完成了本章提出的设想，其特点是地震波的利用信息与中央差分法相同，但试验点数成倍减少，具有较高的应用价值。

第 6 章　筒体结构模型的拟动力试验

高层结构抗震试验模型主要分为两类：一类是直接面向工程，验证结构抗震设计的合理性与可靠性，对已建结构的抗震性能进行可靠性鉴定和评估，这一类模型必须推算至原型，相似性要求较为严格。随着高层结构的发展，这一类模型越来越多。另一类模型则偏向于理论与实践的结合，针对一种形式的高层结构进行试验研究，得出具有普遍性的结论。高层结构抗震模型可不必推算至原型，相似性要求稍可放宽，以往的大部分抗震模型都属于这一类。

高层建筑筒体结构模型抗震试验采用的相似比例较小，模型底座的尺寸通常能够满足振动台台面尺寸要求。因而这类结构模型大多采用振动台试验，拟动力试验尚未见报道。由于受试验条件和经济条件的影响，对于钢筋混凝土筒体结构的试验研究长期以来进行得较少，特别是大比例的构件试验，国际上日本鹿岛技术研究所进行的 9 个 1∶12 比例的 H 形截面核心墙伪静力抗震性能试验较有参考价值。日本鹿岛技术研究所进行了 4 组钢筋混凝土筒体伪静力试验，用以研究墙体内钢筋不同构造方式对筒体在侧向荷载作用下变形能力与破坏形式的影响。国内只有上海同济大学进行了两组钢筋混凝土核心筒体的低周反复加载试验[113]。

本章在前述筒中筒结构和组合筒体结构模型静力试验之后，进行了两个自由度体系的拟动力试验，在模型顶部和中部施加水平荷载模拟地震作用。本章试验的主要任务是：研究模型结构动力特性变化规律、在弹性和塑性阶段的地震反应、结构的抗震性能及破坏机理。

6.1　结构抗震试验

6.1.1　结构抗震试验的方法

地震机理和结构抗震性能是较复杂的，仅以理论分析的手段还不能完全把握结构在地震作用下的性能、反应过程与破坏机理，还需要通过结构试验模拟地震作用研究结构抗震性能。

目前，结构抗震试验方法分为 3 类，即拟静力试验、振动台试验和拟动力试验[114]。①拟静力试验方法是目前结构工程中应用最为广泛的试验方法，它可以最大限度地获得试件的刚度、承载力、变形和耗能等信息，但是它不能模拟结构的地震反应全过程；②振动台试验是最真实再现地震动和结构反应的试验方法，但受台面尺寸和承载能力的限制，只能进行小比例模型的试验，且往往配重不足，不能很好满足相似条件，导致地震作用破坏形态的失真；③拟动力试验方法吸收了拟静力试验和振动台试验两种试验方法的优点，同时吸收了结构理论分析和计算的优点，可以模拟大型复杂结构的地震反应，自开发成功以来，在抗震试验方面得到了广泛应用。

拟动力试验方法是 1969 年由日本学者高梨（Hakuno）等首次提出的[115]，其是将计算机与加载作动器联机求解结构动力方程的方法，目的是能够真实地模拟地震对结构的作用。当时称为杂交试验方法，后来国内外大多称之为拟动力试验方法或联机试验方法[116]。这种试验方法可以进行大型结构的地震模拟试验，同时解决了理论分析中恢复力模型及参数难以确定的困难。这种方法的关键是结构的恢复力直接从试件上测得，无须对结构恢复力做任何理论上的假设。

我国在拟动力试验方面的研究工作开展稍晚，大约在 20 世纪 80 年代才开始，目前国内已有许多单位开展了此项工作的研究和应用，主要有中国建筑科学研究院、清华大学、哈尔滨工业大学、湖南大学、西安建筑科技大学、重庆大学等单位，研究的对象从构件、子结构体系到整体结构都有，加载方式有单自由度体系、等效单自由度和多自由度体系，采用的数值积分方法有线性加速度法、中央差分法和隐式无条件稳定的 α 方法等，在加载控制软件的编制和试验误差的抑制方面都达到了很高的水平。

20 世纪 90 年代以来，互联网技术的快速发展为结构试验手段提供了崭新的机遇，基于互联网的通信技术可以提供大量数据传输和共享的功能，特别是还能为异地实验室的设备之间进行控制和反馈提供接近实时的通信手段，不同的实验室可通过网络连接在一起以开展更为复杂系统的试验。国内外已有一些通过互联网进行异地实验室远程结构协同实验的尝试。远程协同试验就是利用现有资源，建立互通、公开、共享的远程协同结构试验系统和网络共享平台示范系统，实现不同实验室之间的联机协同工作。美国国家科学基金委员会于 2000～2004 年已投入 8000 万美元的巨额研究经费资助建立地震工程网络模拟系统（Network for Earthquake Engineering Simulation，NEES），其目的是支持地震工程研究和教育领域的广泛合作。NEES 将成为美国全国性的网络模拟资源，具备远程异地观测和控制的能力，能够在实验、计算、理论、数据库和基于模型的模拟等方面实现分工、整合以进行地震工程的研究和教育，进而优化抗震设计，提高建筑性能。

6.1.2　拟动力试验的基本原理

拟动力试验系统也称为计算机-加载器联机系统[117]。拟动力试验将结构动力学微分方程的数值解法与伪静力试验有机结合起来。在拟动力试验中，结构的恢复力是实测的，能够比较准确地反映结构在地震作用下真实的受力和变形状态，缓慢地再现地震时的结构反应，可以细致地观察地震作用下引起结构破坏的全过程。实质上，拟动力试验仍是一种静力试验，不过它可以缓慢地而非定时地模拟结构的地震反应分析全过程。因此只有在可以忽略材料应变速率的影响条件下，才能获得较好的试验结果，否则将引起较大的误差。同时，由地震作用所产生的惯性是由试验机（加载器）作为静力荷载来加以实现的，因而它的试验对象较适用于允许假设为离散质量分布的结构物。另外，为实现较好的地震反应模拟，尤其是高振型反应，对试验装置和计算机的精度都有较高的要求。拟动力试验框图如图 6.1 所示。

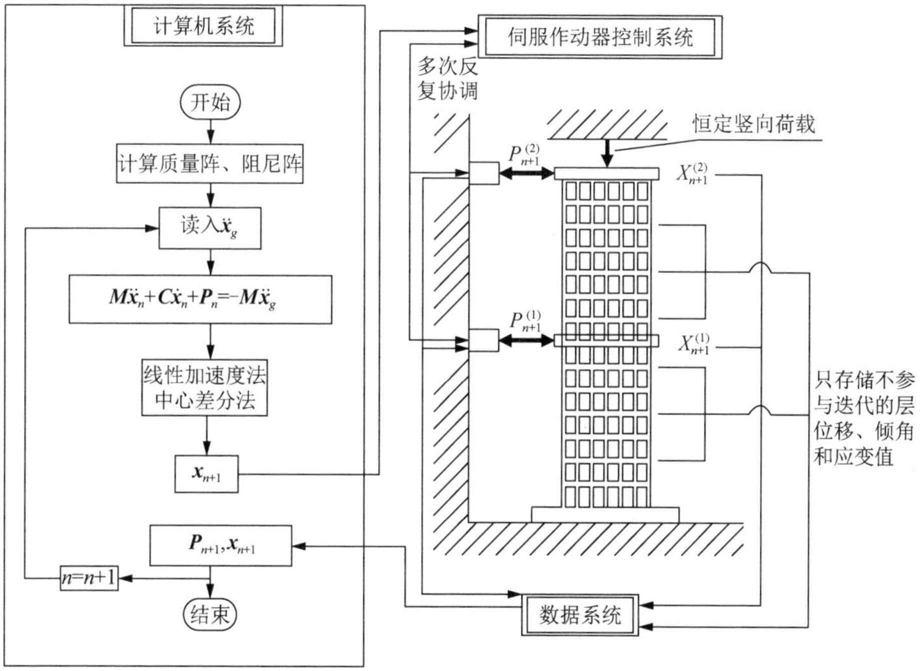

图 6.1　拟动力试验框图

1. *动力方程的求解方法*

拟动力方程的基本思想是基于结构动力方程的数值计算过程。对于一个多自由度体系，其拟动力试验运动微分方程为

$$\boldsymbol{M}\ddot{\boldsymbol{x}}(t)+\boldsymbol{C}\dot{\boldsymbol{x}}(t)+\boldsymbol{P}(\boldsymbol{x},t)=\boldsymbol{f}(t) \tag{6.1}$$

式中，$\boldsymbol{M}$、$\boldsymbol{C}$——$n\times n$ 阶质量、阻尼矩阵；

$\ddot{\boldsymbol{x}}(t)$、$\dot{\boldsymbol{x}}(t)$、$\boldsymbol{x}(t)$ 及 $\boldsymbol{f}(t)$——n 阶质点的运动加速度、速度、位移及荷载向量；

$\boldsymbol{P}(\boldsymbol{x},t)$——$n$ 阶质点的恢复力向量。在拟动力试验中，质量矩阵 $\boldsymbol{M}$ 已知，阻尼矩阵 $\boldsymbol{C}$ 通常考虑为给定线性阻尼或忽略阻尼，因而该项是已知的，本章组合筒体结构模型的拟动力试验按瑞雷阻尼考虑；$\boldsymbol{f}(t)=-\boldsymbol{MI}\ddot{x}_g(t)$，$\ddot{x}_g(t)$ 为输入地面运动加速度，因而 $\boldsymbol{f}(t)$ 是已知的。

在传统的拟动力试验中，对动力方程（6.1）的求解一般采用中央差分法。众所周知，传统的拟动力试验持续时间长，完成一条持时 10s 的地震波的拟动力试验需要持时 17h 左右，而且累积误差大，精度也不高。

本章筒体结构模型的拟动力试验采用第 5 章提出的以非线性精细动力积分多步法为基础的拟动力试验数值积分方法[112]。采用式（5.139）～式（5.143）的显式拟动力积分方法，将试验时间步长较传统拟动力试验方法增大 1 倍甚至更大（不改变地震波信息的时间步长），试验时间缩短一半以上。虽然时间步长大大地加大，但地震波的利用信息与中央差分法相同，且计算精度比中央差分法高。

本章提出的拟动力试验方法是对现有的拟动力试验数值积分方法的重大改进，是本章的重要创新，它简化了试验手段，节省了试验时间，而且可提高试验精度。

2. 拟动力试验系统

拟动力试验系统由试件、试验台座、反力墙、加载设备和装置、计算机及数据采集仪器仪表组成。

试件按相似理论和结构试验的目的进行设计，试验台座及反力墙应具有足够大的质量、强度和刚度，以便于安装加载设备和提供反力，较先进的加载设备一般采用闭环自动控制的伺服作动器控制系统试验机，其任务是强迫试验模型实现计算出来的位移，在整个试验过程中，加载系统应满足稳定性、准确性、平衡性及快速性的要求，条件受限制时也可采用千斤顶模拟加载作动器。

3. 拟动力试验步骤

首先，由计算机计算当前一步的位移反应；然后强迫结构实现这个位移，同时测量结构对应于该步的实际恢复力并反馈给计算机；最后计算机再根据这个恢复力和其他已知参数计算下一步的位移反应，依次循环直至完成整个地震反应的模拟。以等效两自由度体系为例，其试验原理框图如图 6.1 所示，其试验步骤如下：

1）根据结构模型的特性及其前期试验数据确定计算初始参数，包括各质点的质量和高度、结构初始刚度、自振周期、阻尼比等，以及地震加速度数据文件。

2）将初始参数代入采用线性加速度法求解动力方程的相关公式[9,118]，计算得到结构试验前必要步数的地震位移反应，当计算位移达到作动器控制系统可实施的位移时便可开始试验。

3）将试验初始数据代入式（5.139），得到结构第 $n+1$ 步地震反应位移。

4）由试验系统控制伺服作动器控制系统使模型各质点产生计算所得的地震反应位移 x_{n+1}，同时测量各测点的恢复力 $\boldsymbol{P}_{n+1}$。

5）根据实测的恢复力修正相关计算参数，并将计算参数再次代入式（5.139），得到下一步地震位移反应 $\boldsymbol{x}_{n+2}$，相应地由试验系统控制伺服作动器控制系统再将该位移施加到各质点上，测得各测点的恢复力 $\boldsymbol{P}_{n+2}$。

6）按上述步骤逐步循环，直至拟动力试验过程全部结束。至此得到整个地震持时内各时刻的位移反应 $\boldsymbol{x}_n$、恢复力 $\boldsymbol{P}_n$。

6.2　筒中筒结构模型的拟动力试验

6.2.1　试验概况

首先进行弹性静力试验，然后进行拟动力试验。对模型进行两自由度的两点加载，加载点及位移采集点如图 6.2 所示。

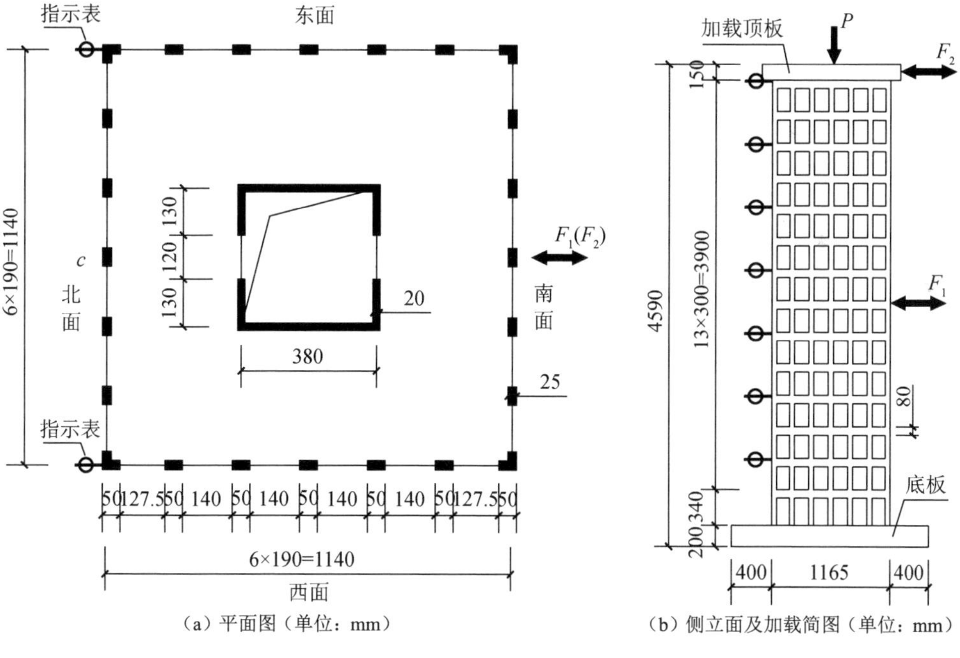

图 6.2　筒中筒结构试验模型

为弥补自重应力的不足，在整个试验过程中，第 1 层～第 6 层楼板上附加 250kg 砝码。再在模型顶板上加竖向荷载补足底层的自重应力，竖向荷载为 72kN。

钢筋混凝土筒中筒结构模型拟动力试验在湖南大学结构实验室进行，采用计算机-加载器联机的电液伺服系统进行结构拟动力试验。拟动力试验场景如图 6.3 所示。

结构动力方程数值积分方法采用了线性加速度法和中央差分法相组合的方法。初始等效侧移刚度矩阵由模型的静力试验测定，进行下一次拟动力试验时，利用前一次的试验分析结果。采用强震记录 Elcentro N-S 波，加速度峰值根据需要按比例进行放大或缩小，按 6 种工况逐级进行试验，与原型结构的对应关系见表 6.1，地震波的持时和时间间隔根据相似条件求得。

表 6.1　各工况下输入地震波加速度峰值

项目	工况					
	1	2	3	4	5	6
模型 a_{max}	0.24g	0.53g	0.96g	1.49g	2.41g	3.86g
原型 A_{max}	0.10g	0.22g	0.40g	0.62g	1.0g	1.6g
烈度	7 度（基本烈度）	7 度（罕遇烈度）	8 度（罕遇烈度）	9 度（罕遇烈度）	>9 度（罕遇烈度）	>9 度（罕遇烈度）

图 6.3　拟动力试验场景

6.2.2　试验结果

筒中筒结构模型的拟动力试验共进行了 6 种工况的拟动力试验和 1 种工况的位移变幅的低周反复试验，拟动力试验各工况输入的地震波加速度峰值见表 6.1，其中模型加速度峰值 0.24g 进行了两次，用以检查试验系统的可靠性。低周反复试验在工况 6 后进行，此时模型已进入破坏阶段。各工况的试验结果中，加速度峰值指相当于原型结构加速度峰值的地震动作用。

（1）位移时程曲线

位移时程曲线如图 6.4～图 6.10 所示，图中 7 条曲线对应于第 2 层、第 4 层、第 6 层、第 8 层、第 10 层、第 12 层、第 14 层的水平位移，位移幅值渐次增大。

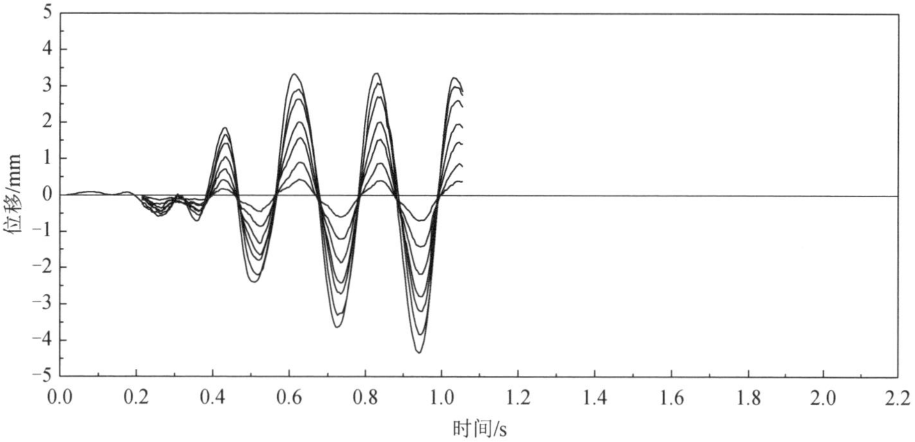

图 6.4　第一次 $A_{max}=0.10g$ 各层位移时程曲线

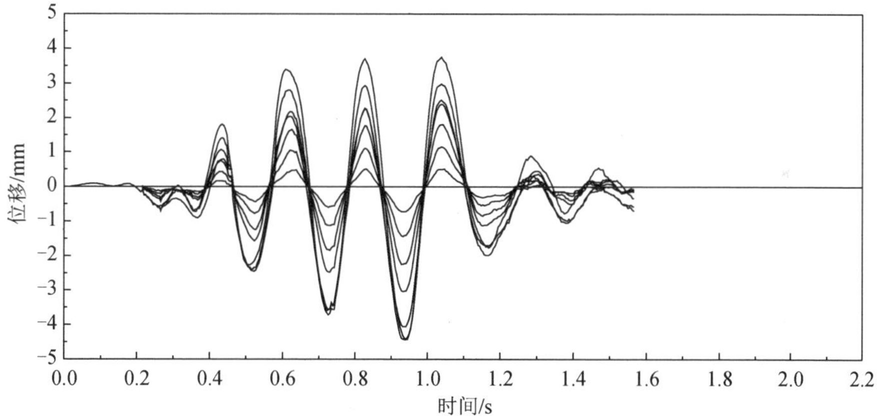

图 6.5　第二次 $A_{max}=0.10g$ 各层位移时程曲线

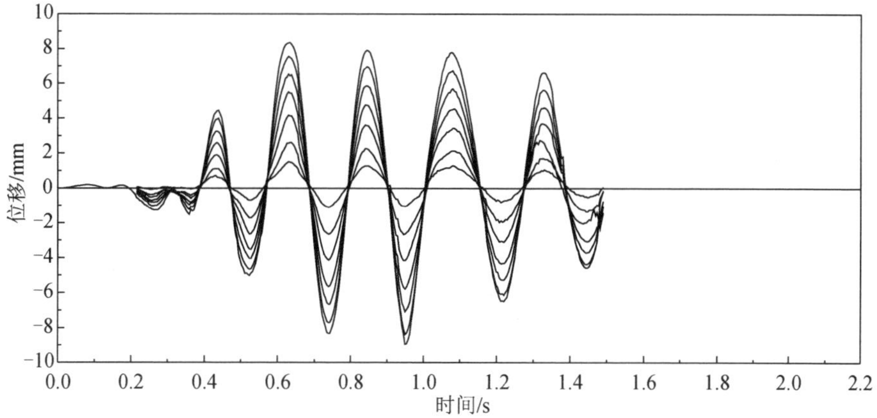

图 6.6　$A_{max}=0.22g$ 各层位移时程曲线

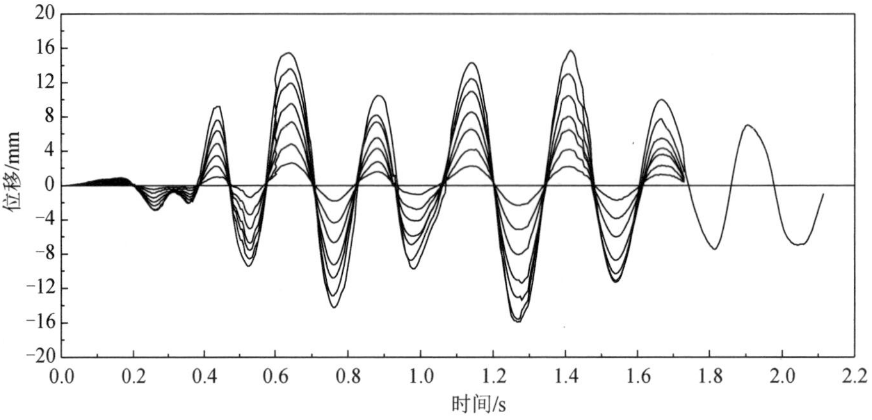

图 6.7　$A_{max} = 0.40g$ 各层位移时程曲线

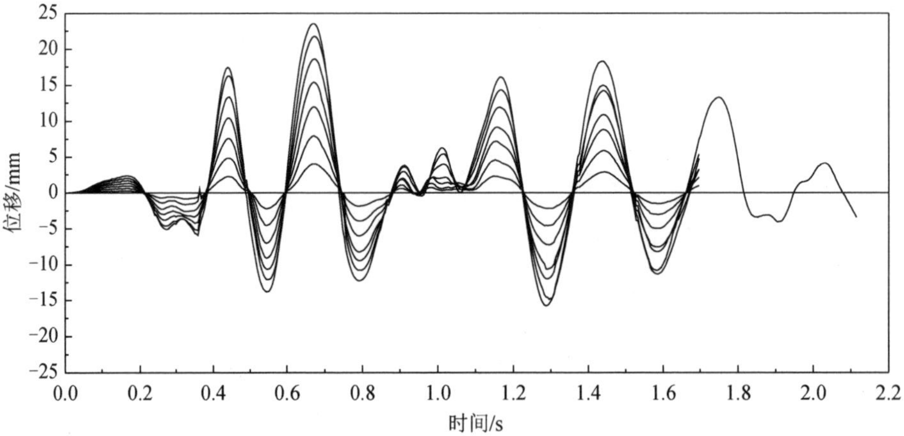

图 6.8　$A_{max} = 0.62g$ 各层位移时程曲线

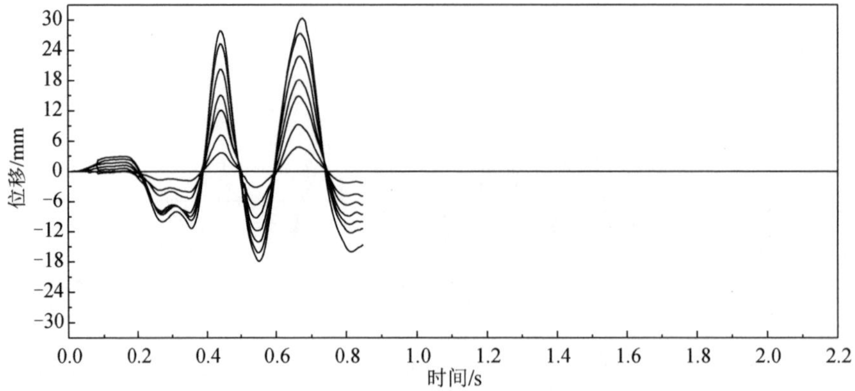

图 6.9　$A_{max} = 1.0g$ 各层位移时程曲线

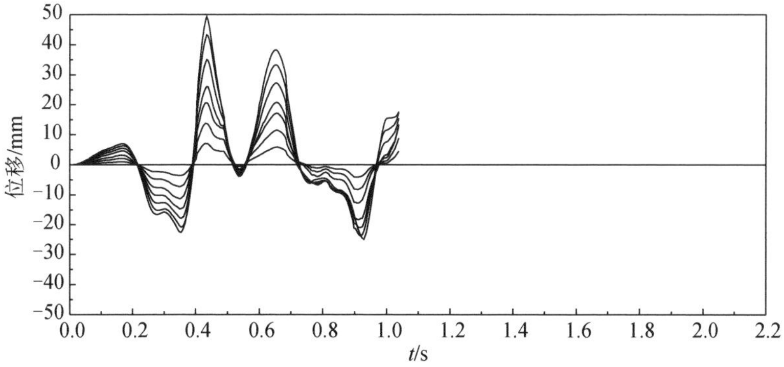

图 6.10　$A_{max} = 1.6g$ 各层位移时程曲线

（2）作用力时程曲线

作用力时程曲线如图 6.11～图 6.17 所示。

作用力的时程曲线中，考虑筒中筒结构的弯剪综合变形特征，本节将等效顶点力取为顶点作用力加 0.5 倍中部作用力。从力时程曲线可以看出，等效顶点力的曲线形状与相应的位移时程曲线极为相似。

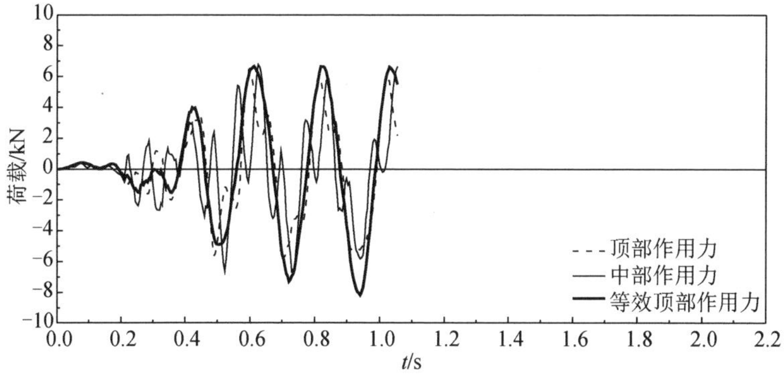

图 6.11　第一次 $A_{max} = 0.10g$ 作用力时程曲线

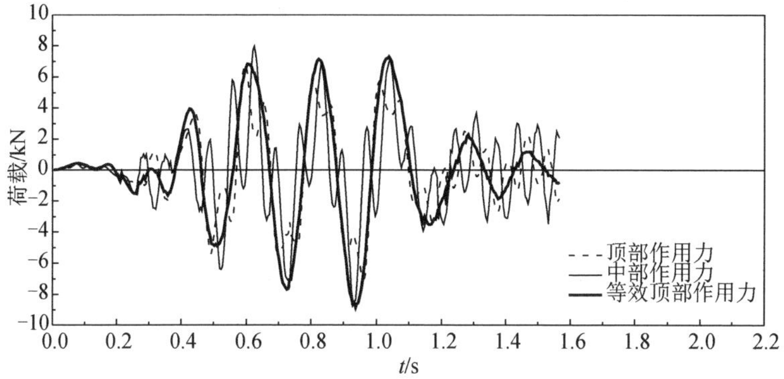

图 6.12　第二次 $A_{max} = 0.10g$ 作用力时程曲线

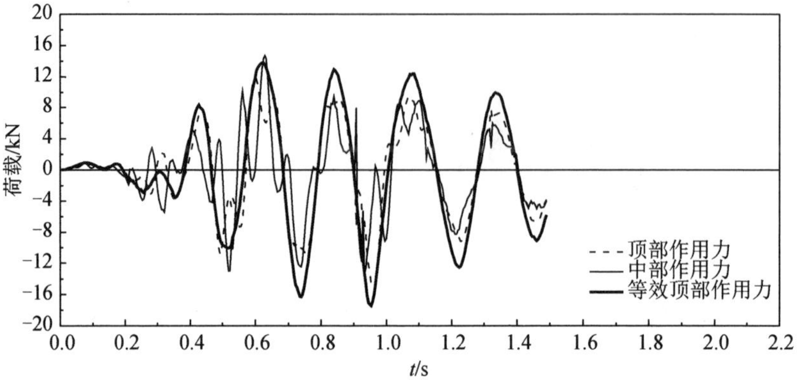

图 6.13　$A_{max}=0.22g$ 作用力时程曲线

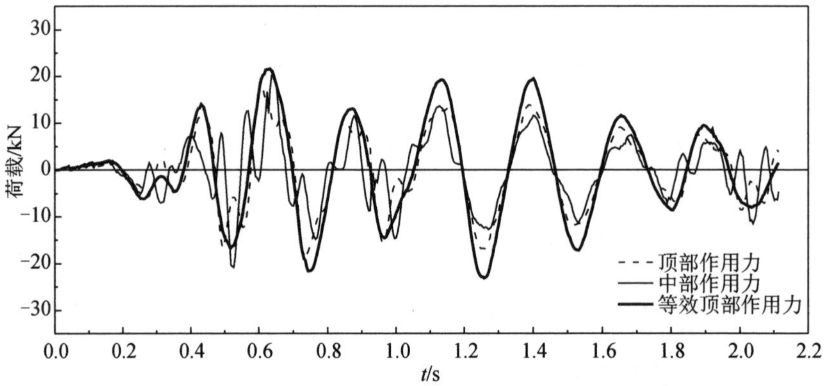

图 6.14　$A_{max}=0.40g$ 作用力时程曲线

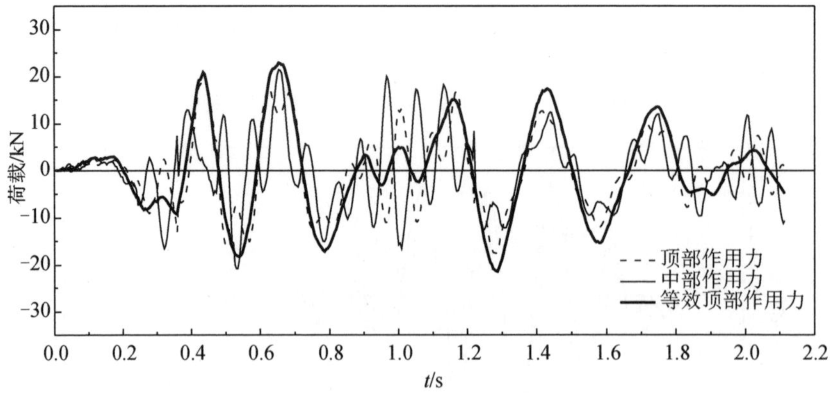

图 6.15　$A_{max}=0.62g$ 作用力时程曲线

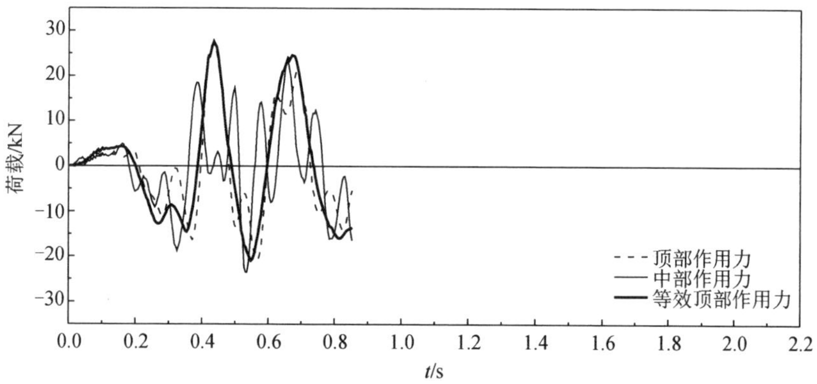

图 6.16　$A_{max}=1.0g$ 作用力时程曲线

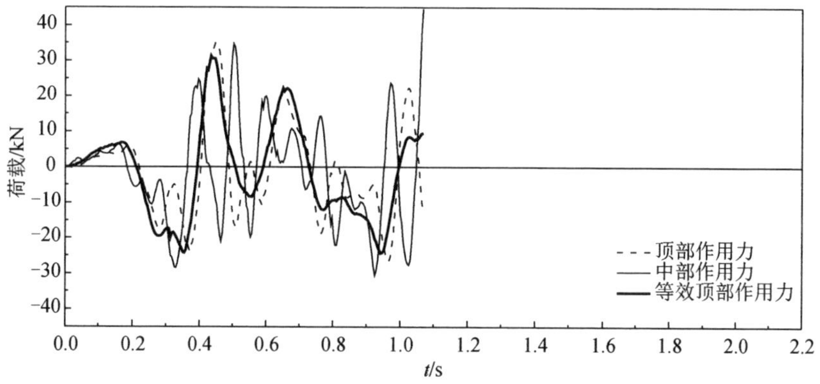

图 6.17　$A_{max}=1.6g$ 作用力时程曲线

（3）等效顶点力-顶点位移滞回曲线

以前述顶点位移为横坐标，等效顶点力为纵坐标，可得到等效顶点力-顶点位移滞回曲线，如图 6.18～图 6.26 所示。

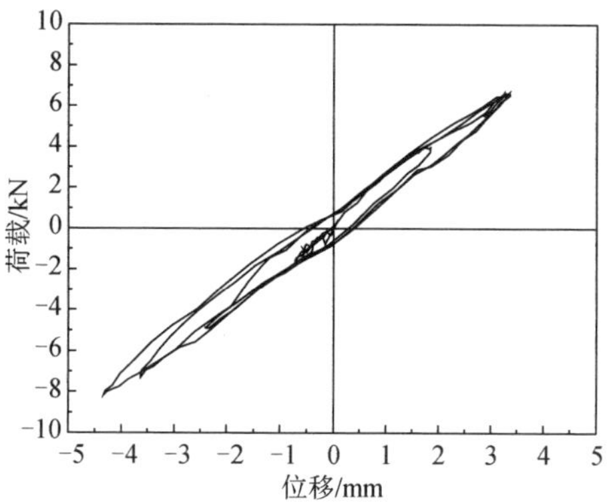

图 6.18　第一次 $A_{max}=0.10g$ 顶点等效力-位移滞回曲线

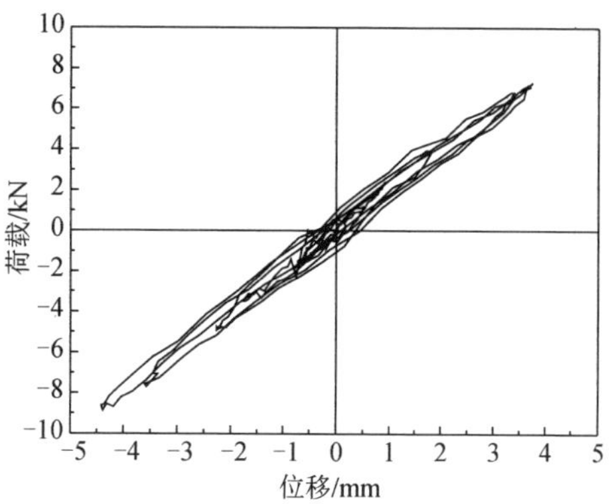

图 6.19　第二次 $A_{max}=0.10g$ 顶点等效力-位移滞回曲线

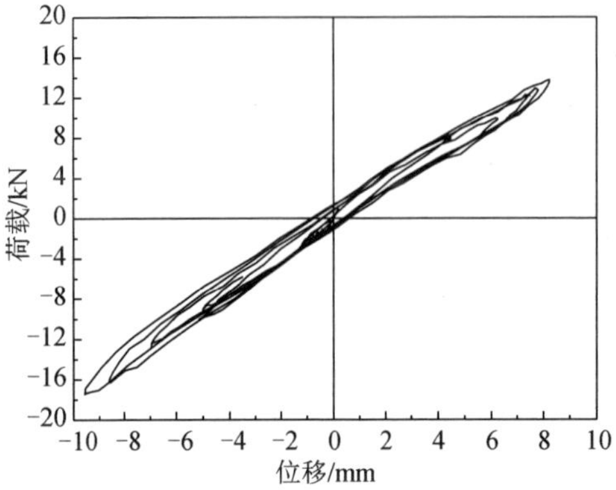

图 6.20　$A_{max}=0.22g$ 顶点等效力-位移滞回曲线

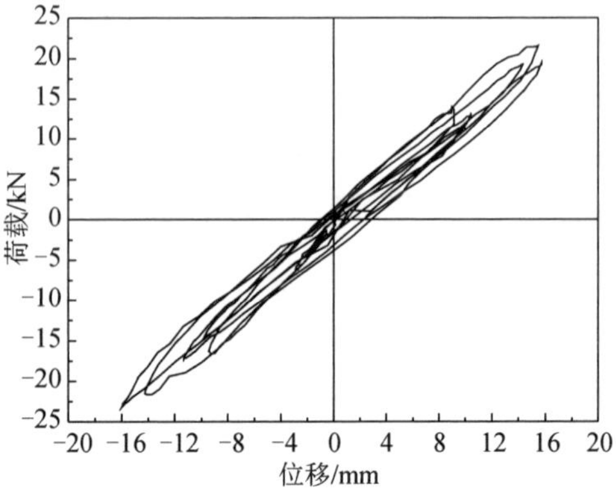

图 6.21　$A_{max}=0.40g$ 顶点等效力-位移滞回曲线

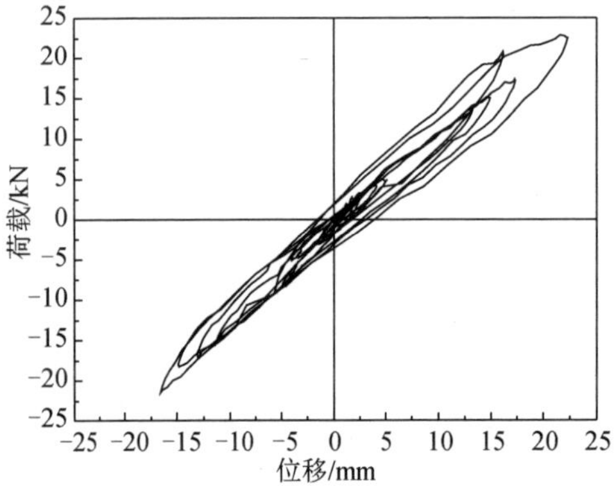

图 6.22　$A_{max}=0.62g$ 顶点等效力-位移滞回曲线

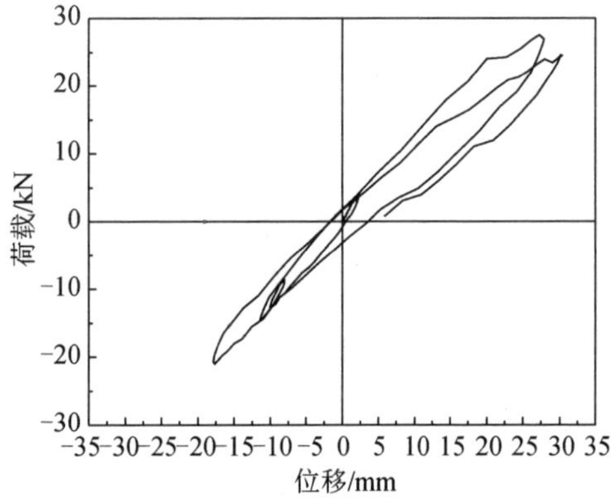

图 6.23　$A_{max}=1.0g$ 顶点等效力-位移滞回曲线

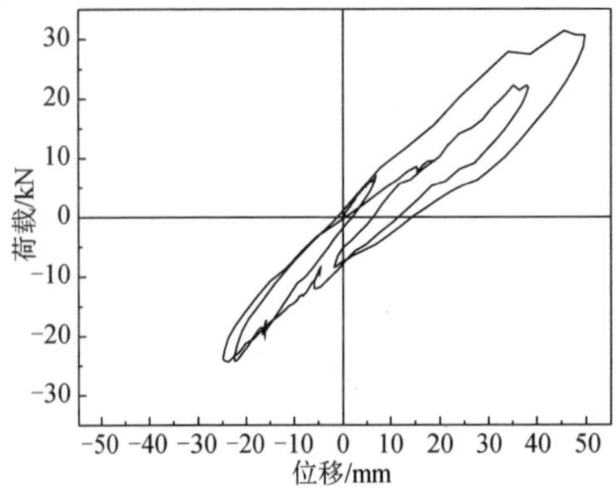

图 6.24　$A_{max}=1.6g$ 顶点等效力-位移滞回曲线

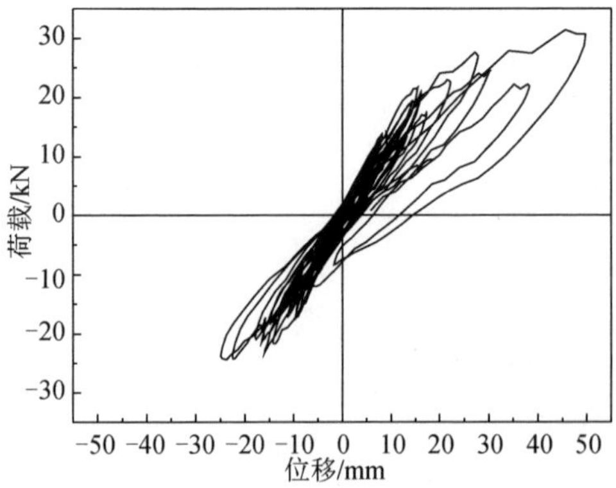

图 6.25　拟动力试验的顶点等效力-位移全曲线

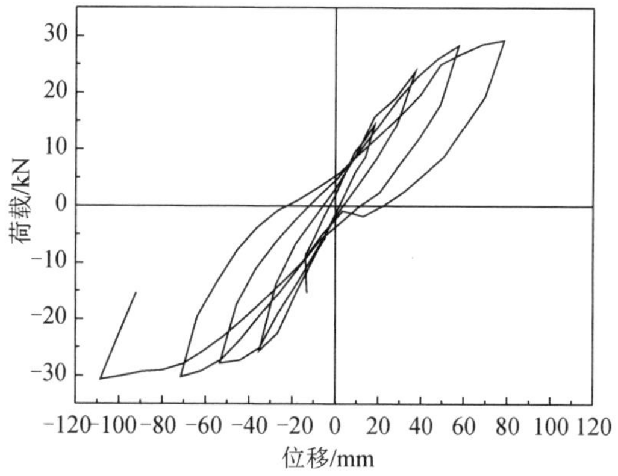

图 6.26　变幅位移加载的顶点等效力-位移滞回曲线

（4）最大水平位移下的各层水平位移和最大层间位移曲线

最大水平位移下的各层水平位移曲线和最大层间位移曲线如图 6.27 和图 6.28 所示。

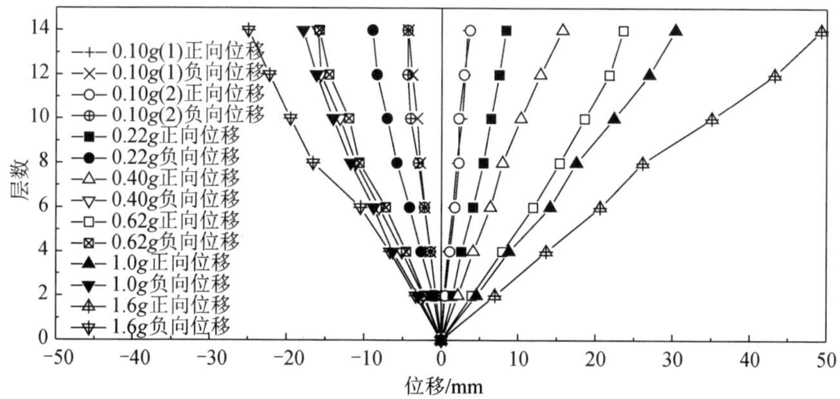

图 6.27　顶点正、负向最大水平位移下的各层水平位移曲线

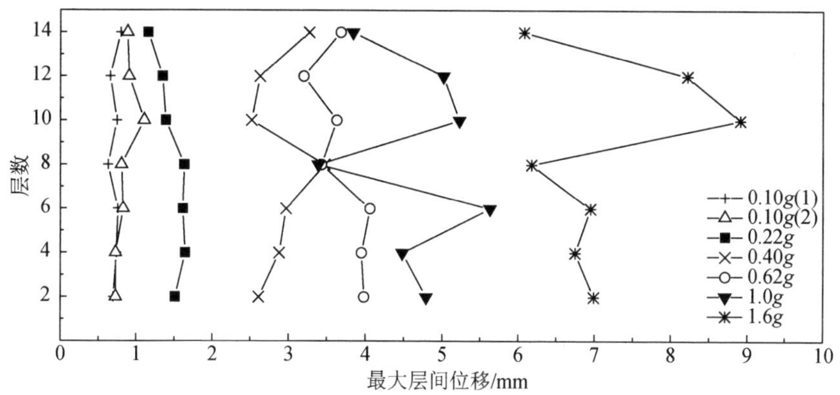

图 6.28　最大层间位移曲线

6.2.3 试验结果分析

1. 裂缝展开过程

裂缝展开如图 6.29～图 6.32 所示。

在加速度峰值 $A_{max} < 0.40g$（$A_{max} = 0.1g$、$0.22g$）作用时模型未发现可见裂缝，说明模型结构在 7 度罕遇地震作用下基本处于弹性工作状态。

在加速度峰值 $A_{max} = 0.40g$ 作用下，首先，在核心筒底层接近底板部位发现水平裂缝，然后是外框筒出现裂缝，框筒腹板部位裂缝主要出现在柱的上下端，表现为水平裂缝，裂缝分布部位主要在第 2 层～第 7 层，在荷载作用时，受拉区裂缝开展较为明显。裙梁裂缝出现较少，表现为裙梁与角柱相连接处的竖向裂缝。在框筒翼缘部位，裙梁未出现裂缝，翼缘两端和柱中出现水平裂缝。说明筒中筒结构模型在 8 度罕遇地震作用下裂缝逐步展开。

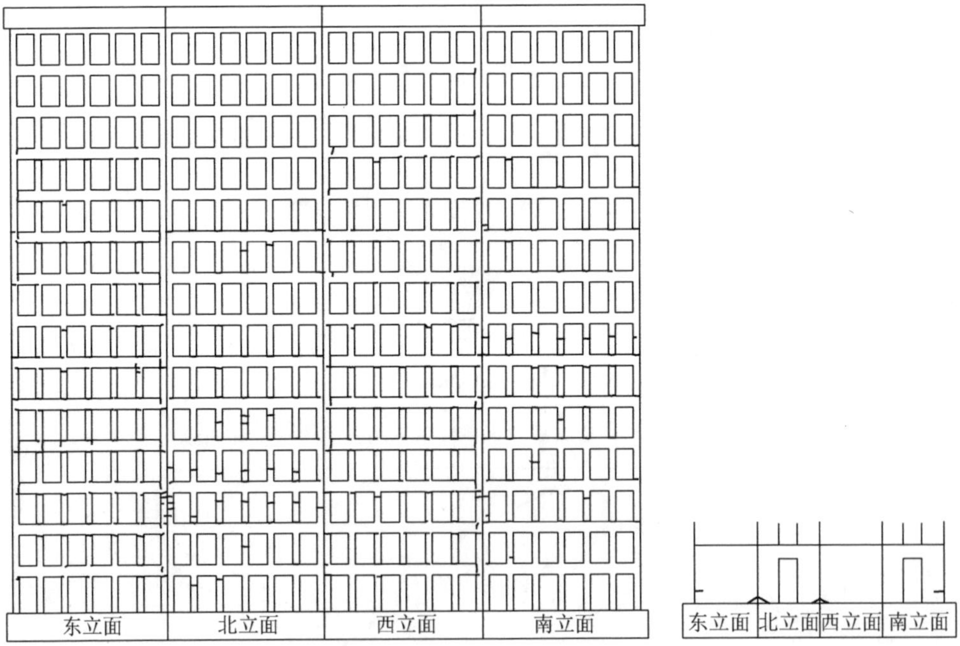

（a）外框筒　　（b）核心

图 6.29　0.4g 作用下筒中筒模型裂缝分布展开图

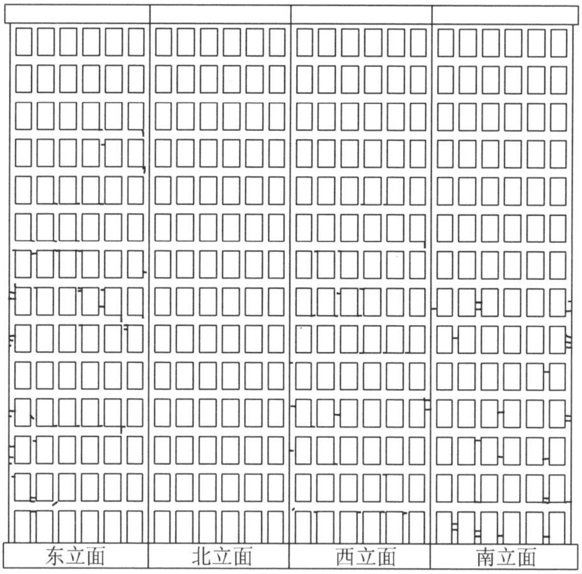

图 6.30　0.62g 作用下外框筒的新增裂缝展开图

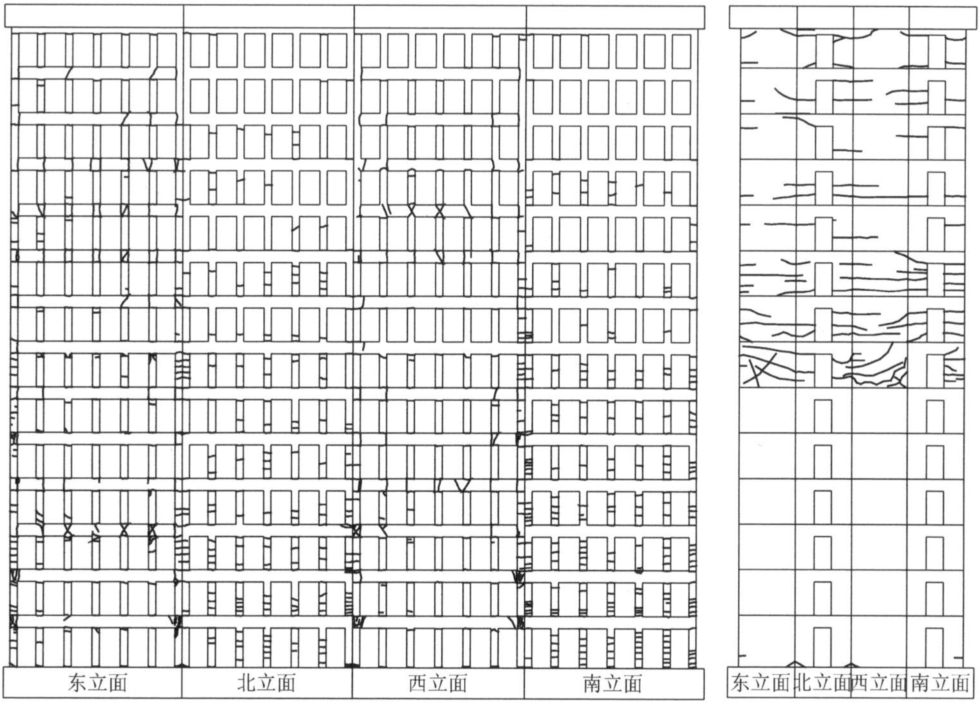

（a）外框筒　　（b）核心筒

图 6.31　筒中筒模型最终裂缝分布展开图

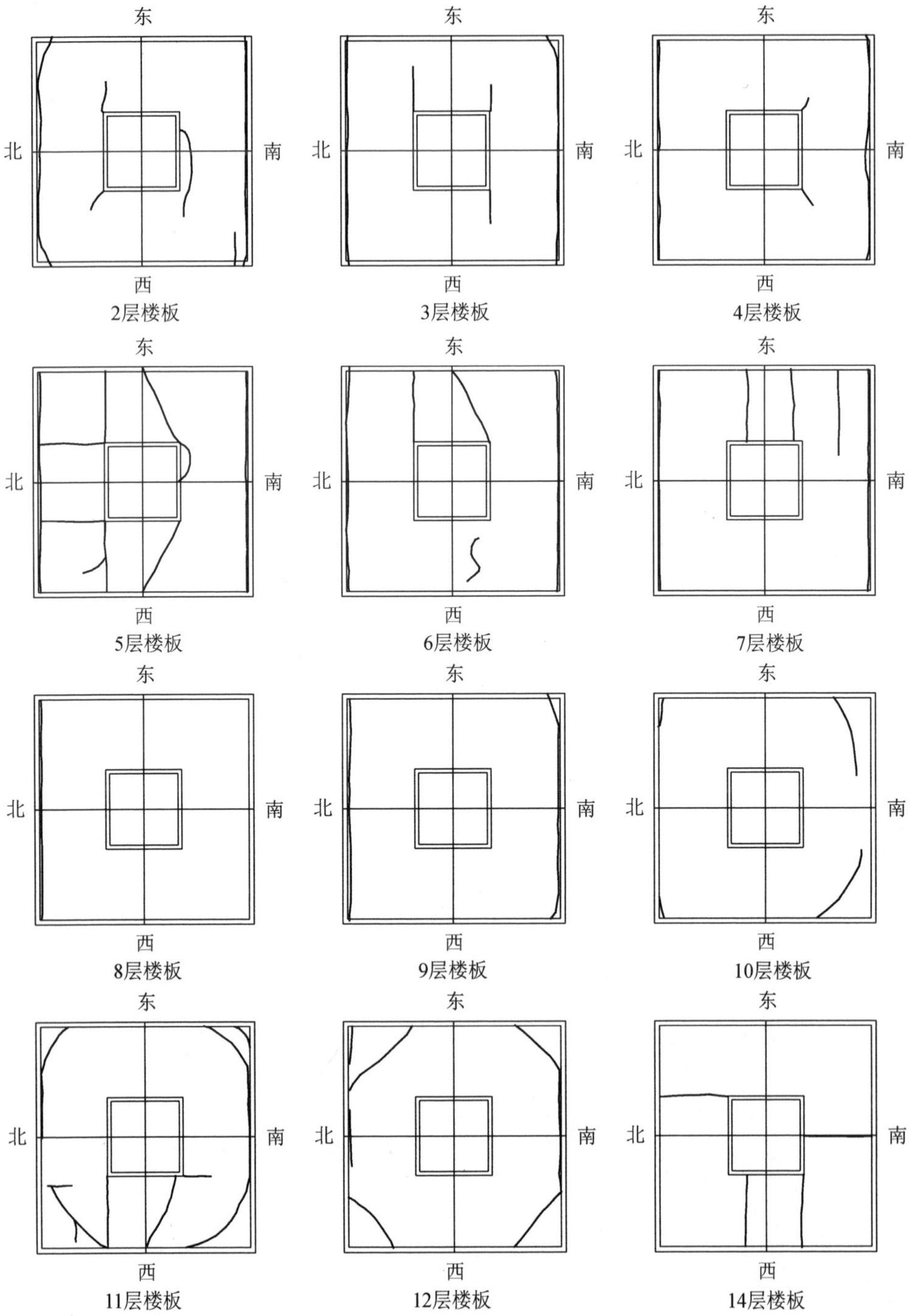

图 6.32　楼板上表面裂缝分布图

在加速度峰值 $A_{max}=0.62g$ 作用下，核心筒原有裂缝进一步加宽，但并没有新的裂缝开展；在框筒腹板部位，柱中出现新的水平缝，角柱新增水平缝较中柱多，裙梁与中柱连接部位也少量出现竖向裂缝；在框筒翼缘部位，柱中新增水平缝，裙梁无裂缝展开。楼板产生裂缝，裂缝主要分布在楼板与框筒翼缘裙梁连接部位，裂缝与翼缘裙梁平行，贯穿框筒腹板裙梁；部分楼层的楼板在框筒角部出现斜向裂缝，楼板与核心筒相连处也有裂缝开展。说明了结构模型在 9 度罕遇地震作用下，裂缝开展程度进一步加剧。

在加速度峰值 $A_{max}=1.0g$、$A_{max}=1.6g$ 作用下，核心筒与底座相连接处施工缝出现了较宽的水平缝，贯通整个核心筒底部。核心筒 7 层以上部分出现大量水平缝，连梁未出现裂缝，部分框筒腹板梁柱节点出现交叉斜裂缝，外框筒新增裂缝较多，翼缘框架裙梁仍未出现裂缝。该阶段试验完毕，结构模型尚具有一定的承载能力。

经过最后的变幅变位移加载后，筒中筒结构模型基本丧失了承载能力，整个模型底部形成了塑性区，大部分底层柱端混凝土出现了被压碎的现象。

2. 动力特性分析

在静力试验、拟动力试验前及每一种试验工况后都对模型进行了动力特性测试，测试设备采用北京东方振动和噪声技术研究所开发的 DASP 大容量数据自动采集和信号处理系统，测得各阶振型的频率和阻尼比，实测动力特性参数见表 6.2～表 6.5。表 6.2 为无人工质量时的实测动力特性参数；表 6.3 为附加人工质量时的实测动力特性参数；表 6.4 为施加顶部竖向作用力时的实测动力特性参数；表 6.5 为拟动力试验后的模型动力特性参数（卸除了顶部竖向力及水平作动器与模型的连接）。

通过分析实测动力特性参数可知，本筒中筒结构模型中的核心筒每层对称开两个洞口，x 向、y 向的动力特性有所不同，x 向的侧向刚度比 y 向稍大；附加人工质量后模型的频率明显减小；施加顶部竖向作用力使结构的频率增大、结构刚度增大，这与前述静力试验结果一致，因而在结构分析与设计中，如能考虑竖向荷载对结构刚度的影响，将使分析更接近于实际情况；经过静力试验后，结构模型的动力特性基本保持不变，说明前述模型在静力试验过程中处于弹性阶段。

表 6.2　无人工质量时的实测动力特性参数

项目		振型							
		振型 1	振型 2	振型 3	振型 4	振型 5	振型 6	振型 7	振型 8
x 向	频率/Hz	9.10	44.45	92.63	175.47	240.19	314.52	374.74	432.35
	阻尼比/%	0.50	0.60	0.85	1.11	0.74	0.64	1.24	0.71
	模态刚度	3.27×10^3	7.8×10^4	3.39×10^5	1.22×10^6	2.28×10^6	3.91×10^6	5.54×10^6	7.38×10^6
	模态阻尼	0.572	3.340	9.837	24.50	22.32	25.36	58.17	38.53

续表

项目		振型							
		振型 1	振型 2	振型 3	振型 4	振型 5	振型 6	振型 7	振型 8
y 向	频率/Hz	8.73	40.2	80.18	135.86	177.82	225.21	269.20	327.45
	阻尼比/%	0.14	0.87	0.86	0.80	0.83	0.72	1.02	0.74
	模态刚度	3.0×10^3	6.4×10^4	2.54×10^5	7.29×10^5	1.25×10^6	2.0×10^6	2.86×10^6	4.23×10^6
	模态阻尼	0.15	4.39	8.63	13.63	18.4	20.26	34.76	30.6
扭转	频率/Hz	15.69	58.25	104.5	159.55	207.25	255.79	313.96	351.45
	阻尼比/%	0.59	0.58	0.68	0.69	0.62	0.80	0.69	0.64
	模态刚度	9.72×10^3	1.3×10^5	4.31×10^5	1.01×10^6	1.70×10^6	2.58×10^6	3.89×10^6	4.88×10^6
	模态阻尼	1.16	4.26	8.96	13.9	16.11	25.78	27.11	28.39

表 6.3　附加人工质量时的实测动力特性参数

项目		振型			
		振型 1	振型 2	振型 3	振型 4
x 向	频率/Hz	8.01	28.69	65.98	91.95
	阻尼比/%	0.82	0.45	1.55	1.05
	模态刚度	2.53×10^3	3.3×10^4	1.72×10^5	3.34×10^5
	模态阻尼	0.82	1.62	12.87	12.11
y 向	频率/Hz	7.95	24.99	55.64	84.47
	阻尼比/%	0.67	0.4	0.42	2.07
	模态刚度	2.5×10^3	2.5×10^4	1.17×10^5	2.02×10^5
	模态阻尼	0.67	1.27	2.85	21.94
扭转	频率/Hz	11.97	32.96	70.32	98.58
	阻尼比/%	0.52	0.54	0.21	0.92
	模态刚度	5.61×10^3	4.29×10^4	1.64×10^5	3.84×10^5
	模态阻尼	0.776	2.23	1.66	11.36

表 6.4　施加顶部竖向作用力时的实测动力特性参数

项目		振型			
		振型 1	振型 2	振型 3	振型 4
x 向	频率/Hz	10.58	30.87	73.73	99.82
	阻尼比/%	1.12	0.51	1.10	1.57
	模态刚度	4.42×10^3	3.76×10^4	2.15×10^5	3.93×10^5
	模态阻尼	1.48	1.99	10.2	19.7
y 向	频率/Hz	9.03	26.62	58.24	90.74
	阻尼比/%	0.43	1.21	0.55	0.83
	模态刚度	3.22×10^3	2.8×10^4	1.34×10^5	3.25×10^5
	模态阻尼	0.49	4.04	4.0	9.47
扭转	频率/Hz	12.54	34.35	69.26	96.48
	阻尼比/%	0.58	0.54	0.66	0.59
	模态刚度	6.18×10^3	4.66×10^4	1.89×10^5	3.67×10^5
	模态阻尼	0.913	2.35	5.76	7.23

表 6.5　拟动力试验后的模型动力特性测试结果

项目		工况					
		0.1g、0.22g		0.4g		0.62g	
		x 向	y 向	x 向	y 向	x 向	y 向
振型 1	频率/Hz	8.01	7.95	6.33	6.11	—	6.08
	阻尼比/%	0.82	0.67	0.82	1.71	—	1.43
振型 2	频率/Hz	28.69	24.99	17.48	17.15	—	16.98
	阻尼比/%	0.45	0.4	0.82	1.12	—	1.20
振型 3	频率/Hz	65.98	55.64	52.47	49.66	—	—
	阻尼比/%	1.55	0.42	1.31	0.13	—	—

由表 6.3 可知，模型结构开裂前（$A_{max}=0.10g$、$A_{max}=0.22g$）各阶振型自振频率与试验前基本保持相同，也说明结构模型在 7 度罕遇地震作用下仍然处于弹性工作状态。当 $A_{max}=0.40g$ 时结构开裂较严重，自振频率下降约 25%，说明结构模型的抗侧刚度有较大幅度减小。但随着 A_{max} 的再增大（$A_{max}=0.62g$），自振频率下降不多，结构的抗侧刚度变化较小，随着 A_{max} 的增大，阻尼比总体上呈加大趋势。

3. 破坏机理分析

破坏机理分析如图 6.29～图 6.32 所示，部分开裂部位照片如图 6.33 所示。筒中筒结构模型的裂缝分布和开裂情况表明，筒中筒结构体系中的核心筒虽然在底部承担较大的剪力，但由于核心筒本身属细长的悬臂构件，因而以弯曲变形为主，核心筒底部是薄弱环节。在筒中筒结构模型试验中，当输入地震波加速度峰值 $A_{max}=0.40g$ 时，核心筒墙角与底板相交的施工缝处首先出现水平裂缝，说明核心筒墙肢相对于外框筒柱来说，墙肢底部出现的拉应变最大，因而最先出现水平裂缝，同时体现了强剪弱弯的设计原则。

（a）翼缘中柱柱端开裂

（b）角柱部位的裙梁与楼板开裂

图 6.33　部分开裂部位照片

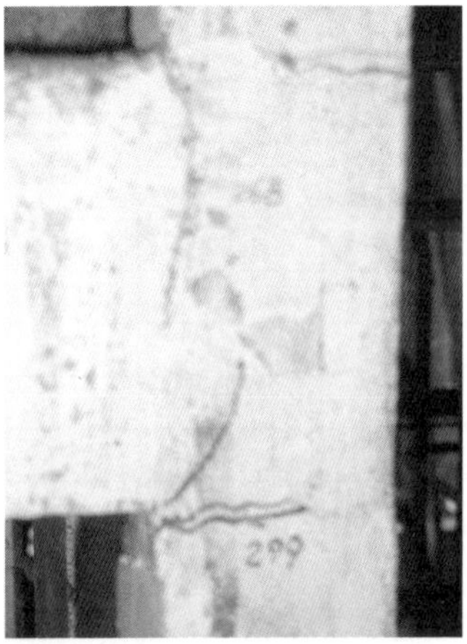

（c）角柱节点部位开裂

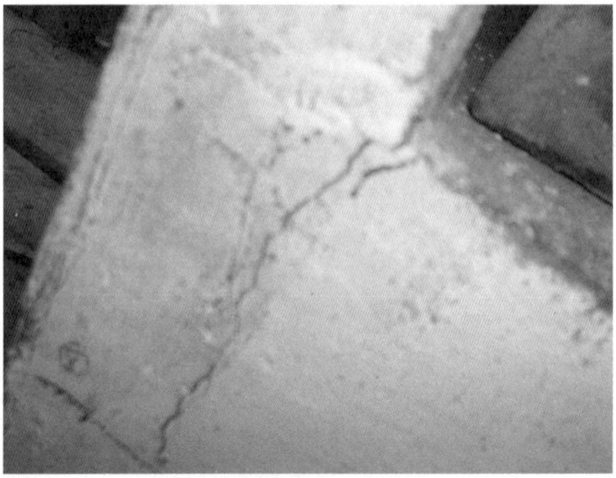

（d）角柱部位的裙梁开裂

（e）顶层核心筒墙墙体开裂（西侧面）

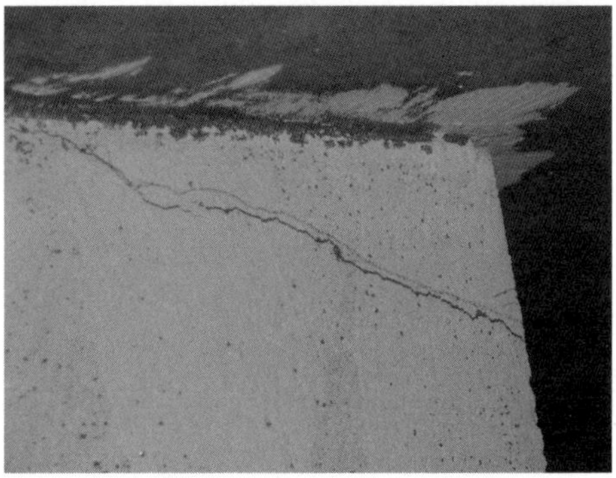

（f）顶层核心筒墙墙体开裂（东侧面）

图 6.33（续）

在核心筒底部出现水平裂缝后，外框筒柱和裙梁相继出现了裂缝。外框筒主要承受整体倾覆弯矩，上部腹板框架还承受大部分剪力。由图 6.29 可知，当 $A_{\max}=0.40g$ 时，所有框筒柱的裂缝均表现为受拉水平裂缝，对于腹板框架柱，其位置一般在柱上、下端与梁相交位置；翼缘框架柱除了裂缝出现在柱端外，也有部分裂缝处于柱的中部位置。这是由于框筒柱在水平荷载作用下以整体剪切变形为主，裙梁的刚度较大，因而腹板框架柱出现了类似框架结构的柱端裂缝；另外，外框筒的整体弯曲变形使腹板近翼缘柱及翼缘框架柱因受拉而开裂。当 $A_{\max}=0.62g$ 时，柱水平裂缝进一步增多，角柱由于同时受到双向弯曲的作用及剪力滞后的影响，破坏最为严重，裂缝相对中柱多且较密。腹板框架中柱两端弯矩作用较大，在弯矩、剪力、轴力共同作用下开裂，其中轴力较小，因此在腹板框架柱的上、下端开裂而在中部位置很少开裂。由图 6.29 可知，腹板框架柱破坏最严重的部位不在底层，而在第 2～第 4 层，这是因为外框筒承担的水平剪力在底层不是最大的，底部剪力主要由核心筒承担，底部翼缘框架也承担少部分剪力，在前述的弹性分析中也可得出相同的结论。

在外框筒柱出现裂缝后，翼缘框架（南、北立面）的裙梁基本上没有发现裂缝，而腹板框架与角相连的裙梁首先出现梁柱节点位置的竖向裂缝和斜向交叉裂缝，这是由于与角柱相连的裙梁承担弯矩最大，同时也受到双弯、剪、扭的作用，其是裙梁中最薄弱的环节。

在与角柱相连的裙梁出现裂缝的同时，楼板出现裂缝。裂缝分布的形式表明，楼板与核心筒及翼缘框架组成的框架体系可少量分担楼层剪力，由于楼板的抗弯能力较弱，在该体系中成为薄弱环节，因而在筒中筒结构设计中，外框筒与核心筒仅通过楼板相联系，会削弱楼层抗剪能力，应增设连系梁。另外，楼板在近角柱部位出现的斜向裂缝形式表明了角柱的受力较大，该裂缝形式可与规范中楼板角部配筋需加强的要求相呼应。

当 $A_{\max}=1.0g$ 时，随着核心筒与底板相交处裂缝进一步加宽，7 层以上部位外框筒和核心筒出现大量水平裂缝，属典型的正截面受拉破坏。这是由于在结构底部处于非线性阶段时，中部、顶部外力出现的反向。关于这一点，需进一步研究当结构底部出现非线性后，多自由度拟动力试验如何控制的问题。

在本节试验中，由于荷载作用方向与核心筒连梁的方向垂直，因而在整个试验过程中，连梁基本完好无损，该特点可为结构力学模型的建立提供依据。

4. 变形性能分析

各地震波输入工况时结构的最大层间位移角与最大顶点相对位移见表 6.6。

表 6.6　最大层间位移角 θ 与最大顶点相对位移 Δ/H

项目	工况					
	1（2 次）	2	3	4	5	6
原型加速度峰值/（m/s^2）	0.10g	0.22g	0.40g	0.62g	1.0g	1.6g
模型加速度峰值/（m/s^2）	0.24g	0.53g	0.96g	1.49g	2.41g	3.86g
最大层间位移角 θ	1/750（1/541）	1/366	1/173	1/148	1/107	1/67
最大顶点相对位移 Δ/H	1/977（1/959）	1/474	1/266	1/180	1/140	1/86

由表 6.6 可知，当结构原型加速度峰值 $A_{\max}=0.10g$ 、$0.22g$ 时，结构处于弹性工作状态，最大层间位移角 $\theta \leqslant 1/366$，随 $A_{\max}$ 加大，结构开裂，θ 值相应加大，当 $A_{\max}=0.62g$ 时的地震烈度相当于 9 度罕遇地震，弹塑性层间位移角 $\theta=1/148$，小于规范规定的 1/120，此时结构还有足够的强度和延性，当 $A_{\max}=1.6g$ 时的烈度值已超出规范的烈度值范围，结构层间位移角 θ 达 1/66 而保持好的整体性，说明该结构型式具有抵抗强烈度地震的优越性能。另外，从本节试验结果来看，《高层建筑混凝土结构技术规程》（JGJ 3—2010）对弹性层间位移角限值较为严格，偏

于安全。

比较各工况的位移时程曲线和顶点等效力时程曲线，两者有很好的相似性。位移和力的幅值与输入地震波加速度幅值的大小有关，随加速度幅值的加大而增大。

各种工况的顶点等效力-位移滞回曲线如图 6.18～图 6.26 所示，比较各滞回曲线可见，地震波加速度峰值为 $A_{max}=0.10g$ 、$0.22g$ 时，结构未发现可见裂缝，等效力与位移大致呈线性关系，滞回曲线扁平，从 $A_{max}=0.40g$ 开始，结构开裂，刚度逐渐退化，滞回环面积逐渐加大，耗能能力逐渐增强。当地震波加速度幅值 A_{max} 继续增大时，结构顶点位移的增加并不与 A_{max} 的增加成比例，其增长的比例小于 A_{max} 的增长比例，这是由于结构开裂后刚度退化，A_{max} 增大使刚度退化更严重，结构自振周期加大，地震影响系数减小，因而虽然地震烈度加大但地震反应并不成比例加大。另外，滞回曲线拉压滞回部分不对称，表现为滞回面积不对称、顶点等效力不对称和位移不对称，滞回曲线第一象限（推）的滞回环面积明显偏大，随 A_{max} 的增大差别更明显，这是结构进入非线性阶段后拉压刚度不对称所致的。

6.3　组合筒体结构模型的拟动力试验

6.3.1　加载与测试装置

本节试验模型底部 5 层为钢管混凝土柱-混凝土核心筒结构，第 5 层为型钢混凝土转换大梁，上部 8 层为混凝土筒中筒结构，其中四角为钢管混凝土柱。对模型进行静力试验、动力特性测试后进行两自由度拟动力试验[119,120]。

1. 加载装置

在模型的第 5 层、第 13 层的南面和北面分别安装 1 台千斤顶，共 4 台，各配 20t 力传感器，由反力墙和反力架提供水平反力；模型顶板安装竖向千斤顶 2 台，各配 10t 力传感器，竖向反力通过反力梁传递给设置在模型两侧的 ϕ32mm 竖向钢拉杆，竖向钢拉杆铰接并锚固于地槽，这样可避免由固定反力架提供竖向反力时反力梁对模型的水平约束作用。将模型质量等效集中于第 5 层和第 13 层，对模型进行两点加载，按两自由度体系由位移控制进行试验。

2. 测试装置

在模型的第 2 层、第 4 层、第 5 层、第 7 层、第 9 层、第 11 层、第 13 层的东北角和西南角的钢管混凝土柱位置安装数字式电子位移计，用以测定相应各层的水平位移，其中第 5 层和第 13 层位移作为拟动力试验的指令位移。

在第 1 层、第 3 层的钢管与第 6 层混凝土柱和转换梁的表面布置电阻应变片，通过应变仪采集相应部位的应变。在基底布置指示表监测底座的位移。加载与测试装置如图 6.34 所示。

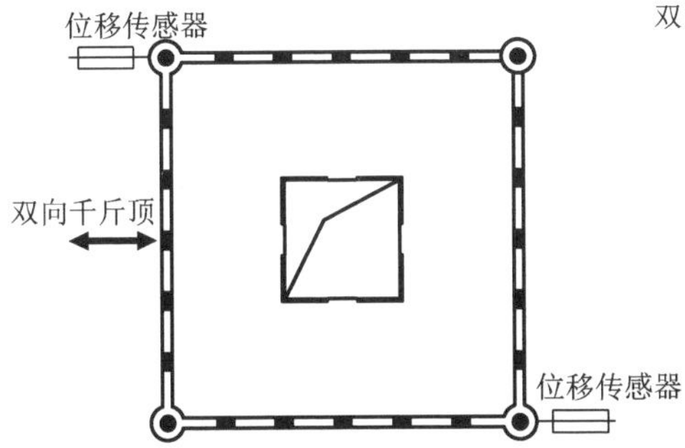

（a）平面示意图

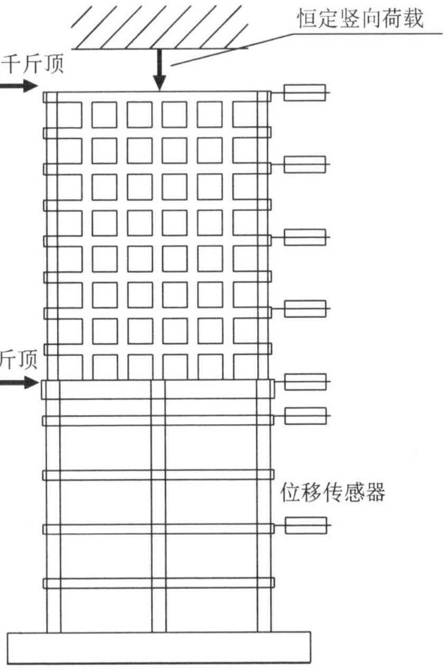

（b）立面示意图

（c）装置照片

图 6.34　加载与测试装置

6.3.2　加载方案

1. 拟动力试验

（1）地震波的选取

在地震地面运动特性中，对结构破坏有重要影响的因素为地震动强度、频谱特性和强震持时。本节直接采用强震记录 Elcentro N-S 波（图 6.35）。在模型第 5 层和第 13 层通过伺服作动器控制系统或千斤顶施加水平地震作用，加速度峰值根据需要按比例进行放大或缩小，并按从小到大顺序，即 0.29g、0.54g、0.83g 和 1.34g 逐级进行试验，分别相当于原型的 0.22g、0.40g、0.62g 和 1.0g，地震波的持时和时间间隔根据相似条件求得。

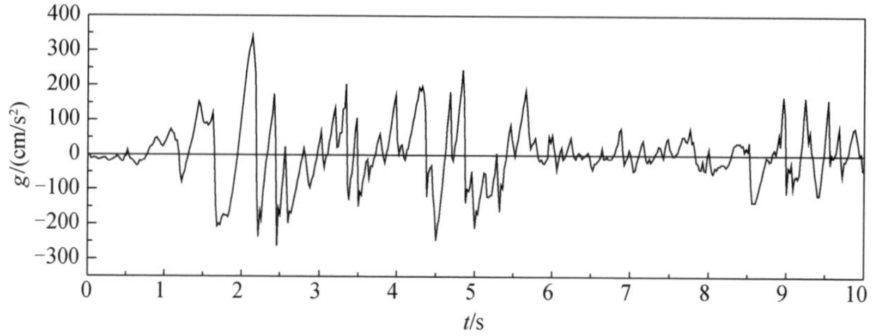

图 6.35　地面运动加速度（Elcentro N-S 波）

（2）等效质量的确定

高层建筑结构的构件众多，即使按结构力学一般计算简图选取后，在分析计算时仍十分烦琐，因此工程中常采用合并或综合的计算简图进行分析计算，最常用的就是等效模式，常用的等效模式包括单物理量等效模式和双物理量等效模式。单物理量等效模式是在某种条件下，原机构与等效机构某物理量（质量或刚度等）应该相等，这种模式只有在指定条件下，只对等效的物理量才是准确的，其他求得的物理量都是近似值，该模式因计算简便而广泛应用。由于单物理量等效在力学上只能得到近似解，所以，本节在振动力学原理上来寻找合理的较为精确的双物理量等效模式。

由振动力学原理可知，振动过程是功和能的转换变化，一个物理量保持不变不能保证振动响应不变，只有功和能在振动过程中体系相同，才能取得振动响应相同的可能，也只有在功和能等效的模式下，才有可能取得多个振动响应而不是一个响应相等的值。双物理量等效模式就是根据功和能等效为原则进行换算。

首先，将第 13 层模型结构按单物理量模式把墙柱质量向楼板集中，等效为 13 质点体系，再按双物理量等效模式等效为两质点体系。设 M_1 为位于第 5 层的等效质点的等效质量，M_2 为位于第 13 层的等效质点的等效质量，计算公式如下：

$$M_1 = \frac{\sum_{i=1}^{5} m_i \varphi_i^2}{\varphi_1^2 + \varphi_5^2} + \frac{\sum_{i=6}^{13} m_i \varphi_i^2}{\varphi_6^2 + \varphi_{13}^2} \tag{6.2}$$

$$M_2 = \frac{\sum_{i=6}^{13} m_i \varphi_i^2}{\varphi_6^2 + \varphi_{13}^2} \tag{6.3}$$

式中，m_i——第 i 层集中质量，将该层墙、柱、楼板质量相加得到，$m_i(i=1,2,\cdots,13)$；

φ_i——结构第一振型的各质点位移，由 DASP 振动测试系统实测得到 $\varphi_i(i=1,2,\cdots,13)$。经计算和测试，$m_i$、$\varphi_i$ 取值见表 6.7。

表 6.7　各质点 m_i、φ_i 实测值

项目	质点号						
	1	2	3	4	5	6	7
m_i /kg	1568	1568	1568	1568	1353	1365	1365
φ_i	0.03	0.06	0.15	0.18	0.3	0.42	0.45
类别	质点号						
	8	9	10	11	12	13	—
m_i /kg	1465	1465	1465	1465	665	2543	—
φ_i	0.55	0.63	0.78	0.86	0.96	1.0	—

按式（6.2）～式（6.3）计算，等效两质点体系的质量分别为 $M_1 = 9413\text{kg}$，$M_2 = 6363\text{kg}$。

（3）等效刚度的确定

对模型结构进行水平加载静力试验，实测模型结构的等效刚度。

在模型顶部施加竖向荷载，第 1 层～第 13 层堆置砝码的情况下，分别在第 5 层和第 13 层施加水平荷载，测定模型第 5 层和第 13 层的水平位移，由此推算等效两质点体系的等效刚度。

根据第 5 层水平荷载和相应的水平位移，可计算出等效两质点体系第 1 层的层刚度 K_1，根据第 13 层的水平荷载和相应的水平位移，可求得顶点单位位移所需要的水平力 K_2'，根据结构竖向刚度并联原理，计算公式如下：

$$\frac{1}{K_2'} = \frac{1}{K_1} + \frac{1}{K_2} \tag{6.4}$$

求得等效两质点体系第 2 层的层侧移刚度 K_2。于是可求得等效两质点体系的初始刚度矩阵为

$$\boldsymbol{K} = \begin{bmatrix} K_{11} & K_{12} \\ K_{21} & K_{22} \end{bmatrix} \tag{6.5}$$

在每一种工况的拟动力试验之前，用上述方法测得该工况的初始刚度。

2. 变幅位移试验

拟动力试验地震加速度峰值设置为 1.0g 后，结构还有一定的承载能力，为了

了解模型在大位移情况下的抗震性能，进行了由位移控制的两点比例加载的低周反复试验。每次循环的顶点位移幅值依次为 2cm、4cm、6cm 和 8cm，每一位移峰值下正反各循环一次。位移的施加以 2cm 进级，如顶点位移峰值 8cm 时，其位移施加过程依次为 0→2cm→4cm→6cm→8cm→6cm→4cm→2cm→0→ –2cm → –4cm → –6cm → –8cm → –6cm → –4cm → –2cm →0，第 13 层与第 5 层位移比值按第一振型确定为 1∶0.61，加载速率控制在 0.2mm/s。

6.3.3 试验结果

本节试验共进行了 5 种工况的试验，包括 4 种工况的拟动力试验和 1 种工况的变幅位移的低周反复试验。拟动力试验之前进行了多种工况的弹性静力试验，其试验情况另外整理。拟动力试验各工况输入的地震波加速度峰值见表 6.8，低周反复试验在工况 4 后进行，此时模型已进入破坏阶段。

表 6.8　各工况输入的地震波加速度峰值

项目	工况			
	1	2	3	4
模型	0.29*g*	0.54*g*	0.83*g*	1.34*g*
原型	0.22*g*	0.40*g*	0.62*g*	1.0*g*
烈度	7 度（罕遇烈度）	8 度（罕遇烈度）	9 度（罕遇烈度）	>9 度（罕遇烈度）

1. 位移时程曲线

各工况的位移时程曲线如图 6.36～图 6.40 所示，图中 7 条曲线对应于第 2 层、第 4 层、第 5 层、第 7 层、第 9 层、第 11 层、第 13 层的水平位移，位移幅值渐次增大。

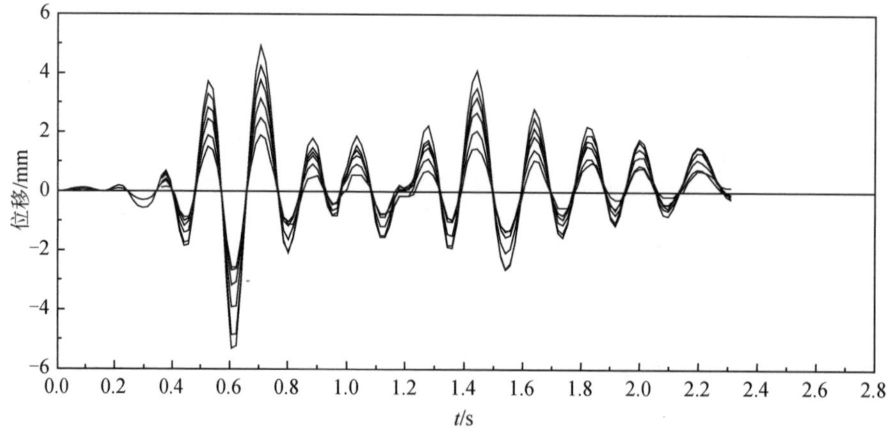

图 6.36　地震加速度峰值 0.22*g* 各层位移-时程曲线

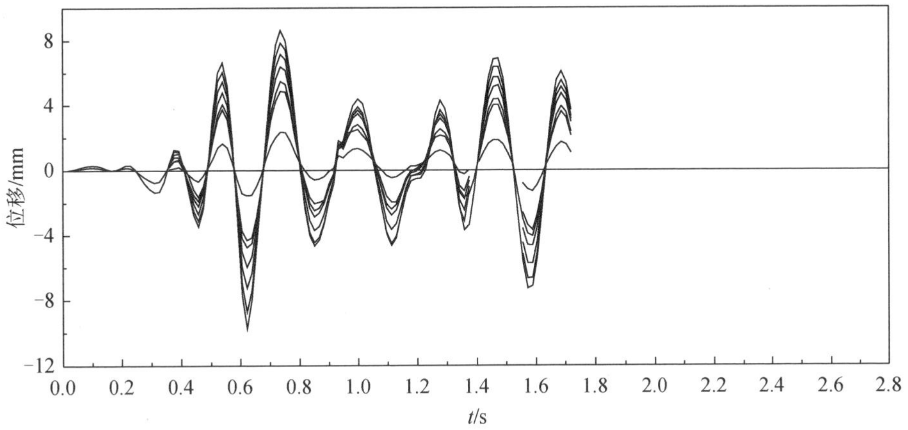

图 6.37　地震加速度峰值 0.40g 各层位移-时程曲线

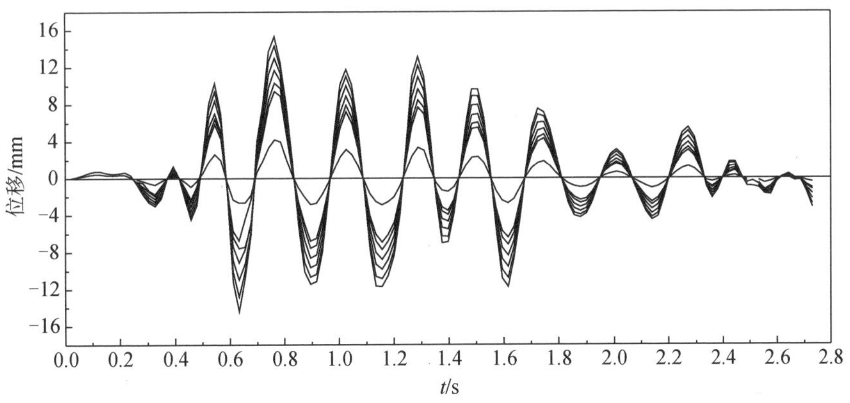

图 6.38　地震加速度峰值 0.62g 各层位移-时程曲线

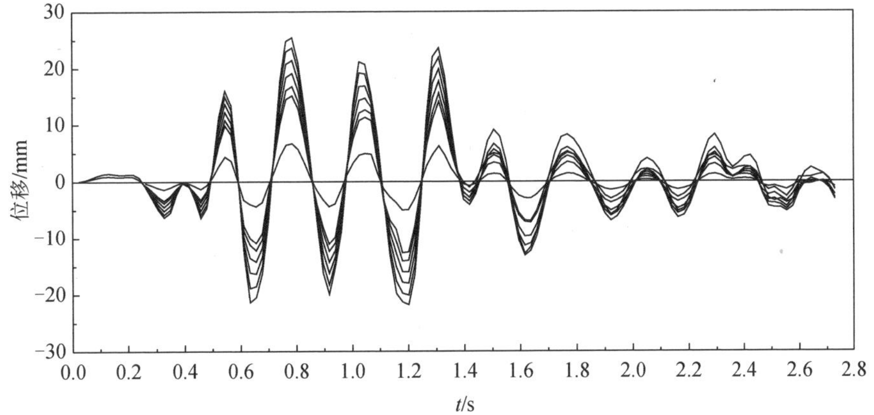

图 6.39　地震加速度峰值 1.0g 各层位移-时程曲线

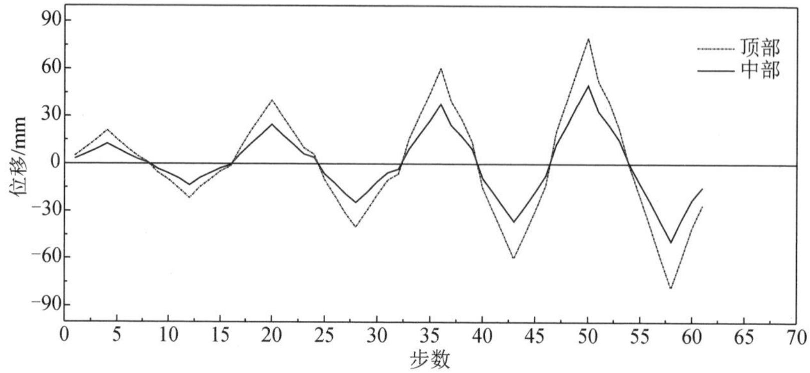

图 6.40　变幅位移-时程曲线

2. 作用力时程曲线

各工况的作用力-时程曲线如图 6.41～图 6.45 所示。

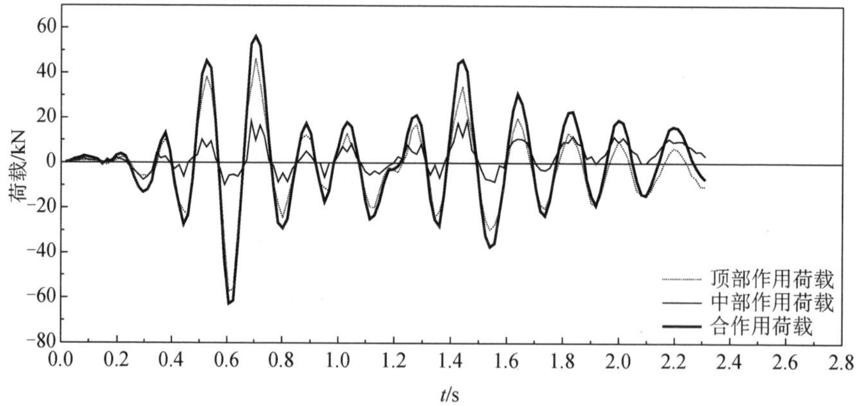

图 6.41　地震加速度峰值 0.22g 作用力-时程曲线

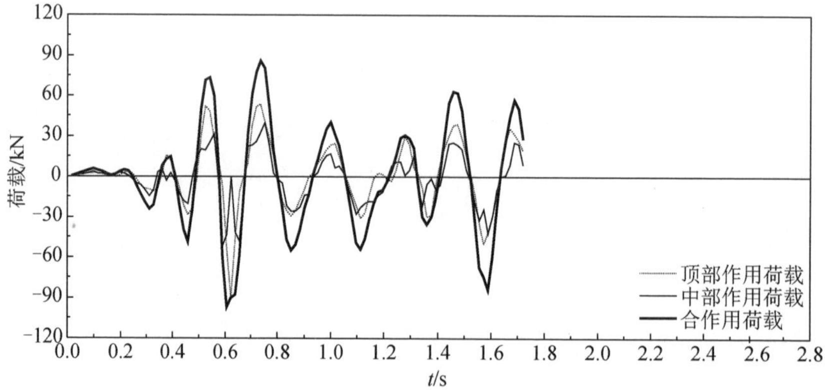

图 6.42　地震加速度峰值 0.40g 作用力-时程曲线

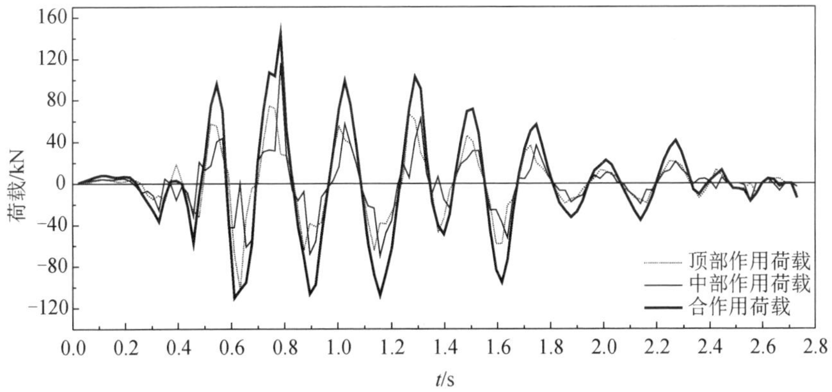

图 6.43　地震加速度峰值 0.62g 作用力-时程曲线

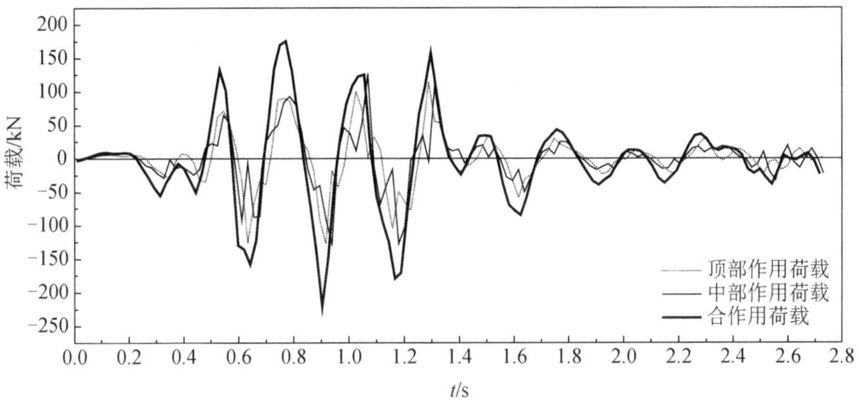

图 6.44　地震加速度峰值 1.0g 作用力-时程曲线

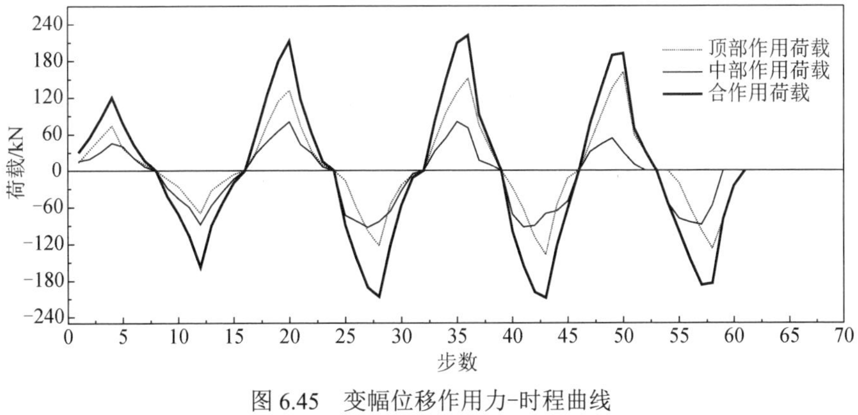

图 6.45　变幅位移作用力-时程曲线

3. 滞回曲线

以顶点位移为横坐标，底部剪力为纵坐标，可得到不同地震加速度峰值的地震作用下模型底部剪力-顶点位移滞回曲线，如图 6.46～图 6.50 所示。

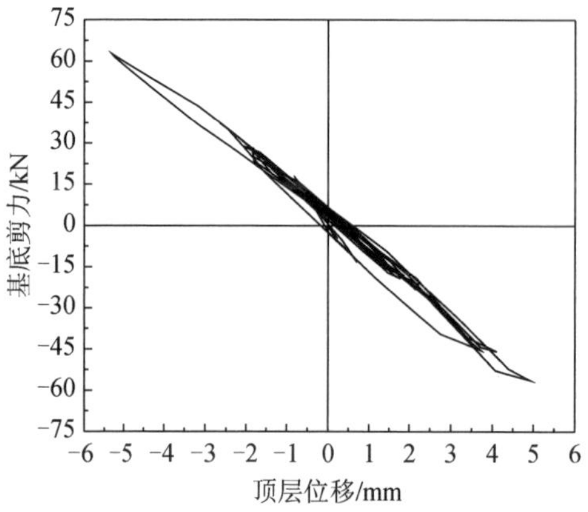

图 6.46　加速度为 0.22*g* 的滞回曲线

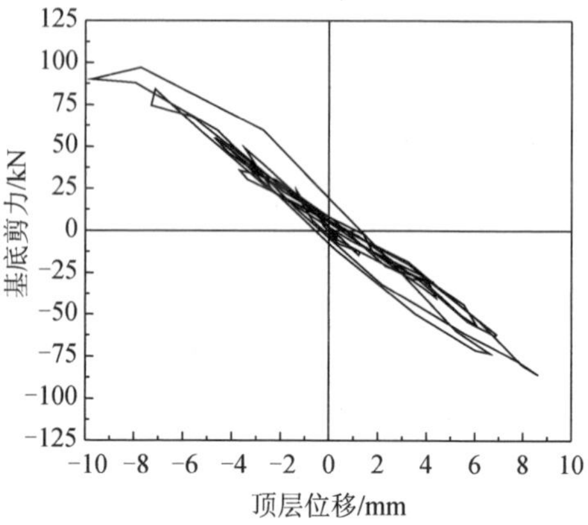

图 6.47　加速度为 0.40*g* 的滞回曲线

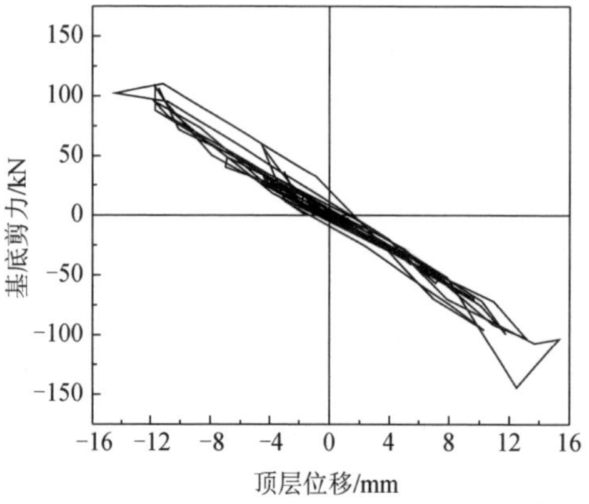

图 6.48　加速度为 0.62*g* 的滞回曲线

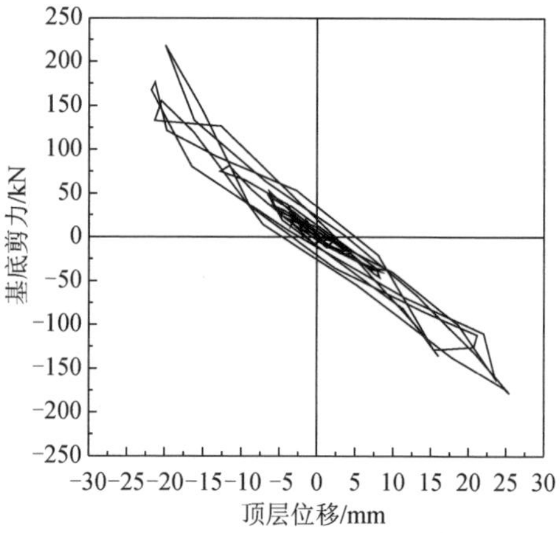

图 6.49　加速度为 1.0*g* 的滞回曲线

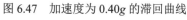

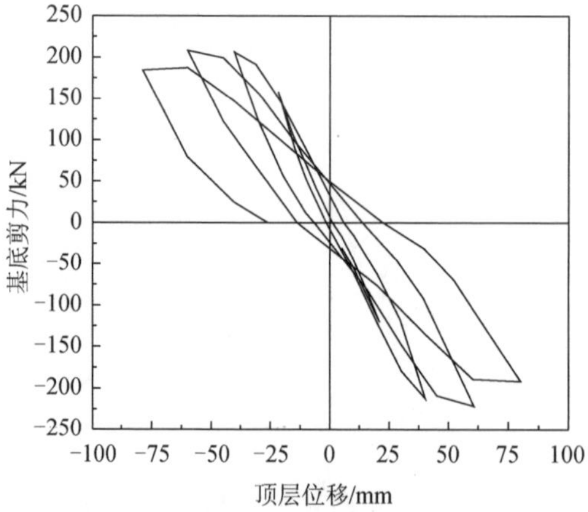

图 6.50　变幅位移加载的滞回曲线

4. 最大水平位移-高度曲线、最大水平位移-层数关系曲线与最大层间位移曲线

最大水平位移-高度关系曲线、最大水平位移-层数关系曲线与最大层间位移曲线如图 6.51～图 6.53 所示。

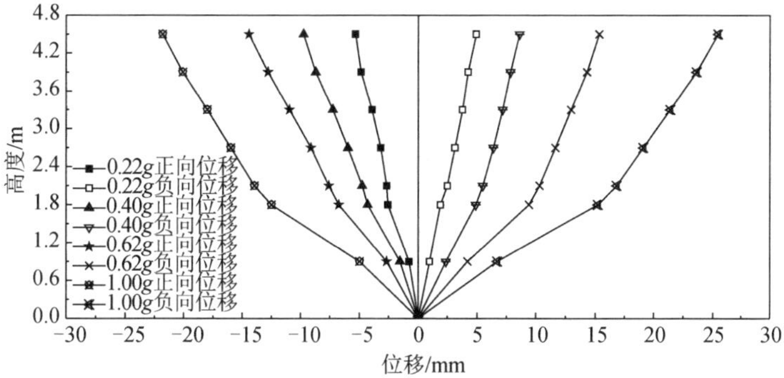

图 6.51　最大水平位移-高度关系曲线

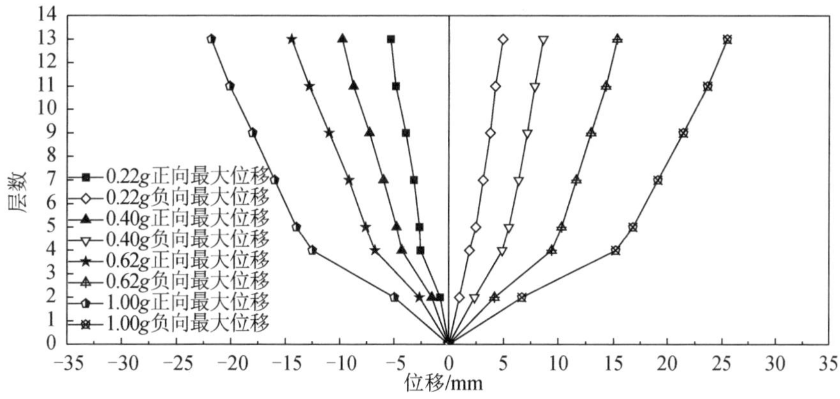

图 6.52　最大水平位移-层数关系曲线

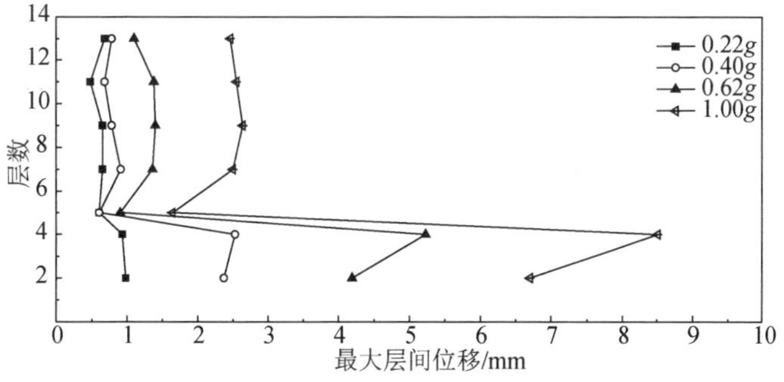

图 6.53　最大层间位移曲线

6.3.4 破坏形态

1. 核心筒的破坏形态

核心筒是筒体结构承受水平荷载的重要构件，承担着60%以上的水平地震作用。在地震加速度峰值0.22g（7度罕遇地震）时，底层翼缘墙肢与基础底板相交处首先出现水平裂缝，然后翼缘墙肢在洞顶及洞口中部出现水平裂缝，延伸至腹板墙肢。

在地震加速度峰值0.40g（8度罕遇地震）时，核心筒第2层～第4层腹板墙肢洞口上方连梁出现交叉斜裂缝，但底层、转换层（5层）及以上各层没有斜裂缝，说明底层筒体所受剪力小于第2层。同时第1层～第4层腹板及翼缘墙肢均出现了水平裂缝。

在地震加速度峰值0.62g（9度罕遇地震）时，第1层～第4层腹板连梁交叉斜裂缝、腹板及翼缘墙肢水平裂缝进一步增多和加宽，但5层以上仍未见可见裂缝。

在地震加速度峰值1.0g时，顶点最大位移达到25mm，第1层～第4层均有新裂缝增加，翼缘大多为水平裂缝，腹板大多为斜向裂缝，5层及以上仍未见可见裂缝，这是因为下部5层钢管混凝土柱延性很好，其刚度与内筒不匹配，内筒刚度大，分担水平地震作用多，而先开裂，开裂后的内筒与钢管混凝土柱由于其侧向刚度下降，延性很好，下面几层形成了隔震层，从而对上部结构形成了好的保护，隔震层要有好的延性和足够的强度、刚度，钢管混凝土柱能满足这些要求。

在变幅位移的低周反复荷载作用下，顶点最大位移达80mm，核心筒破坏严重，第2层～第4层腹板连梁斜向加强钢筋拉断，其他层连梁均出现了交叉斜裂缝、墙肢出现水平及斜向裂缝，但翼缘墙肢7层及以上一直未见裂缝。图6.54为核心筒裂缝展开图，图中东、西向为腹板墙肢，南向、北向为翼缘墙肢[121,122]。

2. 外框筒的破坏形态

地震加速度峰值0.22g时，外框筒没有出现裂缝；加速度峰值0.40g时，腹板框架梁柱节点开裂，梁端形成竖向裂缝，柱顶、柱底施工缝处形成水平裂缝，从而在梁柱节点处形成口字形裂缝；地震加速度峰值0.62g时，腹板框架梁柱节点新增口字形裂缝；地震加速度峰值1.0g时，腹板框架少数端跨梁两端出现斜向裂缝。

在变幅位移的低周反复荷载作用下，腹板框架梁柱节点出现交叉斜裂缝，梁端出现交叉斜向裂缝，边跨框架梁尤甚，柱端也出现了交叉斜裂缝，第6层（过渡层）柱破坏最严重，个别柱两端混凝土压碎。

型钢混凝土组合梁在加速度峰值0.22g、0.40g时没有出现裂缝，0.62g时梁端出现竖向裂缝和斜向裂缝，1.0g时新增较多裂缝，裂缝形式有竖向、水平、斜向，说明转换梁受力复杂，在低周反复荷载作用下，梁身出现更多不规则裂缝。

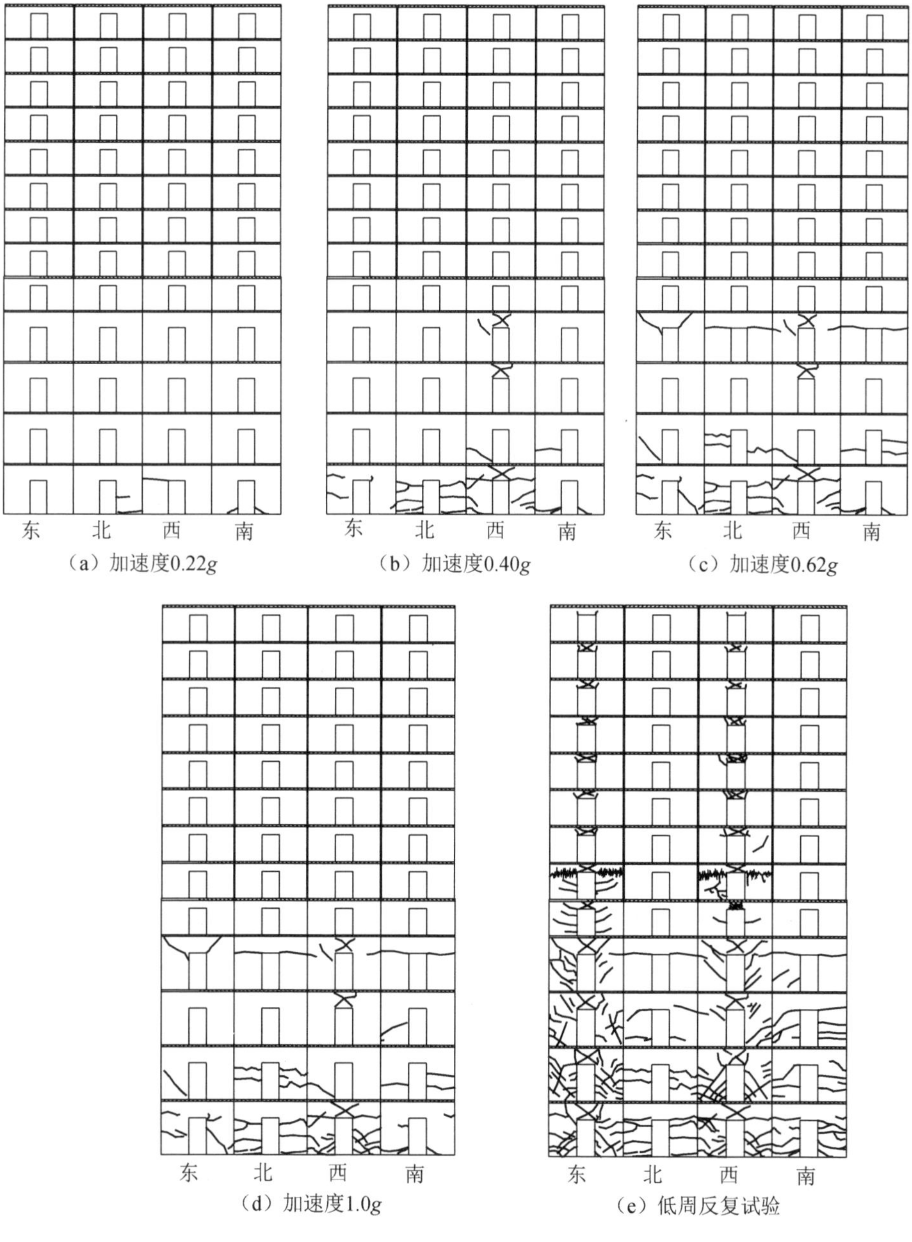

（a）加速度0.22g　（b）加速度0.40g　（c）加速度0.62g

（d）加速度1.0g　（e）低周反复试验

图 6.54　核心筒裂缝展开图

图 6.55 为各工况下外框筒及节点裂缝展开图，图中东立面、西立面为腹板框架，南立面、北立面为翼缘框架，钢管混凝土节点旁边附图为节点展开图。

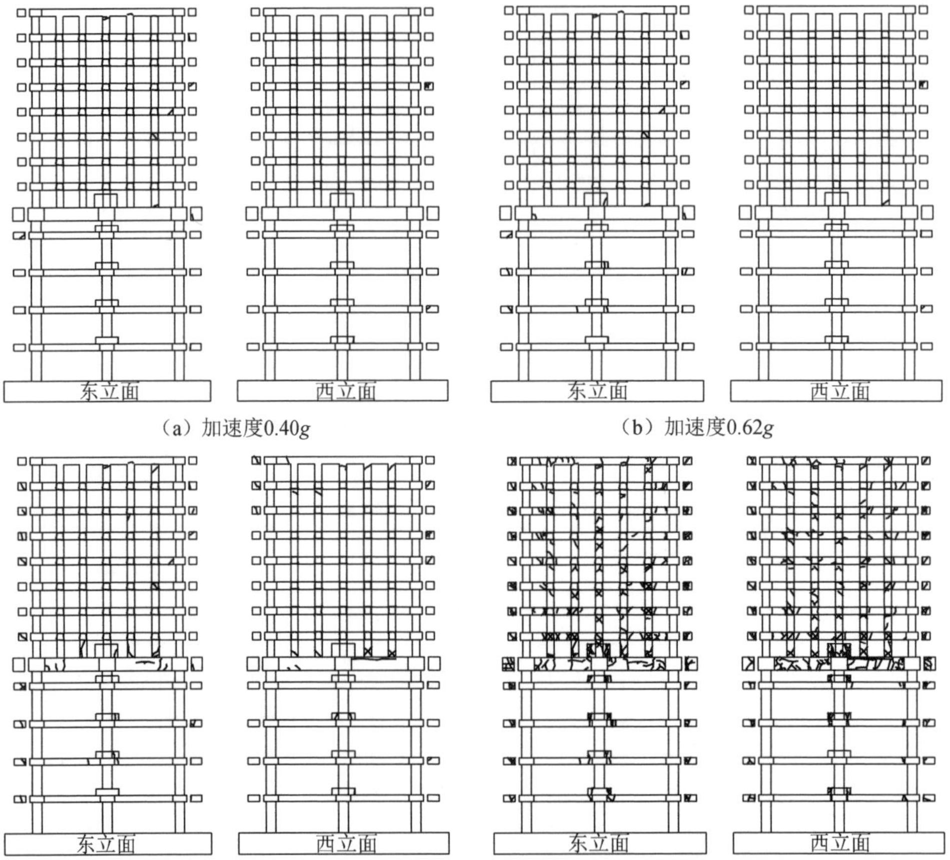

（a）加速度0.40g　　（b）加速度0.62g

（c）加速度1.0g　　（d）低周反复试验

图 6.55　外框筒及节点裂缝展开图

3. 节点的破坏形态

钢管混凝土柱与钢筋混凝土梁相连的节点是组合结构的关键部位，加强环节点在本次试验中经受住了地震的考验，试验证明其构造是可行的、合理的。

当地震加速度峰值为 0.22g 时，节点完好无损；当加速度峰值为 0.40g 时，腹板框架梁与环形节点相交的阴角处出现竖向裂缝；当地震加速度峰值为 0.62g 时，节点与梁相交的临近区域出现多道竖向裂缝及斜向裂缝，并向钢管延伸形成径向裂缝，钢管与混凝土相交处及楼板、梁与节点相交处出现环形裂缝；当地震加速度峰值为 1.0g 时，上述裂缝进一步增多加宽，但开裂并不严重；在变幅位移的低周反复荷载作用下，裂缝进一步发展，但节点的竖向抗滑移、环向抗拉、径向抗弯承载力足够，表明节点有足够的强度和延性。

需要特别指出的是，以上裂缝均出现在节点与梁相连一侧约 1/4 圆环的局部区域内，与翼缘方向梁相连的节点没有裂缝。

钢管混凝土柱在地震加速度峰值 0.62g 及以前一直处于弹性状态，当地震加速度峰值为 1.0g 时底层四角钢管混凝土柱的底部钢管应变达到屈服，其他位置仍处于弹性状态，直至变幅位移的低周反复荷载作用下，钢管混凝土柱没有任何破坏迹象。观测到的最大应变，最大应力表明，钢管混凝土具有足够的承载能力、一定的侧向刚度和良好的延性性能。

4. 楼板的破坏形态

在加速度峰值为 0.40g 时，转换层以下楼板与翼缘框架梁相交处出现水平缝，加速度峰值为 0.62g 时，从内筒四角指向腹板框架的裂缝（平行于翼缘），从内筒四角指向腹板钢管混凝土中柱的斜向裂缝，以及楼板四角的环形裂缝，加速度峰值为 1.0g 时裂缝进一步加剧，在低周反复荷载作用下，楼板新增大量裂缝，以平行翼缘方向为主，也有环向、斜向裂缝，以及板底绕核心筒的环形裂缝。在水平荷载作用下，楼板平面外变形大，楼板的翘曲变形引起楼板开裂。

在施加变幅变位移水平作用后，各层楼板裂缝分布如图 6.56 所示。图 6.57～图 6.59 为模型破坏形态照片。

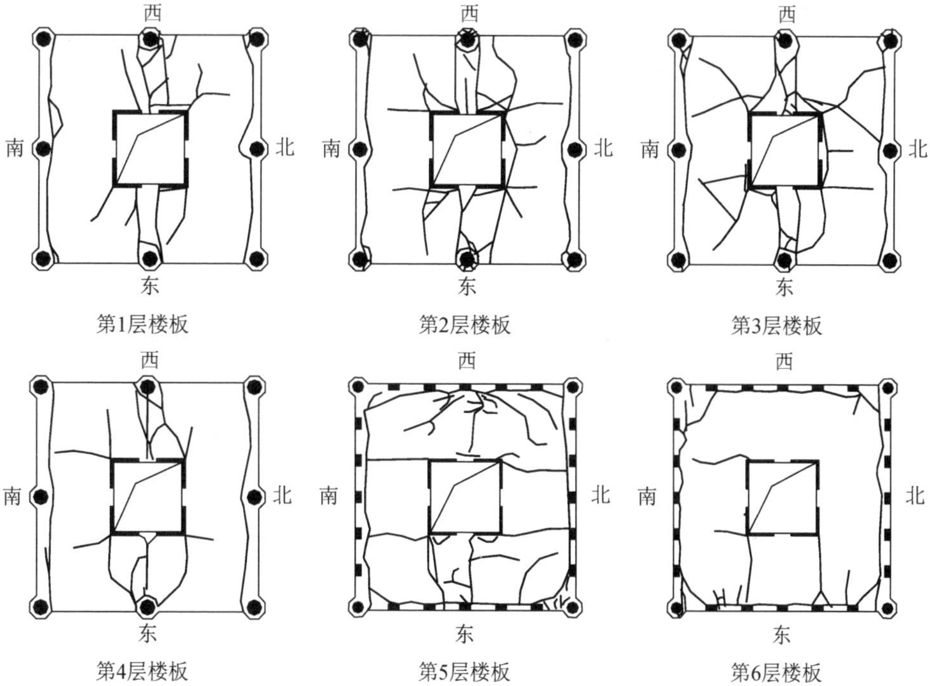

图 6.56　楼板裂缝分布

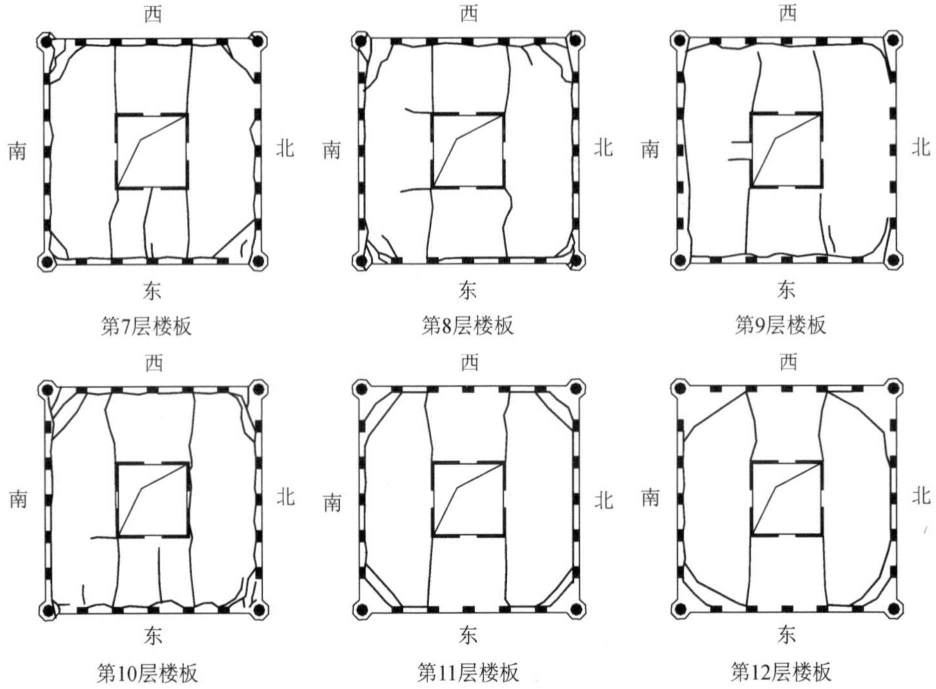

图 6.56（续）

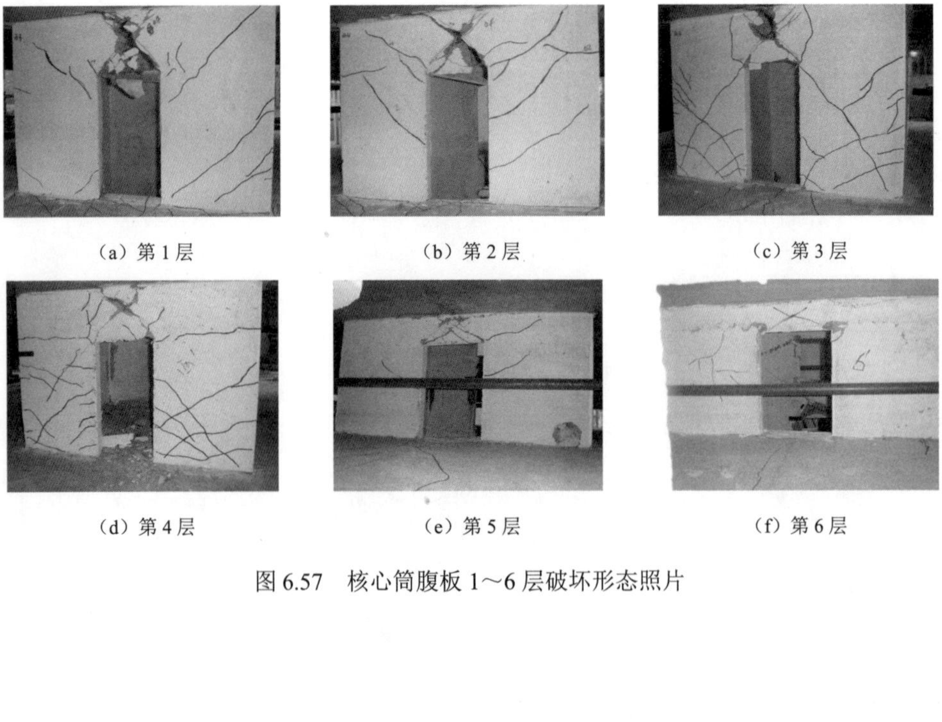

（a）第 1 层　（b）第 2 层　（c）第 3 层

（d）第 4 层　（e）第 5 层　（f）第 6 层

图 6.57　核心筒腹板 1～6 层破坏形态照片

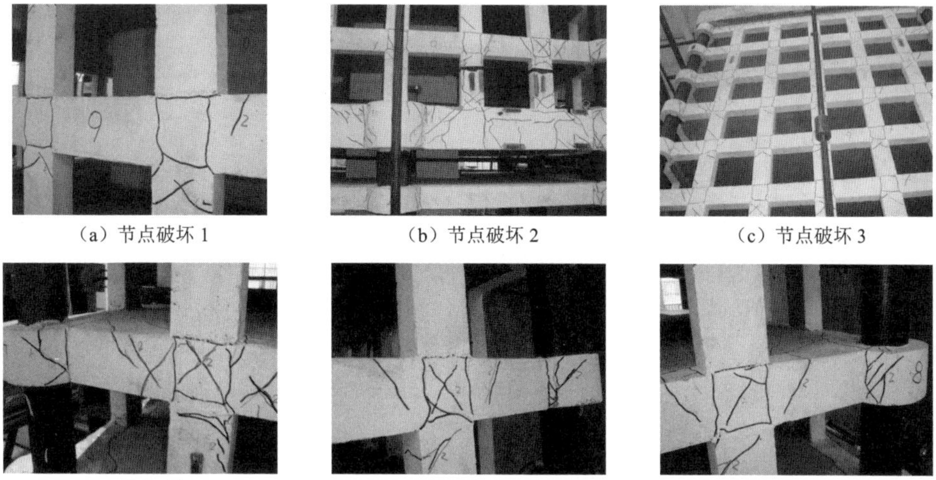

（a）节点破坏 1　（b）节点破坏 2　（c）节点破坏 3

（d）节点破坏 4　（e）节点破坏 5　（f）节点破坏 6

图 6.58　外框筒腹板梁柱节点破坏形态照片

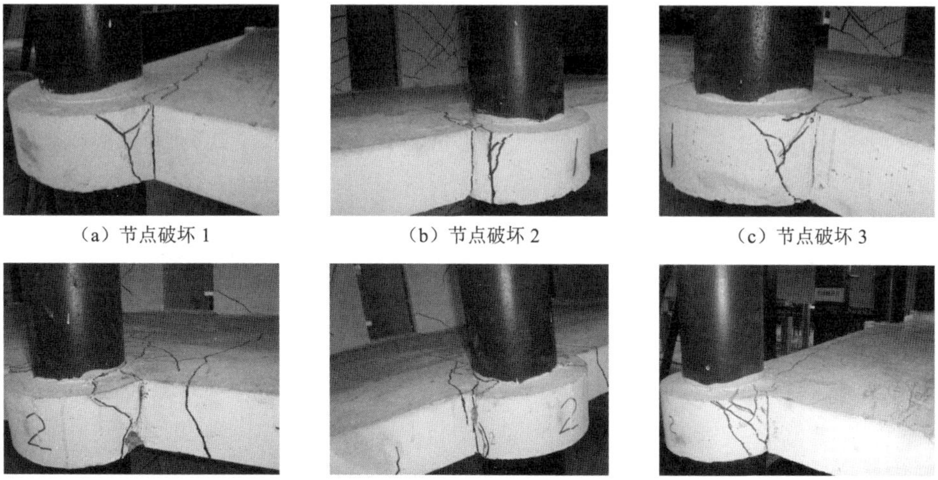

（a）节点破坏 1　（b）节点破坏 2　（c）节点破坏 3

（d）节点破坏 4　（e）节点破坏 5　（f）节点破坏 6

图 6.59　钢管混凝土柱与梁相交节点破坏形态照片

6.3.5　试验结果分析

1. 破坏机理分析

从模型裂缝分布和开展情况看，筒体结构的核心筒虽然在底部承担较大的剪力，但由于核心筒属于细长的悬臂构件，因而以弯曲变形为主，核心筒底部弯矩最大，是抗弯最薄弱的环节。在 7 度罕遇地震时（加速度峰值 0.22g），底层核心筒翼缘与底板相交处、翼缘墙肢出现水平裂缝，核心筒腹板完好，说明翼缘在弯矩作用下出现了较大的拉应变，从而产生了水平裂缝，体现了强剪弱弯的原则。在 8 度罕遇地震作用时（加速度峰值 0.40g），核心筒第 2～4 层腹板连梁出现交叉斜裂缝，但底层没有，转换层及以上各层没有，这是由于核心筒是抵抗水平剪力的主要构件，承担了结构大部分剪力，腹板连梁在较大的剪力作用下出现抗剪斜裂缝。第 2 层腹板承担的剪力比底层要大，这是由于外框筒底部分担的剪力比第 2 层大，因为底层外筒框架柱柱底嵌固，其抗侧刚度要大于第 2 层。现有理论认为，翼缘框架不参与抗剪，实际上底层翼缘框架由于有一定的抗侧刚度，也能承担一定的剪力，因此底层外框筒承担的剪力要大于第 2 层，从而使核心筒底层的剪力小于第 2 层剪力。随着地震烈度加大，核心筒的弯曲变形与剪切变形越来越大，其裂缝开展越来越严重，但弯曲裂缝（水平缝）较多，缝宽较小，而剪切裂缝（斜裂缝）的缝数少但裂缝较宽，在强大的水平剪力下，靠连梁的塑性变形耗散能量，连梁表现为交叉斜筋拉断，连梁混凝土压碎。因此，连梁是核心筒受力最集中、破坏最明显的部位，应加强连梁的延性设计。

外框筒主要承受整体倾覆弯矩，上部腹板框架还要承受大部分剪力。从裂缝情况可见，在 7 度罕遇地震时，外框筒基本处于弹性状态。在 8 度罕遇地震时，腹板框架柱上、下端水平裂缝，框架梁两端垂直裂缝，这是由于外框筒在水平荷载作用下以整体剪切变形为主，梁、柱端部由于弯矩作用而产生正截面弯曲裂缝，在 9 度及更大烈度地震时，梁、柱端部还是只有弯曲裂缝，说明结构的抗剪能力远大于结构的抗弯能力，这也是抗震设计所需要的。在大位移作用下，腹板框架梁、柱端部及节点才出现交叉斜向裂缝，这是由于水平剪力已较大，构件及节点出现了剪切破坏，说明结构具有足够的抗震能力，体现了“强剪弱弯、强节点弱构件”的抗震设计理念。翼缘框架梁、柱及节点在整个试验过程中没有出现裂缝，这是由于底部核心筒开裂后钢管混凝土柱的变形主要是剪切型侧移，类似于隔震层，减轻了翼缘框架的受拉作用；另外，上部框筒结构的角柱为钢管混凝土柱，虽然角柱是框筒结构所有柱中受力最大、最复杂的柱，但钢管混凝土柱的抗拉压刚度大、强度高、变形性能好，加大了剪力滞的程度，分担了主要的外框筒的轴向拉力，从而对其他翼缘混凝土柱起到了卸载的保护作用。

钢管混凝土与混凝土梁相连的节点采用了具有抗剪和抗弯能力的环形节点，在 7 度和 8 度罕遇地震作用下处于弹性状态，在 9 度及更大地震作用时与梁相接的临近区域出现正截面裂缝，这是由于梁柱刚接，梁端有较大的弯矩和剪力，梁端相邻的节点区域在弯矩、剪力作用下开裂，没有出现剪切滑移现象，说明环形节点构造在节点复杂的内力联合作用下是相当可靠的，这种节点构造简单、受力可靠、施工方便，完全可用于实际工程之中。钢管混凝土柱没有任何破坏迹象，从监测到的应变来看，钢管局部有拉伸和压缩塑性变形，但由于钢管和混凝土的共同工作，其组合的工作特性非常优秀，没有像钢结构的局部屈曲，也没有混凝土结构的开裂、压碎现象，尤其是作为框筒结构的角柱，受力极其复杂，往往是容易破坏的薄弱环节，但采用了钢管混凝土结构的角柱，没有出现任何破坏迹象。

腹板框架梁出现裂缝的同时，楼板出现弯折裂缝，裂缝分布的形式表明，楼板与核心筒及翼缘框架组成的框架体系可少量分担楼层剪力，由于楼板的抗弯能力较弱，在该体系中成为薄弱环节，因而在筒体结构设计中，外框筒与核心筒仅通过楼板相联系，会削弱楼层抗剪能力，应增设连系梁。另外，楼板在近角柱部位出现斜向裂缝，这是由于角柱的轴向变形较大，引起角柱相邻楼板的协调变形，工程中需要将楼板角部配筋加强。

2. 变形性能分析

各工况地震作用下，结构的层间位移角 θ 、顶点最大相对位移 Δ/H 见表 6.9。

表 6.9　层间位移角 θ 与顶点最大相对位移 Δ/H

项目	工况			
	1	2	3	4
加速度峰值	0.22*g*	0.40*g*	0.62*g*	1.0*g*
最大层间位移角 θ	1/481	1/328	1/172	1/106
最大顶点相对位移 Δ/H	1/847	1/462	1/294	1/177

由表 6.9 可知，当地震加速度峰值为 $0.22g$ 时，最大层间位移角 $\theta=1/481$，随加速度峰值加大，结构随之开裂，θ 相应加大，9 度罕遇地震时（地震加速度峰值 0.62*g*），弹塑性层间位移转角 $\theta=1/172$，小于规范规定的 1/120，此时结构还有足够的强度和延性，当地震加速度峰值为 1.0*g* 时的烈度值已超出规范的烈度值范围，结构层间位移角 θ 达 1/106 而保持好的整体性，说明该结构型式具有抵抗高烈度地震的优越性能。

比较各工况的位移时程曲线和力时程曲线，两者有很好的相似性。位移和力的幅值与输入地震波加速度幅值的大小有关，随加速度幅值的加大而增大。

各种工况的底部剪力-顶点位移滞回曲线如图 6.46～图 6.50 所示，比较各滞回曲线可知，模型的输入地震波加速度峰值从 0.22*g* 开始，结构开裂，刚度逐渐退化，滞回环面积逐渐加大，耗能能力逐渐增强。当地震波加速度幅值加大时，结构顶点位移的增加并不与地震加速度峰值的增加成比例，其增长的比例远小于峰值的增长比例，结构开裂后刚度退化，峰值加大使刚度退化更严重，结构自振周期加大，地震影响系数减小，因而虽然地震烈度加大但地震反应并不成比例加大。

6.4 本章小结

拟动力试验是研究结构地震反应的重要试验手段，筒体结构模型两个自由度体系拟动力试验为本章研究首创。本章研究了筒中筒结构和组合筒体结构的动力特性变化规律、弹性和塑性阶段的地震反应、抗震性能和破坏机理，完善和丰富了筒体结构的抗震试验方法和理论体系，具体可归纳如下。

1）按照模型相似关系理论，本章试验采用人工质量模型，在楼层配重，顶板加竖向荷载补足底层的自重应力，将模型等效为两自由度体系，输入地震波，完成了拟动力试验。

2）结构开裂前的实测自振频率与试验前基本相同，表明了结构尚处于弹性阶段；结构开裂后刚度急剧下降，自振频率下降约 25%，但随着裂缝的进一步开展，自振频率下降并不显著，阻尼比随结构开裂加剧呈增大趋势。

3）筒中筒结构模型在整个试验过程中裂缝开展的次序依次如下：①核心筒底部的受拉裂缝。②外框筒柱的受拉裂缝。对于腹板框架柱，主要出现在柱两端，对于翼缘框架，还会出现柱中拉裂现象。③腹板框架裙梁与角柱相连部位、现浇楼板出现裂缝。④随着核心筒与底板相连的施工缝处被拉裂，腹板框架梁柱节点破坏、结构上部裂缝增多。在外框筒柱中，破坏较严重的部位不在底层，而在第 2 层～第 4 层，其中，角柱的破坏最严重。因而，在筒中筒结构设计中，应在抗震构造上保证相应部位的强度和延性。

4）核心筒是抵抗水平剪力的主要构件，承担了结构大部分剪力，由于底层翼缘框架有一定的抗侧刚度，也能承担一定的剪力。因此，底层核心筒腹板承担的剪力比第 2 层要小，破坏程度比第 2 层要轻。

5）连梁是核心筒受力最集中、破坏最明显的部位，在强大的水平剪力下，靠连梁的塑性变形耗散能量，连梁表现为交叉斜筋拉断，连梁混凝土压碎，因此应重视连梁的延性设计。

6）在 7 度罕遇地震时，外框筒基本处于弹性状态，在 8 度、9 度罕遇地震时，腹板框架柱上、下端水平裂缝，框架梁两端垂直裂缝，在大位移作用下，腹板框架梁、柱端部及节点出现交叉斜向裂缝；钢管混凝土角柱的抗拉压刚度大、强度高、变形性能好，分担了外框筒的主要轴向拉力，对其他翼缘混凝土柱起到了卸载的作用，因而翼缘框架梁、柱及节点在整个试验过程中没有出现裂缝。

7）钢管混凝土柱与混凝土梁相连的环形节点，在 7 度、8 度罕遇地震作用下处于弹性状态，在 9 度及以上地震作用时与梁相接的邻近区域出现竖向裂缝，说明环形节点构造在节点复杂的内力联合作用下受力是相当可靠的。由于钢管和混凝土的共同工作，其组合工作的特性非常优秀，钢管混凝土柱没有任何破坏迹象。

本章试验表明，钢筋混凝土筒中筒结构和钢管混凝土组合筒体结构均具有良好的抗震性能，体现了“强柱弱梁、强剪弱弯、强节点弱构件”及“小震不坏、中震可修、大震不倒”的抗震设计思想，其各项抗震性能指标满足或高于规范要求，尤其是钢管混凝土柱作为框支柱和框筒的角柱，充分发挥了钢管混凝土结构承载力高、延性好的优点，克服了钢筋混凝土结构的诸多不利因素，因而是一种具有优越的抗震性能、可在高层建筑中广泛应用的结构体系。

第 7 章　筒体结构的动力非线性分析

本章内容以前述筒体结构试验现象和破坏机理为基础，以筒体结构为分析目标。遵循从构件截面→构件→整体结构的层次规律，首先需保证构件层次上的准确性。以多垂直杆单元模型为基础，建立了裙深梁、剪力墙、矩形截面柱、L 形截面柱、钢管混凝土柱、钢骨混凝土梁的非线性分析杆单元模型，并以算例验证，以确保分析模型的合理性；用本章的非线性动力方程精细积分方法中的单步法对筒中筒结构模型和组合筒体结构模型进行了非线性地震反应分析，并与拟动力试验进行比较。需注意的是，本章所有构件均未考虑扭转变形。

7.1　筒体结构动力非线性分析的研究现状

与弹性分析方法不同，筒体结构的非线性分析除少数采用等效连续体方法进行分析外，基本上没有形成筒体结构所特有的非线性分析方法，与其他钢筋混凝土常规体系的分析方法无严格的区分。

自从结构地震反应时程分析方法问世后，通过世界各国学者的努力，其已取得了大量的研究成果。通过大量的试验研究和理论分析，已提出了各种结构和构件的恢复力模型、各种结构简化的力学模型、不同构件单元的力学模型和数值计算方法。1976 年唐山地震后，我国在钢筋混凝土结构抗震性能的试验和理论研究方面，也取得了大量的研究成果。我国新修订的建筑抗震设计规范，初步建立了以可靠度理论为基础的抗震设计方法和“小震不坏、大震不倒”的两阶段设计准则。结构的非线性时程反应分析及静力弹塑性分析是进行抗震验算的基础，也是检验抗倒塌设计的最有效手段。下面就钢筋混凝土房屋结构在地震作用下的非线性分析的几个主要方面进行现状评述。

7.1.1　结构分析模型

钢筋混凝土结构非线性分析的力学模型主要有层间模型、杆系模型、杆系-层间模型、平面应力元模型。其中，杆系模型和杆系-层间模型可用于筒中筒结构的非线性分析。

1. *层间模型*

剪切模型是一种简单的层间模型，它将结构各部分集中在楼层，不考虑楼层形变，由于它忽略了弯曲效应，因而只适用于高宽比较小、梁板刚度较大、柱先屈服的强梁弱柱型框架。尹之潜[123]、林家浩等[124]利用层间模型研究过钢筋混凝土框架的弹塑性时程分析。应用这种模型的主要困难在于弹塑性层间刚度的确定，Vmemera 建议按照各层柱的两端皆出现塑性铰后的弯矩来推导层间刚度，朱锦心提出了“层间多构件剪切模型”，能考虑同一层构件具有不同弹塑性特征参数的情况。印文铎等[125]采用弹塑性静力分析法建立框架层间恢复力模型及其参数，效果较好。

层间模型的另一种形式主要是针对剪力墙体系而发展的弯剪模型，沈聚敏等[126]应用该类型模型做过钢筋混凝土框剪结构的非线性地震反应分析。Volcano 的层间三弹簧元件模型，则更为细致地表达了剪力墙体系的力学特征。尽管用层间模型分析结构非线性反应时具有计算速度快、省内存等优点，但是它不能给出各杆件乃至任一截面的弹塑性变化过程。

2. 杆系模型

杆系模型的结构杆件为基本单元，梁、柱、墙均简化为以其轴线表示的杆件，将其质量堆聚在节点处或者采用考虑杆件质量分布的单元质量矩阵。杆系结构的优点是能明确各构件在地震作用下每一时刻的受力与弹塑性状态，结构的总刚度由各单元的单刚装配而成，可根据各杆件弹塑性状态确定其刚度。与杆系-层间模型相较，杆系模型放弃了楼面刚性假定，从而可更好地模拟楼面大开洞、错层及风车型等复杂平面和立面的结构，但自由度数较大，计算速度慢。

3. 杆系-层间模型

孙业扬等[127]在杆系模型的基础之上，提出了“杆系-层间模型”。杆系-层间模型将每层质量集中于质心，对平面分析每层仅考虑集中质量的水平振动，忽略其他方向的振动，对空间分析每层考虑两个方向的水平振动及楼层平面内的扭转振动。

杆系-层间模型在形成结构刚度矩阵时，以杆件作为基本单元，假设楼板平面内刚度为无限大，组装成静力总刚后，采用静力凝聚或每层加单位力的方法求出与动力自由度相对应的动力刚度矩阵。

4. 平面应力元模型

平面应力元模型是 Agrawal 提出用于分析剪力墙体系的力学模型。该模型将结构划分为若干单元，通过建立各单元的质量矩阵、刚度矩阵，按有限元集成规则形成结构的刚度矩阵、质量矩阵，在选定适当的阻尼矩阵后，即建立了结构的运动方程。Omar、王长新[128]成功地用子结构法分析了各种剪力墙结构的动力反应。平面应力元模型的难点在于，在二维复杂应力状态下，钢筋混凝土的力学性能如何确定。一些研究者认为，钢筋、混凝土在复杂应力状态下的工作性能尚处于研究阶段，在诸多不确定因素下，这种模型与工程实际可能仍有较大差距。

另外，魏琏、孙焕纯、Corderoy 提出了一种空间剪扭分析模型，采用刚性楼板假设，竖向构件假设在楼板外固接，仅考虑楼层间的剪切变形，每层取两个平动自由度和一个转动自由度作为动力自由度。因此，空间剪扭分析模型只适用于剪切变形为主的多层结构的空间非线性分析。李田和吴学敏[129]将静力分析的空间协同方法引入弹塑性分析中，建立空间协同分析模型，将空间结构划分为多个平面子结构，按空间整体结构建立动力方程。空间协同分析模型虽然反应高层建筑弯曲变形的特点，并能在计算机上实现复杂结构非线性时程分析，但存在同一竖向构件在不同子结构中竖向变形不协调等缺点。因此空间三维分析模型仍为较理想的结构模型，但其计算工作量过大，难以方便地应用于实际工程。为减少结构分析的工作量，喻永声和钟万勰[130]将空间子结构法用于结构抗震分析。但一般工程人员较难掌握子结构的划分，因此有必要探索子结构的简单划分方法。随着计算机技术的发展及空间子结构计算技术的提高，采用空间三维分析模型对大型结构作非线性时程分析，将能在个人计算机上实现。

7.1.2　单元模型

钢筋混凝土构件的非线性单元模型可分为微观单元模型和宏观单元模型。

1. 微观单元模型

微观单元模型主要包括平面应力元和板壳元两种。用微观单元模型来分析钢筋混凝土结构有两个难点[131]：一是材料本构关系的特殊性和复杂性；二是有限元的离散化，因为钢筋混凝土结构由钢筋和混凝土两种材料组成。其中，利用平面应力元分析剪力墙结构应用较为广泛[132]，一般将混凝土中的裂缝弥散化，仍视混凝土为连续体，在平均应力和应变的意义上分析混凝土单元体的应力和应变状态，建立混凝土的二维本构关系。

微观单元模型要求将结构划分为足够小的单元，因此计算量较大，只适用于构件或较小规模结构的非线性分析，对于大型结构的非线性分析，微观单元模型是不适用的。

2. 宏观单元模型

宏观单元模型的结构中的各构件，如梁、柱、墙为基本的分析单元，通过简化处理将其简化成一个非线性分析单元。宏观单元模型存在一定的局限性，一般只有在满足其假设的前提下才能较好地模拟结构的非线性工作状态。现用于结构杆件非线性时程分析的主要有集中塑性铰单元模型和分布塑性区单元模型。

最早的集中塑性铰杆单元模型是 Clough 等于 1965 年提出的双分量模型。双分量模型单元用两根平行杆模拟构件，一根表示屈服特性的弹塑性杆，另一根表示硬化特性的完全弹性杆，非弹性变形集中在杆端的集中塑性铰处。该模型只适用于双线型恢复力滞回模型，且无法模拟连续变化的刚度和刚度退化。Giberson[133]提出的单分量模型克服了 Clough 双分量模型不能考虑刚度退化的不足，它只利用一个杆端塑性转角来表达杆件的弹塑性性能，杆件两端的弹塑性参数相互独立，可适用于各种恢复力模型。但该模型的等效集中塑性弹簧的转动仅由本端弯矩值唯一确定，因此无法考虑地震动过程反弯点的移动，并且该模型仅考虑了纯弯曲受力的构件。另外，Aoyama 的三分量杆单元模型则考虑了混凝土开裂非线性的影响，使之能采用三线型的恢复力模型。Otani[134]改进了 Clough 的双分量模型，假设构件由一根弹性杆和一根非弹性杆组成，并在杆两端各加一个非线性转动弹簧，其中弹性杆的柔度系数考虑了反弯点在地震中的移动，但是其刚度矩阵为非对称，使计算不便。

假定非弹性变形集中在杆端塑性铰上的集中塑性铰单元模型与试验得出的塑性变形分布在杆端附近有限区域的结果并不符合，采用这种模型模拟单元的弹塑性性能会导致梁柱单元中反弯点始终保持不变的结果，且无法表征构件屈服后刚度连续变化的过程。分布塑性区杆单元模型则可克服以上这些缺陷，被认为能更合理地描述混凝土构件的非线性状态。该单元的杆两端分布有限长度的塑性区域，中间保持弹性来描述构件的非线性特征。汪梦甫[135]、王建平[136]提出了考虑混凝土开裂的影响将构件沿长度方向分为 5 个分段变刚度杆单元模型，更好地反映了构件的刚度分布。分布塑性区杆单元模型将构件沿杆长分成 2 种或 3 种不同反应状态的区域后，非线性区域的长度根据实际弯矩分布来确定。由于其不仅考虑了杆端塑性区域的大小，而且考虑了非线性变形沿杆长的扩展因素；因而能反映构件屈服之后连续变化的刚度。另外，它通过反弯点位置因弯矩分布变化而产生的移动来考虑杆件两端的非线性转角变形之间的耦合影响。

上述杆单元模型比较适合于描述细长类构件，如梁、柱。剪力墙的宏观模型主要包括等效梁模型、等效桁架模型、三垂直杆单元模型、多垂直杆单元模型、修正多垂直杆单元模型。

1）等效梁模型［图 7.1（a)］没有考虑剪力墙横截面中性轴的移动[137]。等效桁架模型［图 7.1（b）～（d)］虽有以计算由对角开裂引起的应力重分布，但它需合理定义等效桁架系统的几何和力学特性，这一模型在非线性阶段极少采用实体模型［图 7.1（e)］，仅供对照用。

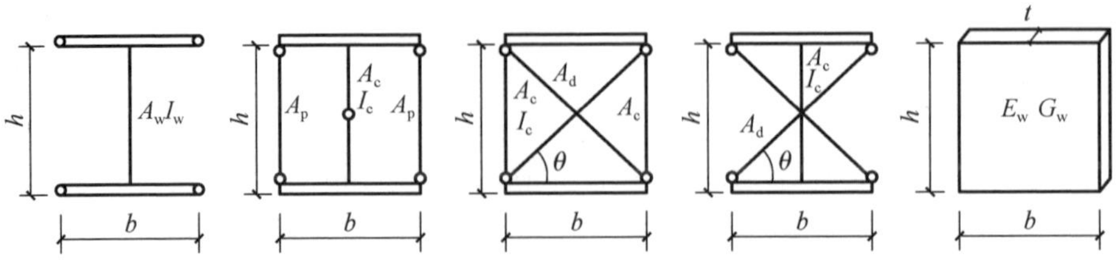

（a）等效梁模型　（b）等效桁架模型（1）　（c）等效桁架模型（2）　（d）等效桁架模型（3）　（e）实体模型

A_w、A_p、A_d、A_c —模型腹杆、边杆、斜杆、中杆的截面面积；I_w、I_c —剪力墙腹杆、桁架杆的惯性矩；E_w、G_w —剪力墙的弹性模量、剪切模量。

图 7.1　墙元及其线弹性等效模型

2）三垂直杆单元模型［图 7.2（a）］是 Kabeyasawa 等 1984 年提出的。它实际上是前述等效模型在非线性分析上的发展，3 个垂直杆元由位于一楼层上下楼板位置处的无限刚性梁联结，其中外侧的 2 个杆元代表了墙的两边柱的轴向和弯曲刚度，中间单元由位于底部的垂直、水平和转动弹簧组成，各代表了中间墙板的轴向、剪切和弯曲刚度。剪力墙的剪切刚度可通过梁理论中的桁架模型或压缩场理论来计算。这个模型克服了等效梁模型的缺点，能模拟墙横截面中性轴的移动，但代表中间墙板弯曲特性的转动弹簧很难与边柱的变形协调，而且相对旋转中心高度值也难以确定。多垂直杆单元模型［图 7.2（b）］是 Volcano 等[138]提出的一个修正模型。在这个模型中，刚性梁由许多个相互平行的垂直杆相连，其中两侧杆代表两边柱的轴向和弯曲刚度，而其他内部的垂直杆代表了中间墙板的轴向弯曲刚度，位于 *rh* 高度处的水平弹簧代表了墙体的剪切刚度，墙体的转动围绕着形心轴上 *rh* 高度发生。这个模型克服了垂直杆单元模型的缺点而保留了其优点，且能考虑墙体的轴力对其刚度和抗弯性能的影响，力学概念清晰，计算量不大，是目前较为理想的一种宏观模型。

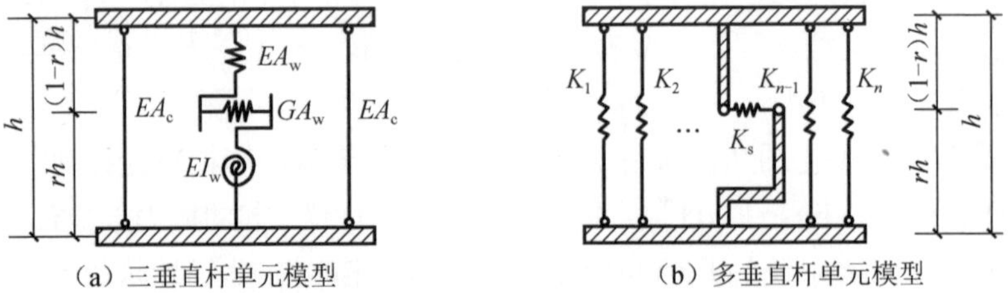

（a）三垂直杆单元模型　（b）多垂直杆单元模型

EA_w、EA_c—柱、墙的轴向刚度；GA_w—墙剪切刚度；K_s—剪力墙剪切刚度；$K_1,\cdots,K_n$—墙或柱的轴向弯曲刚度。

图 7.2　剪力墙非线性杆单元模型

7.1.3　恢复力模型

目前，国内外在工程计算中应用于平面杆件的恢复力模型较多。概括地讲，恢复力模型可分为曲线型和折线型的。曲线型恢复力模型给定的刚度是连续变化的，与工程实际较为接近。但在非线性地震反应计算中，应用曲线型恢复力模型，在刚度的确定及计算方法的选择上有诸多不便。因此，人们普遍使用折线型恢复力模型。折线型恢复力模型可分为 7 种类型，它们是双线型、三线型、四线型（带负刚度段）、退化二线型、退化三线型、指向原点型和滑移型。折线型恢复力模型的特点是简单实用，但存在人为的刚度拐点。至于在实际应用中宜选用何种折线型恢复力模型，应根据结构及构件的具体情况，以及计算者的需要而定。

在多维地震动输入下，梁柱构件受双向弯矩、扭、剪、轴力的组合作用。因此，获得构件的多维恢复模型成为空间非线性时程分析的必要条件。构件的多维恢复力模型主要包括三种，即屈服面模型、纤维模型、多弹簧模型。其中多弹簧模型是 Lai 等在 1984 年提出的，假定构件单元的非线性行为集中在构件两端长度为零的非线性单元上，每个非线性单元由分布在截面四角及中间的弹簧组成，这些弹簧分别代表其所在区域内的钢筋和混凝土，仅采用拉压恢复力模型即可模拟柱子的轴力和双向弯曲的作用。之后 Saiidi 和 Jiang 等学者对多弹簧模型做了改进，主要是提出组合弹簧的概念，从而减少了弹簧的数量。多弹簧模型具有力学概念清晰、计算量不大的特点，目前在非线性分析中应用较多。

7.1.4　结构的非线性问题

本节主要就几何非线性、阻尼矩阵、结构动力总刚的形成及数值积分法等加以简单评述。

在高层建筑结构的非线性动力分析中，一般认为，梁的几何非线性影响较小；各柱承受的结构自重较大，其几何非线效应显著。考虑几何非线性可采用两种途径：①建立单元刚度矩阵时直接考虑轴力的几何非线性影响；②在整体结构的水平上来考虑几何非线性的 $P\text{-}\Delta$效应的几何刚度矩阵。

阻尼表征结构在地震动过程中的能量耗散，包括由周围介质所引起的能量损失，结构反馈给地基上的能量，材料内摩擦所引起的能量耗散，以及构件节点摩擦所引起的能量损失，各种试验与结构计算分析表明，结构在非线性工作阶段的能耗主要是结构非线力-变形滞回特性引起的，阻尼耗能只占输入能量的 10%不到。因此，近似地引用线性动力分析的阻尼矩阵将不会显著影响分析结果的精度。

确定各构件的单元刚度矩阵后，可按“对号入座”的方法组装总体刚度矩阵。采用层间模型或杆系层间模型的时程分析中，总刚度必须缩聚为动力总刚度才能进行时程分析。传统的方法是采用顾言的静力缩聚法，静力缩聚法需对总刚中与从自由度对相关的子矩阵求递。而结构的时程分析中，从自由度数总是远大于主自由度数。特别是对高层建筑，用静力缩聚法将要对大型的方阵求递，计算工作量较大，因此不适合大型复杂结构的时程分析。汪梦甫等[135]曾提出了比较实用的数值分析方法，解决了从静力总刚到动力总刚缩聚的问题。

目前，用于非线性动力分析的数值计算方法可分为两大类：一是等效线性化方法，另一类是逐步积分法。其中逐步积分法被广泛采用，逐步积分法主要包括线性加速度法和其广义形式的 Wilson-θ法、Newmark-β法、Houboult 法、中心差分法、希尔伯特α法、二级近似加速度法、近似样条配点法、广义 Newmark 法等。究竟哪种方法为最优，目前尚无公论，甚至评价优劣的标准也不完全一致。因为一种特定的积分方法的适用性要依赖于非线性类型和程度以及荷载特征等多种因素，所以一个较好的非线性时程分析程序中必须包含两种或两种以上的积分方法，当一种积分方法不适用时，可方便地选用另一种方法。

7.2　筒体结构构件的单元模型

本节从分析剪力墙结构的平面多垂直杆单元模型出发，向空间拓展，形成空间多垂直杆单元模型，可将其应用到分析空间剪力墙，各种截面形式的钢筋混凝土梁和柱，还可分析钢管混凝土柱、型钢混凝土梁等构件。

7.2.1　裙深梁分析的单元模型

在进行裙深梁的专门论述之前，首先分析裙深梁与普通深梁之间的差别。筒中筒结构为了保证良好的空间作用性能，通常将外框筒设计成密柱深梁体系。在这种设计条件下的裙深梁与普通深梁的主要差别可归纳如下。

1）设计思路。外框筒设计成密柱深梁体系，是从结构整体考虑的结果，从裙梁自身来讲，无须设计成较大截面，而就普通深梁而言，截面尺寸过小则不能保证其正常工作。因此，裙梁的设计是服从整体结构的性能，而普通深梁主要处在构件设计的层次上。

2）外部荷载作用。裙深梁受到的外部作用主要是以竖向剪力为主的节点力，而普通深梁受到的外部荷载是以竖向荷载为主的非节点力。

3）跨高比范围。《混凝土结构设计规范（2015 年版）》（GB 50010—2010）[139]中规定，$l_0/h<5.0$ 的简支钢筋混凝土单跨梁或多跨连续梁宜按深受弯构件设计。其中，$l_0/h\leqslant 2$ 的简支钢筋混凝土单跨梁和 $l_0/h\leqslant 2.5$ 的简支钢筋混凝土多跨连续梁称为深梁。此处，h 为梁截面高度；l_0 为梁的计算跨度，可取支座中心线间的距离和 $1.15l_n$（为梁的净跨）两者中的较小值。对于筒中筒结构中的外框筒，高层规程有如下规定：①柱距不宜大于 4m，洞口面积不宜大于墙面面积的 60%，洞口高宽比宜与层高与柱距之比相近；②外框筒梁的截面高度可取柱净距的 1/4。

这 2 条规定是相互矛盾的，不能起到工程指导作用，按照上述第②条规定，裙梁的跨高比范围介于深受弯构件与浅梁之间，可以将洞口高宽比与层高与柱距之比取为相等，即可得出图 7.3 和图 7.4 的关系曲线。由图 7.3 可知，外框筒梁的截面高度取柱净距的 1/4 时，不能满足洞口面积不大于墙面面积的 60%；由图 7.4 可看出，随层高/柱距的增大、开洞率 ρ 的减小，柱净距/梁高（l_0/h）逐渐减小，外框筒梁的截面高度取柱净距的 1/4 是不能满足要求的。在实际工程中，跨高比范围多在 2～3 内，介于深梁与短梁之间。

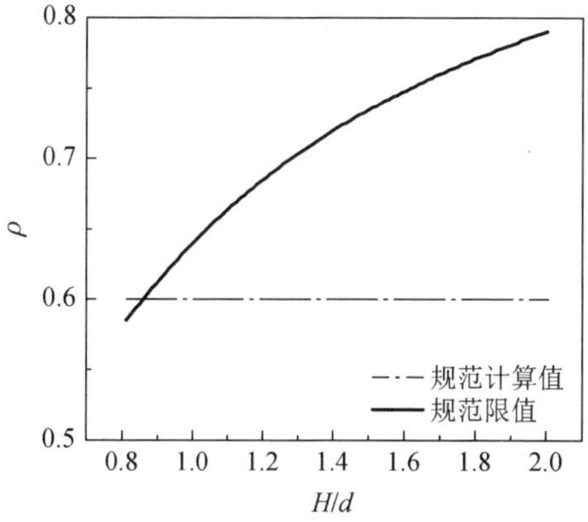

图 7.3　H/d 与 ρ 的关系图（$l_0/h=4$）

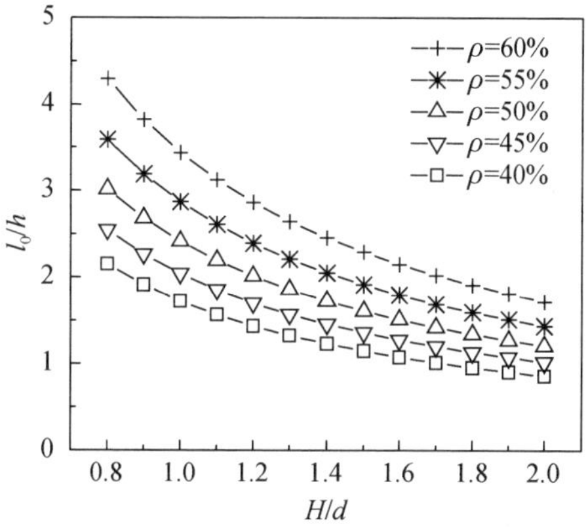

图 7.4　H/d 与 l_0/h 的关系图

1. 平截面假定适用条件

深梁专题组进行了 490 个构件的试验和有限元分析计算，研究表明[140]：钢筋混凝土深梁工作的全过程可分为开裂前的弹性阶段、开裂后的弹塑性阶段以及接近破坏时的塑性阶段和破坏阶段，与一般钢筋混凝土梁相似。但深梁内力是平面应力问题，其截面应变不符合平截面假定，而在一般浅梁内，平截面假定是成立的，因而在外荷载作用下的受力模型及破坏形态与一般梁有很大的差异。这是由于在材料力学中假定了梁在外荷载作用下各纵向纤维间不产生拉伸和压缩，即假定这些纤维上不作用 σ_y，因此，应力或应变沿高度将呈线性分布[141]。相反，对深梁必须考虑，下面将予简单证明。

已知当没有体力或体力为常数的情况下应力函数 φ 表示的平面问题基本方程式为[142]

$$\frac{\partial^4\phi}{\partial x^4}+2\frac{\partial^4\phi}{\partial x^2\partial y^2}+\frac{\partial^4\phi}{\partial y^4}=0 \tag{7.1}$$

这就是用应力函数表示的相容方程。此时有

$$\sigma_x=\frac{\partial^2\phi}{\partial y^2},\quad \sigma_y=\frac{\partial^2\phi}{\partial x^2},\quad \tau_{xy}=-\frac{\partial^2\phi}{\partial x\partial y} \tag{7.2}$$

当假定$\sigma_y = 0$，即相当假定$\partial^2\varphi / \partial x^2 = 0$，式（7.1）第1、第2项均为0，则有

$$\frac{\partial^4 \phi}{\partial y^4} = 0 \tag{7.3}$$

将式（7.3）代入式（7.2）得$\partial^2\sigma_x / \partial y^2 = 0$，即$\sigma_x$沿梁高为线性分布，这就是浅梁中的伯努利假定。由此可知，深梁中应力和应变不呈线性分布。

在深梁中，跨高比l/h一般较小，随着跨度的增大，纵向应力σ_x增长很快。假定梁承受均布荷载q不变，当跨高比由$l/h=1$增大至2时，σ_x将增大至4倍，σ_y的值基本不变，因而它的影响将相对地减小，l/h再增大时又很快地减小，乃至可以忽略，即l/h增大至一定程度时，即可按浅梁计算。

究竟l/h增大至什么界限，即可按浅梁计算，这需视计算精度要求而定。有人认为l/h>5，有人认为l/h>2时即可按浅梁计算。

对于筒中筒结构中的外框筒裙深梁，由于主要受到的是以竖向剪力为主的节点力，σ_y对σ_x的影响较小，且l/h通常在2～3内，可以认为应变符合平截面假定。

2. 剪压区剪切模量的简化折减系数

本节考虑剪压区剪切模量折减系数的出发点是，当裙深梁发生剪压破坏时，能否采用其他区段的剪切模量乘以折减系数来代替剪压区的剪切模量，因此裙深梁的剪切刚度和剪切变形可以较容易得出。

考察钢筋混凝土矩形截面梁中1个剪压区段沿y方向的平衡条件，如图7.5所示，设OA段的曲线方程为$y = mx^2 + nx$，m、n为常系数，利用$y'_{x=c} = 0$，$y_{x=c} = z$可得曲线方程为

$$y = -\frac{z}{c^2}x^2 + \frac{2z}{c}x \tag{7.4}$$

式中，c——斜截面水平投影长度。

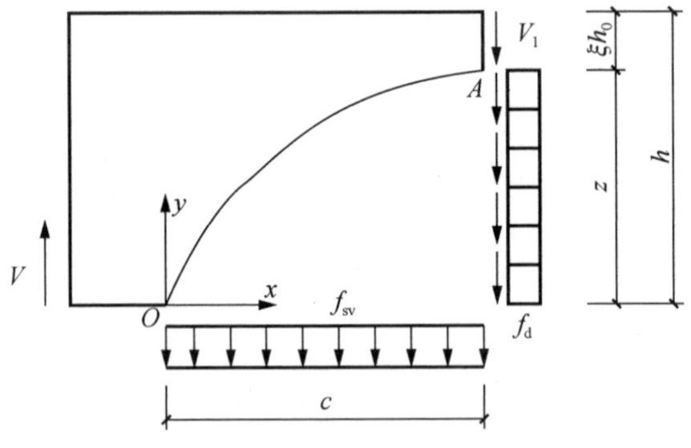

图7.5　剪压区斜截面y方向分析简图

钢筋混凝土梁斜截面区段任意截面的平均剪应变 $\gamma(x)$ 为

$$\gamma(x)=\frac{V-f_{\mathrm{d}}y-f_{\mathrm{sv}}x}{\kappa bG(x)(h-y)} \tag{7.5}$$

式中，V——梁端部剪力；

h、b——梁截面高度、宽度；

f_{sv}——箍筋对混凝土作用力的集度；

f_{d}——纵筋对混凝土销栓力的集度；

κ——剪应力分布不均匀系数，对矩形截面取 $\kappa=1.2$；

$G(x)$——混凝土的割线剪切模量。

假设混凝土在剪压区段的 $G(x)$ 为常量 G_{s}，将式（7.4）代入式（7.5）可得

$$\gamma(x)=\frac{1}{\kappa bG_{\mathrm{s}}}\frac{V+f_{\mathrm{d}}\dfrac{z}{c^2}x^2-\left(f_{\mathrm{sv}}+\dfrac{2z}{c}f_{\mathrm{d}}\right)x}{h+\dfrac{z}{c^2}x^2-\dfrac{2z}{c}x} \tag{7.6}$$

令剪压区段的剪切变形为 δ_{s}，则有

$$\delta_{\mathrm{s}}=\int_0^c\gamma(x)\mathrm{d}x \tag{7.7}$$

对式（7.7）进行积分可得

$$\delta_{\mathrm{s}}=\frac{1}{\kappa bG_{\mathrm{s}}}\left[f_{\mathrm{d}}c-\frac{c^2}{2z}f_{\mathrm{sv}}\ln\left(\frac{h-z}{h}\right)+\left(\frac{c}{z}V-\frac{c^2}{z}f_{\mathrm{sv}}-\frac{c\cdot h}{z}f_{\mathrm{d}}\right)\left(\frac{z}{h-z}\right)^{0.5}\arctan\left(\frac{z}{h-z}\right)^{0.5}\right] \tag{7.8}$$

当取 $f_{\mathrm{d}}=0$，即不考虑纵筋的销栓作用时，式（7.8）可简化为

$$\delta_{\mathrm{s}}=\frac{c}{\kappa bzG_{\mathrm{s}}}\left[\frac{c}{2}f_{\mathrm{sv}}\ln\left(\frac{h}{h-z}\right)+(V-cf_{\mathrm{sv}})\left(\frac{z}{h-z}\right)^{0.5}\arctan\left(\frac{z}{h-z}\right)^{0.5}\right] \tag{7.9}$$

令

$$\delta_{\mathrm{s}}=\frac{Vc}{\kappa bhG_{\mathrm{s}}}\frac{1}{\alpha} \tag{7.10}$$

式中，α——剪切模量降低系数。

则有

$$\alpha^{-1}=\frac{h}{z}\left[\frac{1}{2}\frac{cf_{\mathrm{sv}}}{V}\ln\left(\frac{h}{h-z}\right)+\left(1-\frac{cf_{\mathrm{sv}}}{V}\right)\left(\frac{z}{h-z}\right)^{0.5}\arctan\left(\frac{z}{h-z}\right)^{0.5}\right] \tag{7.11}$$

式（7.11）即为本节得到的不考虑纵筋销栓作用的剪切降低系数求解公式。

下面根据现有的经试验统计及分析结果得到的剪压区理论来对式（7.11）进

行简化。

（1）斜截面水平投影长度 c[143]

$$c / h_0 = 0.9 + 0.3\lambda \tag{7.12}$$

式中，λ——剪跨比，当 λ<1 时，取 λ=1 计算；当 λ>3 时，取 λ=3 计算；一般取 $h_0 = 0.9h$ 。式（7.12）是对斜截面水平投影长度 c 值按试验实测数据进行回归分析得到的。

（2）剪压区的相对高度 ξ[144]

$$\xi = 0.5 - 0.1\lambda \tag{7.13}$$

（3）剪压强度准则[145]

不同人通过不同的试验，对不同的复合应力状态（压剪、拉压和双压等）提出了类似的强度准则，即当混凝土的八面体法向应力 σ_{oct} 和八面体剪应力 τ_{oct} 之间成直线关系时，混凝土即发生破坏。用一个通式表示，可写成如下形式：

$$\frac{\tau_{\text{oct}}}{f_{\text{c}}} + C\frac{\sigma_{\text{oct}}}{f_{\text{c}}} = D \tag{7.14}$$

式中，f_{c}——混凝土轴心抗压强度；

C、D——系数。

八面体应力是一种综合性的应力表达方式，如直接应用于斜截面的强度计算是不方便的，需加以换算。八面体应力 σ_{oct} 、 τ_{oct} 与应力分量 σ_x 、 σ_y 、 τ_{xy} 之间有如下关系：

$$\sigma_{\text{oct}} = \frac{1}{3}(\sigma_x + \sigma_y) \tag{7.15}$$

式中，σ_x ——压应力。

$$\tau_{\text{oct}} = \frac{1}{3}\sqrt{(\sigma_x - \sigma_y)^2 + \sigma_x^2 + \sigma_y^2 + 6\tau_{xy}^2} \tag{7.16}$$

将式（7.15）和式（7.16）代入式（7.14），整理后得

$$\frac{\tau_{xy}}{f_{\text{c}}} = \frac{1}{\sqrt{6}}\sqrt{9D^2 - 6CD\left(\frac{\sigma_x}{f_{\text{c}}} + \frac{\sigma_y}{f_{\text{c}}}\right) - (2 - C^2)\left(\frac{\sigma_x}{f_{\text{c}}}\right)^2 + 2(1 + C^2)\frac{\sigma_x}{f_{\text{c}}}\frac{\sigma_y}{f_{\text{c}}} - (2 - C^2)\left(\frac{\sigma_y}{f_{\text{c}}}\right)^2} \tag{7.17}$$

取 C=1.16，D=0.086，可得

$$\frac{\tau_{xy}}{f_{\text{c}}} = \sqrt{0.011094 - 0.09976\left(\frac{\sigma_x}{f_{\text{c}}} + \frac{\sigma_y}{f_{\text{c}}}\right) - 0.10907\left[\left(\frac{\sigma_x}{f_{\text{c}}}\right)^2 + \left(\frac{\sigma_y}{f_{\text{c}}}\right)^2\right] + 0.78187\frac{\sigma_x}{f_{\text{c}}}\frac{\sigma_y}{f_{\text{c}}}} \tag{7.18}$$

由式（7.18）可知，除水平压应力σ_x外，竖向压应力σ_y对剪压区混凝土的抗剪强度也有一定影响。为了说明这种影响的程度，现取σ_y / f_c的几个值对式(7.18)进行简化。

当$\sigma_y / f_c = 0$时，式（7.18）简化为

$$\frac{\tau_{xy}}{f_c} = \sqrt{0.011094 - 0.09974\frac{\sigma_x}{f_c} - 0.10907\left(\frac{\sigma_x}{f_c}\right)^2} \tag{7.19}$$

当$\sigma_y / f_c = 0.1$、0.15、0.2 时，式（7.18）依次简化为

$$\frac{\tau_{xy}}{f_c} = \sqrt{0.019979 - 0.17795\frac{\sigma_x}{f_c} - 0.10907\left(\frac{\sigma_x}{f_c}\right)^2} \tag{7.20}$$

$$\frac{\tau_{xy}}{f_c} = \sqrt{0.02360 - 0.21704\frac{\sigma_x}{f_c} - 0.10907\left(\frac{\sigma_x}{f_c}\right)^2} \tag{7.21}$$

$$\frac{\tau_{xy}}{f_c} = \sqrt{0.026683 - 0.25613\frac{\sigma_x}{f_c} - 0.10907\left(\frac{\sigma_x}{f_c}\right)^2} \tag{7.22}$$

式（7.18）～式（7.22）中的f_c均用正值代入，σ_x、σ_y为压应力时用负值代入。

取$\sigma_y / f_c = 0.1$曲线上的点（1.0，0.3）和点（1.5，0.2）的连线并向两边延伸为直线，相应的直线方程为

$$\frac{\tau_{xy}}{f_c} = -0.2\frac{\sigma_x}{f_c} + 0.5 \tag{7.23}$$

式中，σ_x、f_c均用正号代入。式（7.23）即为所建立的梁剪压区混凝土的剪压复合受力强度准则。应当指出，式（7.23）是式（7.18）在$\sigma_y / f_c = 0.1$时进行较大简化后所得，但这并不意味着式（7.23）按$\sigma_y / f_c = 0.1$考虑竖向压应力影响，这其中有斜截面上的纵筋销栓作用和骨料咬合作用等因素而使$\sigma_x / f_c - \tau_{xy} / f_c$曲线升高。

式（7.23）提出的混凝土剪压复合受力强度准则，隐含了竖向压应力σ_y的影响，间接地考虑了斜截面上的纵筋销栓力和骨料咬合力等作用。将该强度准则应用于梁的斜截面受剪承载力计算是比较合理的。

（4）有腹筋的受剪承载力公式[146]

$$\frac{V}{f_c b h_0} = \frac{0.75 - 0.1\lambda - 0.01\lambda^2}{3+\lambda} + \left(\frac{3.024 + 1.296\lambda + 0.096\lambda^2}{3+\lambda}\right)\frac{\rho_{sv} f_{yv}}{f_c} \tag{7.24}$$

式中：ρ_{sv}——箍筋配箍率；

f_{yv}——箍筋强度设计值，MPa；

f_c——混凝土轴心抗压强度设计值，MPa。

令式（7.24）中右边第 1 项为 A，第 2 项为 B，则有

$$\frac{cf_{sv}}{V}=\frac{B}{A+B} \tag{7.25}$$

将上述的（1）、（2）、（3）、（4）小节的相关公式代入式（7.11），即可得到关于 α 的表达式，利用一条关于 λ 和 ρ_{sv} 线性变化的曲线对 α 的表达式用最小二乘法拟合，可以得到配箍率在适筋范围内变化的关系式为

$$\alpha=0.555-0.046\lambda+28.2\rho_{sv} \tag{7.26}$$

式（7.26）即为本节得到剪压区剪切模量的简化折减系数的表达式。它是在临界剪压破坏的条件下建立的。应用时可以采用线性或非线性插值得到在整个非线性阶段的剪切模量。

3. 考虑非线性剪切变形的三分段杆单元模型

（1）基本假定

1）剪力和剪应变沿截面均匀分布假定。

2）截面应变符合平截面假定。

3）假定裙深梁为薄梁，只考虑一个方向的抗弯和抗剪刚度，忽略另一个方向的抗弯和抗剪刚度。

4）不考虑裙深梁的轴向变形。

5）假定弹塑性区在梁的两端邻刚域处。

（2）单元刚度矩阵的推导

三分段变刚度剪弯梁单元有两个节点，每个节点有 2 个位移自由度，即 1 个线位移 w 和 1 个角位移 θ_y，它们分别对应于节点力 F_z 和力矩 M_y。现任取一梁单元，其始终节点分别为节点 i 和 j，如图 7.6 所示，两端的 A、C 区段为弹塑性区，中间的 B 区段为弹性区，剪切变形集中在 B 中的抗剪弹簧内，三个区段在从节点 m、n 处相连。

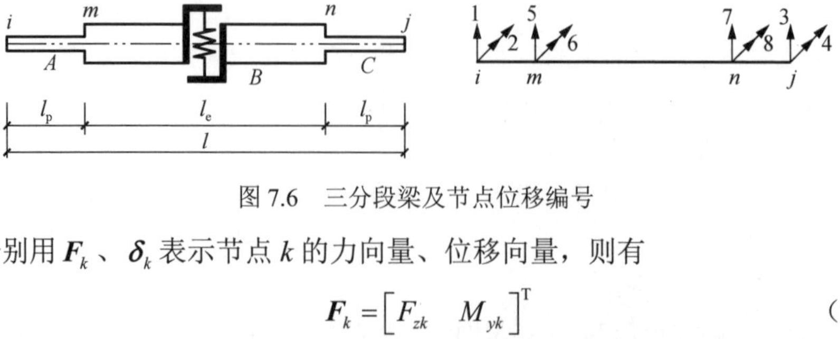

图 7.6　三分段梁及节点位移编号

分别用 $\boldsymbol{F}_k$、$\boldsymbol{\delta}_k$ 表示节点 k 的力向量、位移向量，则有

$$\boldsymbol{F}_k=\begin{bmatrix}F_{zk} & M_{yk}\end{bmatrix}^{T} \tag{7.27}$$

$$\boldsymbol{\delta}_k=\begin{bmatrix}w_k & \theta_{yk}\end{bmatrix}^{T} \tag{7.28}$$

分别取 3 个区段为隔离体，可以建立节点力和节点位移的关系式：

$$\begin{bmatrix} \Delta \boldsymbol{F}_i^A \\ \Delta \boldsymbol{F}_m^A \end{bmatrix} = \begin{bmatrix} \boldsymbol{k}_{ii}^A & \boldsymbol{k}_{im}^A \\ \boldsymbol{k}_{mi}^A & \boldsymbol{k}_{mm}^A \end{bmatrix} \cdot \begin{bmatrix} \Delta \boldsymbol{\delta}_i^A \\ \{\Delta \boldsymbol{\delta}_m^A\} \end{bmatrix} \tag{7.29a}$$

$$\begin{bmatrix} \Delta \boldsymbol{F}_m^B \\ \Delta \boldsymbol{F}_n^B \end{bmatrix} = \begin{bmatrix} \boldsymbol{k}_{mm}^B & \boldsymbol{k}_{mn}^B \\ \boldsymbol{k}_{nm}^B & \boldsymbol{k}_{nn}^B \end{bmatrix} \cdot \begin{bmatrix} \Delta \boldsymbol{\delta}_m^B \\ \Delta \boldsymbol{\delta}_n^B \end{bmatrix} \tag{7.29b}$$

$$\begin{bmatrix} \Delta \boldsymbol{F}_n^C \\ \Delta \boldsymbol{F}_j^C \end{bmatrix} = \begin{bmatrix} \boldsymbol{k}_{nn}^C & \boldsymbol{k}_{nj}^C \\ \boldsymbol{k}_{jn}^C & \boldsymbol{k}_{jj}^C \end{bmatrix} \cdot \begin{bmatrix} \Delta \boldsymbol{\delta}_n^C \\ \Delta \boldsymbol{\delta}_j^C \end{bmatrix} \tag{7.29c}$$

由变形协调条件 $\Delta \boldsymbol{\delta}_m^A = \Delta \boldsymbol{\delta}_m^B$ 和 $\Delta \boldsymbol{\delta}_n^B = \Delta \boldsymbol{\delta}_n^C$，有

$$\begin{bmatrix} \Delta \boldsymbol{F}_i \\ \Delta \boldsymbol{F}_j \\ \boldsymbol{0} \\ \boldsymbol{0} \end{bmatrix} = \begin{bmatrix} \Delta \boldsymbol{F}_i^A \\ \Delta \boldsymbol{F}_j^C \\ \Delta \boldsymbol{F}_m^A + \Delta \boldsymbol{F}_m^B \\ \Delta \boldsymbol{F}_n^B + \Delta \boldsymbol{F}_n^C \end{bmatrix} = \begin{bmatrix} \boldsymbol{k}_{ii}^A & \boldsymbol{0} & \boldsymbol{k}_{im}^A & \boldsymbol{0} \\ \boldsymbol{0} & \boldsymbol{k}_{jj}^C & \boldsymbol{0} & \boldsymbol{k}_{jn}^C \\ \boldsymbol{k}_{mi}^A & \boldsymbol{0} & \boldsymbol{k}_{mm}^A + \boldsymbol{k}_{mm}^B & \boldsymbol{k}_{mn}^B \\ \boldsymbol{0} & \boldsymbol{k}_{nj}^C & \boldsymbol{k}_{nm}^B & \boldsymbol{k}_{nn}^B + \boldsymbol{k}_{nn}^C \end{bmatrix} \begin{bmatrix} \Delta \boldsymbol{\delta}_i \\ \Delta \boldsymbol{\delta}_j \\ \Delta \boldsymbol{\delta}_m \\ \Delta \boldsymbol{\delta}_n \end{bmatrix} \tag{7.30}$$

令

$$\begin{bmatrix} \boldsymbol{f}_{mm} & \boldsymbol{f}_{mn} \\ \boldsymbol{f}_{nm} & \boldsymbol{f}_{nn} \end{bmatrix} = \begin{bmatrix} \boldsymbol{k}_{mm}^A + \boldsymbol{k}_{mm}^B & \boldsymbol{k}_{mn}^B \\ \boldsymbol{k}_{nm}^A & \boldsymbol{k}_{nn}^B + \boldsymbol{k}_{nn}^C \end{bmatrix}^{-1} \tag{7.31}$$

有

$$\begin{bmatrix} \Delta \boldsymbol{\delta}_m \\ \Delta \boldsymbol{\delta}_n \end{bmatrix} = -\begin{bmatrix} \boldsymbol{f}_{mm} & \boldsymbol{f}_{mn} \\ \boldsymbol{f}_{nm} & \boldsymbol{f}_{nn} \end{bmatrix} \cdot \begin{bmatrix} \boldsymbol{k}_{mi}^A & \boldsymbol{0} \\ \boldsymbol{0} & \boldsymbol{k}_{nj}^A \end{bmatrix} \cdot \begin{bmatrix} \Delta \boldsymbol{\delta}_i \\ \Delta \boldsymbol{\delta}_j \end{bmatrix} \tag{7.32}$$

于是

$$\begin{Bmatrix} \Delta \boldsymbol{F}_i \\ \Delta \boldsymbol{F}_j \end{Bmatrix} = \left(\begin{bmatrix} \boldsymbol{k}_{ii}^A & 0 \\ 0 & \boldsymbol{k}_{jj}^C \end{bmatrix} - \begin{bmatrix} \boldsymbol{k}_{im}^A & 0 \\ 0 & \boldsymbol{k}_{jn}^C \end{bmatrix} \cdot \begin{bmatrix} \boldsymbol{f}_{mm} & \boldsymbol{f}_{mn} \\ \boldsymbol{f}_{nm} & \boldsymbol{f}_{nn} \end{bmatrix} \cdot \begin{bmatrix} \boldsymbol{k}_{mi}^A & \boldsymbol{0} \\ \boldsymbol{0} & \boldsymbol{k}_{nj}^C \end{bmatrix} \right) \cdot \begin{bmatrix} \Delta \boldsymbol{\delta}_i \\ \Delta \boldsymbol{\delta}_j \end{bmatrix} \tag{7.33}$$

由此得到构件经静力缩聚的刚度矩阵为

$$\boldsymbol{K} = \begin{bmatrix} \boldsymbol{k}_{ii}^A - \boldsymbol{k}_{im}^A \boldsymbol{f}_{mm} \boldsymbol{k}_{mi}^A & -\boldsymbol{k}_{im}^A \boldsymbol{f}_{mn} \boldsymbol{k}_{nj}^C \\ -\boldsymbol{k}_{jn}^C \boldsymbol{f}_{nm} \boldsymbol{k}_{mi}^A & \boldsymbol{k}_{jj}^C - \boldsymbol{k}_{jn}^C \boldsymbol{f}_{nn} \boldsymbol{k}_{nj}^C \end{bmatrix} \tag{7.34}$$

由此，只需建立弹塑性区和弹性区子单元的刚度矩阵，即可获得裙梁单元的刚度矩阵。

弹塑性区 A 段的刚度矩阵为

$$
\begin{bmatrix} \boldsymbol{k}_{ii}^{A} & \boldsymbol{k}_{im}^{A} \\ \boldsymbol{k}_{mi}^{A} & \boldsymbol{k}_{mm}^{A} \end{bmatrix} = \begin{bmatrix} \dfrac{12k_{\phi A}}{l_{\mathrm{p}}^{2}} & -\dfrac{6k_{\phi A}}{l_{\mathrm{p}}} & -\dfrac{12k_{\phi A}}{l_{\mathrm{p}}^{2}} & -\dfrac{6k_{\phi A}}{l_{\mathrm{p}}} \\ & 4k_{\phi A} & \dfrac{6k_{\phi A}}{l_{\mathrm{p}}} & 2k_{\phi A} \\ & & \dfrac{12k_{\phi A}}{l_{\mathrm{p}}^{2}} & \dfrac{6k_{\phi A}}{l_{\mathrm{p}}} \\ \text{对称} & & & 4k_{\phi A} \end{bmatrix} \tag{7.35}
$$

式中，$k_{\phi A}$——A 段的抗弯刚度；

l_{p}——弹塑性区长度。

将式（7.35）中的上、下标 A 更换为 C，即可得 C 段的刚度矩阵。

弹性区 B 段的刚度矩阵为

$$
\begin{bmatrix} \boldsymbol{k}_{mm}^{B} & \boldsymbol{k}_{mn}^{B} \\ \boldsymbol{k}_{nm}^{B} & \boldsymbol{k}_{nn}^{B} \end{bmatrix} = \begin{bmatrix} \dfrac{12EI}{(1+\beta)l_{\mathrm{e}}^{3}} & -\dfrac{6EI}{(1+\beta)l_{\mathrm{e}}^{2}} & -\dfrac{12EI}{(1+\beta)l_{\mathrm{e}}^{3}} & -\dfrac{6EI}{(1+\beta)l_{\mathrm{e}}^{2}} \\ & \dfrac{(4+\beta)EI}{(1+\beta)l_{\mathrm{e}}} & \dfrac{6EI}{(1+\beta)l_{\mathrm{e}}^{2}} & \dfrac{(2-\beta)EI}{(1+\beta)l_{\mathrm{e}}} \\ & & \dfrac{12EI}{(1+\beta)l_{\mathrm{e}}^{3}} & \dfrac{6EI}{(1+\beta)l_{\mathrm{e}}^{2}} \\ \text{对称} & & & \dfrac{(4+\beta)EI}{(1+\beta)l_{\mathrm{e}}} \end{bmatrix} \tag{7.36}
$$

$$
\beta = \frac{12\kappa EIl^{2}}{\int_{0}^{l} G_{\mathrm{T}}(x)\mathrm{d}x bhl_{\mathrm{e}}^{3}} = \frac{12\kappa EIl^{2}}{G_{\mathrm{T}}bhl_{\mathrm{e}}^{4}} \frac{1}{1+2\alpha' l_{\mathrm{p}} / l_{\mathrm{e}}} \tag{7.37}
$$

式中，κ——对矩形截面取 $\kappa = 1.2$；

$G_{\mathrm{T}}(x)$——裙深梁内任一截面钢筋混凝土的切线剪切模量；

l——梁长（如两端存在刚域时，不包括刚域长度）；

l_{e}——梁的弹性区长度；

b、h——梁宽、梁高；

E、I——梁的弹性模量、截面惯性矩；

α'——切线剪切模量降低系数，初取如下：在混凝土弹性阶段，$\alpha' = 1$；在混凝土弹塑性阶段，$\alpha' = \alpha$；在混凝土塑性阶段，$\alpha' = 0.5\alpha$。

（3）弯矩曲率滞回曲线

关于梁柱弯矩曲率关系，目前研究较为透彻。本节采用的弯矩曲率关系滞回曲线（M-ϕ）为考虑卸载刚度退化的三线型滞回曲线，如图 7.7 所示。刚度退化指数为 0.5，其骨架线由截面条带法计算，经简化成 3 条直线段得到。没有考虑轴力的作用，因而没有捏缩效应；黏结滑移是通过直接修改骨架曲线特征点的方式进行的。

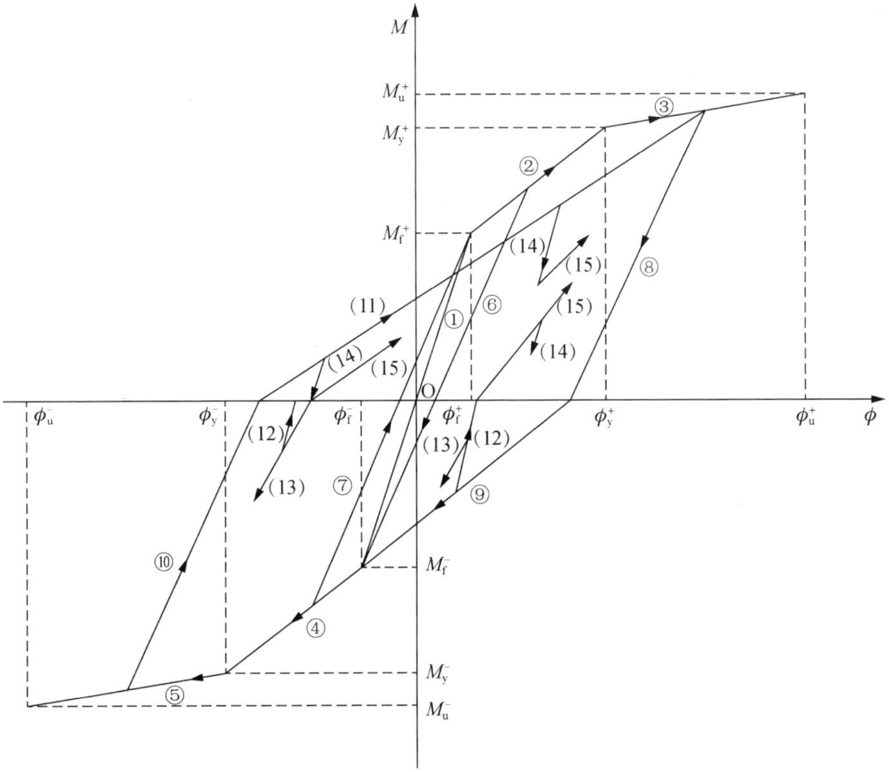

ϕ_f^+、ϕ_f^- —正向加载、反向加载的开裂曲率；ϕ_y^+、ϕ_y^- —正向加载、反向加载的钢筋屈服曲率；ϕ_u^+、ϕ_u^- —正向加载、反向加载的极限曲率；M_f^+、M_f^- —正向加载、反向加载的开裂弯矩；M_y^+、M_y^- —正向加载、反向加载的钢筋屈服弯矩；M_u^+、M_u^- —正向加载、反向加载的极限弯矩。

图 7.7　三线型弯矩曲率关系滞回曲线

4. 非线性剪切变形简化计算方法

本节以过镇海[147]提出的关于素混凝土的剪应力-应变曲线和剪切模量为基础，提出钢筋混凝土梁的非线性剪切变形的简化计算方法[148]。

（1）过镇海提出的关于混凝土抗剪理论

1）混凝土的抗剪强度为

$$\tau_{pc} = 0.38 f_{cu}^{0.57} \tag{7.38}$$

式中，f_{cu}——混凝土立方体强度，MPa。为了便于区分，这里将原文献中的下标增加 c。

2）峰值剪应变为

$$\gamma_{pc} = (176.8 + 83.56\tau_{pc}) \times 10^{-6} \tag{7.39}$$

式中，τ_{pc}——混凝土抗剪强度，MPa。

3）混凝土的剪切模量为

$$G_{sc} = G_{spc}\left[1.9 - 1.7\left(\frac{\gamma}{\gamma_{pc}}\right)^2 + 0.8\left(\frac{\gamma}{\gamma_{pc}}\right)^3\right] \tag{7.40}$$

$$G_{Tc} = G_{spc}\left[1.9 - 5.1\left(\frac{\gamma}{\gamma_{pc}}\right)^2 + 3.2\left(\frac{\gamma}{\gamma_{pc}}\right)^3\right] \tag{7.41}$$

式中，G_{sc}、G_{Tc}——混凝土的割线剪切模量、切线剪切模量，可分别用于不同的情况；

G_{spc}——混凝土的峰值割线模量，可由式（7.38）和式（7.39）确定。

$$G_{spc} = \frac{\tau_{pc}}{\gamma_{pc}} = \frac{10^6}{83.56 + 465 / f_{cu}^{0.57}} \tag{7.42}$$

根据过镇海的理论，初始剪切模量可取$\tau = 0.5\tau_{pc}$时的割线模量；在非线性有限元分析中所需的增量式或全量式的混凝土剪切模量，不能采用由单轴拉、压的应力-应变关系所推导的模量值，而应按式（7.40）～式（7.42）进行计算。

（2）钢筋混凝土梁切线剪切模量计算方法

本节的剪切模量计算方法在上述混凝土抗剪的基础上只考虑腹筋的影响。将钢筋混凝土的切线剪切模量分为混凝土弹塑性阶段、混凝土塑性阶段，这样就可以得到钢筋混凝土曲线型应力-应变曲线。

1）混凝土弹塑性阶段（$\gamma \leqslant \gamma_{pc}$）：

$$G_T = G_{Tc} + G_{Ts} = G_{spc}\left[1.9 - 5.1\left(\frac{\gamma}{\gamma_{pc}}\right)^2 + 3.2\left(\frac{\gamma}{\gamma_{pc}}\right)^3\right] + E_{sv}\rho_{sv} \tag{7.43}$$

式中，G_{Ts}——考虑箍筋影响的参与量；

G_T——钢筋混凝土的切线剪切模量；

E_{sv}——箍筋的弹性模量。

其他含义如式（7.41）所示。

2）混凝土塑性阶段（$\gamma_{pc} \leqslant \gamma \leqslant \gamma_p$）：

在混凝土塑性阶段，不考虑混凝土的剪切刚度，考虑箍筋抗剪参与量的折减及线性降低。

$$G_T = G_{Ts} = 0.5E_{sv}\rho_{sv}(\gamma_p - \gamma) / (\gamma_p - \gamma_{pc}) \tag{7.44}$$

式中，γ_p——钢筋混凝土的峰值剪应变，可取 1.5～2.0 f_{sv} / E_{sv}，其中 f_{sv} 为箍筋的屈服强度。

（3）钢筋混凝土梁剪切模量简化计算方法

针对上述的剪切模量的计算方法，将曲线型剪应力-应变曲线简化成三折线型模型，这样，在非线性时程分析或分析反复荷载作用时的情况，就可以利用如图 7.7 所示的滞回关系进行剪切滞变分析。

1）弹性阶段：以混凝土剪应力 $\tau = 0.5\tau_{pc}$ 时的割线模量为混凝土的弹性剪切模量，此时的剪应变为 $\gamma = 0.28\gamma_{pc}$，据式（7.40）和式（7.43）可得

$$G_T = 1.784G_{spc} + E_{sv}\rho_{sv} \quad (0 \leqslant \gamma \leqslant 0.28\gamma_{pc}) \tag{7.45}$$

2）混凝土开裂阶段：

$$G_T = 0.694G_{spc} + E_{sv}\rho_{sv} \quad (0.28\gamma_{pc} < \gamma \leqslant \gamma_{pc}) \tag{7.46}$$

3）混凝土屈服阶段：

$$G_T = 0.25E_{sv}\rho_{sv} \quad (\gamma_{pc} < \gamma \leqslant \gamma_p) \tag{7.47}$$

式（7.45）～式（7.47）中各值均为常数，各常数含义如式（7.43）和式（7.44）所示。

5. 算例分析

本节对 Ashour 所得到的双跨连续深梁试验结果[149]进行了分析计算，以验证所提出模型的正确性。这里选取了 3 根梁 CDB1、CDB2 和 CDB3，梁的尺寸和配筋图如图 7.8 所示。顶部和下部的纵向主筋是直径为 12mm 和 10mm 的变形钢筋，强度分别为 500MPa、400MPa。箍筋为 8mm 的光圆钢筋，强度为 370MPa。3 根梁的混凝土的抗压强度分别为 30.0MPa、33.1MPa 和 22.0MPa。试验荷载由 1 台千斤顶施加，通过 1 根分配梁将荷载平均传递到梁的每 1 跨。根据对称性，分析时仅选取了其中 1 跨。

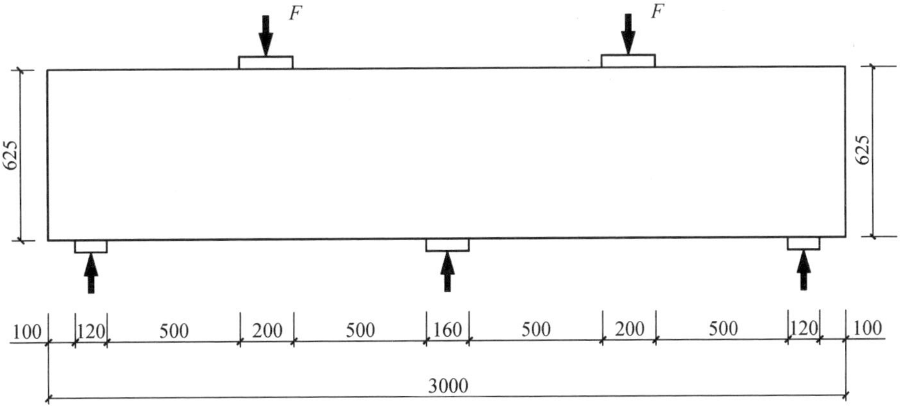

（a）梁尺寸

图 7.8　试验梁尺寸及配筋图

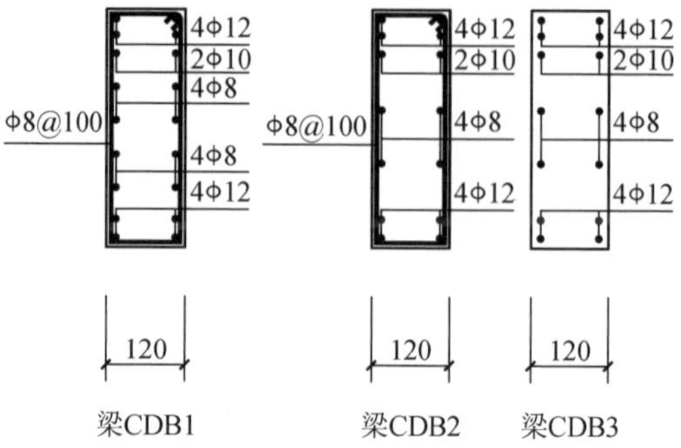

（b）配筋图

图 7.8（续）

分析结果如图 7.9 所示。

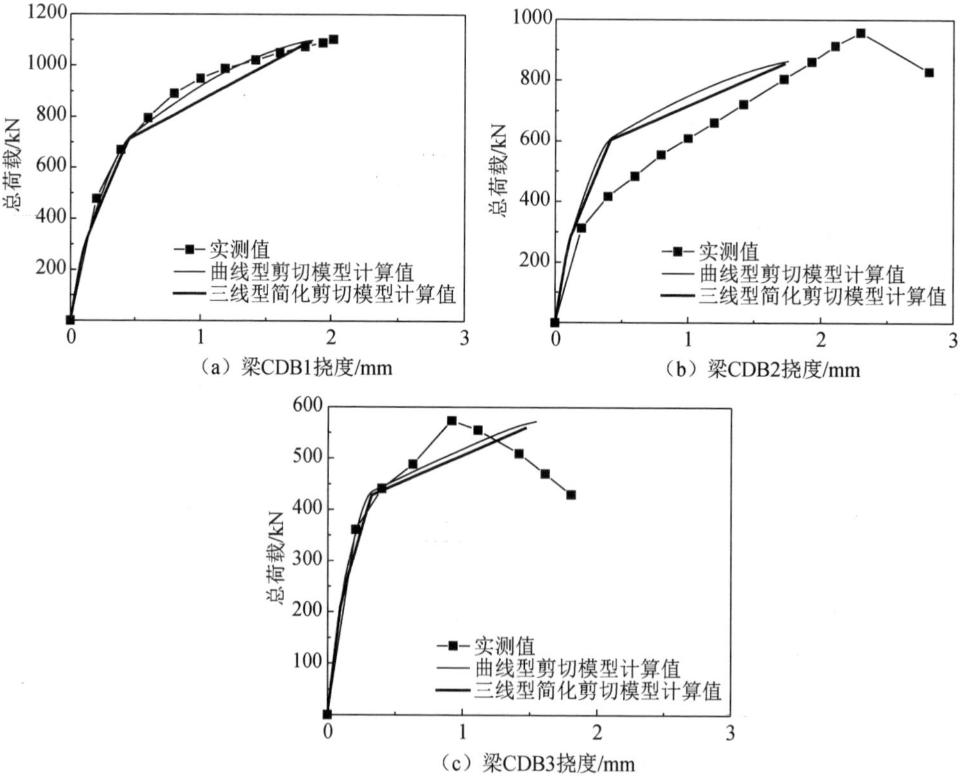

图 7.9　荷载位移对比曲线

本节提出的模型只用于荷载位移曲线上升段的模拟。从分析结果可知，除梁 CDB2 的荷载计算值偏大外，本节提出的两种计算模型均与试验结果符合较好。

7.2.2　剪力墙分析的单元模型

大量的地震震害、结构模型试验和分析研究表明，剪力墙结构体系在强地震作用下能有效吸收地震能量，具有较好的抵抗侧力的强度和刚度。试验和理论分析还表明，正确设计的钢筋混凝土剪力墙在地震中表现出较好的延性和以弯曲变形为主的特征。但在与框架或框筒的组合作用下，也会呈现弯剪变形。

钢筋混凝土墙体非线性分析单元模型可分为以下形式：一是基于固体力学的微观模型，二是以一个构件作为一个单元的宏观模型。微观方法随着计算机科学的发展，越来越显示出强大的生命力，它已从分析结构构件、组件到分析简单结构甚至强震作用下的三维结构地震反应。虽然如此，但目前混凝土在复杂应力状态下的滞变性能以及与钢筋之间的相互作用关系等问题尚处于研究阶段，且分析复杂结构体系地震反应的数值工作量非常庞大，因此该方法仅限于研究结构部件或局部结构，以及参数研究和对试验的计算机模拟。宏观方法是通过简化处理将一段墙肢作为一个单元，单元的本构关系通过试验或分析计算得到。另外，宏观方法还是实际复杂结构非线性地震反应分析的主要使用工具。

在钢筋混凝土剪力墙非线性分析的宏观模型中，多垂直杆单元模型（图 7.10）是在等效梁模型和三垂直杆单元模型的基础上发展起来的。它考虑了墙体截面中性轴的移动和墙体的轴力对其抗弯性能的影响，解决了边柱与墙板变形协调的问题，而且只需给出确定的拉压和剪切滞变规律，避免了使用弯曲弹簧时确定弯曲滞变性能的困难，因而是目前较为理想的一种宏观模型。

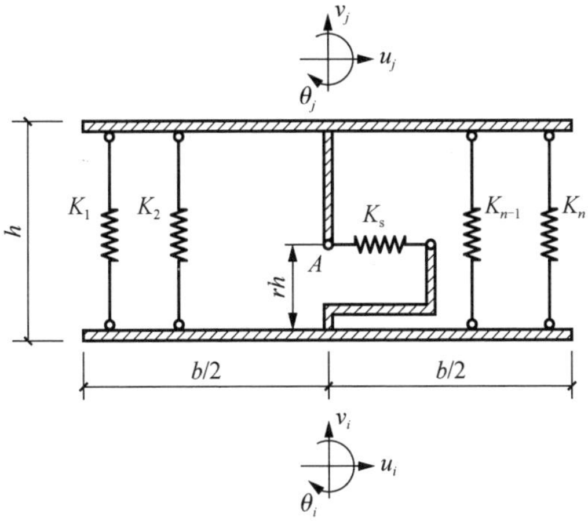

图 7.10　多垂直杆单元模型

目前，关于多垂直杆单元模型的单元刚度矩阵的形式上的主要差别在于考虑剪切变形大小的不同。一种精度较高的非线性宏观单元，应能较好地模拟结构处于线弹性阶段的受力性能。本节基于这一思想出发，首先对刚度矩阵的三种形式进行了弹性阶段的对比，验证本节所提出的刚度矩阵形式在弹性阶段的正确性。其次，利用现有的钢筋混凝土拉压滞变模型和剪切滞变模型对剪力墙结构进行非线性分析[150,151]。

1. 多垂直杆单元模型刚度矩阵的分析

(1) 多垂直杆单元模型刚度矩阵的推导

设墙单元两端的位移为 $\boldsymbol{d}^{\mathrm{T}}=\{u_i \quad v_i \quad \theta_i \quad u_j \quad v_j \quad \theta_j\}$，其中 u_i, v_i, θ_i 分别表示 i 端的水平位移、形心轴处的竖向位移和转角，其余 3 个符号对应于 j 端的位移。杆端的力矢量 $\boldsymbol{F}^{\mathrm{T}}$ 和位移矢量相对应，其正方向如图 7.10 所示。

基于小变形假定，$\sin\theta_i=\theta_i$，$\sin\theta_j=\theta_j$，垂直杆 i 端、j 端由于刚梁的转动而产生的水平协调位移可由图乘法得出，即

$$u_x = h\theta_i + \frac{h}{2}(\theta_j-\theta_i) = \frac{h}{2}(\theta_i+\theta_j) \tag{7.48}$$

其中包含了刚体位移和纯弯曲变形，纯弯曲变形的弯矩图对应图 7.11 的第 1 部分。

由图 7.12 可知，由剪切变形和非纯弯曲变形而引起的相对位移为

$$\delta_{\mathrm{u}} = u_j - u_i - u_x = u_j - u_i - \frac{1}{2}h(\theta_i+\theta_j) \tag{7.49}$$

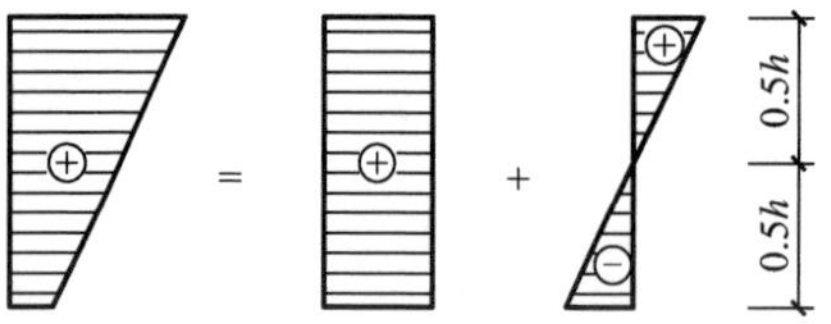

图 7.11　弯矩图的组成

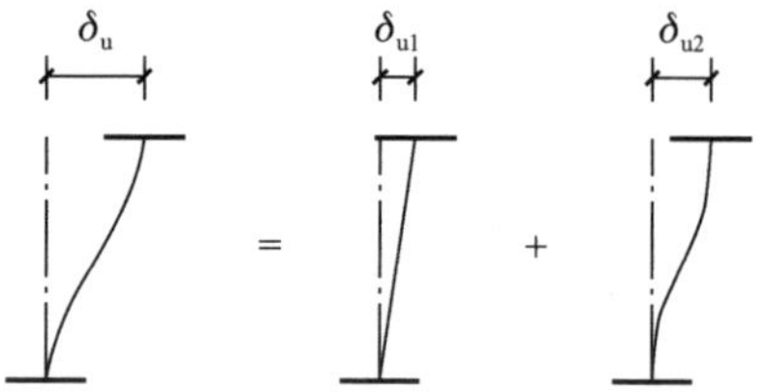

图 7.12　剪弯变形的组成

其中，非纯弯曲变形的弯矩图对应图 7.11 的第 2 部分，剪切变形和非纯弯曲变形分别为

$$\delta_{\mathrm{u1}} = \frac{\beta}{1+\beta}\delta_{\mathrm{u}}\text{；}\quad \delta_{\mathrm{u2}} = \frac{1}{1+\beta}\delta_{\mathrm{u}}\text{；}\quad \beta = \frac{12\kappa EI_{\mathrm{w}}}{GA_{\mathrm{w}}h^2} \tag{7.50}$$

式中，κ——对矩形截面取 $\kappa=1.2$。

同样基于小变形假定，$\cos\theta_i=1$，$\cos\theta_j=1$，第 m 根杆的轴向变形为

$$\delta_{\mathrm{v}m} = (\theta_i-\theta_j)l_m + v_j - v_i \tag{7.51}$$

式中，l_m——第 m 根竖向杆距横截面形心轴的水平距离，在形心轴右侧为正，左侧为负。

给单元一虚位移 $\boldsymbol{d}^{*\mathrm{T}}=\{u_i^* \quad v_i^* \quad \theta_i^* \quad u_j^* \quad v_j^* \quad \theta_j^*\}$，则外力在虚位移上所做的功为

$$W=\boldsymbol{d}^{*\mathrm{T}}\boldsymbol{F} \tag{7.52}$$

内力在虚变形上所做的功为

$$U=K_{\mathrm{s}}\delta_{\mathrm{u1}}\delta_{\mathrm{u}}^{*}+\sum_{m=1}^{n}k_{vm}\delta_{vm}\delta_{vm}^{*}=\frac{\beta}{1+\beta}K_{\mathrm{s}}\delta_{\mathrm{u}}\delta_{\mathrm{u}}^{*}+\sum_{m=1}^{n}k_{vm}\delta_{vm}\delta_{vm}^{*} \tag{7.53}$$

式中，K_{s}——单元的抗剪刚度；

k_{vm}——第 m 根杆的轴向刚度；

n——杆总根数。

利用虚功原理得

$$\boldsymbol{d}^{*\mathrm{T}}\boldsymbol{F}=\frac{\beta}{1+\beta}K_{\mathrm{s}}\delta_{\mathrm{u}}\delta_{\mathrm{u}}^{*}+\sum_{m=1}^{n}k_{vm}\delta_{vm}\delta_{vm}^{*} \tag{7.54}$$

将式（7.49）和式（7.51）代入式（7.54），整理后得

$$\boldsymbol{K}_{\mathrm{e}}=\begin{bmatrix} K_{\mathrm{s}}' & 0 & \frac{h}{2}K_{\mathrm{s}}' & -K_{\mathrm{s}}' & 0 & \frac{h}{2}K_{\mathrm{s}}' \\ & K_0 & -e_xK_0 & 0 & -K_0 & e_xK_0 \\ & & K_{33} & -\frac{h}{2}K_{\mathrm{s}}' & e_xK_0 & K_{36} \\ & & & K_{\mathrm{s}}' & 0 & -\frac{h}{2}K_{\mathrm{s}}' \\ & \text{对称} & & & K_0 & -e_xK_0 \\ & & & & & K_{66} \end{bmatrix} \tag{7.55}$$

式中，

$$K_{\mathrm{s}}'=\frac{\beta}{1+\beta}\frac{GA}{\kappa h}\text{；}\quad K_0=\sum_{m=1}^{n}k_{vm}\text{；}\quad e_x=\sum_{m=1}^{n}k_{vm}l_m/K_0\text{；}$$

$$K_{33}=K_{66}=\frac{h^2}{4}K_{\mathrm{s}}'+\sum_{m=1}^{n}k_{vm}l_m^2\text{；}\quad K_{36}=\frac{h^2}{4}K_{\mathrm{s}}'-\sum_{m=1}^{n}k_{vm}l_m^2$$

其中，K_0、e_x——多垂直杆单元的轴向刚度和偏心距。

当偏心距为 0 时，该刚度矩阵变为经典梁的刚度矩阵。因此，可以得出，多垂直杆单元模型和等效梁模型的本质差别在于考虑了中和轴的移动。

（2）3 种刚度矩阵的比较

现阶段的多垂直杆单元的刚度矩阵的差别，除了考虑剪切模量沿水平和竖向方向的变化不同之外，就是关于 K_{s}' 的表达式的不同。大致有 3 种考虑方法：一是将墙体视为 Timoshenko 梁单元，但为了避免剪切闭锁，采用减缩积分、假设剪切应变、替代插值函数等方法来处理剪切应变。实际上是将上文提到的剪切变形和非纯弯曲

变形全部考虑成剪切变形，即 $K_s' = K_s$，大多数研究者采用了这种方法[152,153]。二是利用经典梁理论将剪切变形和非纯弯曲变形分离，只考虑其中剪切变形的参与。它在一定程度上反映了弯曲变形和剪切变形的相互影响。该方法由汪梦甫和周锡元[154,155]首先提出。三是本节方法。

现将其按顺序列式如下：

$$K_s' = \begin{cases} \dfrac{GA}{\kappa h} & (\text{方法 1}) \\ \left(\dfrac{\beta}{1+\beta}\right)^2 \dfrac{GA}{\kappa h} & (\text{方法 2}) \\ \dfrac{\beta}{1+\beta}\dfrac{GA}{\kappa h} & (\text{方法 3}) \end{cases} \tag{7.56}$$

（3）弹性阶段的简单算例比较

如图 7.13 所示为悬臂墙体，分别受顶部水平集中力和侧向均布荷载时，中线上各点的水平位移。不考虑中线上各点竖向变位的影响。令混凝土的拉、压弹性模量相等，$E_c = E_t = E = 3.0\times10^4$ MPa，泊松比 $\nu = 0.2$，剪切模量 $G = E/2(1+\nu)$，集中力大小为 $P = 400$kN，均布荷载大小为 $q = 4$ kN/m。

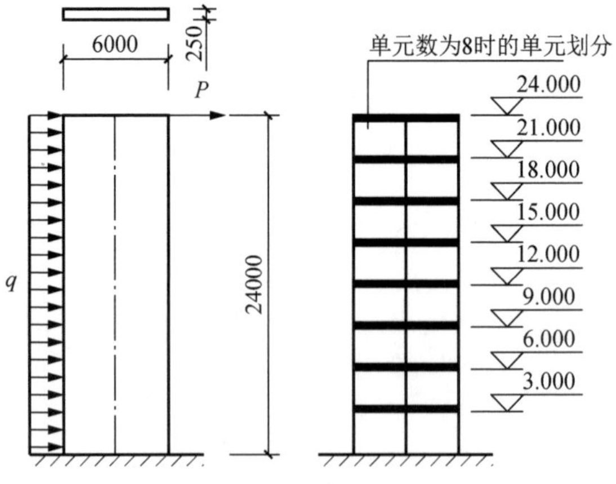

图 7.13　悬臂墙及单元划分

图中长度单位为 mm，标高为 m。

由表 7.1 计算结果可知，由于本节推导的多垂直杆单元矩阵在偏心距为 0 时，与经典梁单元相同，因而计算结果能与弹性力学解完全吻合；方法 1 计算的位移值偏小，即刚度矩阵偏大；而方法 2 计算的位移值偏大，即刚度矩阵偏小。当单元模型的高宽比小于等于 0.5 时，3 种方法建立的刚度矩阵均满足实际工程精度要求。

表 7.1　水平集中力作用下中线上各层的位移表　（单位：mm）

项目	单元数	中线上沿高度各标高处的水平位移							
		3	6	9	12	15	18	21	24
弹性力学解	—	0.38	1.33	2.75	4.57	6.72	9.10	11.64	14.27
方法 1	1	—	—	—	—	—	—	—	10.85
	2	—	—	—	4.15	—	—	—	13.41
	4	—	1.27	—	4.47	—	8.94	—	14.05
	8	0.38	1.31	2.73	4.55	6.68	9.06	11.60	14.21
方法 2	1	—	—	—	—	—	—	—	36.64
	2	—	—	—	5.59	—	—	—	16.31
	4	—	1.40	—	4.72	—	9.32	—	14.56
	8	0.39	1.34	2.77	4.60	6.75	9.14	11.70	14.33
方法 3	1	—	—	—	—	—	—	—	14.27
	2	—	—	—	4.57	—	—	—	14.27
	4	—	1.33	—	4.57	—	9.10	—	14.27
	8	0.38	1.33	2.75	4.57	6.72	9.10	11.64	14.27

由表 7.2 计算结果可知，均布荷载在等效成楼层节点荷载的过程中产生了偏差，导致计算位移偏大，增加单元数会使偏差减小。在这种情况下，限制单元模型的高宽比小于等于 0.5 是有必要的。

表 7.2　侧向均布荷载作用下中线上各层的位移表　（单位：mm）

项目	单元数为 8 时中线上沿高度各标高处的水平位移							
	3	6	9	12	15	18	21	24
弹性力学解	0.53	1.62	3.12	4.91	6.86	8.90	10.97	13.03
方法 1	0.51	1.59	3.09	4.87	6.83	8.88	10.95	13.03
方法 2	0.54	1.65	3.17	4.97	6.94	9.00	11.08	13.16
方法 3	0.53	1.62	3.13	4.92	6.88	8.94	11.02	13.09

式（7.50）中的 β 值，在墙单元进入弹塑性或塑性阶段后，将不再保持定值，为简化计算，建议在整个非线性过程中取弹性阶段的 β 值来计算，这样取带来的误差是可以忽略的。

2. 拓展的多垂直杆单元模型

多垂直杆单元模型目前只用到了可以简化为平面形式的结构体系中，即框架-剪力墙结构和剪力墙结构。一般计算一字形墙体比较合适，至多只能计算带边柱的剪力墙。本节首次将其应用范围向空间拓展，拓展后的多垂直杆单元模型不仅可以用来分析各种截面形式的墙肢，也可以用来分析包括异形柱在内的梁柱构件单元，当然，这是在截面应变基本满足平截面假定的情况下进行的。不满足平截面假定的情况也可以进行分析，这不属于本节所讨论的范畴。

下面利用虚功原理来推导其刚度矩阵。

设墙单元两端的位移为$\boldsymbol{d}^{\mathrm{T}}=\left[u_{xi}\quad u_{yi}\quad u_{zi}\quad \theta_{xi}\quad \theta_{yi}\quad u_{xj}\quad u_{yj}\quad u_{zj}\quad \theta_{xj}\quad \theta_{yj}\right]$，其中$u_{xi}$，$u_{yi}$，$u_{zi}$，$\theta_{xi}$，$\theta_{yi}$分别表示$i$端的$x$、$y$、$z$方向的位移和$x$、$y$方向的转角，如图 7.14 所示，坐标系为右手系，其余 5 个符号对应于j端的位移和转角。杆端的力矢量$\boldsymbol{F}^{\mathrm{T}}$和位移矢量相对应。

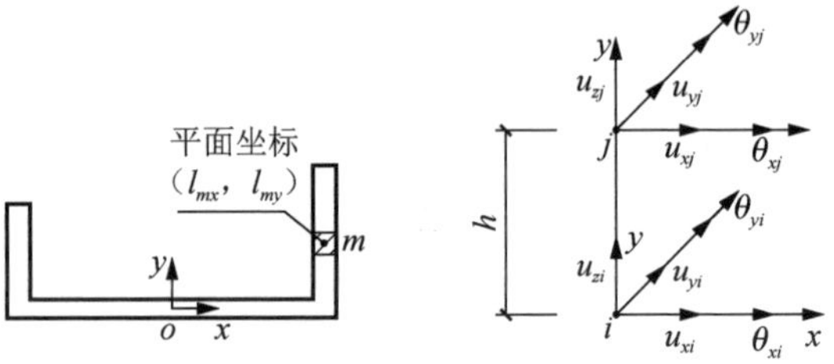

图 7.14　墙肢截面及位移向量

由于i、j端刚梁的转动而产生的x、y方向的水平协调位移为

$$u_x=\frac{h}{2}(\theta_{yi}+\theta_{yj}) \tag{7.57}$$

$$u_y=-\frac{h}{2}(\theta_{xi}+\theta_{xj}) \tag{7.58}$$

则由于弯剪综合变形而引起的相对位移为

$$\delta_x=u_{xj}-u_{xi}-u_x=u_{xj}-u_{xi}-\frac{h}{2}(\theta_{yi}+\theta_{yj}) \tag{7.59}$$

$$\delta_y=u_{yj}-u_{yi}-u_y=u_{yj}-u_{yi}+\frac{h}{2}(\theta_{xi}+\theta_{xj}) \tag{7.60}$$

基于小变形假定，$\cos\theta_{xi}=\cos\theta_{xj}=\cos\theta_{yi}+\cos\theta_{yj}=1$，第 m 根杆的轴向变形为

$$\delta_{zm}=(\theta_{yi}-\theta_{yj})l_{mx}+(\theta_{xj}-\theta_{xi})l_{my}+u_{zj}-u_{zi} \tag{7.61}$$

式中，l_{mx}、l_{my}——第m根杆在局部坐标系下的x、y轴坐标。

给单元一虚位移$\boldsymbol{d}^{*\mathrm{T}}=\left(u_{xi}^{*}\quad u_{yi}^{*}\quad u_{zi}^{*}\quad \theta_{xi}^{*}\quad \theta_{yi}^{*}\quad u_{xj}^{*}\quad u_{yj}^{*}\quad u_{zj}^{*}\quad \theta_{xj}^{*}\quad \theta_{yj}^{*}\right)$

则外力在虚变形上做的功为

$$W=\boldsymbol{d}^{*\mathrm{T}}\boldsymbol{F}$$

内力在虚变形上所做的功为

$$U=K_{\mathrm{s}x}\delta_x\delta_x^{*}+K_{\mathrm{s}y}\delta_y\delta_y^{*}+\sum_{m=1}^{n}K_{vm}\delta_{vm}\delta_{vm}^{*} \tag{7.62}$$

式中，$K_{\mathrm{s}x}$、$K_{\mathrm{s}y}$——单元沿x、y方向的抗剪刚度。

将式（7.59）～式（7.61）代入式（7.62），整理可得

$$\boldsymbol{F}=\boldsymbol{K}_{\mathrm{e}}\boldsymbol{d}$$

式中，$\boldsymbol{F}^{\mathrm{T}}=\begin{pmatrix}X_i & Y_i & Z_i & M_{xi} & M_{yi} & X_j & Y_j & Z_j & M_{xj} & M_{yj}\end{pmatrix}$。

刚度矩阵为

$$
\boldsymbol{K}_{\mathrm{e}}=\begin{bmatrix}
K_{\mathrm{sx}} & 0 & 0 & 0 & \frac{h}{2}K_{\mathrm{sx}} & -K_{\mathrm{sx}} & 0 & 0 & 0 & \frac{h}{2}K_{\mathrm{sx}} \\
 & K_{\mathrm{sy}} & 0 & -\frac{h}{2}K_{\mathrm{sy}} & 0 & 0 & -K_{\mathrm{sy}} & 0 & -\frac{h}{2}K_{\mathrm{sy}} & 0 \\
 & & K_0 & e_y K_0 & -e_x K_0 & 0 & 0 & -K_0 & -e_y K_0 & e_x K_0 \\
 & & & K_{44} & K_{45} & 0 & \frac{h}{2}K_{\mathrm{sy}} & -e_y K_0 & K_{49} & -K_{45} \\
 & & & & K_{55} & -\frac{h}{2}K_{\mathrm{sx}} & 0 & e_x K_0 & -K_{45} & K_{510} \\
 & & & & & K_{\mathrm{sx}} & 0 & 0 & 0 & -\frac{h}{2}K_{\mathrm{sx}} \\
 & & & & & & K_{\mathrm{sy}} & 0 & \frac{h}{2}K_{\mathrm{sy}} & 0 \\
 & & & & & & & K_0 & e_y K_0 & -e_x K_0 \\
 & \text{对称} & & & & & & & K_{44} & K_{45} \\
 & & & & & & & & & K_{55}
\end{bmatrix}
\tag{7.63}
$$

式中，

$$
K_{\mathrm{sx}}=\frac{\beta_x}{1+\beta_x}\frac{GA}{\kappa h};\quad K_{\mathrm{sy}}=\frac{\beta_y}{1+\beta_y}\frac{GA}{\kappa h};\quad \beta_x=\frac{12EI_y}{GAh^2};\quad \beta_y=\frac{12EI_x}{GAh^2};
$$

$$
K_0=\sum_{m=1}^{n}k_{vm};\quad e_x=\sum_{m=1}^{n}k_{vm}l_{mx}/K_0;\quad e_y=\sum_{m=1}^{n}k_{vm}l_{my}/K_0;
$$

$$
K_{44}=\frac{h^2}{4}K_{\mathrm{sy}}+\sum_{m=1}^{n}k_{vm}l_{my}^2;\quad K_{45}=-\sum_{m=1}^{n}k_{vm}l_{mx}l_{my};\quad K_{55}=\frac{h^2}{4}K_{\mathrm{sx}}+\sum_{m=1}^{n}k_{vm}l_{mx}^2;
$$

$$
K_{49}=\frac{h^2}{4}K_{\mathrm{sy}}-\sum_{m=1}^{n}k_{vm}l_{my}^2;\quad K_{510}=\frac{h^2}{4}K_{\mathrm{sx}}-\sum_{m=1}^{n}k_{vm}l_{mx}^2
$$

其中，E、G——混凝土在弹性阶段的弹性模量、剪切模量；

I_x、I_y——墙肢截面分别绕 x、y 方向形心主轴的惯性矩；

A、h——墙肢单元的截面面积和单元高度；

K_0、e_x、e_y——墙肢单元的轴向刚度和 x、y 方向在局部坐标系下的偏心距。

式（7.63）所表示的刚度矩阵适用于任意形状的不考虑截面翘曲的墙肢单元及普通截面柱、异形截面柱。

3. 墙单元的滞回特性

通过前面的模型简图和刚度矩阵推导可知，墙单元的滞回特性包含两个部分：垂直杆轴向拉压滞变关系和剪切弹簧的剪切滞变规律。也有文献将钢筋混凝土轴向拉压杆划分成钢筋和素混凝土拉压杆分别进行计算，本书认为不符合多垂直杆单元模型力求简化的基本思想，这里不予讨论。

（1）钢筋混凝土轴向拉-压滞回关系

1）骨架线的确定。通常假定为非对称二折线型（不考虑下降段），如图 7.15 所示。

对于一根承受拉力 P 的混凝土拉杆，钢筋的平均应力为

$$\sigma_{sm}=\psi\sigma_{sk} \tag{7.64}$$

式中，ψ ——应力不均匀系数，混凝土结构设计规范按下式计算：

$$\psi=1.1-0.65\frac{f_{tk}}{\rho_{te}\sigma_{sk}}\qquad (0.2\leqslant\psi\leqslant1.0) \tag{7.65}$$

式中，σ_{sk} ——钢筋混凝土构件纵向受拉钢筋的应力；

ρ_{te} ——截面配筋率（当 $\rho_{te}\leqslant0.01$ 取 $\rho_{te}=0.01$）；

f_{tk} ——混凝土抗拉强度标准值。

在非线性分析中，主要关心的是钢筋屈服时杆件的受力及位移。

则式（7.65）中取 $\sigma_{sk}=f_y$ 时的 ψ 值，即

$$\psi_0=1.1-\frac{0.65f_{tk}}{\rho_s f_y}\qquad (0.2\leqslant\psi_0\leqslant1.0) \tag{7.66}$$

则杆的总变形为

$$\Delta h=\frac{h}{E_s}\sigma_{sm}=\frac{\psi_0 h}{E_s}\frac{P}{A_s} \tag{7.67}$$

$$k_{se}=P/\Delta h=\frac{E_s f_y}{\psi_0 h} \tag{7.68}$$

$$d_{sy}=\frac{\psi_0 h f_y}{E_s} \tag{7.69}$$

式中，h——垂直杆杆长；

f_y——钢筋抗拉强度；

E_s——钢筋的弹性模量；

k_{se}、d_{sy}——受拉垂直杆的弹性刚度及屈服时的变形。

上述部分是采用了混凝土规范中关于裂缝控制的方法。当不考虑混凝土对受拉钢筋的作用时，只需取 $\psi_0=1.0$ 即可。

垂直杆受压时，由于在受压阶段，混凝土起主要作用，因而以混凝土受压屈服点来进行计算。这与以往假设混凝土与钢筋同时屈服是不同的，有

$$d_{cy} = -\varepsilon_c h \tag{7.70}$$

$$k_{ce} = \begin{cases} (f_c A_c + f_s A_s)/(\varepsilon_c h) & (f_y / E_s \leqslant \varepsilon_c) \\ (f_c A_c + \varepsilon_c E_s A_s)/(\varepsilon_c h) & (f_y / E_s > \varepsilon_c) \end{cases} \tag{7.71}$$

式中，f_c、ε_c——混凝土单轴抗压强度值、峰值压应变，一般取 $\varepsilon_c = 0.002$，也可按规范取 $\varepsilon_c = (700 + 172\sqrt{f_c}) \times 10^{-6}$；

f_y、E_s——钢筋的屈服强度、弹性模量；

A_c、A_s——垂直杆的混凝土截面面积、钢筋截面面积；

k_{ce}、d_{cy}——受压垂直杆的弹性刚度及屈服时的变形。

而屈服后垂直杆的抗拉和抗压刚度分别取为

$$k_{sy} = 0.0012 \sim 0.01 k_{se} \tag{7.72}$$

$$k_{cy} = 0 \sim 0.01 k_{ce} \tag{7.73}$$

式（7.72）和式（7.73）中，系数 $0.012 \sim 0.01$、$0 \sim 0.01$ 为经验性系数；当取 $k_{cy} = 0$ 时，不考虑混凝土受压屈服后的强化；当取 $k_{cy} = 0.01k_{ce}$ 时，考虑一定程度的强化。

对于垂直杆的拉、压极限变形，目前尚无人提及，本节认为，垂直杆不可能无限拉伸和压缩，对应的墙肢也不可能无限制的转动，因而给垂直杆的拉、压极限变形定量是有必要的。这里给出垂直杆的拉、压极限变形可供参考。

$$d_{su} = 0.1h,\quad d_{cu} = -0.008h \tag{7.74}$$

2）滞回关系的探讨。钢筋混凝土轴向拉压杆的滞回模型主要有两种（图 7.15）：一种是 Clough 双线型滞回模型，其特点是考虑卸载刚度退化、考虑混凝土屈服后的强化、屈服后反向加载指向历史最大位移点、不考虑捏缩效应；二是江近仁等[156]基于 5 个钢筋混凝土柱拉压试验结果和 Kabeyasawa 模型提出的一个钢筋混凝土柱的轴向刚度滞变模型，其特点是不考虑刚度退化、不考虑混凝土屈服后的强化、屈服后反向加载不指向历史最大位移点、考虑捏缩效应。

关于钢筋混凝土轴向拉压杆的滞回模型的文献，大多是独树一帜，目前无人将其进行对比分析。为了寻求较为合理的滞回关系，现将两种模型目前应用情况的差异对比如下：①C 点纵坐标取值。包括 3 个值，即 0、$0.2F_{cy}$、$0.3F_{sy}$，本节认为 C 点纵坐标取为 0 是较为合理的。②H 点纵坐标取值。包括 2 个值，即 $0.4F_{cy}$、$0.8F_{sy}$，当配筋率较小时这两个值的差异较大时，该取值直接表征了墙肢整体滞回模型捏缩效应的程度。③受拉屈服后的刚度。包括 3 个值，即 $k_{sy} = 0.0012k_{se}$、$k_{sy} = 0.01k_{se}$、$k_{sy} = 0.02k_{se}$，该取值对墙肢整体滞回曲线骨架线有一定的影响，本节认为 $k_{sy} = 0.02k_{se}$ 过高估算了钢筋的强化效应。④受压屈服后的刚度。包括 2 个

值，即 $k_{cy}=0$、$k_{cy}=0.01k_{ce}$，该取值对墙肢整体滞回曲线骨架线也有一定的影响。⑤受拉屈服后，由压力卸载后的拉力再加载的指向点包括两种：一种是指向历史的最大位移点与强化点（与拉伸屈服刚度线平行的加载线和拉伸硬化线的交点）的中点；另一种是指向最大位移点。⑥卸载刚度退化指数包括两种：一种是不考虑刚度退化，卸载刚度退化指数为 0；另一种是考虑一定程度的退化，卸载刚度退化指数取 0.2。

关于钢筋混凝土轴向拉-压滞变关系，大多基于经验假设，需要更多的试验予以论证，以得出更为合理的滞回曲线。

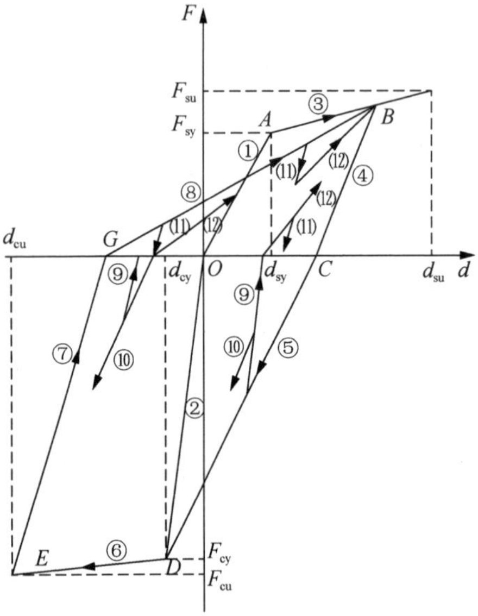

（a）Clough双线型滞回模型

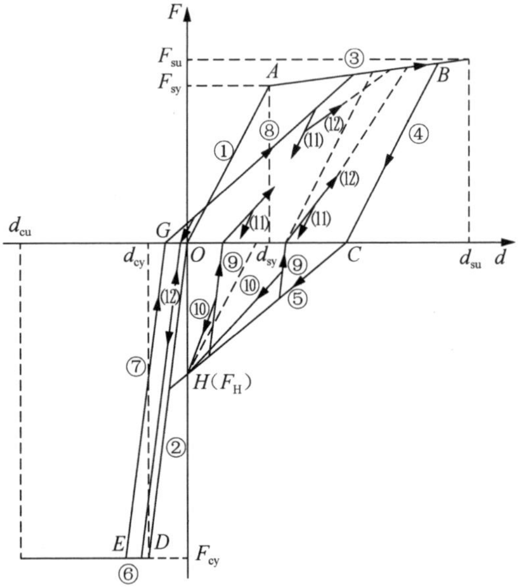

（b）江近仁等提出的滞回模型

F_{sy}、F_{cy} —拉、压屈服荷载；F_{su}、F_{cu} —拉、压极限荷载。

图 7.15　轴向拉压滞回模型

（2）钢筋混凝土轴向拉-压滞回曲线考虑骨架曲线下降段的简化处理方法

关于垂直杆拉压滞回模型，有学者建议在骨架线中考虑受压区下降段[157]（负刚度区段）。这是很有必要的，因为混凝土在轴心受压超过峰值应力后也会出现下降段，而且这样考虑可以较好地模拟剪力墙结构在高轴压比状态下的强度退化现象。本节建议，在受拉区也可以增加一下降段。

就目前考虑结构或构件进入负刚度状态下的处理方法来讲，如位移控制法、加虚拟弹簧法、强制迭代法和弧长法等，处理方法比较复杂，虽能解决部分问题，但也受到许多条件的限制，且稳定性不易控制。因此，本节提出轴向拉压杆在进入负刚度区段的简化处理方法。如图 7.16（a）和（b）所示，虚线 MQ 段、NR 段分别为受拉、受压骨架线的负刚度区段，假设杆件受拉第一次越过 M 点到达 1

点后卸载，那么以后的受拉指向点为历史最大反应点点1′，当越过1′点后沿线段1′2 运行后卸载，下一次的受拉指向点为历史最大反应点点2′，依此类推，直到受拉位移大于 d_{su}，杆件受拉破坏。同理，在杆件受压区时，第一次越过点 M 到达Ⅰ点后卸载，那么以后的受压指向点为历史最大反应点点Ⅰ′，当越过点Ⅰ′后沿线段Ⅰ′Ⅱ运行后卸载，下一次的受压指向点为历史最大反应点点Ⅱ′，依此类推，直到受压位移小于 d_{cu}，杆件受压破坏。

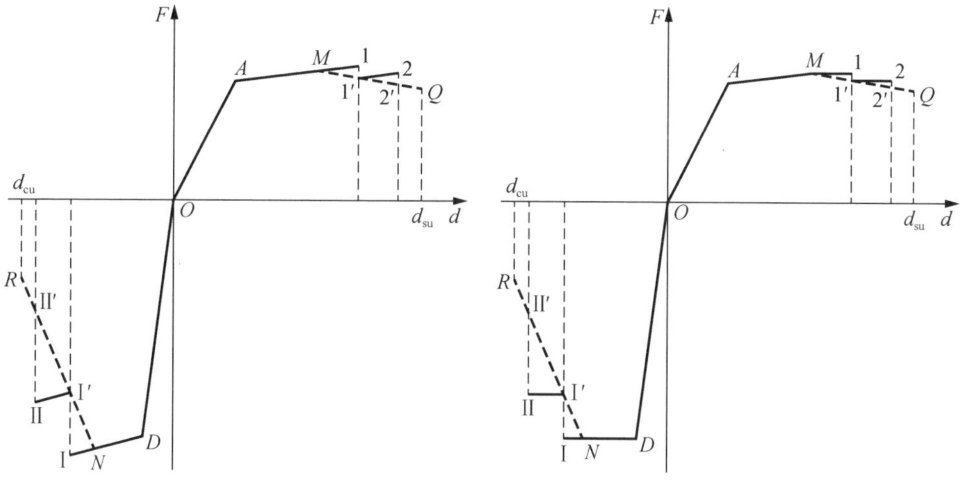

（a）模型1　　（b）模型2

图 7.16　下降段的简化处理模型

本节提出的垂直拉压杆进入下降段的简化方法，不需要对下降段进行特别的处理，直接采用荷载增量法即可求解。显然，这种简化方法可以较好地模拟反复加载和时程分析；对于单向全过程加载的情况，得不到下降段的反应。

（3）剪切弹簧的滞回特性

由于钢筋混凝土剪切性质的复杂和试验数据的缺乏，目前建议的剪切滞变模型很少。对表征剪力墙剪切刚度的剪切弹簧，多数情况是采用原点指向的双线型恢复力模型或原点指向的三线型恢复力模型。一些学者指出，原点指向型模型不适合于描述剪力墙的剪切滞变性态，特别是在高剪应力状态下。

本节采用了武滕清建议的原点指向的三线型恢复力模型。该模型的主要特点如下：在未达到剪切屈服以前，卸载为指向原点型的；剪切屈服后，变形沿着第三坡度增加，卸载刚度平行于原点与屈服点连线的屈服点刚度，再加载，则其指向为与历史最大位移点相对称之点，构成了随变形的增大刚度逐渐降低的 Clough 双直线型恢复力模型。

4. 算例分析

现以文献[158]所做的带边柱剪力墙的低周反复荷载试验 B2 为例，如图 7.17 所示，集中荷载作用于顶板上。基本参数如下：混凝土立方体抗压强度为 53.7MPa，弹性模量为 3.27×10^4MPa；墙体纵筋配筋率为 0.29%，纵筋屈服强度为 533MPa；边柱纵筋配筋率为 3.67%，纵筋屈服强度为 410MPa；水平分布筋纵筋配筋率为 0.63%，纵筋屈服强度为 533MPa。文献[159]曾采用平面有限元进行分析，共 252 个单元，计算量相对较大。本节采用上述的多垂直杆单元模型进行了分析，沿高度取 10 个单元，每个单元垂直杆单元数为 10。试验和计算结果如图 7.18 所示。

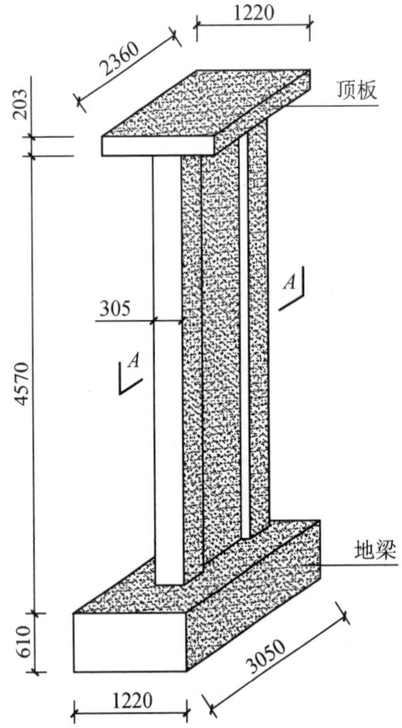

（a）轴测图

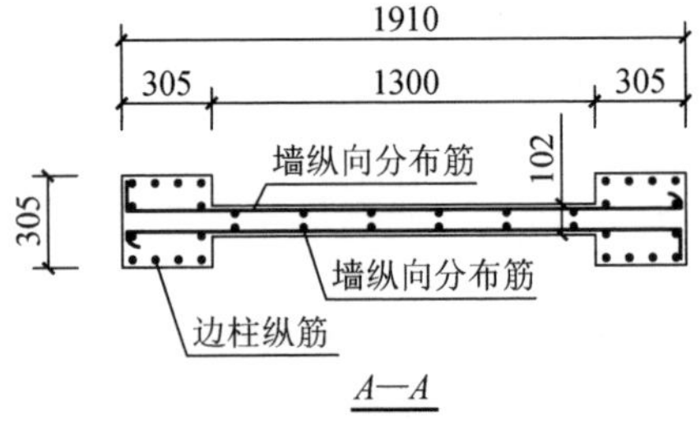

（b）剖面图

图 7.17　墙 B2 的构造（单位：mm）

由图 7.18 中的试验与计算滞回曲线可知，计算屈服荷载与试验值较接近，但计算屈服位移值偏小；计算的极限荷载和位移值比试验值偏高；总体来讲，计算值与试验值吻合较好，在各种轴向滞回关系中，捏缩指向 $0.8F_{sy}$、考虑刚度退化的计算值［图 7.18（e)］与试验值相差最小。

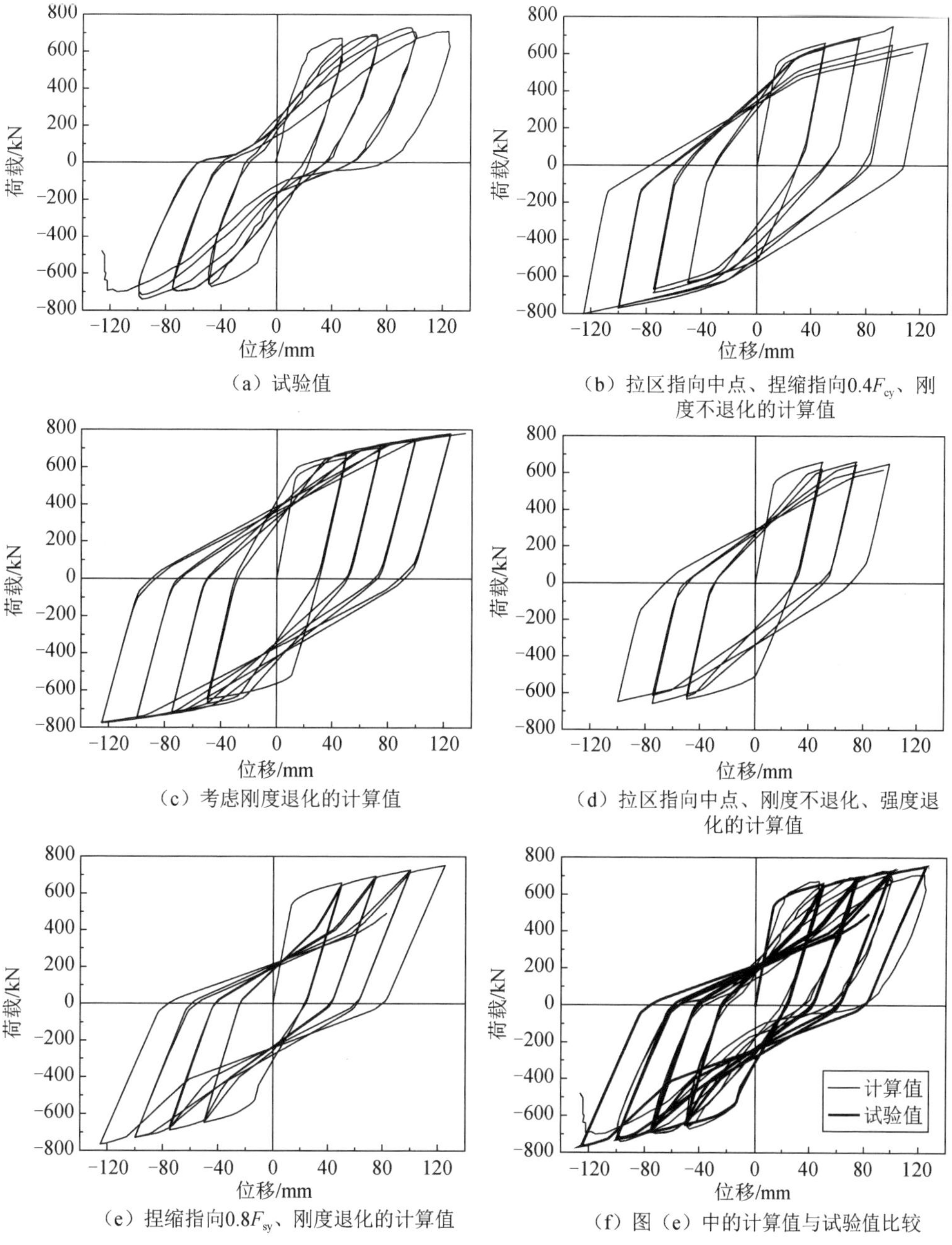

（a）试验值

（b）拉区指向中点、捏缩指向$0.4F_{cy}$、刚度不退化的计算值

（c）考虑刚度退化的计算值

（d）拉区指向中点、刚度不退化、强度退化的计算值

（e）捏缩指向$0.8F_{sy}$、刚度退化的计算值

（f）图（e）中的计算值与试验值比较

图 7.18　墙 B2 的试验与计算滞回曲线

7.2.3　矩形截面柱分析的单元模型

在考虑矩形截面柱的双向压弯弹塑性分析模型中，多弹簧杆单元模型被公认为是分析结果较为精确、物理概念清晰、计算简单的模型。本节在简述多弹簧杆

单元模型的分析方法、指出其缺点的前提下，结合前述的拓展的多垂直杆单元模型，对多弹簧模型进行改进，改进后的多弹簧模型更适合于分析筒中筒结构中的外框筒柱。

1. 多弹簧杆单元模型及其存在的问题

（1）多弹簧杆单元模型

现有的多弹簧杆模型包括九弹簧模型、五弹簧模型、四弹簧模型及 Li 提出的改进弹簧模型[160]。其中，九弹簧模型包括五个混凝土弹簧和四个钢筋弹簧；五弹簧模型把九弹簧模型中的四个混凝土弹簧和四个钢筋弹簧合并为四个钢筋混凝土弹簧，留下位于矩形截面中心的混凝土弹簧；四弹簧模型在五弹簧模型基础上去掉了位于矩形截面中心的混凝土弹簧。Li[160]提出的改进弹簧模型不需要利用截面的平衡条件和弯矩轴力关系来确定弹簧常数。

下面以四弹簧杆为例，讲述多弹簧杆单元模型分析过程。

如图 7.19 和图 7.20 所示，带刚域的四弹簧杆单元模型包括位于钢筋混凝土构件两端的节点区刚域、非弹性元（即四弹簧元）和夹在两个非弹性元之间的线弹性杆单元。这两个非弹性元用一种简单的形式模拟钢筋的弯曲屈服效应，以及靠近构件的两端区域混凝土的压缩变形，考虑了节点区表面处纵向钢筋积累锚固滑移变形。

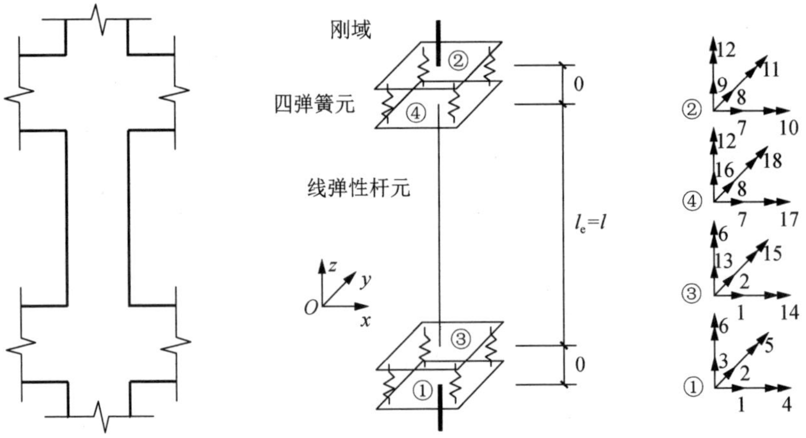

图中圈码表示单元编号；其余数字表示自由度编号。

图 7.19　柱构件及带刚域的四弹杆单元模型

每个非弹性元有 4 个位于 4 个角区的非线性弹簧，每一个弹簧代表等效钢筋的刚度（等效钢筋弹簧）和等效混凝土刚度（等效混凝土弹簧）。单元中假设截面保持为平面，假设剪力和扭矩对轴力-双向弯矩相互作用的影响可忽略，且滞回屈服集中于构件两端近似高度为 0 的有限范围内的非弹性元中。

四弹簧杆单元由 2 个非线性四弹簧元和 1 个线弹性杆单元组成，本节采用静力凝聚法推导四弹簧杆单元的刚度矩阵。图 7.20 中的①、②为四弹簧杆单元的节点，③、④为线弹性杆单元的节点。关于四弹簧杆单元模型刚度矩阵的推导，这里不再细述。

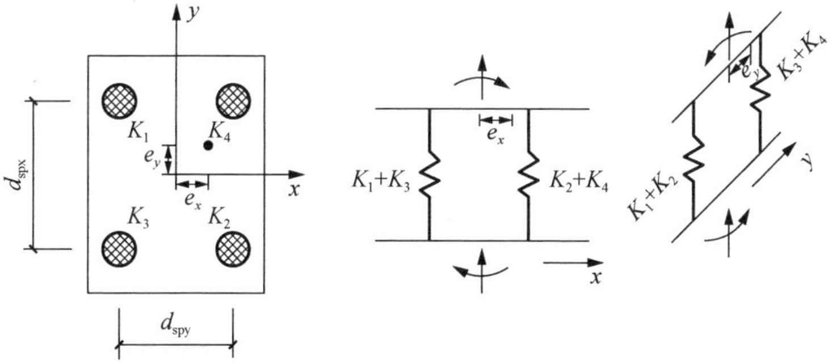

图 7.20　四弹簧元模型示意图

四弹簧杆单元模型中每个弹簧的等效钢筋面积，等效混凝土面积及其他参数确定如下。

1）等效钢筋面积。等效钢筋面积 $A_{si}(i=1,2,3,4)$ 可由截面四角区域的钢筋面积求和得到。如图 7.21 所示，$A_{si}=3A_b(i=1,2,3,4)$，其中 A_b 为单根钢筋的截面面积。虽然该等效钢筋面积并不意味着代表钢筋的应力-应变的真实特性，但保持了钢筋的基本滞回特性。

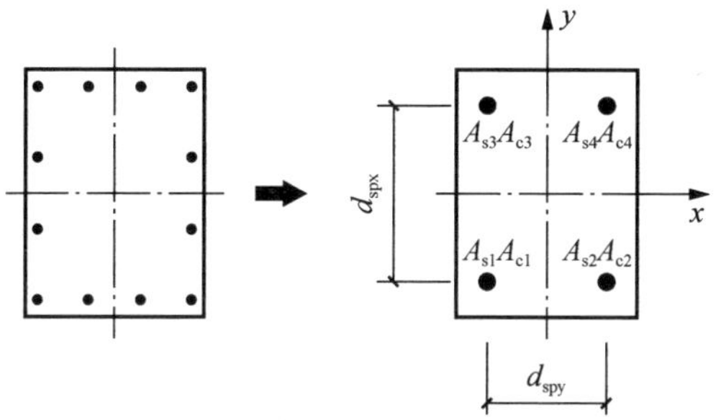

图 7.21　四弹簧的等效模式

2）等效混凝土面积。钢筋混凝土构件弯曲理论中，当柱截面的平衡破坏时，设 M_{bx}、N_b 分别为平衡破坏时的弯矩和轴力。等效混凝土面积 A_{ci} 为假设的一个值，使得 M_{bx}、N_b 作用下，非线性四弹簧元也处于平衡状态。由轴力平衡可求得 A_{ci} 的值为

$$A_{ci}=\frac{N_b-\sum P_{siy}}{2\times 0.85f_c}\qquad (i=1,2,3,4) \tag{7.75}$$

式中，$\sum P_{siy}$ ——全部纵向钢筋受力的和值。

当两个垂直方向 x、y 的界限平衡荷载不相等时，A_{ci} 可取为两个垂直方向界限平衡荷载算出的 A_{ci} 的平均值。

3）弹簧间距的确定。假设平衡破坏状态非线性四弹簧元产生与原截面相同的 M_{bx}、M_{by}，则可求得弹簧间距为

$$d_{spx}=\frac{2M_{bx}}{(A_{s1}+A_{s2}+A_{s3}+A_{s4})f_y+0.85f_c(A_{c1}+A_{c2})} \tag{7.76}$$

$$d_{spy}=\frac{2M_{by}}{(A_{s1}+A_{s2}+A_{s3}+A_{s4})f_y+0.85f_c(A_{c2}+A_{c4})} \tag{7.77}$$

4）弹簧的非对称二折线骨架曲线的建立。在弹簧的非对称二折线骨架曲线中，假设弹簧的拉伸变形由梁柱节点核心区钢筋的黏结滑移而引起确定弹簧的初始弹性拉伸刚度 K_{se}。由于滑移的复杂性，仅用一个简单理论化的关系来确定，即假设沿锚固长度 l_d 纵向钢筋的应力分布为线性，而混凝土与钢筋的黏结应力常数。

则弹性刚度为

$$K_{se}=\frac{2P_{sy}E_s}{l_d f_y} \tag{7.78}$$

屈服变形为

$$d_{sy}=P_{sy}/K_{se}=\frac{l_d f_y}{2E_s} \tag{7.79}$$

式中，

$$l_d=\frac{A_b f_y}{\pi d_b u} \tag{7.80}$$

$$P_{sy}=A_s f_y \tag{7.81}$$

$$u=1.27\sqrt{f_c} \tag{7.82}$$

式中，P_{sy}——等效钢筋拉伸屈服力；

E_s——钢筋的弹性模量；

l_d——滑移锚固长度；

A_b——单根钢筋截面面积；

d_b——钢筋的直径；

u——平均锚固黏结应力。

弹簧拉伸屈服后的刚度 K_{sy}，模拟构件端部塑性铰的非弹性变形，K_{sy} 的值决定于钢筋的应变硬化特性，混凝土保护层厚度等。

$$K_{sy}=0.02K_{se} \tag{7.83}$$

弹簧压缩刚度 K_{ce} 包括混凝土和钢筋的两部分的刚度，令 $d_{cy}=d_{sy}$，即混凝土、钢筋同时屈服，则有

$$K_{ce} = \frac{2A_s E_s}{l_d} + \frac{A_c f_c}{d_{cy}} \tag{7.84}$$

式中，A_c——等效混凝土面积；

P_{cy}——弹簧压缩屈服力，$P_{cy} = K_{ce} d_{cy}$。

同样，令弹簧受压后的屈服刚度 K_{cy} 取为

$$K_{cy} = 0.02K_{ce} \tag{7.85}$$

（2）多弹簧杆单元模型存在的问题

通过上述分析，可以得出，现有的多弹簧杆单元模型存在以下问题：

1）除 Li[160]提出的改进弹簧模型外，弹簧常数都是利用等效方法和截面在平衡破坏时的条件和弯矩轴力相互关系来确定，这些常数在整个非线性分析过程中应该是变化的，等效的方式也过于粗糙。

2）假定塑性较长度为 0，这与现有考虑双向压弯柱的试验结论，即柱端存在弹塑性区段、区段长度与柱长相比不可忽略，是相违背的。

3）黏结滑移模型中，假定了锚固长度为 l_d，因而不能保证多弹簧元在弹性阶段的刚度相对于弹性杆的刚度无限大，这将导致在弹性阶段柱长增加了 $2l_d$，导致结构在弹性阶段的刚度偏小。若考虑在构件进入弹塑性阶段后再添加多弹簧元，则会给多弹簧杆单元刚度矩阵的形成造成困难。

4）现有多弹簧杆单元忽略了剪切变形的影响，这对于长柱误差较小；但对于短柱，忽略剪切变形的影响，将会产生较大的误差。

5）多弹簧杆单元只能适用于压弯构件的分析，对于可能产生拉弯状态的筒中筒结构外框筒柱则不能适用。

6）目前的多弹簧杆单元只能适用于矩形截面柱的非线性分析，对其他截面形式的柱不能适用。

2. 改进的多弹簧杆单元模型

针对现有多弹簧杆单元模型中存在的问题，结合前述的拓展的多垂直杆单元模型，对多弹簧模型进行改进。这里讨论柱的构件长度不包括两端刚域在内，对于两端或一端存在刚域的情况，只需进行坐标转换即可。

在地震荷载作用下，柱子两端所受的弯矩最大，一般在同层柱内配筋不变，当然分段也可适应柱内配筋的变化，本节认为单元的刚度分布主要取决于弯矩分布及大小，柱的两端可能是柱子最早开裂、屈服及破坏的截面，并且假定钢筋与混凝土的黏结滑移集中在柱的两端，柱在极限状态时实际的曲率分布可分为弹性区域和非弹性区域。因而柱可分为中间的弹性子单元和两端的弹塑性子单元三个部分，弹塑性子单元的长度为 l_p，弹性子单元的长度为 l_e。图 7.22 中只给出了截面划分的一种形式，当然也可以采用其他的划分形式。在本节截面划分的基础上，

继续增大截面细分次数对计算结果的影响较小。

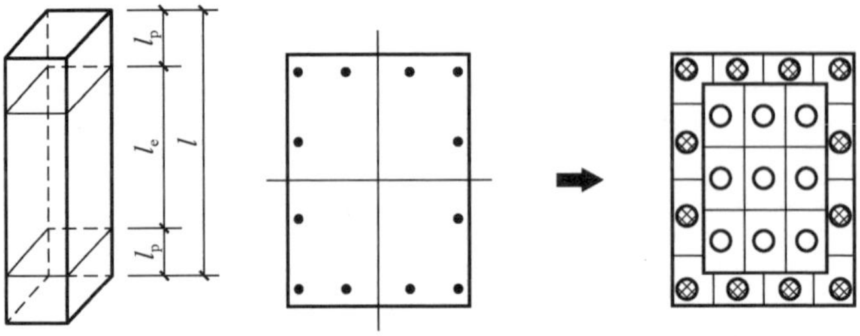

图 7.22　矩形截面柱及改进的多弹簧模型的截面划分

对于弹塑性子单元部分的刚度矩阵，可以直接用前文推导的拓展的多垂直杆单元的刚度矩阵（式 7.63）；对于弹性子单元部分的刚度矩阵，可将式（7.63）中的 e_x 和 e_y 取为 0，除表征轴向刚度的 K_0 根据实际受力状态取变值外，其余各参数均取为初始弹性阶段的常数，这样就弥补了原有多弹簧模型不能考虑中间弹性杆模拟受拉非线性状态的缺点。对于多弹簧杆单元的刚度矩阵的形成，可采用式（7.29）～式（7.34）的方法进行，这里不再细述。对于素混凝土弹簧的非线性拉压滞回模型，可直接取钢筋混凝土弹簧拉压滞回模型的 x 轴以下的部分，不考虑混凝土的抗拉刚度，不考虑混凝土受压屈服后的强化。

本节提出的改进的多弹簧模型，从根本上解决了原有多弹簧模型存在的缺陷[161]。其计算量基本上不会增大，原因如下：①在构件层次上，计算量取决于静力凝聚的工作量；串联弹簧的增多，即沿构件长度方向细分次数越多，静力凝聚的工作量增大，计算量越大；而并联弹簧的增多，即截面的细分次数越多，静力凝聚的工作量不变，计算量增加较少。本节改进的多弹簧杆单元模型，只对截面进行了细分，对杆长的细分次数不变，计算工作量不会有明显增加。②对于高层建筑结构的非线性分析，主要的工作量在于大型矩阵的求解，采用本节改进的多弹簧杆单元模型，不增加大型矩阵求解的阶数。

3. 弹塑性区长度的确定

在柱子两端控制截面附近，分布并不均匀的非弹性转动可以等效为在一个塑性曲率为常数的等效长度上分布，这个长度即为屈服等效长度 l_p。由于假定黏结滑移集中在端部临界面上，因此认为非弹性区域长度为截面屈服等效长度 l_p。

由于在目前钢筋混凝土塑性铰区长度上还只能近似计算，且单向受弯远成熟于双向受弯。文献[162]对目前的研究情况进行了分析。

（1）单向受弯

1）Baker 公式。将混凝土看成无约束混凝土，则有

$$l_p = k_1 k_2 k_3 (Z / h_0)^{1/4} h_0 \tag{7.86}$$

式中，k_1——对软钢取 0.7，硬钢取 0.9；

$k_2=1+0.5n$，n 为轴压比；

$k_3=0.6+1.0668(40.2-f_c)\times10^{-3}$；

h_0——柱截面有效高度；

Z——柱净高的一半。

2）Mattock 公式

$$l_p=0.5h_0+0.05Z \tag{7.87}$$

3）Sawyer 公式

$$l_p=0.25h_0+0.075Z \tag{7.88}$$

4）Park 公式

$$l_p=0.08(M/V)+6d_b \tag{7.89}$$

当取 $M/V=3h_0$，$d_b=25\text{mm}$ 时，则有 $l_p=0.24h_0+150\text{mm}$。

5）Yoshioka 公式

$$l_p=0.5\lambda h_0 \tag{7.90}$$

式中，λ——柱子的剪跨比，$0.5\leqslant\lambda\leqslant3.0$，若取 $\lambda=3$，则 $l_p=1.5h_0$。

沈聚敏等通过试验测得的 l_p 都比 1)、2)、3）所建议的公式求得的小，一般在（0.2～0.5）h_0 内变动。

（2）双向弯矩

屈服区的长度与截面变形历史有关，理应考虑双向弯矩、轴向、扭矩相互作用的影响，但在具体计算前，也仅为了简化计算出发，采用只在每一个垂直平面考虑上述单向受弯的影响，取两个方向的较大值，同时不超过单向受弯的实测最大值，即

$$l_{pmax}=1.1h_0(1.0-\xi)$$

式中，$\xi=\mu f_y/f_c-\mu f_y/f_c+N/f_cbh_0$。

即

$$l_p=\max(l_{py},l_{pz},l_{pmax})$$

式中，l_{py}、l_{pz}——单向弯矩作用时按“1”计算的单向受弯等效屈服长度 l_p；而单向弯矩作用时塑性子区域的相对受压区高度系数 ξ 满足：$0\leqslant\xi\leqslant1.0$，于是取 $l_{pmax}=1.1h_0$。

（3）本节采用的非线性区长度

对于矩形截面，l_p 取为 $0.5(B_x+B_y)$，B_x、B_y 分别为柱截面的宽和高；对 L 形截面柱，l_p 取为 $0.5(B_x+B_y)$，B_x、B_y 分别为 L 形柱截面的两个方向的肢长。

4. 算例分析

本节以文献[163]和[164]所做的悬臂柱在斜向周期反复荷载试验为算例进行分析。柱的截面为矩形截面，尺寸为 200mm×200mm，水平力到柱底距离为 650mm，纵筋为 8ϕ12mm，纵筋沿周边均匀布置。本节选用进行分析的试件的基本参数见表 7.3。

表 7.3　矩形截面柱试件的基本参数

试件编号	加载角度/（°）	混凝土立方体抗压强度/MPa	纵筋屈服强度/MPa	纵筋极限强度/MPa	轴力/kN
Z102	16	23.5	431	617	242.9
Z301	45	25.1	442	621	167.4
Z304	45	23.6	438	606	273.2

进行计算分析时，采用了一个多弹簧杆单元，弹塑性区截面划分为 12 个钢筋混凝土弹簧元和 4 个素混凝土弹簧元。试验及分析结果如图 7.23～图 7.25 所示。

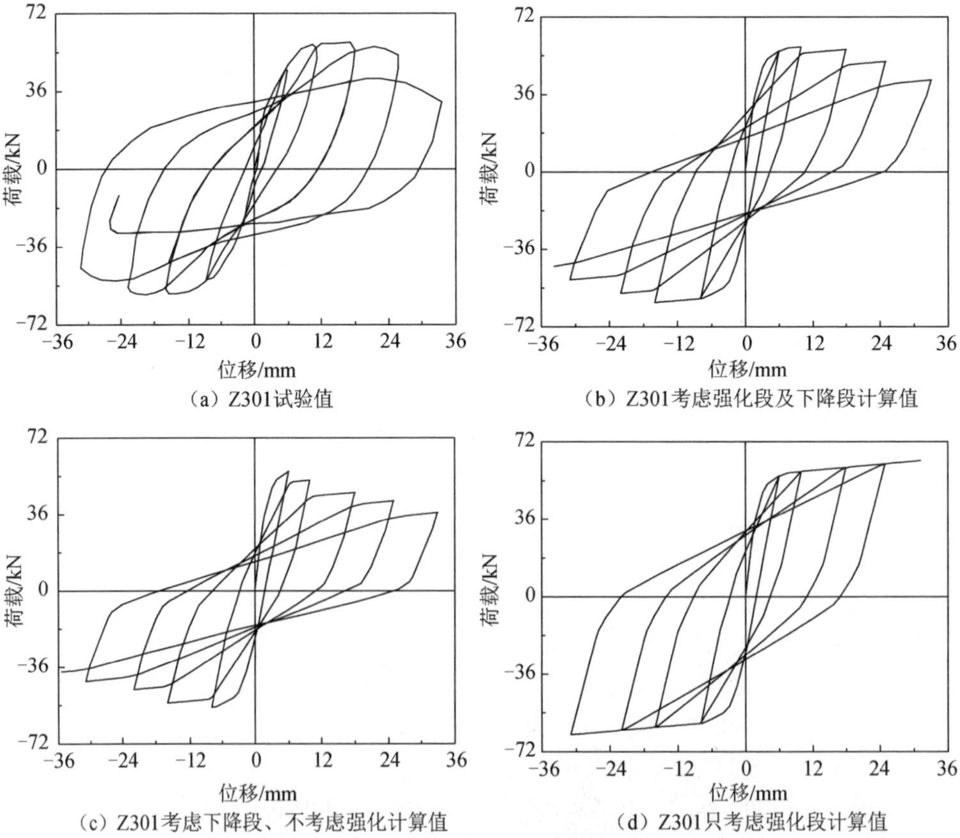

（a）Z301试验值　（b）Z301考虑强化段及下降段计算值

（c）Z301考虑下降段、不考虑强化计算值　（d）Z301只考虑强化段计算值

图 7.23　Z301 试验与计算滞回曲线

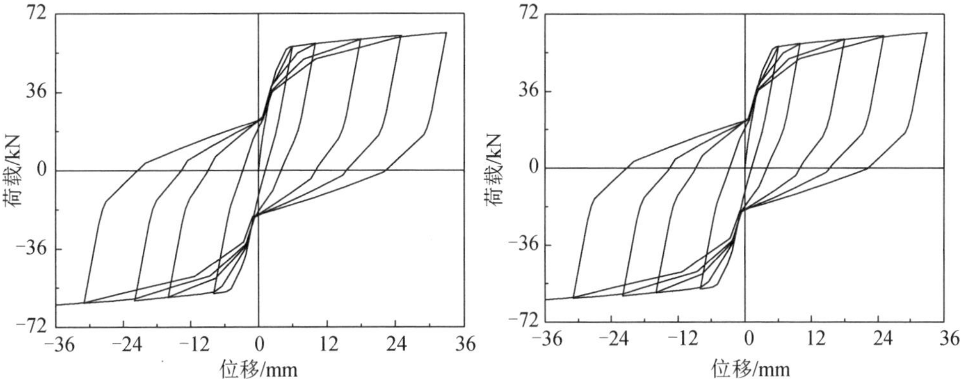

（e）Z301考虑强化、考虑捏拢指向04计算值　　（f）Z301考虑强化、考虑捏拢指向08计算值

图 7.23（续）

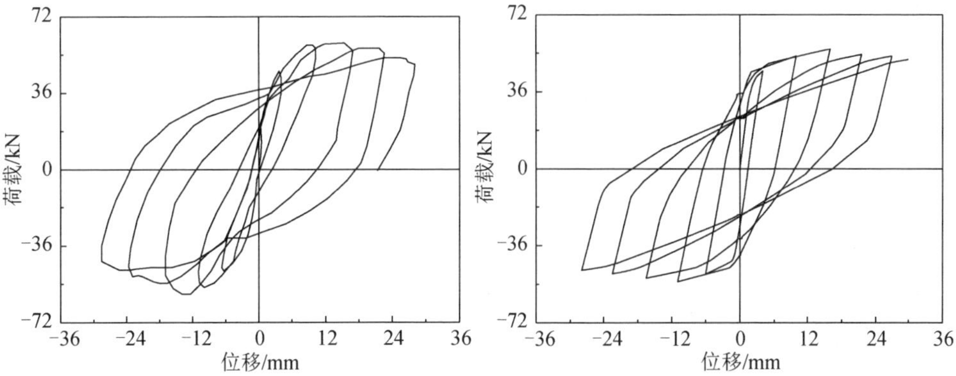

（a）Z102试验值　　（b）Z102考虑强化段及下降段计算值

图 7.24　Z102 试验与计算滞回曲线

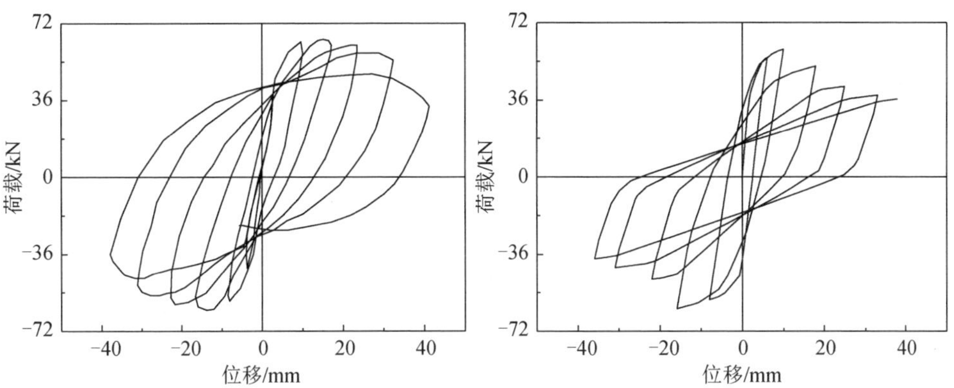

（a）Z304试验值　　（b）Z304考虑强化段及下降段计算值

图 7.25　Z304 试验与计算滞回曲线

从分析结果和试验结果的对比可知，采用本节改进的多弹簧杆模型和考虑混凝土受压屈服强化段及下降段的简化方法进行的计算分析，计算的滞回曲线与试验结果较为接近，其形状稍偏瘦，由本节采用的滞回模型为折线型而非曲线型所致。

7.2.4　L 形截面柱分析的单元模型

目前，L 形柱的非线性分析方法主要沿用截面条带分块法，分别利用钢筋和混凝土的本构关系，利用平衡条件（弯矩平衡和轴力平衡）和弯矩曲率关系曲线，困难在于轴力对双向弯矩的影响难于实现。很多关于异形柱在水平反复荷载作用下的试验表明，在加载初期，截面应变能较好地符合平截面假定，加载后期也大致符合平截面假定，平截面假定使非线性分析方法得到简化。

L 形截面柱与矩形截面柱在分析上的不同点在于，对于弹性子单元部分的刚度矩阵［式（7.63）］，e_x 和 e_y 不为 0，在施加竖向轴力时需考虑对局部坐标轴的偏心，以保证全截面受压，且各弹簧元压应变相同。

1. 截面的划分形式

图 7.26 为 1 个 L 形截面柱的截面划分形式，将截面划分为钢筋混凝土轴向拉压弹簧单元和素混凝土轴向拉压弹簧单元，基本假定如下：①剪力和剪应变沿截面均匀分布；②截面应变符合平截面假定；③弹塑性区在柱的两端邻刚域处。

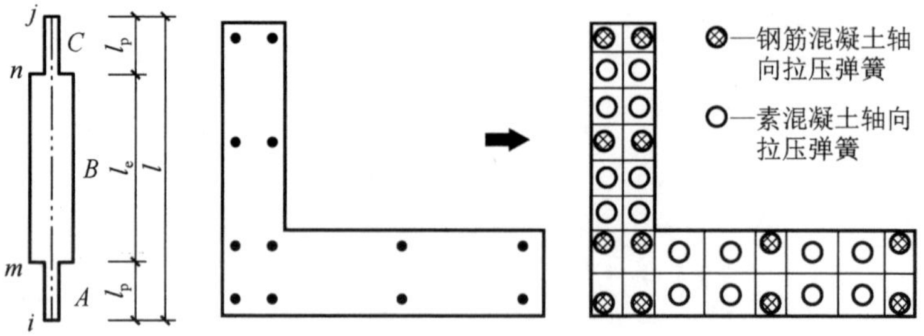

图 7.26　L 形截面柱的多弹簧模型截面划分

2. 算例分析

本节以文献[165]所做的 L 形柱在低周反复荷载作用下的模型试验为算例进行对比分析。如图 7.27 及表 7.4 所示，加载方向分为 3 种，即沿工程轴、与工程轴成 45°方向及与工程轴成 –45°。柱子模型按 1/3 缩尺，水平力到柱底距离为 700mm，柱箍筋按规范要求加密；纵筋有 ϕ8 和 ϕ6.5 两种，箍筋用 8 号钢丝制成，ϕ8 钢筋屈服强度为 377MPa，弹性模量为 2.07×10^5MPa；ϕ6.5 钢筋屈服强度为 377MPa，弹性模量为 2.07×10^5MPa；混凝土强度的实测值比设计值高 5%左右，但考虑 L 形柱柱壁较薄，混凝土浇捣可能比试块差，因此按设计强度取值。

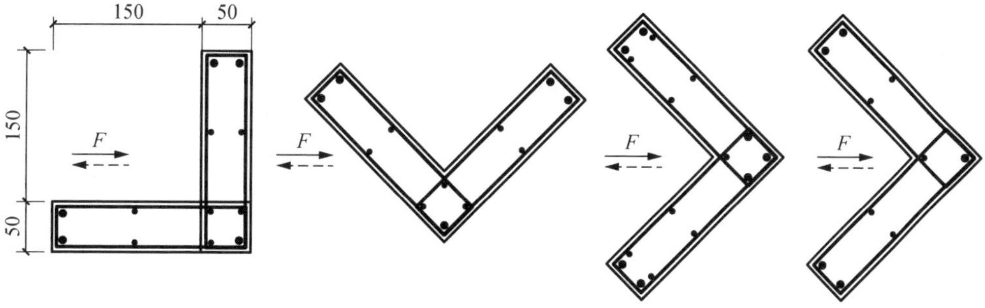

（a）ZLA-1　（b）ZLB-3　（c）ZLC-4　（d）ZLC-5

图 7.27　各柱截面配筋形式及受力方向图

表 7.4　L 形柱试件的基本参数

试件编号	加载角度（相对工程轴方向）/（°）	混凝土强度	纵筋配置/mm	轴压比
ZLA-1	0	C30	$5\phi8+7\phi6.5$	0.123
ZLB-3	+45	C20	$5\phi8+7\phi6.5$	0.088
ZLC-4	−45	C30	$7\phi8+9\phi6.5$	0.281
ZLC-5	−45	C30	$5\phi8+5\phi6.5$	0.166

试验结果及本节分析结果如图 7.28～图 7.31 所示，对比两种结果可以看出，计算分析结果与试验结果总体上较为接近，只是形状稍偏瘦，可能是选取的恢复力模型为折线型模型所致的。

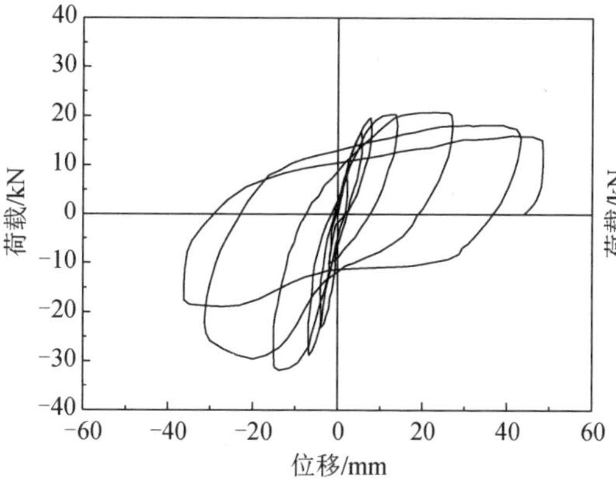

（a）试验滞回曲线

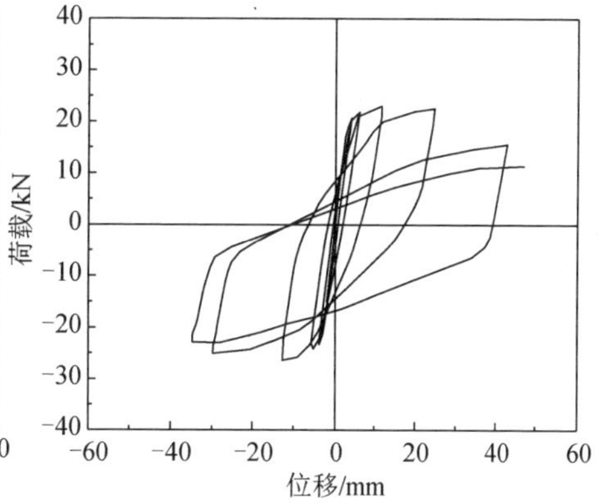

（b）计算滞回曲线

图 7.28　ZLA-1 试验与计算滞回曲线

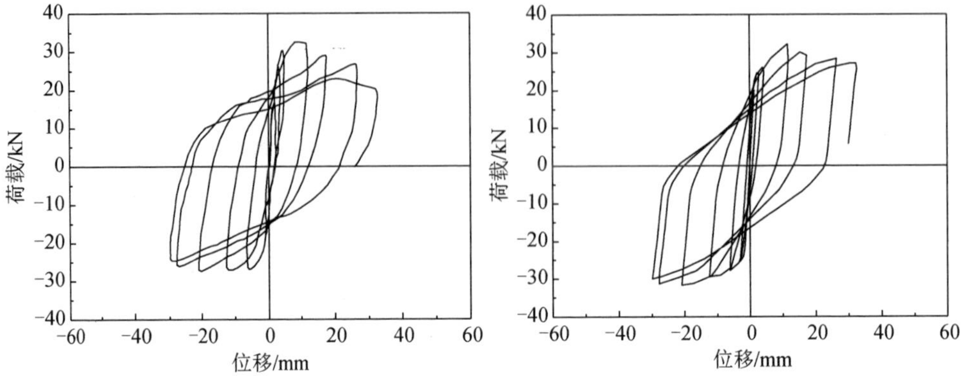

（a）试验滞回曲线　　（b）计算滞回曲线

图 7.29　ZLB-3 试验与计算滞回曲线

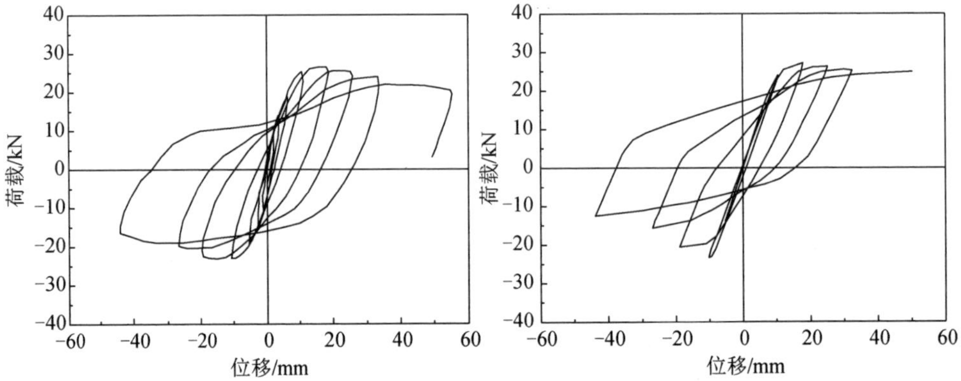

（a）试验值　　（b）计算值

图 7.30　ZLC-4 试验与计算滞回曲线

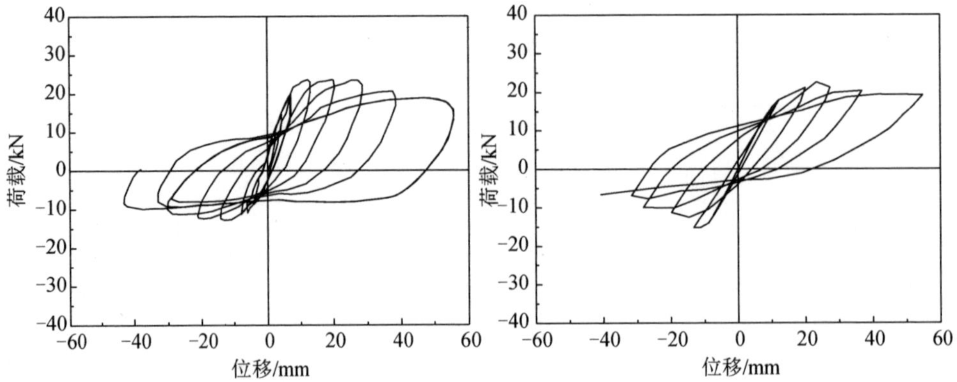

（a）试验值　　（b）计算值

图 7.31　ZLC-5 试验与计算滞回曲线

7.2.5　钢管混凝土柱分析的单元模型

钢管混凝土在压应力作用下，存在约束套箍作用，这种作用使其承载力大幅度提高，延性也有很大的改善，陈伯望等对钢管混凝土短柱、钢管混凝土节点、钢管混凝土格构柱进行了系列研究[166-170]；此外，钢管混凝土还具有施工方便及造价经济合理等优点，近年来在高层建筑和大跨度桥梁结构中得到广泛的应用。钢管混凝土压弯构件是实际工程中最常见的一种构件，对钢管混凝土压弯构件进行试验研究和非线性分析具有实际工程意义[171,172]。

钢管混凝土压弯柱理论研究从极限分析开始，主要包括经验系数法[1]、压溃理论[173]、增大偏心率法[174]和轴力-弯矩相关方程[36]。钢管混凝土压弯柱全过程分析法主要包括模型柱法[36]和非线性有限元法[175,176]，两种方法能否精确反映钢管混凝土压弯柱的受力性能，取决于所采用的材料本构关系，而钢管混凝土统一理论的非线性材料本构模型[36]和钢管与混凝土纤维单元应力-应变关系模型[175,176]，在已有研究中应用较多。

基本假定如下：

1）平截面假定。

2）钢管混凝土截面受弯矩作用时，对应的轴向拉压杆的本构关系如下：钢材的本构关系如图 7.32 所示，不考虑其屈服后强化；混凝土的本构关系考虑混凝土损伤，如图 7.33 所示，其损伤指标参见文献[177]。

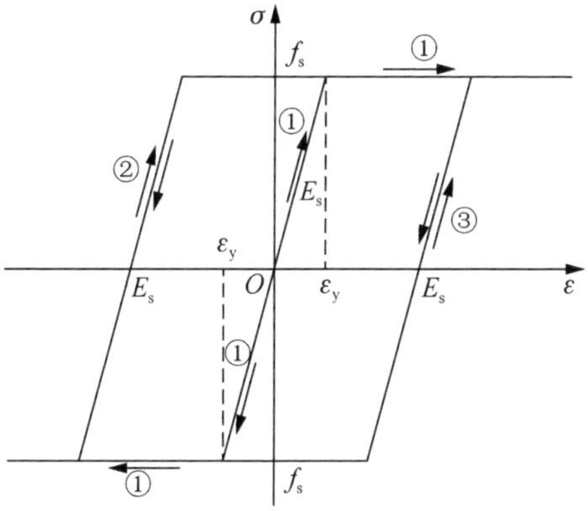

图 7.32　钢材的应力-应变滞回关系

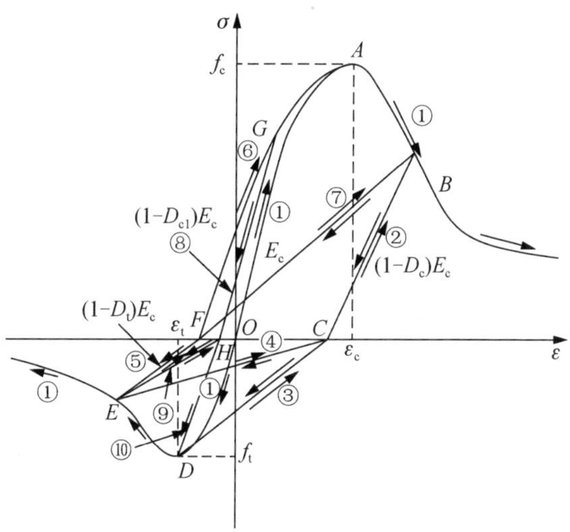

图 7.33　混凝土的应力-应变滞回关系

3）钢管与核心混凝土之间无滑移，即钢管和核心混凝土变形协调。

4）忽略非线性剪切变形的影响。

5）不考虑钢管混凝土柱的局部屈曲。

虽然本节采用的混凝土本构关系为核心混凝土纵向应力和纵向应变之间的关系，但在建立骨架曲线模型时已考虑了三向应力效应，即三向应力对峰值应力、峰值应变及后峰值曲线形状的影响。

钢管混凝土截面划分如图 7.34 所示，其沿纵向分段的多垂直杆单元模型刚度矩阵按式（7.63）取用。非线性方程组采用弧长法[177]进行求解。

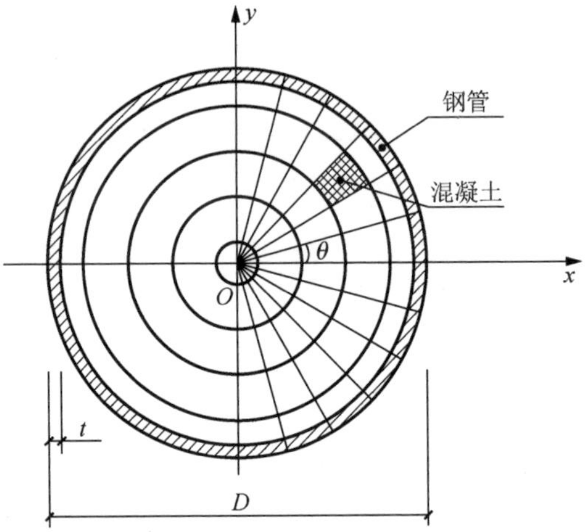

图 7.34　钢管混凝土截面的划分

7.2.6　型钢混凝土梁分析的单元模型

型钢混凝土结构（也称钢骨混凝土结构）是将型钢埋入钢筋混凝土内部的一种结构，它兼有钢筋混凝土结构和钢结构的一些特点。自从这一新型构件问世以来，受到了国内外工程界普遍关注和重视。随着其在实际应用领域的日益扩大，对其进行理论研究也日益受到人们高度重视。许多专家学者对其进行了大量试验和理论研究工作。本节针对钢骨混凝土梁的特点，结合以下基本假定，采用多垂直杆单元模型对其进行了非线性分析。基本假定如下。

1）平面假定，即型钢与混凝土，截面应变分别沿高度呈线性分布。对钢骨混凝土受弯构件来说，这一假定应该说是有条件的。由于混凝土不是均质材料，在受拉区混凝土出现裂缝以后，特别是在型钢受拉翼缘屈服、受压区高度减小而临近破坏时，型钢与混凝土发生相对滑移，这时平面假定是不合适的。但考虑到构件破坏是产生在某一区段长度内，试验表明，在一定的长度内，钢骨混凝土构件截面的平均应变从加载开始到构件破坏，能够符合平面假定。

2）不考虑非线性剪切变形的影响，忽略混凝土的抗拉强度。

3）材料本构模型为已知。钢筋混凝土拉压杆的本构关系如图 7.15 所示的模型，型钢为理想的弹塑性材料，不考虑其屈服后强化（图 7.32）。

4）忽略时随效应。忽略混凝土的收缩、徐变等时随效应，仅限于短期荷载作用下的分析。

型钢混凝土梁的刚度矩阵按式（7.55）计算。

7.2.7　例题分析

1. 钢筋混凝土核心筒结构在反复荷载作用下的分析

以文献[7]所做的两组核心筒在低周反复荷载作用下的抗震试验为例。其中，第一组主要研究不同轴压比下，钢筋混凝土核心筒体的承载力、破坏形态、层间剪力在连梁中的传递规律、轴压比对核心筒延性性能的影响程度。第二组主要研究更高轴压比下，钢筋混凝土核心筒体的承载力、破坏形态、延性性能，以及高宽比、开洞大小、配筋率等因素对核心筒受力和抗震性能的影响。第一组3个试件（GJ1～GJ3）与原型的尺寸比例为1∶5，混凝土核心筒为3层，试件高度为3.25m，高宽比为1.5；第二组两个试件（GJ4、GJ5）与原型的尺寸比例为1∶6，混凝土核心筒为5层，试件高度为4.25m，高宽比为2.0。具体尺寸、配筋形式及荷载作用情况见文献[7]。

在分析过程中，墙体采用本节的空间墙单元模型、连梁采用文献[148,178]中的裙深梁单元模型。现将 GJ1～GJ5 滞回曲线的试验值和计算值对比如图 7.35～图 7.39 所示，计算值与试验值吻合较好。

2. 钢管混凝土柱在反复荷载作用下的分析

为验证本节模型的正确性，对文献[179]和[180]中部分两端固定钢管混凝土框架柱试件在反复荷载作用下的试验进行了计算分析。计算结果与试验结果对比如图 7.40～图 7.45 所示，两者吻合较好。

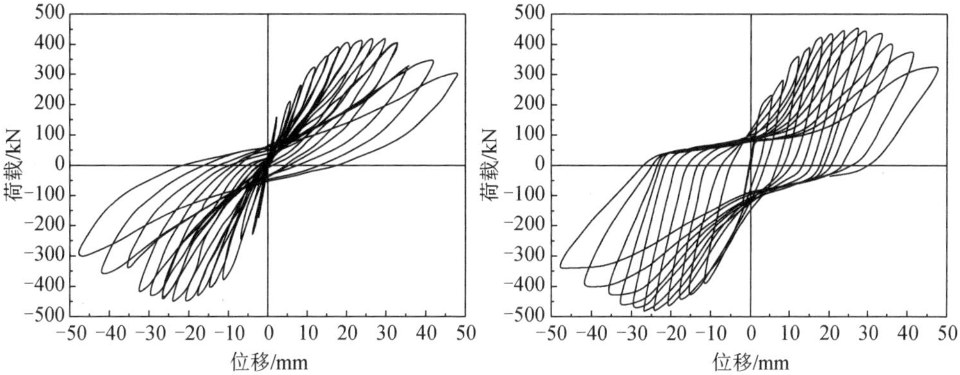

（a）GJ1试验值　　（b）GJ1计算值

图 7.35　GJ1 顶层试验与计算滞回曲线

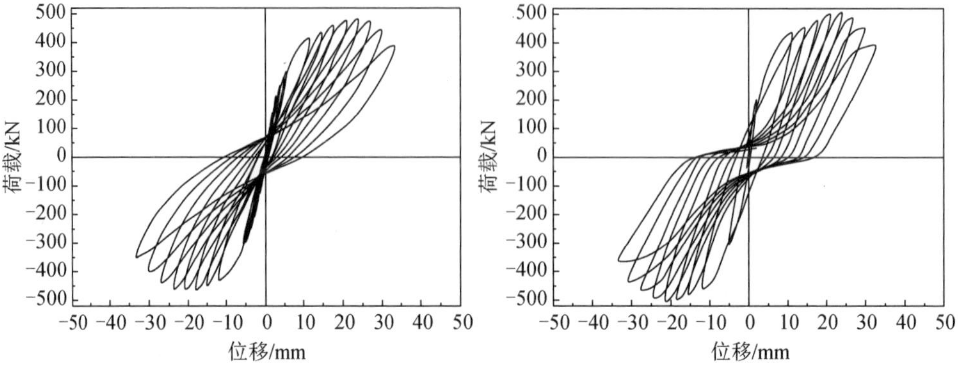

（a）GJ2试验值　　（b）GJ2计算值

图 7.36　GJ2 顶层试验与计算滞回曲线

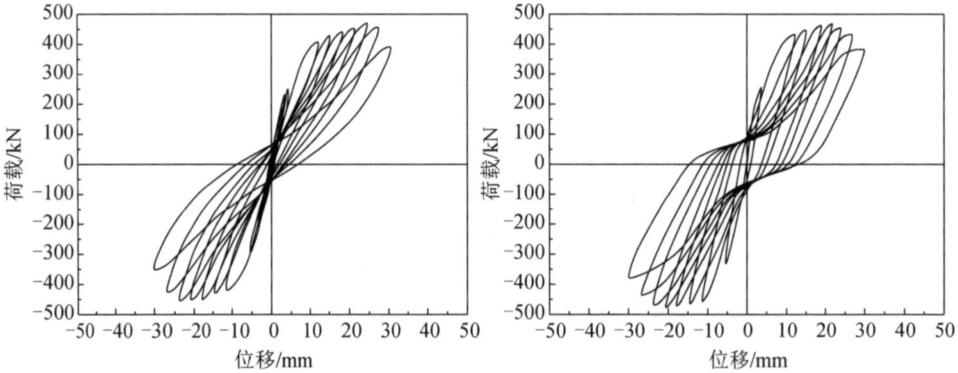

（a）GJ3试验值　　（b）GJ3计算值

图 7.37　GJ3 顶层试验与计算滞回曲线

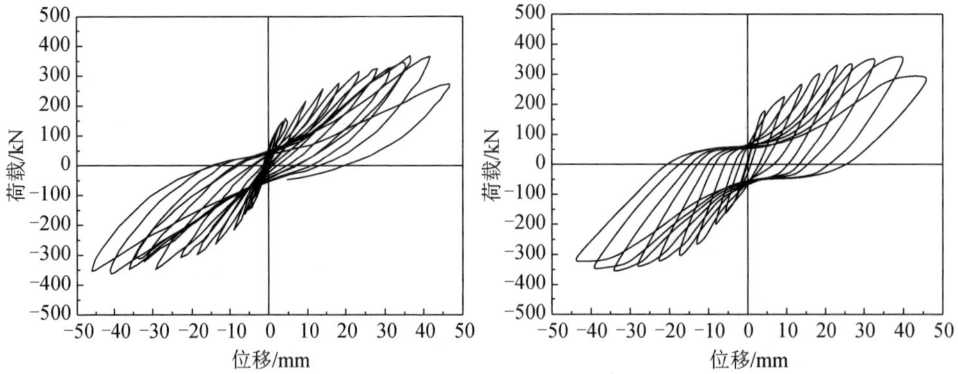

（a）GJ4试验值　　（b）GJ4计算值

图 7.38　GJ4 顶层试验与计算滞回曲线

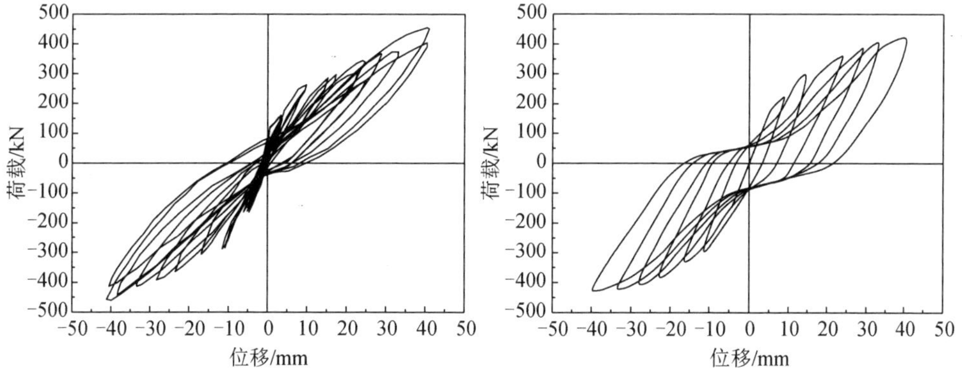

（a）GJ5试验值　（b）GJ5计算值

图 7.39　GJ5 顶层试验与计算滞回曲线

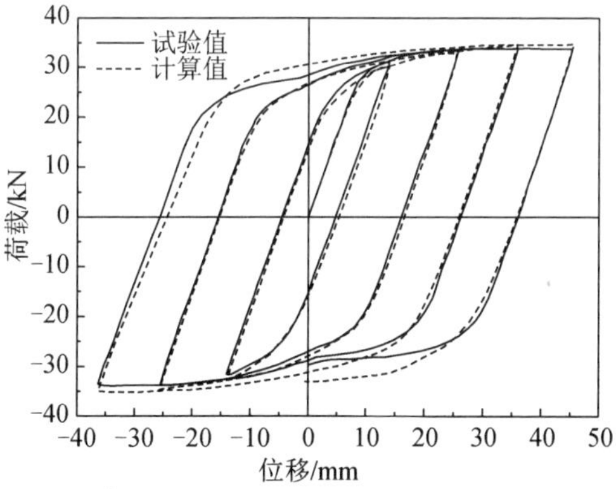

$D \times t \times L = 108 \times 5 \times 1200$; $f_{cu} = 33.8\text{MPa}$;
$f_y = 327.8\text{MPa}$; $N = 20\text{kN}$

图 7.40　试验值[179]与本节计算值对比

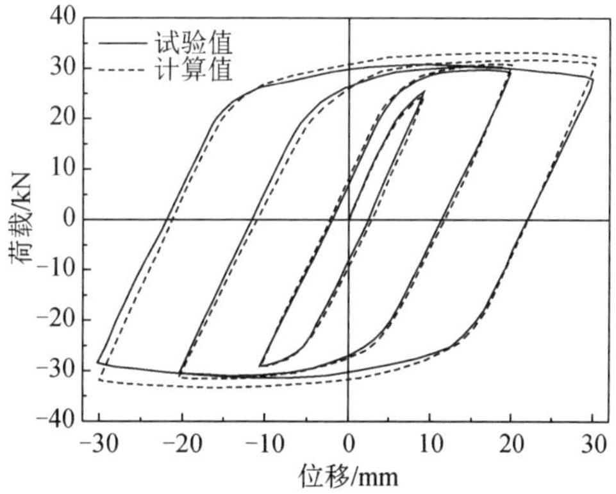

$D \times t \times L = 108 \times 5 \times 1200$; $f_{cu} = 33.8\text{MPa}$;
$f_y = 327.8\text{MPa}$; $N = 270\text{kN}$

图 7.41　试验值[179]与本节计算值对比

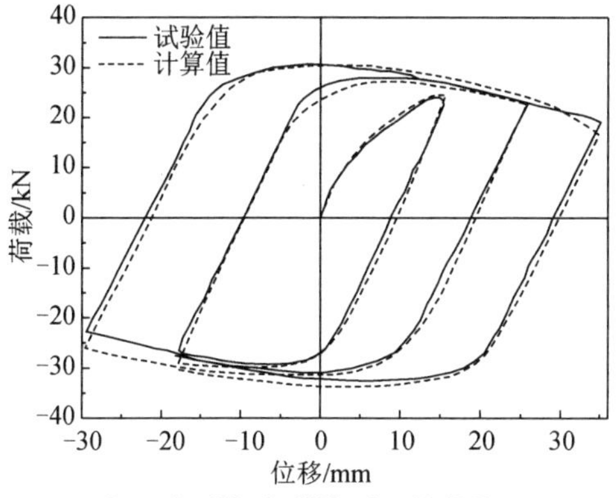

$D \times t \times L = 108 \times 5 \times 1200$; $f_{cu} = 33.8\text{MPa}$;
$f_y = 327.8\text{MPa}$; $N = 145\text{kN}$

图 7.42　试验值[179]与本节计算值对比

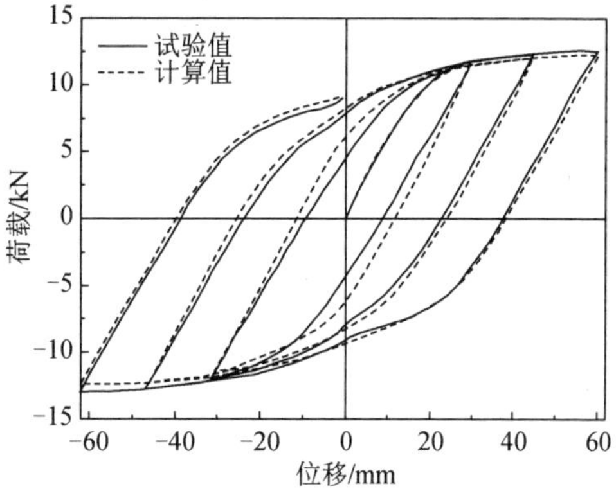

$D \times t \times L = 108 \times 2 \times 1660$; $E_y = 187.42 \times 10^3\text{MPa}$;
$f_y = 268\text{MPa}$; $f_{cu} = 25.872\text{MPa}$; $N = 20\text{kN}$

图 7.43　试验值[180]与本节计算值对比

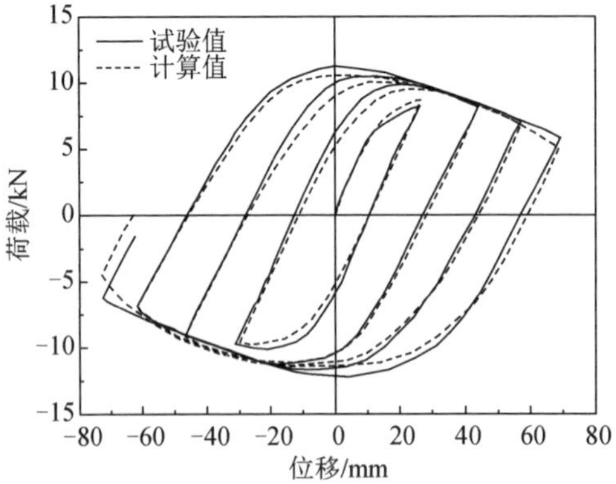

$D \times t \times L = 108 \times 2 \times 1660$；$E_y = 187.42 \times 10^3$ MPa；
$f_y = 268$ MPa；$f_{cu} = 25.872$ MPa；$N = 179$ kN

图 7.44　试验值[180]与本节计算值对比

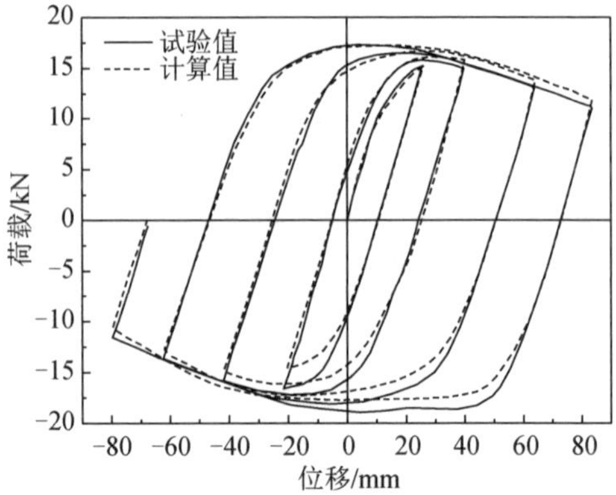

$D \times t \times L = 95 \times 3 \times 1380$；$E_y = 181.42 \times 10^3$ MPa；
$f_y = 261.45$ MPa；$f_{cu} = 25.872$ MPa；$N = 182$ kN

图 7.45　试验值[180]与本节计算值对比

3. 钢骨混凝土转换梁在反复荷载作用下的分析

本节以文献[181]为算例进行非线性分析，该文献进行了钢骨混凝土和钢筋混凝土梁式托柱转换层框架模型在水平低周反复荷载作用下的对比试验，研究了钢骨混凝土梁式托柱转换层结构的位移延性和破坏机制。两榀试件的总尺寸、构件截面及上部框架中柱和梁的配筋完全一样，但在钢骨混凝土试件中，转换梁及其下部柱中配置工字形钢骨，其中下部边柱中的钢骨延伸至转换梁上一层柱的高度。试件的结构布置及加载方式见文献[181]。

两个试件计算结果和试验结果对比如图 7.46 和图 7.47 所示。计算结果与试验结果吻合较好。两个试件的滞回曲线在受力过程的中后期形状明显不同，反映了钢骨混凝土结构比钢筋混凝土结构有较高的承载力和较强的耗能能力。

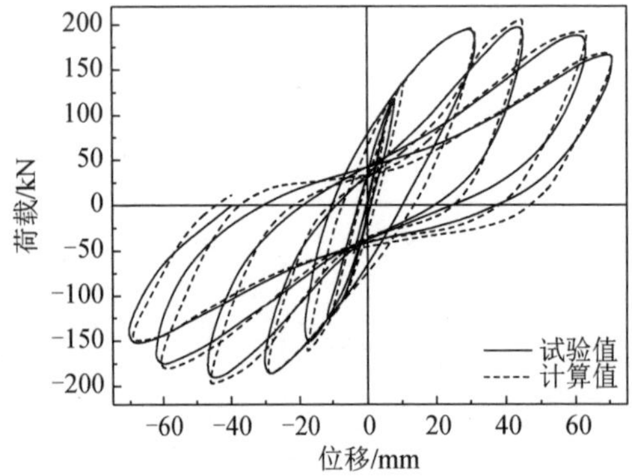

图 7.46　钢骨混凝土试件滞回曲线计算和试验对比

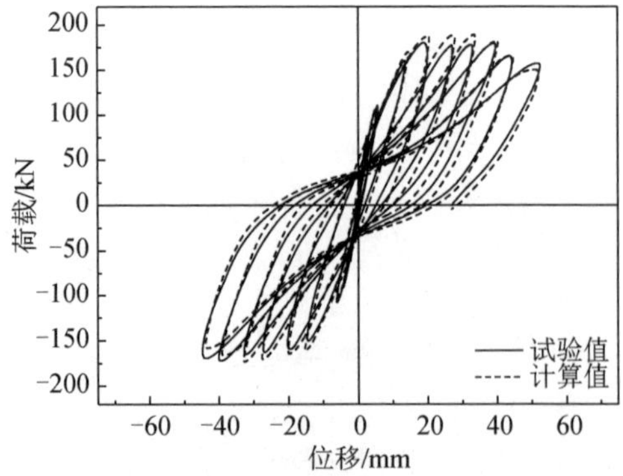

图 7.47　钢筋混凝土试件滞回曲线计算和试验对比

7.3　筒中筒结构模型的动力非线性分析

以前述的裙深梁、剪力墙、矩形截面柱、L 形截面柱非线性分析杆单元模型为基础，编制了相应的分析程序，对筒中筒结构模型的拟动力试验进行了非线性理论分析，在计算分析过程中，以实测荷载值大小作为施加于结构的输入荷载值。

7.3.1　筒中筒结构的非线性分析的几个问题

1. 基本假定

在进行筒中筒结构体系的非线性分析中采用了下列假定：

1）采用了楼板平面内刚度无限大、平面外刚度可忽略不计的假定。

2）楼层的竖向荷载由各柱及墙肢分担，竖向荷载根据各构件的竖轴向刚度的大小进行分配，在整个分析过程中分配比例保持不变。

3）模型砂浆的应力应变关系按相同等级的混凝土的单轴本构关系[139]采用。

4）钢丝的应力应变关系按实测应力应变关系采用。

5）不考虑施工缝及施工质量对计算分析的影响。

6）不考虑结构的扭转变形，不考虑水平荷载作用产生的附加偏心距的影响。

7）假定基础底板为完全刚性，不考虑底板变形对上部结构的影响。

8）不考虑加载顶板对结构刚度的影响。

关于构件分析部分的假定见前面几节的论述，本节不再详述。

2. 带刚域的空间杆件刚度转换矩阵

本节在进行筒中筒结构非线性分析时，计算简图轴线由其柱、裙梁、墙肢、连梁截面形心的连线所决定。而简图中的交点即节点在实际结构中为一个有形的节点区。由于节点区的刚度很大，节点区的剪切变形对结构的整体变形的贡献很小，节点区钢筋黏结滑移引起的变形已在杆端的附加变形中加以考虑，因此，节点区通常可视作刚度无穷大的刚域，这样有形的节点区可看成带刚域的构件在轴线交点处的相连。如果将带刚域杆单元的端点作为主节点，把刚域与空间弹塑性构件的连接点作为从节点，则从节点与主节点之间的变位几何关系是刚体空间两点之间的运动关系[182]，因此，可根据几何及平衡条件分别得到从节点的位移增量 $\Delta\boldsymbol{\delta}_{\mathrm{s}}$ 和杆端力增量 $\Delta\boldsymbol{F}_{\mathrm{s}}$ 与主节点的位移增量 $\Delta\boldsymbol{\delta}$ 和杆端力增量 $\Delta\boldsymbol{F}$ 之间的关系。

刚域的平动位移主从节点相同，但由于转动将引起从节点位移的变化，分析中假定结构的节点转动是微小的，因此有下列近似关系，即

$$\begin{cases} AA' = d\theta_i l_{AA'} \\ \theta_i + d\theta_i \approx \theta_i \end{cases} \quad (i = x, y, z) \tag{7.91}$$

式中，AA' ——N_1 节点位移；

$l_{AA'}$ ——刚域的长度；

θ_i ——刚域转角。

定义 $D_i = AA'\cos\theta_i\ (i = x, y, z)$，即 D_x、D_y、D_z 分别为刚域从节点离开主节点的距离在整体坐标系坐标轴上的投影。转角及坐标系遵从右手法则，并计及刚体平动位移有

$$\begin{cases}\Delta u_{\mathrm{s}} = \Delta u + D_z\Delta\theta_y - D_y\Delta\theta_z \\ \Delta v_{\mathrm{s}} = \Delta v - D_z\Delta\theta_x + D_x\Delta\theta_z \\ \Delta w_{\mathrm{s}} = \Delta w + D_y\Delta\theta_x - D_x\Delta\theta_y \\ \Delta\theta_{x\mathrm{s}} = \Delta\theta_x \\ \Delta\theta_{y\mathrm{s}} = \Delta\theta_y \\ \Delta\theta_{z\mathrm{s}} = \Delta\theta_z\end{cases} \tag{7.92}$$

式（7.92）写成矩阵形式，有

$$\begin{Bmatrix}\Delta u_{\mathrm{s}} \\ \Delta v_{\mathrm{s}} \\ \Delta w_{\mathrm{s}} \\ \Delta\theta_{x\mathrm{s}} \\ \Delta\theta_{y\mathrm{s}} \\ \Delta\theta_{z\mathrm{s}}\end{Bmatrix} = \begin{Bmatrix}1 & 0 & 0 & 0 & D_z & -D_y \\ 0 & 1 & 0 & -D_z & 0 & D_x \\ 0 & 0 & 1 & D_y & -D_x & 0 \\ 0 & 0 & 0 & 1 & 0 & 0 \\ 0 & 0 & 0 & 0 & 1 & 0 \\ 0 & 0 & 0 & 0 & 0 & 1\end{Bmatrix}\begin{Bmatrix}\Delta u \\ \Delta v \\ \Delta w \\ \Delta\theta_x \\ \Delta\theta_y \\ \Delta\theta_z\end{Bmatrix} \tag{7.93}$$

即

$$\Delta\boldsymbol{\delta}_{\mathrm{s}} = \boldsymbol{T}_{\mathrm{s}}\Delta\boldsymbol{\delta} \tag{7.94}$$

式中，$\boldsymbol{T}_{\mathrm{s}}$ 由刚域平衡条件同理可得

$$\Delta\boldsymbol{F} = \boldsymbol{T}_{\mathrm{s}}\Delta\boldsymbol{F}_{\mathrm{s}} \tag{7.95}$$

由此，可得到两端带刚域杆单元的转换矩阵为

$$\boldsymbol{T}_{\mathrm{s}}^m = \begin{bmatrix}\boldsymbol{T}_{\mathrm{s}}^A & \boldsymbol{0} \\ \boldsymbol{0} & \boldsymbol{T}_{\mathrm{s}}^B\end{bmatrix} \tag{7.96}$$

式中，$\boldsymbol{T}_{\mathrm{s}}^A$、$\boldsymbol{T}_{\mathrm{s}}^B$——带刚域杆单元两端刚域 A、刚域 B 的转换矩阵。

不带刚域杆单元的矩阵节点力与节点位移的关系为

$$\Delta\boldsymbol{F}_{\mathrm{s}}^m = \boldsymbol{k}\Delta\boldsymbol{\delta}_{\mathrm{s}}^m \tag{7.97}$$

则带刚域空间杆件的刚度矩阵为

$$\boldsymbol{k}^* = \left(\boldsymbol{T}_{\mathrm{s}}^m\right)^{\mathrm{T}}\boldsymbol{k}\boldsymbol{T}_{\mathrm{s}}^m \tag{7.98}$$

带刚域杆的节点力向量与位移向量间关系为

$$\Delta \boldsymbol{F} = \boldsymbol{k}^* \Delta \boldsymbol{\delta} \tag{7.99}$$

在本节非线性分析中，中柱、角柱的刚域转换矩阵直接采用式（7.93）和式（7.96），裙梁及连梁的刚域转换矩阵对式（7.93）进行了简化。刚域长度大小按高规取值。

3. P-Δ 效应的影响

P-Δ 效应指结构由于重力作用和水平位移影响产生的附加反应，而单个构件仍满足小变形假设。有关重力对结构反应影响的早期研究工作可追溯到 20 世纪 30 年代。20 世纪 60 年代以来，随着结构非线性地震反应分析方法的发展，几何非线性（P-Δ 效应的影响）已成为一项很重要的内容。众多研究表明，P-Δ 效应对结构弹性地震反应的影响不大，当结构进入弹塑性阶段后随着结构变形程度的增大，P-Δ 效应的影响越来越明显，但是不同结构受 P-Δ 效应的影响程度各不相同。

本节采用了与轴力产生的倾覆力矩等效的层间附加剪力的方法来考虑重力的 P-Δ 效应。由于在整个非线性分析过程中，结构的自重和竖向荷载是不变的，因而整体结构的 P-Δ 效应几何刚度矩阵与柱单元的轴力变化无关，每层柱构件的轴力的和是常数。P-Δ 效应产生的结果是减小了结构的抗侧刚度，因而在抗侧刚度矩阵的形成中扣除了几何刚度矩阵。

4. 非平衡力及拐点处理

（1）非平衡力的处理

造成非平衡力的主要原因如下：一是由于计算过程中，非线性恢复力、阻尼力、惯性力函数曲线 Δt 时间段内的割线斜率以切线斜率代替；二是在程序的时程计算中，假定每个时间段 Δt 结构刚度矩阵保持不变，以计算出各节点在 Δt 时间段内的位移增量。如果在 Δt 时间段内结构中所有单元的弹塑性状态都不发生改变，假定成立。如果在 Δt 时间段内结构中某些单元发生屈服状态或由屈服状态卸载恢复弹性，则这些单元根据已知的节点位移增量计算得到的杆端力增量将不等于程序计算所分配的外力，即结构的刚度将发生变化，结构变形实际承担的外力 $\Delta \boldsymbol{F}_{nl}$ 与程序计算所分配的外力 $\Delta \boldsymbol{F}_l = \boldsymbol{K}_{\mathrm{T}} \Delta \boldsymbol{X}$ 将不相等，增量平衡方程不再成立。

为避免积分数步之后，这些不平衡力累积所造成的误差，程序在每积分一步后计算出各单元的未平衡力之和 $\Delta \boldsymbol{F}_{\mathrm{u}} = \Delta \boldsymbol{F}_l - \Delta \boldsymbol{F}_{nl}$，并加到下一步的外力增量中去。

（2）拐点的处理

在非线性方程的求解过程中，会遇到恢复力图形发生转折（即刚度发生突变）的情况。这会给计算处理带来一些麻烦，处理不好会影响计算结果的精度甚至使计算结果发散。恢复力模型中转折点处理的关键在于要找到 Δt 时间内转折点出现的时刻，通常寻找转折点的方法有优选法、二分法、插值法等[183]。但这些方法是非常费时的，对分析高层建筑结构尤是如此。本节采用了综合刚度法[184]，综合刚度法是一种简便和省时的方法，但不能期望它会迭代收敛于精确值，此方法通常仅能得到近似值。

5. 破坏准则的判定

对于结构破坏模式的理论分析，破坏准则的选择是十分重要的，选取不同的破坏准则，可能得到不同的破坏模式的分析结果，因此选取合理的破坏准则，是理论分析能否取得接近实际破坏情况的关键。在本节的分析中，将变形类破坏准则分为两类：一类是整体破坏准则，其包括最大层间位移角限值及结构底层大量塑性铰的发展，形成了整体的摇摆机构；另一类是局部破坏准则，即局部由于大量塑性铰的出现而形成局部可变机构。无论在分析中满足哪一种破坏准则，都认为结构已经失去继续承受荷载的能力，此时结构体系的状态即为最终的破坏状态。

7.3.2　筒中筒模型的动力非线性分析

针对第 6 章 6 种工况的拟动力试验的分析及试验对比曲线如图 7.48～图 7.61 所示，图中 7 条曲线对应于第 2 层、第 4 层、第 6 层、第 8 层、第 10 层、第 12 层、第 14 层的水平位移，位移幅值渐次增大。

从图 7.48～图 7.61 的中部、顶部位移时程曲线计算与试验值的对比可知，非线性分析的位移时程曲线的变化趋势及峰值点位移大小总体上与试验值较为接近。但是，当原型峰值加速度为 $A_{max}=0.22g$ 时，计算的负向峰值点位移比试验值大 44.7%（图 7.53），差异较大，其原因可能是本节计算采用的材料本构关系不能与结构模型材料本身吻合良好，使随着水平荷载的逐渐增大，计算分析比试验实测提前进入非线性阶段。

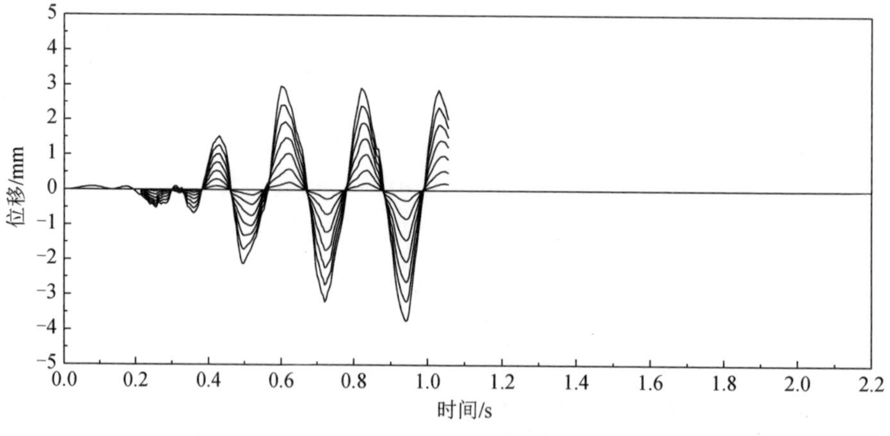

图 7.48　第一次 $A_{max}=0.10g$ 各层位移计算时程曲线

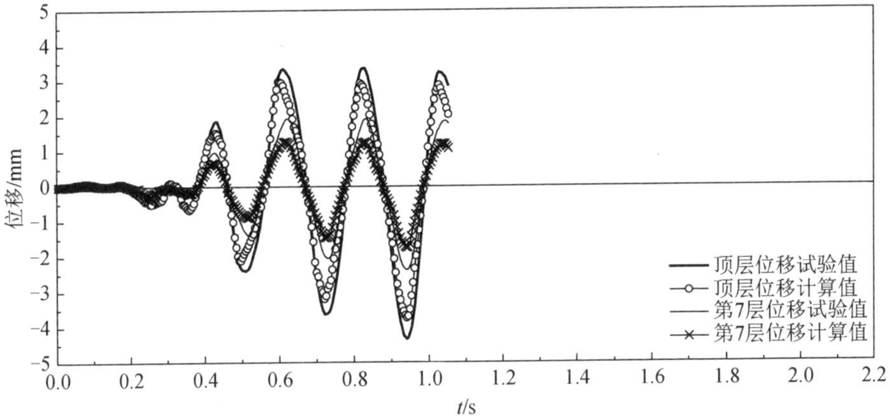

图 7.49　第一次 $A_{max}=0.10g$ 中部、顶部位移时程曲线试验值与计算值

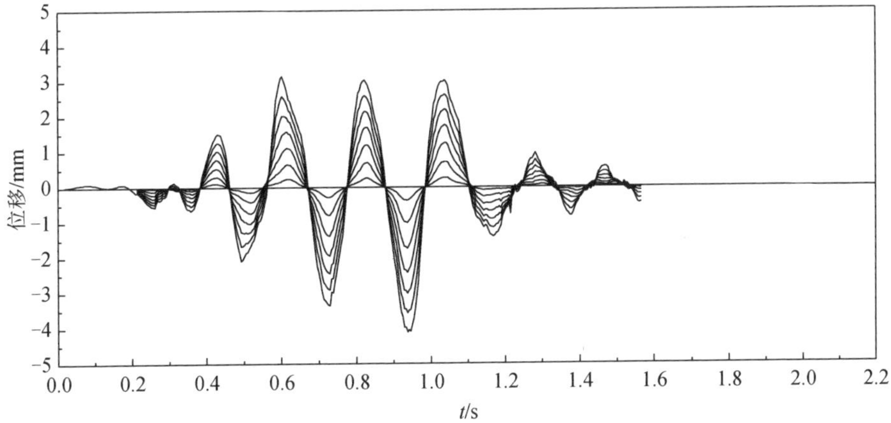

图 7.50　第二次 $A_{max}=0.10g$ 各层位移计算时程曲线

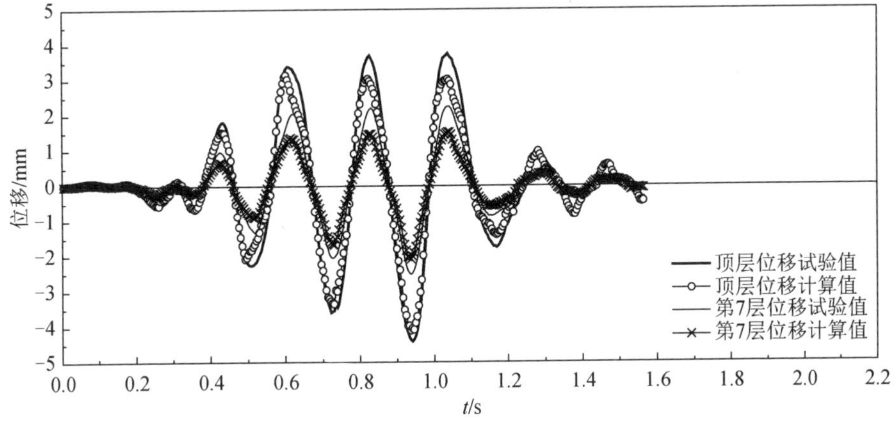

图 7.51　第二次 $A_{max}=0.10g$ 中部、顶部位移时程曲线试验值与计算值

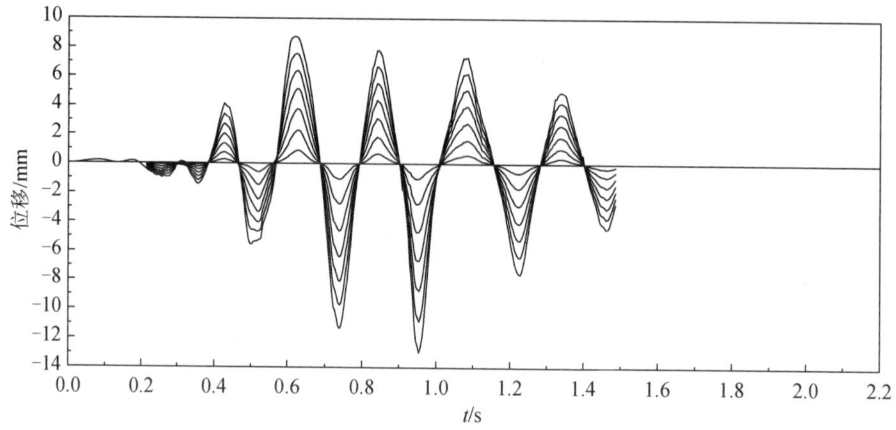

图 7.52　$A_{\max}=0.22g$ 各层位移计算时程曲线

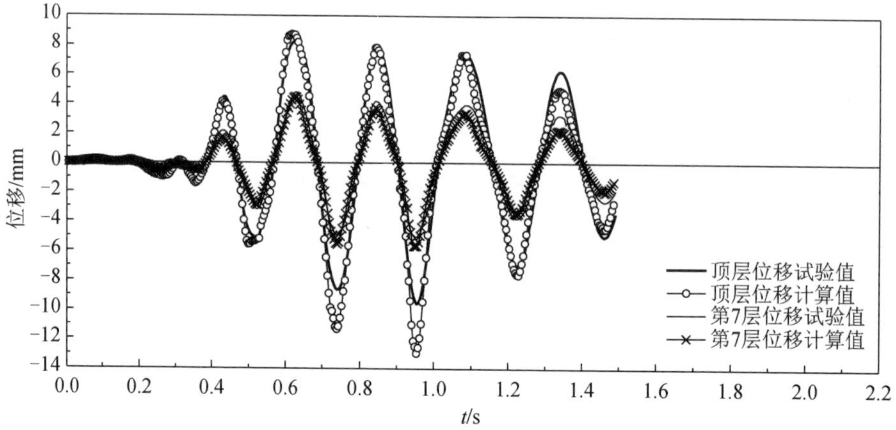

图 7.53　$A_{\max}=0.22g$ 中部、顶部位移时程曲线试验值与计算值

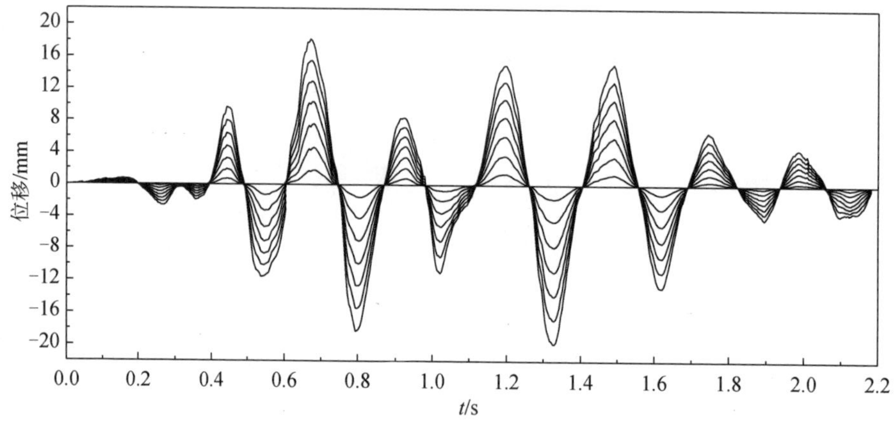

图 7.54　$A_{\max}=0.40g$ 各层位移计算时程曲线

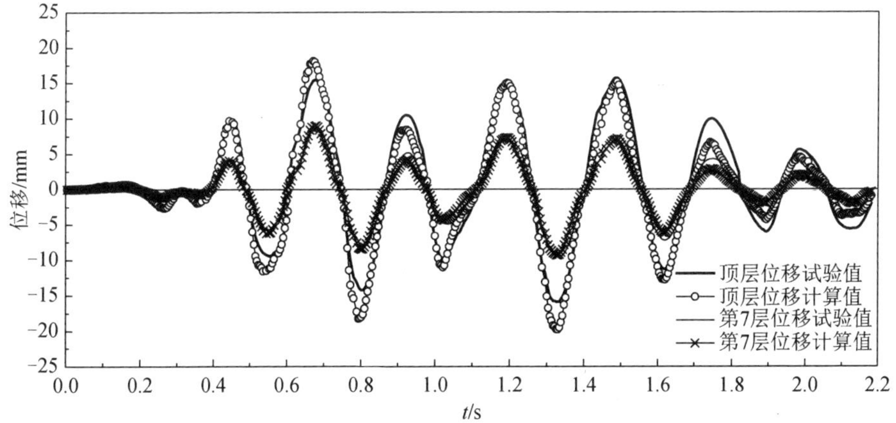

图 7.55　$A_{max}=0.40g$ 中部、顶部位移时程曲线试验值与计算值

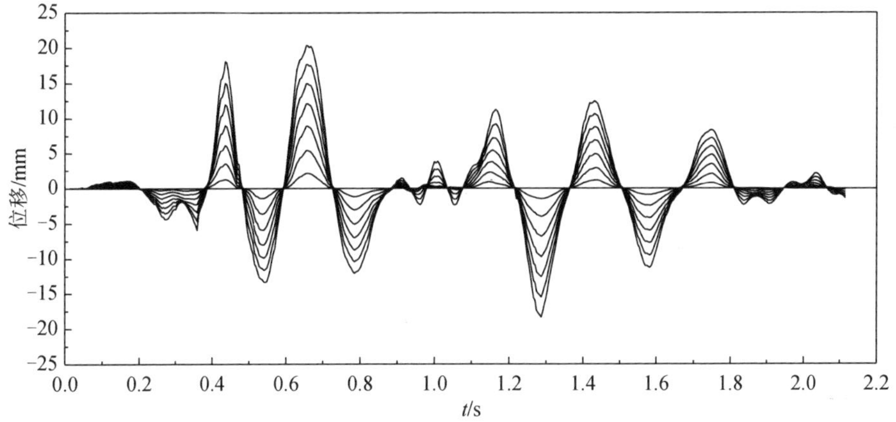

图 7.56　$A_{max}=0.62g$ 各层位移计算时程曲线

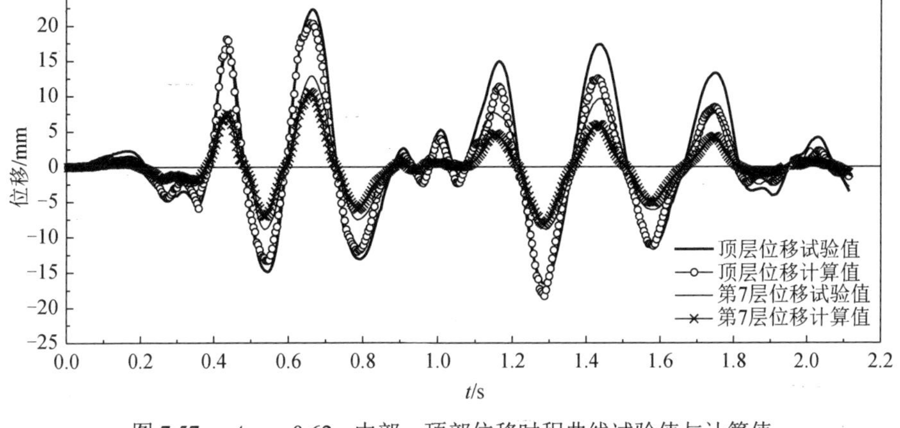

图 7.57　$A_{max}=0.62g$ 中部、顶部位移时程曲线试验值与计算值

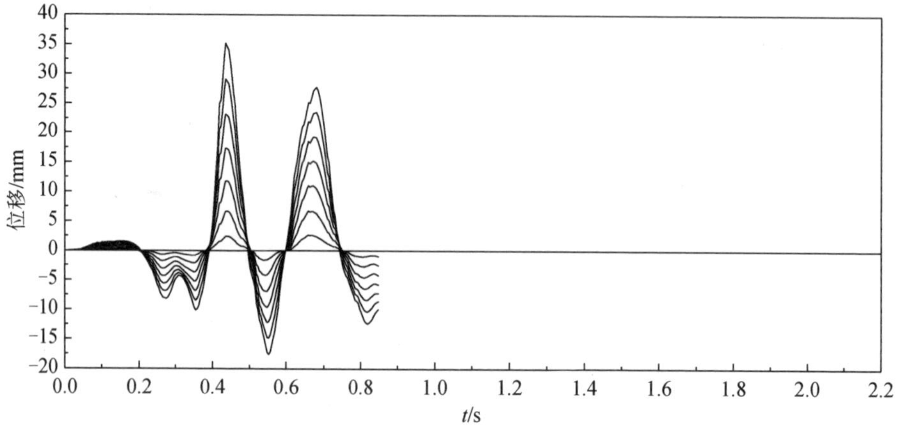

图 7.58　$A_{max}=1.0g$ 各层位移计算时程曲线

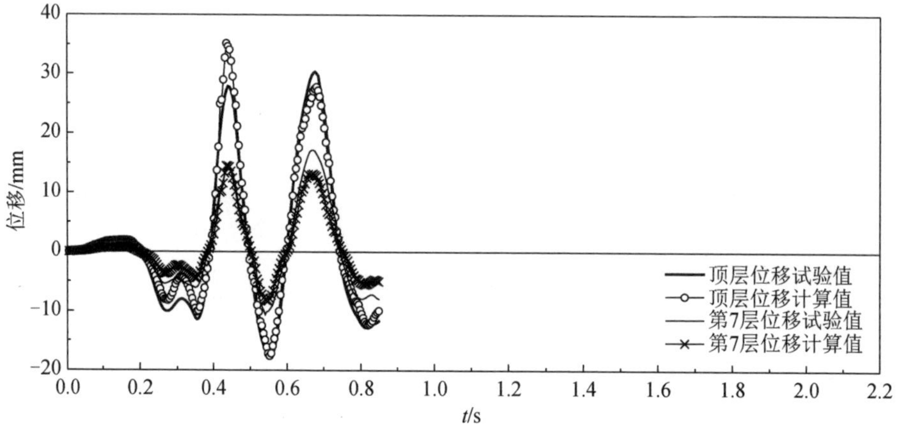

图 7.59　$A_{max}=1.0g$ 中部、顶部位移时程曲线试验值与计算值

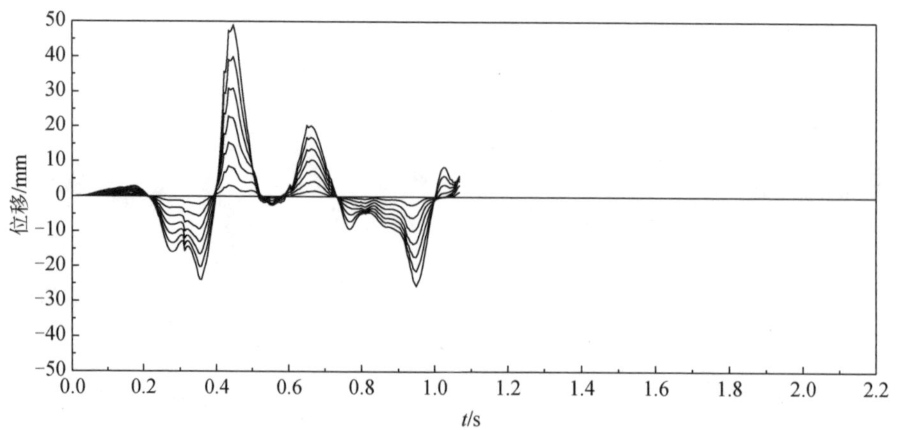

图 7.60　$A_{max}=1.6g$ 各层位移计算时程曲线

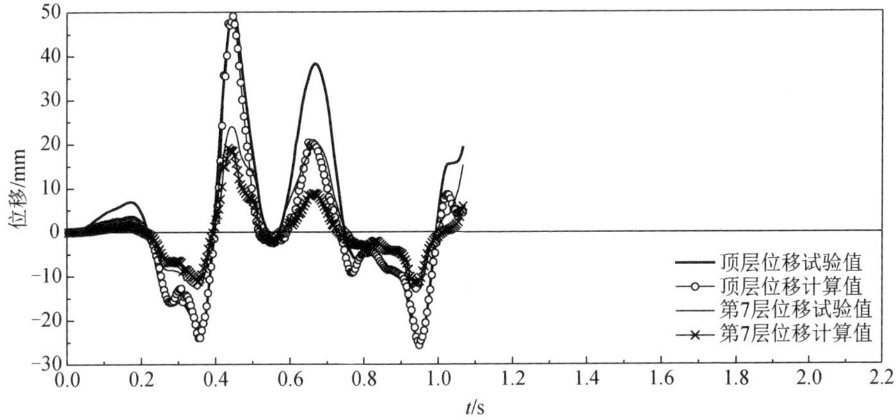

图 7.61　$A_{max}=1.6g$ 中部、顶部位移时程曲线试验值与计算值

从非线性分析结果来看，随着水平荷载的增大，核心筒底部墙肢受拉区首先进入非线性，其次为外框筒角柱、中柱。在裙梁中，与角柱相连的裙梁拉应变大于其他裙梁，这一情况基本与试验现象相符。由于本节分析采用了楼板平面内刚度无限大、平面内刚度无限小的假定，尚不能模拟楼板进入非线性的情况。另外，在拟动力试验的最后阶段，核心筒在 7 层以上部位出现了大量裂缝，即上部墙肢进入非线性阶段，关于这一点本节分析理论尚无法解释。

表 7.5 和表 7.6 为正、负向最大水平位移和最大层间位移的计算值与试验值的比较。从表 7.5 和表 7.6 中可以看出，结构上部各层的水平位移和层间位移的计算和试验值比较接近，这一点从前述的时程曲线对比也可得出。但在结构底层，二者差异较大，计算层间位移比试验值小得多。其可能原因在于：①本节在计算中将模型砂浆假定为均匀连续体，在实际施工过程中，施工缝是较为薄弱的环节，尤其在模型底部，为混凝土与模型砂浆两种不同材料间的黏结，导致计算与实际产生误差；②本节将底板看成完全刚性，而底板与地面是通过外围的四根螺栓连接的，对内部核心筒的约束不能看成完全固支；③镀锌钢丝和砂浆间的黏结与螺纹钢筋和混凝土的黏结有较大差异。另外，加载顶板对结构模型受力性能的影响，在分析中也没有得到反映。

表 7.5　顶点正、负向最大水平位移下的各层水平位移试验值与计算值　（单位：mm）

项目		楼层						
		2	4	6	8	10	12	14
0.10g（1）正向位移	试验值	0.39	0.86	1.51	1.98	2.70	3.09	3.36
	计算值	0.15	0.45	0.85	1.33	1.85	2.40	2.97
0.10g（1）负向位移	试验值	−0.70	−1.41	−2.17	−2.78	−3.17	−3.83	−4.34
	计算值	−0.30	−0.82	−1.44	−2.05	−2.63	−3.19	−3.74

续表

项目		楼层						
		2	4	6	8	10	12	14
0.10*g*（2）正向位移	试验值	0.50	1.10	1.77	2.28	2.26	2.93	3.70
	计算值	0.18	0.52	0.97	1.48	2.02	2.58	3.14
0.10*g*（2）负向位移	试验值	-0.72	-1.42	-2.23	-3.03	-4.06	-4.43	-4.42
	计算值	-0.38	-1.01	-1.74	-2.42	-3.01	-3.57	-4.12
0.22*g* 正向位移	试验值	1.49	2.62	4.13	5.44	6.42	7.51	8.36
	计算值	0.81	2.10	3.54	4.93	6.24	7.50	8.74
0.22*g* 负向位移	试验值	-1.06	-2.63	-4.15	-5.78	-7.07	-8.39	-8.95
	计算值	-1.00	-2.70	-4.64	-6.68	-8.75	-10.85	-12.95
0.40*g* 正向位移	试验值	2.17	4.16	6.38	7.94	10.33	12.88	15.74
	计算值	1.74	4.52	7.48	10.31	12.94	15.49	18.00
0.40*g* 负向位移	试验值	-2.34	-5.13	-8.08	-11.09	-13.12	-15.61	-15.96
	计算值	-1.72	-4.61	-7.77	-10.89	-13.90	-16.86	-19.80
0.62*g* 正向位移	试验值	3.98	7.93	11.97	15.39	18.60	21.76	23.55
	计算值	2.15	5.45	8.90	12.09	14.94	17.66	20.34
0.62*g* 负向位移	试验值	-2.21	-4.57	-7.21	-10.63	-11.98	-14.53	-15.80
	计算值	-1.49	-4.02	-6.84	-9.73	-12.59	-15.47	-18.35
1.0*g* 正向位移	试验值	4.57	8.79	14.18	17.55	22.36	26.99	30.34
	计算值	2.38	6.64	11.77	17.34	23.15	29.11	35.15
1.0*g* 负向位移	试验值	-3.01	-6.34	-8.79	-11.76	-14.02	-16.19	-17.90
	计算值	-1.58	-4.14	-6.91	-9.62	-12.21	-14.73	-17.23
1.6*g* 正向位移	试验值	6.96	13.65	20.60	26.12	35.02	43.25	49.29
	计算值	2.89	8.08	14.64	22.37	30.99	39.96	49.05
1.6*g* 负向位移	试验值	-3.35	-6.68	-10.49	-16.59	-19.52	-22.23	-24.96
	计算值	-2.04	-5.41	-9.21	-13.18	-17.28	-21.47	-25.70

表 7.6　最大层间位移试验值与计算值　　（单位：mm）

项目		楼层						
		2	4	6	8	10	12	14
0.10*g*（1）	试验值	0.70	0.74	0.76	0.63	0.75	0.66	0.80
	计算值	0.30	0.52	0.62	0.62	0.58	0.56	0.56
0.10*g*（2）	试验值	0.73	0.73	0.83	0.81	1.11	0.91	0.89
	计算值	0.38	0.63	0.72	0.68	0.63	0.63	0.64
0.22*g*	试验值	1.51	1.64	1.61	1.63	1.39	1.35	1.16
	计算值	1.07	1.72	1.95	2.04	2.07	2.09	2.10
0.40*g*	试验值	2.61	2.88	2.97	3.47	2.52	2.63	3.27
	计算值	1.80	2.89	3.16	3.12	3.01	2.96	2.94

续表

项目		楼层						
		2	4	6	8	10	12	14
0.62g	试验值	3.98	3.95	4.06	3.43	3.63	3.20	3.68
	计算值	2.15	3.30	3.45	3.20	2.96	3.05	3.10
1.0g	试验值	4.79	4.48	5.63	3.39	5.23	5.02	3.84
	计算值	2.67	4.27	5.13	5.56	5.81	5.97	6.04
1.6g	试验值	6.99	6.75	6.95	6.18	8.91	8.22	6.08
	计算值	3.12	5.53	6.78	7.73	8.62	8.97	9.09

表 7.7 为最大层间位移角及最大顶点相对位移的计算与试验对比表，由表 7.7 可知，除了少部分计算与试验值误差相对较大外，大部分结果较为接近。图 7.62 为一次全过程加载计算曲线与试验实测等效力-位移骨架线的对比情况，从图 7.62 中可以看出，计算进入非线性的水平荷载值小于试验值；计算曲线还不能较好地模拟结构进入负刚度状态下的情况；总体来说，计算曲线与试验曲线吻合较好。

表 7.7　最大层间位移角 θ、最大顶点相对位移 Δ/H 比较

项目	楼层					
	1（2 次）	2	3	4	5	6
原型加速度峰值	0.10g	0.22g	0.40g	0.62g	1.0g	1.6g
模型加速度峰值	0.24g	0.53g	0.96g	1.49g	2.41g	3.86g
最大层间位移角 θ 试验值	1/750（1/541）	1/366	1/173	1/148	1/107	1/67
最大层间位移角 θ 计算值	1/968（1/833）	1/286	1/190	1/173	1/99	1/66
最大层间位移角计算误差/%	−22.3（−35.1）	28.8	−8.9	−15.0	7.3	2.0
最大顶点相对位移 Δ/H 试验值	1/977（1/959）	1/474	1/266	1/180	1/140	1/86
最大顶点相对位移 Δ/H 计算值	1/1134（1/1029）	1/327	1/214	1/208	1/121	1/86
最大顶点相对位移计算误差/%	−13.8（−6.8）	44.7	24.1	−13.6	15.9	−0.5

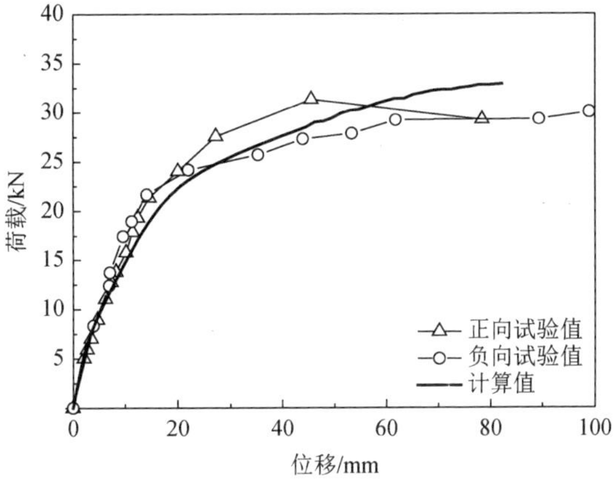

图 7.62　顶点等效力-位移骨架线对比

综上所述，本节采用前述的构件单元模型分析筒中筒结构还是较为合理的，计算所需时间较少，计算结果与试验结果大致接近。

7.4　组合筒体结构模型的动力非线性分析

按照前述理论，编写了非线性分析程序，对组合筒体结构模型进行了分析，荷载为实际地震作用。以下仅将部分计算结果列出并与试验对比。

4 种工况的非线性地震反应分析与试验结果对比的位移时程曲线如图 7.63～图 7.66 所示。

由图 7.63～图 7.66 的第 5 层、第 13 层位移时程曲线计算与试验值的对比可知，地震反应分析的位移时程曲线的变化趋势及峰值点位移大小总体上与试验值较为接近。

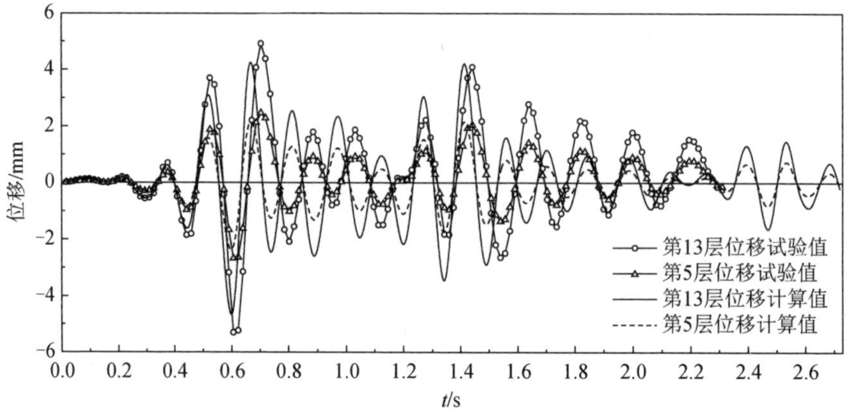

图 7.63　$A_{max} = 0.22g$ 第 5 层、第 13 层位移时程曲线试验值与计算值

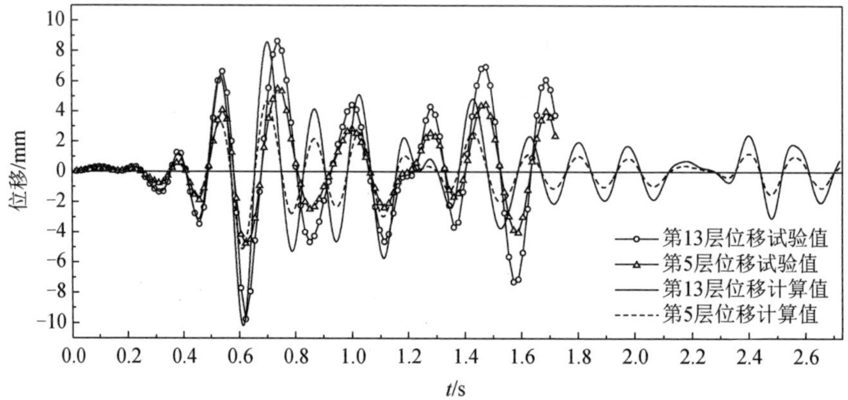

图 7.64　$A_{max} = 0.40g$ 第 5 层、第 13 层位移时程曲线试验值与计算值

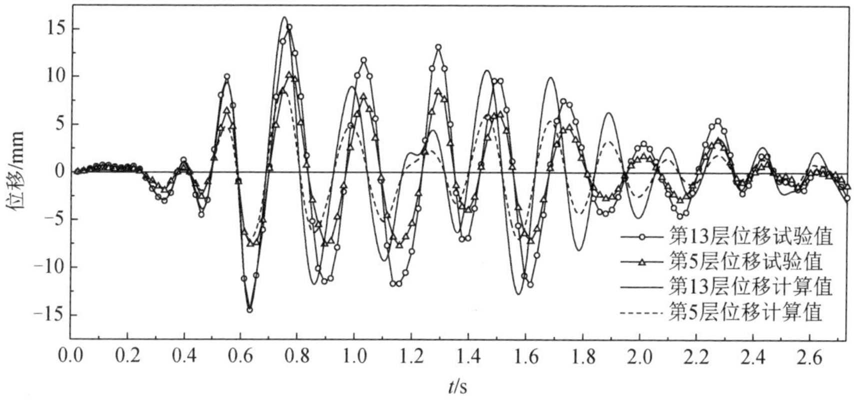

图 7.65　$A_{max} = 0.62g$ 第 5 层、第 13 层位移时程曲线试验值与计算值

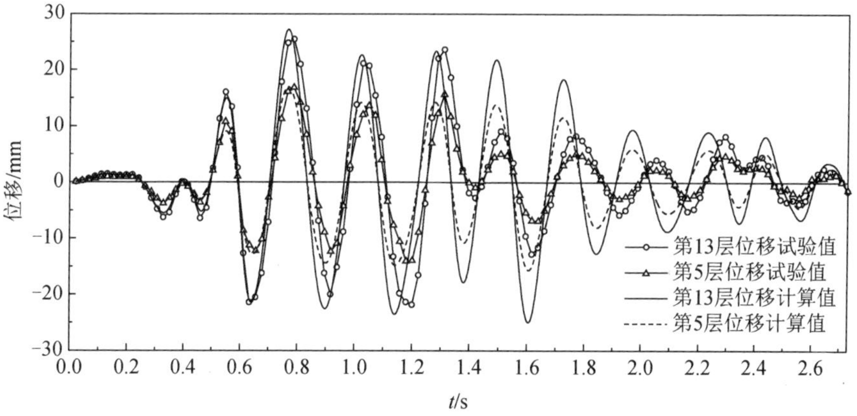

图 7.66　$A_{max} = 1.0g$ 第 5 层、第 13 层位移时程曲线试验值与计算值

各地震波输入工况时结构的层间位移角 θ 、顶点最大相对位移 Δ / H 计算与试验对比见表 7.8。

表 7.8　层间位移角 θ 、顶点最大相对位移 Δ / H 计算与试验比较

项目	工况			
	1	2	3	4
加速度峰值	0.22g	0.40g	0.62g	1.0g
最大层间位移角 θ 试验值	1/481	1/328	1/172	1/106
最大层间位移角 θ 计算值	1/511	1/309	1/194	1/101
最大层间位移角计算误差/%	−5.9	6.1	−9.4	5.0
最大顶点相对位移 Δ / H 试验值	1/847	1/462	1/294	1/177
最大顶点相对位移 Δ / H 计算值	1/920	1/430	1/261	1/156
最大顶点相对位移计算误差/%	−7.9	7.4	12.6	13.5

表 7.8 为最大层间位移角及最大顶点相对位移的计算与试验对比表，可以看出，大部分结果较为接近。

7.5　本 章 小 结

以非线性动力方程精细积分法中的单步法为结构动力方程的非线性分析方法，构建了组成筒体结构的 4 类构件的宏观单元模型，对筒中筒结构模型和组合筒体结构模型分别进行了非线性分析与试验对比，可以归纳如下。

1）钢筋混凝土筒体结构裙深梁主要承受节点荷载，不同于普通深梁的节间荷载，其截面应变基本符合平截面假定，据此推导了剪压区剪切模量的简化折减系数，该系数可用于计算裙深梁非线性阶段不同剪应变状态下的剪切模量；考虑非线性剪切变形的三分段杆单元模型，只需建立弹塑性区和弹性区子单元的刚度矩阵，即可获得裙梁单元的刚度矩阵；在素混凝土的剪应力-应变曲线和剪切模量的基础上，提出钢筋混凝土梁非线性剪切变形的曲线型剪切模型、三折线型简化剪切模型及剪切模量的计算方法；与试验结果对比，本章提出的两种非线性剪切变形计算模型均与试验结果符合较好。

2）对多垂直杆单元模型的单元刚度矩阵进行了修正，将弯剪变形分离为剪切变形和非纯弯曲变形，修正后的单元刚度矩阵更符合剪力墙的受力机理；算例表明，本章推导的多垂直杆单元刚度矩阵在偏心距为 0 时，计算结果能与弹性力学解完全吻合；用 3 种方法形成的单元刚度矩阵的差别在于考虑剪切变形大小的不同，当单元模型的高宽比小于等于 0.5 时，三者之间的差别可以忽略，计算结果较为接近，为了保证必要的精度，限制单元模型的高宽比小于等于 0.5 是有必要的；本章对两种常用的 Clough 模型和江近仁模型进行了对比分析；算例分析表明，改进后的多垂直杆单元模型计算工作量小，计算值与试验结果吻合较好，证明本章方法是可行的。

3）本章首次将多垂直杆单元模型应用范围向空间拓展，拓展后的多垂直杆单元模型不仅可以用来分析各种截面形式的墙肢，也可以用来分析包括异形柱在内的梁柱构件，单元刚度矩阵适用于任意形状的不考虑截面翘曲的墙肢单元及普通截面柱、异形截面柱，还可应用于钢管混凝土柱和钢骨混凝土梁柱的抗弯滞回性能分析。

4）现有的多弹簧杆单元模型存在弹簧常数假定为常量、假定塑性铰长度为 0、假定锚固长度为 l_d、忽略剪切变形的影响、只能适用于矩形截面柱压弯构件的分析等问题；针对这些问题，提出了改进的方法，改进的多弹簧杆单元模型假定钢筋与混凝土的黏结滑移集中在柱的两端，柱在极限状态时实际的曲率分布可分为弹性区域和非弹性区域，因而柱可分为中间的弹性子单元和两端的弹塑性子单元

3 个部分；对于弹性子单元部分和弹塑性子单元部分的刚度矩阵可以直接由本章推导的拓展的多垂直杆单元的刚度矩阵得到。

5）钢筋混凝土轴向拉-压滞回曲线考虑骨架曲线下降段的简化处理方法比目前其他考虑结构或构件进入负刚度区段的处理方法简单，不需要对下降段进行特别的处理，直接采用荷载增量法即可求解，这种简化方法可以较好地模拟反复加载和时程分析。对双向压弯钢筋混凝矩形截面柱进行非线性分析，计算的滞回曲线与试验结果较为接近。

6）L 形截面柱采用考虑非线性剪切变形的三分段杆单元模型，假设截面应变符合平截面假定，杆件中间区域为弹性区，两端邻刚域处为弹塑性区，只需按拓展的多垂直杆单元模型建立弹塑性区和弹性区子单元的刚度矩阵，即可获得柱单元的非线性分析刚度矩阵。对双向压弯 L 形钢筋混凝土柱进行非线性分析，计算的滞回曲线与试验结果吻合较好。

7）利用本章提出和改进的构件单元模型对筒中筒结构模型的拟动力试验进行了非线性分析，分析结果与试验实测情况大体接近，可以反映筒中筒结构的破坏机理。表明了本章的筒中筒结构非线性分析方法是合理的，也说明了所采用的宏观单元模型具有物理概念清晰、计算量较小、计算精度较高的特点，尤其适应于高层结构的分析。

8）以第 5 章的结构动力方程非线性分析的精细单步法为非线性分析方法，对组合筒结构进行了非线性地震反应分析与试验对比，分析结果与试验实测情况较为接近，表明了本章的组合筒体结构非线性分析方法是合理的，也说明了所采用的宏观单元模型具有物理概念清晰、计算量较小、计算精度较高的特点，尤其适应于高层结构的分析。

参考文献

[1] 江近仁，李小东．钢筋混凝土框架-剪力墙结构的非线性地震反应分析现状[J]．世界地震工程，1997，13（2）：30-36．

[2] 汪梦甫，沈蒲生．钢筋混凝土高层结构非线性地震反应分析现状[J]．世界地震工程，1998，14（2）：1-8．

[3] COULL, A, AHMED K. Deflections of Framed-Tube structures[J]. Journal of the structural division，1978，104(5): 857-862.

[4] 汪梦甫，沈蒲生．改进的 Ritz 法在高层结构非线性动力分析中的应用[J]．湖南大学学报，1997，24（5）：75-78，112．

[5] 江建，邹银生，何放龙，等．钢筋混凝土框架-剪力墙结构的空间非线性地震反应分析[J]．湖南大学学报，1997，24（5）：79-85．

[6] 叶献国，周锡元．建筑结构地震反应简化分析方法的进一步改进[J]．合肥工业大学学报，2000，23（2）：149-153．

[7] 吕西林，李俊兰．钢筋混凝土核心筒体抗震性能试验研究[J]．地震工程与工程振动，2002，22（3）：42-50．

[8] 张兵，沈聚敏，王明娴．清华大学抗震抗爆工程研究室科学研究集（第五集）[M]．北京：清华大学出版社，1990．

[9] 汪基伟，丁大钧，周氐．钢筋混凝土框筒结构振动台试验研究及有限元分析[J]．地震工程与工程振动，1992，12（1）：57-67．

[10] 龚炳年，郝锐坤，赵宁．钢-混凝土混合结构模型试验研究[J]．建筑科学，1994，10（1）：10-14．

[11] 周颖，吕西林，卢文胜．立面开大洞短肢剪力墙-筒体结构的动力试验研究及有限元计算分析[J]．建筑结构学报，2004，25（5）：10-16．

[12] 王海波．钢筋混凝土筒中筒结构非线性性能试验及理论研究[D]．长沙：湖南大学，2004．

[13] BENIOFF H. The physical evaluation of seismic destructiveness[J]. Bulletin of the seismological society of America, 1934, 24(4): 398-403.

[14] HOUSNER G W. Calculating the response of an oscillator to arbitrary ground motion[J]. Bulletin of the seismological society of America, 1941, 31(2): 143-149.

[15] HOUSNER G W, MARTEL R R, ALFORD J L. Spectrum Analysis of Strong-motion Earthquakes[J]. Bulletin of the seismological society of America, 1953, 43(2): 97-119.

[16] VELETSOS A S, NEWMARK N M, CHELOAPATI C V. Deformation spectra for elastic and elasto-plastic systems subjected to ground shock and earthquake motions[C]. Proceedings of 3rd World Conference on Earthquake Engineering, Wellington, 1965: 663-682.

[17] MAHIN S A. An evaluation of seismic design Spectra[J]. Journal of structural division, 1981, 107(9): 1775-1795.

[18] NEWMARK N M, HALL W J. Earthquake spectra and design[R]. Berkeley: Earthquake Engineering Research Institute, 1982.

[19] European Committee for Standardization. Eurocode 8: design provisions for earthquake resistance of structures[S]. Brussels: European Committee For Standardization, 1998.

[20] VIDIC T, FAJFAR P, FISCHINGER M. Consistent inelastic design spectra: strength and displacement[J]. Earthquake engineering & structural dynamics, 1994, 23(5): 507-521.

[21] FAJFAR P. Capacity spectrum method based on inelastic demand spectra[J]. Earthquake engineering and structural

dynamics, 1999, 28(9): 979-993.

[22] NEWMARK N M. Effects of earthquake on dam and embankment[J]. Geotechnique, 1965, 15(2): 139-160.

[23] WILSON E L, FARHOOMAND I, BATHE K J. Nonlinear dynamic analysis of complex structures[J]. Earthquake engineering and structural dynamics, 1972, 1(3): 241-252.

[24] NAGGAR E I, NOVAK M. Nonlinear analysis for dynamic lateral pile response[J]. Soil dynamics and earthquake engineering, 1996, 15(4): 233-244.

[25] WILSON E L. An efficient computational method for the isolation and energy dissipation analysis of structure systems[C]. Proceeding of the Seminar on Seismic Isolation, Passive Energy Dissipation and Active Control, 1993.

[26] FREEMAN S A, NICOLETTI J P, TYREE J V. Evaluation of existing building for seismic risk-a case study of puget sound naval shipyard, Washington[C]. Proceeding of the first US. National conference on Earthquake Engineering, 1975.

[27] MIRANDA E. Evaluation of site dependent inelastic seismic design spectra[J]. Journal of structural engineering, 1993, 119(5): 1319-1338.

[28] CHOPRA A K, GOEL R K. Capacity-demand-diagram methods based on inelastic design spectrum[J]. Earthquake spectra, 1999, 15(4): 637-656.

[29] 大崎顺彦. 建筑物抗震设计方法[M]. 毛春茂，刘忠，译. 北京：冶金工业出版社，1990.

[30] 魏琏. 中国抗震研究四十年[M]. 北京：中国建筑工业出版社，1989.

[31] MCINTOSH R D, PEZESHK S. Comparison of recent American seismic codes [J]. Journal of structural engineering, 1997, 123(8): 993-1000.

[32] COMITÉ EURO-INTERNATIONAL DU BÉTON. The CEB model code for the seismic design of concrete structures[S]. Lausanne: Comité Euro-International Du Béton, 1985.

[33] 鲍雷 T，普利斯特利 M J N. 钢筋混凝土和砌体结构的抗震设计[M]. 戴瑞同，陈世鸣，林宗凡，等译. 北京：中国建筑工业出版社，1999.

[34] 周锡元. 建筑结构抗震设防策略思想的发展[J]. 工程抗震，1997，1：1-3.

[35] 周锡元，阎维明，杨润林. 建筑结构的隔震、减振和振动控制[J]. 建筑结构学报，2002，23（2）：2-12.

[36] 韩林海，杨有福. 现代钢管混凝土结构技术[M]. 北京：中国建筑工业出版社，2004.

[37] 黄维平，乌瑞峰，张前国. 配重不足时的动力试验模型与原型相似关系问题的探讨[J]. 地震工程与工程振动，1994，14（4）：64-71.

[38] 张敏政. 地震模拟实验中相似律应用的若干问题[J]. 地震工程与工程振动，1997，17（2）：52-58.

[39] 中华人民共和国住房和城乡建设部. 高层建筑混凝土结构技术规程：JGJ 3—2010[S]. 北京：中国建筑工业出版社，2010.

[40] 中华人民共和国住房和城乡建设部. 建筑抗震试验规程：JGJ/T 101—2015[S]. 北京：中国建筑工业出版社，2015.

[41] 李德寅，王邦楣，林亚超. 结构模型试验[M]. 北京：科学出版社，1996.

[42] 王海波，叶献国. 钢筋混凝土桥墩抗震耗能试验及震害破坏等级的分析研究[J]. 工程与建设，2006，20(1):1-3.

[43] 陈伯望. 筒体结构拟动力试验及理论研究[D]. 长沙：湖南大学，2007.

[44] 陈伯望，王海波. 钢筋混凝土筒中筒结构内力分析与模型试验[J]. 四川建筑科学研究，2006，32（6）: 4-7.

[45] 陈伯望，王海波，沈蒲生. 钢筋混凝土筒中筒结构模型静力弹性试验研究[J]. 四川建筑科学研究，2006，32（1）：13-17，71.

[46] 陈伯望，王海波，沈蒲生．钢筋混凝土筒中筒结构拟动力试验研究与理论分析[J]．地震工程与工程振动，2006，26（6）：87-92.
[47] 曾珲，沈蒲生，陈伯望．外框支框筒内核心筒高层结构模型在水平荷载下的弹性试验[J]．湖南城市学院学报（自然科学版），2006，15（4）：5-7.
[48] 陈伯望，雷玉成，李频，等．带转换层筒中筒结构模型静力弹性试验[J]．建筑结构，2016，46（9）：48-53.
[49] CHANG S T, ZHENG F Z. Negative shear lag in cantilever box girder with constant depth[J]. Journal of structural engineering, 1987, 113(1): 20-35.
[50] SINGH Y, NAGPAL A K. Negative shear lag in frame-tube buildings[J]. Journal of structural engineering, 1994, 120(11): 3105-3121.
[51] LEE K K, LOO Y C, GUAN H. Simple analysis of frame-tube structures with multiple internal tubes[J]. Journal of structural engineering, 2001, 127(4): 450-460.
[52] KHAN F R, AMIN N R. Analysis and design of frame tube structures for tall concrete buildings[J]. Journal of structural engineering, 1973, 51(3): 85-92.
[53] 崔鸿超．框筒（筒中筒）结构的简化计算方法[J]．建筑结构学报，1982（6）: 38-50.
[54] COULL A, BOSE B. Torsion of Frame-Tube Structures[J]. Journal of the Structural Division, 1976, 102 (12) : 2366-2370.
[55] 王全凤．开洞核心筒结构动力特性的数值计算与分析[J]．计算力学学报，2002，19（1）：94-98.
[56] 吕令毅，王秀喜，黄茂光．高层建筑开洞筒体的约束扭转[J]．土木工程学报，1994，27（2）：38-46.
[57] KWAN A. Simple method for approximate analysis of frame tube structure[J]. Journal of structural engineering, 1994, 120(4): 1221-1239.
[58] 陈伯望，王海波．钢筋混凝土框筒结构负剪力滞研究[J]．建筑科学，2005，21（3）：8-12.
[59] 王海波，陈伯望，沈蒲生．框筒结构考虑负剪力滞效应的简化分析[J]．计算力学学报，2006，23（6）：706-710，717.
[60] 沈蒲生．高层建筑结构疑难释义[M]．北京：中国建筑工业出版社，2003.
[61] 包世华．新编高层建筑结构[M]．北京：中国水利水电出版社，2001.
[62] 陈伯望，沈蒲生，王海波．考虑翼缘抗剪的框筒结构简化分析[J]．华中科技大学学报（城市版），2005，22（2）：13-18.
[63] 陈伯望，王海波．钢筋混凝土筒中筒结构空间工作性能分析[J]．建筑科学，2005，21（1）：41-44.
[64] 陈伯望，沈蒲生．非刚性楼板对高层建筑结构内力和位移的影响分析[J]．四川建筑科学研究，2004，30（4）：23-24，34.
[65] 王海波，陈伯望，沈蒲生．框筒结构的层模型简化分析方法[J]．四川建筑科学研究，2006，32（4）：1-6.
[66] 沈聚敏，周锡元，高小旺，等．抗震工程学[M]．北京：中国建筑工业出版社，2000.
[67] 陈伯望，王海波．钢筋混凝土筒中筒结构内力分析及模型试验[J]．四川建筑科学研究，2006，32（6）：4-7.
[68] 陈伯望，王海波．钢筋混凝土筒中筒扭转效应计算及模型试验[J]．结构工程师，2005，21（5）：36-39，47.
[69] COULL A, BOSE B. Simplified analysis of frame tube structures [J]. Journal of the structural division, 1975, 101(11): 2223-2240.
[70] 包世华，段小廿．筒中筒结构动力特性的简化分析[J]．土木工程学报，1987，20（3）：9-19.
[71] 包世华，杨茂森，易升创．变截面高层筒体结构的水平振动[J]．土木工程学报，1996，29（2）：56-64.
[72] 李恒增，徐新济，李晞来．高层框筒和筒中筒结构动力特性的简化分析[J]．同济大学学报，2002，30（8）：

916-921.
[73] 樊小卿，张维岳．高层建筑筒体结构动力特性的分析方法及试验研究[J]．建筑结构学报，1982，3（2）：1-11.
[74] 汪梦甫．钢筋混凝土高层结构抗震分析与设计[M]．长沙：湖南大学出版社，1999.
[75] 沈蒲生．高层建筑结构设计[M]．北京：中国建筑工业出版社，2006.
[76] 张令弥．振动测试与动态分析[M]．北京：航空工业出版社，1992.
[77] 钟万勰．结构动力方程的精细时程积分法[J]．大连理工大学学报，1994，34（2）： 131-136.
[78] 刘勇，沈为平．精细时程积分中状态转换矩阵的自适应算法[J]．振动与冲击，1995，（2）：82-86.
[79] 陈奎孚，张森文．精细时程积分法的参数选择[J]．计算力学学报，1998，15（3）：301-305.
[80] 赵丽滨，张建宇，王寿梅．精细积分方法的稳定性和精度分析[J]．北京航空航天大学学报，2000，26（5）：569-572.
[81] 张洪武．关于动力分析精细积分算法精度的讨论[J]．力学学报，2001，33（6）：847-852.
[82] 汪梦甫，区达光．精细积分方法的评估与改进[J]．计算力学学报，2004，21（6）：728-733.
[83] 林家浩，张亚辉，孙东科，等．受非均匀调制演变随机激励结构响应快速精确算法[J]．计算力学学报，1997，14（1）：2-8.
[84] 王超，李红云，刘正兴．计算结构动力响应的分段精细时程积分方法[J]．计算力学学报，2003，20（2）：175-178.
[85] 王忠，王雅琳，王芳．任意激励下结构动力响应的状态方程精细积分法[J]．计算力学学报，2002，19（4）：419-422.
[86] 张森文，曹开彬．计算结构动力响应的状态方程直接积分法[J]．计算力学学报，2000，17（1）：94-97.
[87] 储德文，王元丰．精细直接积分法的积分方法选择[J]．工程力学，2002，19（6）：115-119.
[88] 汪梦甫，周锡元．结构动力方程的更新精细积分方法[J]．力学学报，2004，36（2）：191-195.
[89] 任传波，贺光宗，李忠芳．结构动力学精细积分的一种高精度通用计算格式[J]．机械科学与技术，2005，24（12）：1507-1509.
[90] 顾元宪，陈飚松，张洪武．结构动力方程的增维精细积分法[J]．力学学报，2000，32（4）：447-456.
[91] 蒲军平，刘岩，王元丰，等．基于精细时程积分的结构动力响应降维分析[J]．清华大学学报，2002，42（12）：1681-1683.
[92] 张森文，曹开彬，陈奎孚．精细积分时域平均法和随机扩阶系统法[J]．力学学报，2000，32（2）：191-197.
[93] 王元丰，储德文．结构动力方程的精细与差分耦合时程积分法[J]．固体力学学报，2003，24（4）：469-474.
[94] 储德文，王元丰．结构动力方程的振型分解精细积分法[J]．铁道学报，2003，25（6）：89-92.
[95] 王晟，林哲．精细时程积分在载荷识别中的应用[J]．船舶力学，2004，8（4）：55-60.
[96] 庄海洋，陈国兴．基于精细积分算法的结构地震反应计算方法[J]．南京工业大学学报，2004，26（2）：14-17，32.
[97] 赵秋玲．非线性动力学方程的精细积分法[J]．力学与实践，1998，20（6）：24-26.
[98] 裘春航，蔡志勤，吕和祥．非线性动力学问题的一个显式精细积分算法[J]．应用力学学报，2001，18（2）：34-40.
[99] 张洵安，姜节胜．结构非线性动力方程的精细积分算法[J]．应用力学学报，2000，17（4）：164-168.
[100] 蔡志勤，顾元宪，钟万勰．一类非线性周期系统响应的精细积分法[J]．力学季刊，2000，21（2）：145-148.
[101] 裘春航，吕和祥．非线性动力学方程的一种级数解[J]．计算力学学报，2001，17（1）：1-7.
[102] 李金桥，于建华．非线性动力方程避免状态矩阵求逆的级数解[J]．四川大学学报（工程科学版），2004，36（4）：26-30.

[103] 裘春航，吕和祥，蔡志勤．哈密顿体系下分析非线性动力学问题[J]．计算力学学报，2000，17（2）：127-132.
[104] 李伟东，吕和祥，裘春航．非线性多自由度转子系统精细数值积分[J]．振动工程学报，2004，17（4）：427-432.
[105] 梅树立，张森文，徐加初，等．非线性动力学方程的自适应精细积分[J]．暨南大学学报，2005，26（3）：319-323.
[106] 闫海青，唐晨，张皞，等．任意阶显式精细积分多步法的常用形式及其高阶次数值计算[J]．计算物理，2004，21（3）：333-338.
[107] 李小军．地震工程中动力方程求解的逐步积分方法[J]．工程力学，1996，13（2）：110-118.
[108] 徐萃薇，孙绳武．计算方法引论[M]．2 版．北京：高等教育出版社，2002.
[109] 汪梦甫，周锡元．结构动力方程的高斯精细时程积分法[J]．工程力学，2004，21（4）：13-16.
[110] 裘春航，吕和祥，钟万勰．求解非线性动力学方程的分段直接积分法[J]．力学学报，2002，34（3）：369-378.
[111] 陈伯望，王海波．结构非线性动力分析的精细积分多步法[J]．工程力学，2009，26（5）：41-46.
[112] 陈伯望，王海波．非线性精细积分方法及其在拟动力试验中的应用[J]．振动与冲击，2009，28（1）：88-91，98.
[113] 吕西林，李俊兰．钢筋混凝土核心筒体抗震性能试验研究[J]．地震工程与工程振动，2002，22（3）：42-50.
[114] 陈伯望，孟茁超．结构地震反应分析方法的对比研究[J]．湖南城市学院学报（自然科学版），2003，12（2）：6-9.
[115] HAKUNO M, SHIDOWARA M, HARA T. Dynamic destructive test of a cantilever beam，controlled by an analog-computer[J]. Transactions of the Japan society of civil engineering, 1969, 171(11): 237-251.
[116] 赵西安．用计算机-试验机联机系统进行结构拟动力试验方法[J]．建筑科学，1985，1（2）：32-40.
[117] 陈伯望，王海波．结构拟动力试验方法综述[J]．湖南城市学院学报（自然科学版），2004，13（4）：1-4.
[118] 张玉芳．高层建筑框筒结构简化分析方法研究[D]．浙江大学，2006.
[119] 陈伯望，王海波，曹国辉．外框支框筒内核心筒钢管混凝土组合筒体结构拟动力试验研究[J]．建筑结构学报（s），2007，28：41-50.
[120] 陈伯望，王海波，曹国辉．钢管混凝土组合筒体结构抗震性能试验研究[J]．四川建筑科学研究，2009，35（6）：201-204.
[121] CHEN B W, OYANG Y, TAN J G. Experimental study on seismic performance of tall building structure of concrete filled steel tube (CFST) with transfer story[J]. Advanced materials research, 2011, 287-290: 1882-1887.
[122] CHEN B W, OYANG Y, TAN J G. Pseudo-dynamic experiment on structure of concrete filled steel tube (CFST) [J]. Applied mechanics and materials, 2011, 94-96: 1176-1179.
[123] 尹之潜．在地震作用下多层框架结构的弹塑性反应分析[J]．地震工程与工程振动，1982（2）：5-11.
[124] 林家浩，丁殿明，田玉山．串联多自由度体系弹塑性地震反应分析[J]．大连工学院学报，1979（2）：41-53.
[125] 印文铎，冯世平，沈聚敏．两层钢筋混凝土框架结构拟动力地震反应试验研究[J]．土木工程学报，1990，23（3）：23-35.
[126] 沈聚敏，张玉良．弯剪型多自由度体系非弹性地震反应的简化分析[J]．地震工程动态，1981（2）：6-10.
[127] 孙业扬，余安东，金瑞椿，等．高层建筑杆系——层间模型弹塑性动态分析[J]．同济大学学报，1980（1）：87-98.
[128] 王长新．高层钢筋混凝土剪力墙动力非线性分析[D]．长沙：湖南大学，1994.
[129] 李田，吴学敏．高层及复杂结构多维时程弹塑性动态分析[J]．建筑结构学报，1992，13（6）：79-85.
[130] 喻永声，钟万勰．复杂高层建筑整体结构抗震分析[J]．建筑结构，1998（2）：54-63.

[131] 朱伯龙，董振祥．钢筋混凝土非线性分析[M]．上海：同济大学出版社，1985．

[132] PANG X B, HSUT C. Behavior of reinforced concrete membrane elements in shear[J]. ACI structural journal, 1995, 92(6): 665-679.

[133] GIBERSON M F. Two nonlinear beams with definitions of ductility[J]. Journal of the structural division, 1969, 95(2): 137-157.

[134] OTANI S. Inelastic analysis of R/C frame structures[J], Journal of the structural division, 1974, 100(7): 1433-1449.

[135] 汪梦甫．高层建筑非线性地震反应计算方法[C]．第二届全国青年力学会议论文集，合肥：合肥工业大学出版社，1990．

[136] 王建平．钢筋混凝土框架-剪力墙结构在强震作用下的非线性分析与控制[D]．长沙：湖南大学，1994．

[137] 刘建新．用墙板单元研究确定剪力墙的合理位置[J]．建筑结构学报，1995（5）：48-56．

[138] VOLCANO A, BERTERO V V, COLTTI V. Analytical modeling of R/C structural walls[C]. Proceeding of nineth world conference on earthquake engineering, 1988, 6: 41-46.

[139] 中华人民共和国住房和城乡建设部．混凝土结构设计规范（2015 年版）：GB 50010—2010[S]．北京：中国建筑工业出版社，2011．

[140] 深梁专题组．钢筋混凝土深梁的试验研究[J]．建筑结构学报，1987（4）：23-35．

[141] 丁大钧．结构机理学（8）：深梁[J]．工业建筑，1995（3）：41-46．

[142] 徐芝纶．弹性力学[M]．3 版．北京：高等教育出版社，1990．

[143] 高丹盈．钢纤维钢筋混凝土无腹筋梁的斜截面抗剪强度[J]．水利学报，1992，2：63-66，79．

[144] 高丹盈，刘建秀，李宗坤．钢筋钢纤维混凝土梁斜截面抗剪强度的理论模式[J]．工程力学，1994，11（2），130-137．

[145] 梁兴文，李晓文．钢筋混凝土梁剪压破坏时剪压区混凝土的复合受力强度[J]．工业建筑，1996，26（3）：3-7．

[146] 梁兴文，李晓文．受拉边倾斜梁的斜截面受剪承载力分析[J]．工业建筑，1996，26（3）：12-19．

[147] 过镇海．混凝土的强度和变形试验基础和本构关系[M]．北京：清华大学出版社，1997．

[148] 王海波，陈伯望，沈蒲生．钢筋混凝土筒体结构裙深梁非线性分析简化模型[J]．工程力学，2006，23（5）：107-112．

[149] ASHOUR A F. Tests of reinforced concrete continuous deep beams[J]. ACI structural journal, 1997, 94(1): 3-12.

[150] 陈伯望，王海波，沈蒲生．剪力墙多垂直杆单元模型的改进及应用[J]．工程力学，2005，22（3）：183-189．

[151] CHEN B W, TAN J G, OYANG Y. An improved simulation model of shear wall structures of tall building[J]. Procedia Engineering, 2011, 12: 127-132.

[152] 孙景江，江近仁．高层建筑抗震墙非线性分析的扩展铁木辛哥分层梁单元[J]．地震工程与工程振动，2001（2）：78-83．

[153] 蒋军欢，吕西林．用一种墙体单元模型分析剪力墙结构[J]．地震工程与工程振动，1998（3）：40-48．

[154] 汪梦甫，周锡元．钢筋混凝土剪力墙多垂直杆非线性单元模型的改进及其应用[J]．建筑结构学报，2002（1）：38-42，57．

[155] 汪梦甫，周锡元．钢筋混凝土框架-剪力墙结构非线性地震反应实用分析方法的研究[J]．土木工程学报，2002（6）：32-38．

[156] 江近仁，孙景江，丁世文，等．轴向循环荷载下钢筋混凝土柱的试验研究[J]．世界地震工程，1998（4）：12-16．

[157] 张令心，孙景江，江近仁．钢筋混凝土剪力墙结构基于自平衡力的非线性地震反应分析[J]．地震工程与工程振动，2001（4）：29-34.

[158] OESTERLE R G, ARISTIZABAI-OCHOA J, SHIU K, et al. Web crushing of reinforced concrete structural walls[J]. ACI structural journal, 1984, 81(3): 231-241.

[159] VECCHIO F J. Towards cyclic load modeling of reinforced concrete[J]. ACI structural journal, 1999, 96, (2): 193-202.

[160] LI K N. Nonlinear earthquake response of space frame with triaxial interaction [M]//OKADAED T. Earthquake resistance of reinforced concrete structure[M]. Tokyo: University of Tokyo Press, 1993: 441-452.

[161] 王海波，陈伯望，沈蒲生．双向压弯钢筋混凝土柱的非线性分析[J]．计算力学学报，2006，23（4）：502-507.

[162] 阎奇武．钢筋混凝土框筒结构在地震作用下的空间杆系层模型非线性分析[D]．湖南大学，2001.

[163] 杜宏彪，沈聚敏．在任意加载路径下双轴弯曲钢筋混凝土柱的非线性分析[J]．地震工程与工程振动，1990（3）：41-55.

[164] 杜宏彪．双向压弯钢筋混凝土柱的抗震性能[J]．哈尔滨建筑大学学报，1999（4）：47-52.

[165] 曹万林，王光远，吴建有，等．不同方向周期反复荷载作用下 L 形柱的性能[J]．地震工程与工程振动，1995（1）：67-72.

[166] 陈伯望，喻化龙，曹艳，等．新型钢管混凝土梁柱节点轴心受压试验研究[J]．建筑结构，2014，44（16）：55-58.

[167] 曹艳，陈伯望，贺冉，等．自密实方圆钢管混凝土四肢格构柱拟静力试验对比研究[J]．湖南工程学院学报（自然科学版），2014，24（1）：77-81.

[168] 欧阳洋，贺冉，陈伯望．考虑封闭效应的钢管混凝土的轴压承载力研究[J]．湖南科技大学学报（自然科学版），2012，30（3）：48-51.

[169] CHEN B W, HE R, TAN J G, et al. Experimental research on four-tube concrete-filled steel tubular laced columns[C]. Advanced materials research, 2011, 311-313: 2204-2207.

[170] CHEN B W, HE R, CAO Y. Strain analysis of four-tube concrete-filled steel tubular columns[J]. Applied mechanics and materials, 2012, 166-169: 2906-2909.

[171] 陈伯望，邹艳花，唐楚，等．四肢圆钢管混凝土格构柱恢复力模型研究[J]．建筑科学与工程学报，2016，3（3）：42-49.

[172] 陈伯望，邹艳花，唐楚，等．四肢方圆钢管混凝土格构柱低周反复加载试验研究[J]．土木工程学报，2014，47（s2）：108-112.

[173] 周广师．钢管混凝土偏心受压构件稳定承载力的研究[J]．哈尔滨建筑工程学院学报，1982，15（4）：29-46.

[174] 汤关祚，招炳泉，竺惠仙，等．钢管混凝土短柱的基本力学性能的研究[J]．建筑结构学报，1982（1）：13-31.

[175] 颜全胜，王頠，邹巧鸿．钢管混凝土受压构件的弹塑性承载力分析[J]．郑州大学学报（工学版），2003，24（2）：29-32.

[176] 陈宝春，陈友杰，王来永，等．钢管混凝土偏心受压应力-应变关系模型研究[J]．中国公路学报，2004，17（1）：24-28.

[177] 丁发兴．圆钢管混凝土结构受力性能与设计方法研究[D]．长沙：中南大学，2006.

[178] 王海波．钢筋混凝土筒中筒结构非线性性能试验及理论研究[D]．湖南大学，2004.

[179] 屠永清．钢管混凝土压弯构件恢复力特性的研究[D]．哈尔滨：哈尔滨建筑大学，1994.

[180] 黄莎莎．钢管混凝土在反复周期水平荷载作用下的滞后性能[D]．哈尔滨：哈尔滨建筑大学，1988.

[181] 田玉基．高层建筑钢骨混凝土转换层的试验与理论分析[D]．南京：东南大学，1999．

[182] 万緦，程耿东．杆系结构力学[M]．北京：水利电力出版社，1982．

[183] 顾祥林，孙飞飞．混凝土结构的计算机仿真[M]．上海：同济大学出版社，2002．

[184] 李宏男．结构多维抗震理论与设计方法[M]．北京：科学出版社，1998．